Der Wiesenbau,

dessen Theorie und Praxis.

Von

L. Vincent,

Wiesenbaumeister der Pommerschen ökonomischen Gesellschaft, Docent an der Landbau-Akademie in Regenwalde und corresp. Mitglied der Königlichen Centralstelle für die Landwirthschaft in Württemberg.

Nur der Gehorsam gegen die Naturgesetze macht den Menschen zum Herrn der Naturkräfte.

Zweite gänzlich umgearbeitete Auflage.

Mit 12 Tafeln Abbildungen.

Berlin.
Verlag von Veit und Comp.
1858.

Vorrede.

In den meisten Wirthschaften, in denen nicht mit Hülfe künstlicher Düngungsmittel Korn allein und Handelsgewächse, sondern auch Fleisch, Milch, Wolle und andere im Leben unentbehrliche Bedürfnisse produzirt werden sollen, hat der Futterbau eine sehr große, lange noch nicht allgemein genug anerkannte Wichtigkeit. Es würde sonst z. B. in Preußen gewiß nicht so viel Vieh u. s. w. eingeführt, so schlechtes Fleisch gegessen werden, als wirklich eingeführt und verzehrt wird. Alles, was zur Vermehrung des Futterbaues beiträgt, fördert daher die Kultur. Nicht ganz mit Unrecht sagte ein alter erfahrener Mecklenburger Landwirth: In der Oekonomie giebt es drei Hauptsachen, die erste ist Futter, die zweite Futter, und die dritte auch Futter! Den schlagendsten Beweis hierfür haben wir zum Theil noch mit erlebt. Welchen Fortschritt hat nicht die Einführung des rothen Klees in unseren jetzigen Wirthschaften eingeleitet!

Zu den Mitteln, auf eine sehr lohnende und verhältnißmäßig billige Weise vermehrte Futtermassen zu schafsen, gehört unter anderen auch die Bewässerung der Wiesen. Ja, eine rationell eingerichtete Berieselung nimmt unter denselben vielleicht die erste Stelle ein. Keine andere Melioration gewährt dauernd einen so großen Nutzen, eben so wohl durch Vermehrung des Futters und dadurch des Düngers, als durch hohe Verzinsung des angewendeten Kapitals.

Die Bewässerung der Wiesen ist jedoch durchaus nichts Neues. Das frühere Ausgrünen und die höheren Erträge vieler überflutheten Stellen auf Aeckern und Wiesen mußten schon frühzeitig die Aufmerksamkeit der Ackerbau Treibenden erregen. Sie forderten von selbst zur Nachahmung der natürlichen Verhältnisse, zur Einrichtung künstlicher Ueberwässerungen auf, welche man, nachdem es einmal versucht worden, nach und nach immer mehr zu vervollkommnen bestrebt war. In manchen Gegenden ist daher das Wässern der Wiesen auch schon uralt. Dennoch blieb der Wiesenbau, wie ja die Landwirthschaft im Ganzen auch, reine Empirie. Nirgends hatte man bestimmte Grundsätze. Jeder Wiesenbauer hatte vielmehr seine eigenen Ansichten. Hier wurde das Wesentliche in dem bloßen Naßmachen des Bodens, am andern Orte in einer bestimmten Form der Oberfläche gesucht. Ob neue Anlagen einen günstigen oder ungünstigen Erfolg haben würden, blieb mehr oder weniger dem Zufall überlassen. Wenn dann die wirklichen Erfolge den gehegten Hoffnungen nicht entsprachen, so wurden die Ursachen eines solchen Mißlingens überall gesucht, nur nicht auf dem rechten Fleck. Darum mißlangen auch fast überall die Berieselungs-Anlagen, sobald deren Umfang ein gewisses Maaß überschritt. In Folge dessen konnte der Wiesenbau trotz seiner außerordentlichen Nützlichkeit und großen Gewinnes nur eine beschränkte Ausdehnung gewinnen. Wenn er auch irgendwo für einige Zeit einmal Mode wurde, so hörte mit dem Verschwinden der Mode in der Regel auch das Wiesenbauen auf, und nur in wenigen Landstrichen, in denen das Bedürfniß ganz besonders groß war, und die Verhältnisse dafür vorzugsweise günstig lagen, erlangte er weitere Verbreitung und ging in Blut und Saft des Volkes über.

So trostlos, wie es mit der praktischen Einrichtung war und blieb, ebenso trostlos stand es auch mit der Literatur darüber. Nachdem Joh. Fried. Meyer in seiner gekrönten Preisschrift, nachdem Thaer und Schwerz einen ersten Impuls gegeben, beschränkte man sich im Allgemeinen auf bloße Wiederholung, wenn nicht gar auf Abschreiben dessen, was jene bereits gesagt. Höchstens wurde eine Beschreibung der verschiedenen Handgriffe, die der Autor gesehen oder erlernt, manchmal auch verbessert zu haben glaubte, hinzugefügt. Verstieg sich einer der Herren in seinen Metamorphosen etwas über das Hergebrachte hinaus, so theilte er Ikarus Schicksal. Nirgends gab es, und nirgends verlangte man eine stichhaltende Theorie des Wiesenbaues, nirgends auf Kenntniß der zusammenwirkenden Naturkräfte basirte Prinzipien; kurz, kam auch in dieser Beziehung nicht wenig, so kam doch wenig Gutes zu Markt!

Bei der allgemein wissenschaftlichen Strömung, von der die ganze Landwirthschaft in neuerer Zeit ergriffen ist, konnte sich indeß auch der Wiesenbau dieser Richtung nicht lange entziehen. Die Nothwendigkeit einer gründlichen Beantwortung der Frage: Wodurch wird beim Wiesenbau ein genügender Ertrag sicher und für die Dauer gewährleistet? trat täglich um so mehr in den Vordergrund, als man bei steigendem Werthe des Grundbesitzes sich nach und nach daran gewöhnte, bedeutende Kapitalien zu Urbarmachungen und Verbesserungen zu verwenden, dabei aber ein möglichst geringes Risiko und natürlich möglichst hohe Zinsen verlangte. Das Bedürfniß ruft immer die Mittel zur Befriedigung desselben hervor. Daher mußte sich auch, hergeleitet aus den hierher einschlagenden mathematischen und Naturwissenschaften, und basirt auf aufmerksame vorurtheilsfreie Beobachtung und richtige Würdigung der täglich sichtbaren Erscheinungen auf guten und schlechten Rieselwiesen eine genügende und richtige Theorie herausbilden, deren Anwendung in einer bewußten Praxis die schönsten Erfolge herbeizuführen, nicht verfehlen konnte.

Diese Ueberzeugung ließ mich, nachdem ich im Jahre 1837 die bekanntesten Rieselgegenden in Hannover, im Siegenschen, in der Lombardei u. s. w. besucht, und nachdem ich die Regeln und Gründe, überhaupt das, was ich wünschte, vergeblich gesucht, nach 13jähriger eigener Praxis und ausschließlicher Beschäftigung in diesem Fache mit meinem rationellen Wiesenbau hervortreten, und darin den Versuch machen, die oben angeführte Frage nach allen Seiten hin, wenn auch in gewissen Beziehungen a priore, zu beantworten. Seitdem sind wieder zwölf Jahre vergangen — Zeit genug, die damals gegebenen Regeln anzuwenden, zu prüfen, die Erfolge zu beobachten, das Mangelhafte kennen zu lernen und zu verbessern.

Der 1845 darin ausgesprochene Fundamentalsatz, das ceterum censeo des Wiesenbaues, einer Rieselwiese müsse, wenn sie dauernd die möglichst höchsten Erträge geben solle, eine entsprechende Quantität von Wasser zugeführt werden, und zwar, wenn die berieselten Flächen 1 Ruthe breit sind, pro Morgen und Sekunde durchschnittlich 1 Kubikfuß, hat sich so vollständig bewährt, daß sich um diesen Angelpunkt jetzt der ganze Wiesenbau dreht. Hatte ich früher die Vorherbestimmung der Pflanzen, welche sich nach der Ausführung einer Berieselungsanlage würden finden müssen, für das Ziel der Bestrebungen des Wiesenbauers gehalten, so hat sich diese Aufgabe durch die zweckmäßige Anwendung dieses Satzes auf eine kaum glaubliche und darum um so mehr überraschende Weise beinahe von selbst gelöst. Nun sie da ist, ist sie vollständig folgerecht und erklärlich.

Damit ist aber im Wiesenbau eine Sicherheit des Erfolges erreicht, wie in keinem andern Zweige der Landwirthschaft. Die verlangte Quantität an Gras findet sich mit geringen Abweichungen alle Jahre, weil man die Bedingungen der Vegetation fast eben so, wenn nicht in manchen Beziehungen noch mehr in der Hand hat, als der Gärtner. Diese Sicherheit hat dem Wiesenbau in Pommern, nachdem er dort alle Stadien der Neuerungen, erst Ueberstürzungen, dann Mißtrauen, endlich Vorurtheil dagegen, durchgemacht, ein gewisses Vertrauen erworben, so daß bereits bäuerliche Gemeinden mit Anlagen von 200 bis 250 Morgen aus freien Stücken vorgegangen sind: Im Jahre 1854 sind von mir allein im Ganzen 1500 Morgen, auf einzelnen Gütern 150 bis 180 Morgen Rieselwiesen in der einjährigen Campagne vollkommen regelrecht gebaut worden.

Ist nun auch das Fundamentalprinzip richtig, und hat dasselbe deshalb auch seine vollständige Geltung behalten müssen, so hat sich doch in den Folgerungen daraus, in der Anwendung der abstrahirten Regeln und in der Erklärung der auftretenden Erscheinungen durch die weitere Entwickelung, durch neuere Beobachtungen u. s. w. vieles verändert, ich glaube auch verbessert. Manches, was früher nur Vermuthung nnd Hypothese war, hat sich bestätigt, manches dagegen hat fallen müssen. Es ist der Wiesenbau im Laufe der letzten Jahre überhaupt mehr ein abgerundetes Ganze geworden, mehr zum Abschluß gekommen. Es können deshalb die jetzigen Ansichten nicht überall und in allen Punkten mit den früher ausgesprochenen übereinstimmen. Das ist bei einer eben in der Entwickelung begriffenen neuen Sache kaum anders möglich. Der geneigte Leser möge mir daraus keinen Vorwurf machen, sondern in diesem offenen Geständniß den Beweis erkennen, daß es mir vor Allem um Erforschung der Wahrheit, um zweckmäßige Ausbildung dieses wichtigen Zweiges der Landwirthschaft zu thun ist.

Doch ich will dem Urtheile desselben nicht weiter vorgreifen, ich wünsche nur, daß er das kleine Werk nicht unbefriedigt aus der Hand lege!

Regenwalde, am 1. Dezember 1857.

Der Verfasser.

Inhalt.

Seite

6. Herstellung der geneigten Ebene.

7. Bassins oder Sammelteiche.

8. Wiederbenutzung des Wassers.

Zweiter Abschnitt.

Praktische Ausführung des Wiesenbaues und der dazu nöthigen Vorarbeiten.

1. Vorarbeiten.

2. Das Nivelliren.

Dritter Abschnitt.

Stauapparate und Wasserbauten.

Vierter Abschnitt.

Kosten der verschiedenen Arbeiten.

Seite

Fünfter Abschnitt.

Pflege und Unterhaltung der Wiese.

Berichtigungen.

In den ersten sechs Bogen bittet man, folgende Druckfehler zu verbessern, die der Entfernung des Herrn Verfassers vom Druckorte zur Last fallen:

Seite	2	Zeile	10	von unten lies anstatt	Aufhalten — Anstauen.
=	10	=	6	= =	schalte hinter Pfund Wasser ein.
=	21	=	9	= =	ist das Wort oft wegzulassen.
=	22	=	10	von oben lies anstatt	die Wiese — der Wiese.
=	23	=	11	= unten = =	Rasenwerke — Rasennarbe.
=	27	=	19	= oben = =	gewordener — werdender.
=	33	=	13	= unten = =	nicht — noch.
=	40	=	6	= oben	ist hinter bringen ist einzuschalten.
=	45	=	14	= =	ist hinter sandige Lehm= einzuschalten.
=	45	=	5	= unten	ist hinter nothwendiger Zutritt einzuschalten.
=	47	=	12	= =	lasse Holcus lanatus fort.
=	51	=	7	= oben	lies anstatt erstere — festere.
=	64	=	13	= =	lies anstatt einer — späterer.
=	67	=	18	= unten = =	wenigsten — meisten.

= 70 und 71 sind die Formeln wie folgt zu ändern:

$$c = 90{,}9 \sqrt{\frac{bh}{b + 2h} \times \frac{\alpha}{\lambda}}$$

$$M = 90{,}9\, bh \sqrt{\frac{bh}{b + 2h} \times \frac{\alpha}{\lambda}}$$

$$c = 90{,}9 \times \sqrt{\frac{12 \times 3}{12 + 2 \times 3} \times \frac{1\frac{1}{3}}{1200}} = 2{,}15 \text{ Fuß, und}$$

$$M = 90{,}9 \times 12 \times 3 \sqrt{\frac{12 \times 3}{12 + 2 \times 3} \times \frac{\frac{1}{3}}{1200}} = 77{,}4 \text{ Kubikfuß.}$$

$$M = 90{,}9 \times 10 \times 3 \sqrt{\frac{10 \times 3}{10 + 2 \times 3} \times \frac{\frac{5}{6}}{1200}} =$$

$$= 2727 \sqrt{\frac{1}{768}} = 98 \text{ Kubikfuß.}$$

$$h^3 - 2 \left(\frac{M^2 \lambda}{8262{,}8 b^3 a}\right) h \left(\frac{M^2 \lambda}{8262{,}8 b^3 a}\right) b = 0$$

$$\lambda = \frac{8262{,}8 b^3 h^3 a}{(b + 2h) M^2}$$

Seite	72	Zeile	4	von unten lies anstatt	oder die — der.
=	73	=	14	= = = =	versehen — ersehen.

Einleitung.

Unter Wiesenbau versteht man die Kunst, Wiesen so einzurichten, daß Wasser auf dieselben geleitet werden kann, um dadurch den Ertrag derselben zu erhöhen. So mannigfach verschieden in Beziehung auf Boden, Lage, Wasser u. s. w. die örtlichen Verhältnisse sich auch herausstellen, so ist dieser Zweck doch eigentlich nur auf zweifache Weise zu erzielen versucht worden, und zwar entweder durch Ueberstauung oder durch Ueberrieselung.

1. Stauwiesen.

Die überstaute Wiese wird vollständig unter Wasser gesetzt, und dasselbe darauf je nach der natürlichen Lage des Terrains oder nach Maaßgabe der Einrichtung so angehalten, daß es zur Höhe von einigen Zollen bis zur Höhe von mehreren Fußen ansteigt. Die Wiese ist also während der Zeit der Ueberstauung vollständig in einen mehr oder weniger tiefen See verwandelt.

Ueberstauungen werden in der Regel an solchen Orten angelegt, wo ein nur temporärer Zufluß bei nassem Herbst- und Frühjahrswetter eine fortdauernde Benutzung des Wassers unmöglich macht. Deshalb hängt auch die Dauer derselben gewöhnlich von der Zeit dieses Zuflusses ab, namentlich entscheidet derselbe darüber, ob schon im Herbst oder im Frühjahr damit begonnen werden kann. Das einmal angesammelte Wasser sucht man dagegen so lange festzuhalten, bis die kälteste Zeit des

1

Frühjahrs, die härtesten Nachtfröste vorüber sind, also bis Anfang oder Mitte Mai.

Die Kosten der Anlage von Stauwiesen sind in der Regel verhältnißmäßig geringe. Sind die Wiesen nur einigermaßen eben, und haben dieselben nicht allzuviel Gefälle, so ist mit der Anfertigung eines Stauapparats, einer nicht großen Verwallung und einiger Gräben Alles gemacht, was dazu nöthig ist.

Die überstauten Wiesen bringen in den ersten Jahren zuweilen recht gute Erträge. Sie lassen aber gemeinhin bald wieder nach, und gehen um so schneller zurück, je weniger für gründliche Trockenlegung gesorgt worden ist, je schneller und je mehr also der Boden durch das darin hängenbleibende, nur durch Verdunstung fortzuschaffende Wasser wieder ausgekältet wird. Den vollen Ertrag einer guten Wiese geben sie jedoch, da auch die Qualität des gewonnenen Futters nur als mittelmäßig bezeichnet werden kann, niemals, und in Gegenden, in denen späte Nachtfröste vorkommen, niemals sicher. Denn die unter dem schützenden Wasser angetriebenen und darum verweichlichten jungen Gräser, und darunter besonders die gewöhnlich in großer Menge auftretenden Riedgräser (Carices) erfrieren entweder bei eintretenden Nachtfrösten, wenn nämlich das Wasser zu früh abgelassen worden ist, und bedürfen dann wieder längere Zeit, diesen Schaden nachzuholen, oder sie faulen aus, wenn bei warmem Wetter, aus Furcht vor den Nachtheilen jener Nachtfröste, das Wasser zu lange gehalten wird.

Eine andere Art der Anstauung, eigentlich eine Anfeuchtung des Bodens von unten her, durch Aufhalten des Wassers in den Gräben, bis auf 1½ Fuß Höhe unter dem Rande derselben, welche von manchen Seiten her schon früher und wiederholt in neuerer Zeit empfohlen worden ist, giebt nur an einzelnen Orten unter bestimmten Verhältnissen und auch hier nur in den ersten Jahren höhere Erträge. Für die fortgenommenen Ernten kann dadurch dem Boden niemals Ersatz gegeben werden. Das ist aber die erste Bedingung, wenn dauernde Erträge verlangt werden. Bei dieser Benutzungsweise kann das Wasser nur die in dem Boden vorhandenen

Nahrungsstoffe auflösen und zuerst in reichlicherer Menge als sonst an die Pflanzen überführen, es muß aber dadurch eine Erschöpfung des Bodens nur um so früher eintreten. An sehr vielen Orten hat eine solche Anstauung des Wassers gar keinen Effekt.

2. Berieselung.

Während das Wasser auf den Stauwiesen steht, muß es über die Rieselwiesen in größerer oder geringerer Stärke, jedoch so, daß es das Gras niemals vollständig bedeckt, und mit mehr oder minder großer Geschwindigkeit fortfließen. Da, wo ein beständiger Zufluß die Möglichkeit der Berieselung gewährt, ist dieser Art von Bewässerung unter allen Umständen der Vorzug einzuräumen.

Dieselbe kann indessen auf verschiedene Weise eingeleitet werden. Es lassen sich danach die Anlagen in wilde Rieselung, in Kunstbau und in rationellen Wiesenbau eintheilen.

a) Die wilde Rieselung.

Die wilde Rieselung ist in ihrem rohen Zustande wohl die erste und auch die einfachste Art der Ueberwässerung. Durch einen bloßen Stau im Bache oder Flusse wurde zuerst das Wasser zum seitlichen Austreten gezwungen. Waren die Ufer eben und flach, so überströmte dasselbe ohne weitere Hülfe größere Flächen. Ein zweiter oder dritter Aufstau wiederholte dies, nachdem das Wasser wieder in das ursprüngliche Bett zurückgeflossen war, wo es erforderlich schien. Wo aber bei stärkerem Seitengefälle des Terrains das Ueberwässern hierdurch allein nicht in der gewünschten Weise erfolgte, wurden von diesen Staupunkten ab Gräben, entweder horizontal oder mit Gefälle abgeleitet, und darin das Wasser den entfernteren, sonst nicht erreichbaren Wiesentheilen zugeführt. War das Terrain außerdem auch noch uneben, so wurden von diesen Zubringern wieder andere Gräben und Grippen abgezweigt, das Wasser dadurch auf die höchsten Stellen geleitet, und so möglichst gleichmäßig über die ganze Fläche verbreitet. In den Gründen und an den tieferen Stellen, wo das überrieselnde Wasser sich wieder angesammelt und nicht genügenden Abfluß hatte, da nahmen einige Entwässerungsgräben und Rinnen dieses schädliche Wasser auf, und führten es wieder fort. So wurden die Anlagen mit der Zeit mehr und mehr vervollkommnet. In Westphalen, in den Rheinprovinzen und in andern Gegenden wurde die Sorgfalt bei der Ausführung noch weiter getrieben. Die Gräben wurden des besseren Aussehens wegen nach der Schnur gerade und parallel gemacht, und danach der ganze Wiesenboden mit vieler Mühe und großen Kosten (60 bis 70 Thlr. pro Morgen) umgearbeitet und auf das mühsamste planirt. Die Einrichtung blieb aber trotz dieser vielen Arbeiten immer nur die einer wilden Rieselung. Denn das Charakteristische derselben, das der rohesten wie der fleißigsten und sorgfältigsten Anlage Gemeinsame ist und bleibt immer die große Breite der überrieselten Fläche. Sobald diese Flächen eine den Verhältnissen nicht entsprechende zu große Breite von 3 Ruthen und darüber haben, ist die Berieselung eine wilde.

Der Erfolg solcher wilden Berieselungs-Anlagen ist sehr verschieden. Sobald Dorf- oder Mist- oder fettes Feldwasser auf kleine Flächen vertheilt wird, wächst das Gras oft sehr gut und in reicher Fülle. Wenn aber das Wasser von Quellen, Bächen und Flüssen auf diese Weise benutzt wird, wie es gewöhnlich geschieht, da wächst gutes Gras nur in der Nähe der Wässerrinnen. In einiger Entfernung davon läßt der Graswuchs nach. Die Gramineen machen den Riedgräsern Platz, und auch diese werden nach den Abzügen hin immer dünner, während hier der Mooswuchs bis zur größten Ueppigkeit zunimmt. Der durchschnittliche Ertrag ist dann im günstigsten Falle nur mittelmäßig. Ist der Wasserzufluß nur schwach, so besteht der ganze Vortheil oft allein darin, daß die bewässerte Wiese früher grün wird, als andere, ein Vortheil, der eben so oft später dadurch, daß das in den Gräben gehaltene Wasser den Boden auskältet, wieder aufgehoben wird. Es ist sogar der Fall schon zuweilen vorgekommen, daß auf diese Weise bewässerte Wiesen schlechter wurden, als sie vorher waren. Die wilde Rieselung giebt also mit einiger Sicherheit nur da genügende Erträge, wo es bei dem Zufluß von wenigem aber sehr düngerreichem Wasser darauf ankommt, dasselbe möglichst weit zu verbreiten, da wo dasselbe zu dem Ende in kleinen Rinnen nur für kurze Zeit bald nach der einen, bald nach einer andern Stelle der Wiesen hingeleitet zu werden braucht.

Wilde Rieselungen werden übrigens gewöhnlich zuerst in den Gegenden angelegt, in denen der Wiesenbau etwas Neues ist, wo man sich noch nicht entschließen kann, bedeutende Kapitalien auf solche Meliorationen zu verwenden. Werden dann mehrere solcher Anlagen auf zu großen Flächen ausgeführt und haben sie, wie natürlich, keinen-zufriedenstellendeu Erfolg, so werden sie gewöhnlich Veranlassung, daß sich ein Mißtrauen, ein Vorurtheil gegen die Wässerung überhaupt bildet, und daß dadurch die Ausbreitung auch eines besseren Wiesenbaues für längere Zeit hingehalten wird.

b) Der Kunstbau.

Diese geringen Erfolge der wilden Rieselung waren zu sehr in die Augen fallend, sie waren zu empfindlich, als daß nicht auf Abhülfe hätte gedacht werden sollen. Man sah bei der wilden Rieselung, daß das Wasser nur auf einer kurzen Strecke von der W sserrinne ab gutes Gras hervorbrachte, und theilte deshalb die großen Flächen in kleinere ein, die man sehr sorgfältig planirte, und denen man Gefälle gab. Diese Flächen waren entweder nach einer Richtung geneigt, Hänge, oder sie lagen dachförmig auf beiden Seiten einer und derselben Wässerrinne, Rücken. Ihnen wurde durch gerade Gräben und Rinnen das nöthige Wasser zugeführt. Sie erhielten eine willkührliche, jedoch immer nur geringe, in neuerer Zeit an manchen Orten sogar zu geringe Breite, ein willkührliches Gefälle, und eine willkührliche Lage. Unvollkommene Nivellir-Instrumente und Mangel an Uebung im Nivelliren ließen keine gehörige Uebersicht über die Höhenverhältnisse größerer Flächen zu, daher wurden nach generellen, oft oberflächlichen Nivellements zu Hause die Pläne gemacht und nach diesen Plänen die Wiesen umgearbeitet. Die im Wege liegenden Höhen werden dann abgetragen, Niederungen ausgefüllt u. s. w. und die Fläche in die beabsichtigte Form hineingearbeitet. Das ist der sogenannte Kunstbau, wie er in der Lombardei, im Siegenschen, in der Lüneburger Heide u. s. w. vielfach ausgeführt ist und noch ausgeführt wird.

Die großen dabei vorkommenden Erdbewegungen veranlassen bedeutende Ausgaben. Daher sind die Kosten des Kunstbaues in der Regel viel höher, als sie es bei mäßigen Höhenveränderungen sein würden. So kostete die Berieselungs-Anlage von 60 Morgen Wiesen beim Stifte Keppeln im Siegenschen, wenn ich nicht irre, 6000 Thlr. und mancher Hannöversche Bauer giebt noch heute 120 Thlr. und mehr für den Umbau Eines Morgens seiner Wiesen aus.

Verhinderten bei der wilden Rieselung die geringen, oft ungenügenden Erträge eine schnelle und weite Verbreitung des Wiesenbaues, so trugen beim Kunstbau die großen Kosten eine gleiche Schuld, denn wer würde 20 bis 60,000 Thlr. für die Melioration von 400 bis 600 Morgen Wiesen in solchen Gegenden auszugeben wagen, wo man für diesen Preis große Güter kaufen könnte. Er blieb daher auch allein auf solche Gegenden, welche bei einer dichten Bevölkerung großen Mangel an Wiesen und kleinen Besitzstand hatten, beschränkt. Werden doch im Siegenschen die Rieselwiesen nach Quadrat-Ruthen gemessen, und glaubten da die Leute vor nicht langer Zeit noch, man wolle ihnen etwas vorreden, wenn man von Hunderten von Morgen sprach.

Die zur Bewässerung disponible und im Verhältniß zu der geringen Ausdehnung der künstlich gebauten Wiesen gewöhnlich bedeutende Wassermenge ist Ursache, daß der Ertrag derselben gewöhnlich befriedigend ausfällt. Dadurch wurde die vorgefaßte Meinung der Kunstwiesenbauer bestärkt, daß auf die richtige Form der Oberfläche im Wiesenbau Alles ankomme. Dennoch waren und blieben trotz Herstellung der richtigen Form die Erträge oft ganz schlecht, sie geriethen um gar nichts besser, als die der wilden Rieselungen, namentlich dann, wenn die Anlagen auf große Flächen ausgedehnt wurden; dem vorurtheilsfreien Beobachter allerdings Beweises genug, daß die Form allein das Wesen des Wiesenbaues keineswegs ausmache. Jedenfalls sind die Anlagekosten des Kunstbaues immer zu hoch, weil sich bei einem andern Verfahren dasselbe Resultat auf billigerem Wege erzielen läßt. Heutzutage gehört der Kunstbau nur noch zu den Liebhabereien und kostet, wie jede andere Liebhaberei, den interessirenden Herren nur viel Geld.

c) Der rationelle Bau.

Diese Unsicherheit in den Erträgen, die zwar gewöhnlich doch nicht immer guten Erfolge des Kunstbaues, so wie die gemeinhin ungenügenden der wilden Rieselung beweisen, daß das wichtigste Moment für die reiche Grasproduktion noch in etwas Anderem, als in dem Anfeuchten des Bodens, oder in einer bestimmten Form der Oberfläche, also in irgend einem bisher noch nicht berücksichtigten Faktor gesucht werden müsse. Der rationelle Wiesenbau findet denselben, wenn auch nicht allein, doch vorzugsweise in dem Düngergehalt des Wassers. Mit Rücksicht hierauf entwickelt derselbe sichere Principien zur Bestimmung der Breite, Länge, Höhe der Rükken und Hänge, und der Größe des ganzen Graben- und Grippensystems. Der rationelle Wiesenbau überläßt nichts der Willkühr und dem Gutdünken, sondern führt Alles auf mathematischem und naturwissenschaftlichem Wege auf ganz bestimmte Regeln, deren Entwickelung der Vorwurf für das folgende Werk ist, zurück, auf Regeln, welche der Praxis einen sichern Anhalt gewähren. Die richtige Anwendung dieser Regeln hat immer und überall den höchstmöglichsten Ertrag zur Folge.

Der rationelle Wiesenbau sucht aber auch, indem er das Gute und Zweckmäßige, welches die eine oder andere Schule des Kunstbaues besitzt, annimmt, und nur das Irrationelle desselben vermeidet, diese sicheren Erfolge besonders dadurch auf eine möglichst billige Weise zu erreichen, daß er den Plan zum Bau der Wiesen so viel wie möglich der natürlichen Lage des Terrains anpaßt, und damit die theuren Erdbewegungen auf das geringste Maaß beschränkt. Wird es auf diese Weise möglich, dem Kunstbau gegenüber an Anlagekosten ganz bedeutend zu sparen, so ist es darum doch gerade nicht nöthig, in Formen zu verfallen, welche das Auge beleidigen. Dem äußern Ansehen nach muß sich vielmehr der rationelle Wiesenbau zum

Kunstbau etwa verhalten, wie ein Englischer Park zu einem Garten in alt Französischem Styl.

Was nun der Erfolg der rationell gebauten Berieselungs-Anlagen betrifft, so kann ich jetzt, nun 15jährige Erfahrungen darüber vorliegen, nur erklären, daß dieselben bei richtiger Behandlung und gehöriger Unterhaltung gar nichts zu wünschen übrig lassen. Die Erträge der Wiesen werden je nach den klimatischen Verhältnissen die möglichst höchsten. Auch die Qualität des gewonnenen Futters ist, da die producirten Gräser überall zu den edelsten Arten der Gramineen gehören, gut. Endlich ist auf diesen Erfolg mit einer viel größeren Sicherheit zu rechnen, wie bei jeder andern Kultur, weil wenigstens einige der wichtigsten Bedingungen des Gedeihens der Pflanzen in der Hand des Menschen liegen. Kurz es giebt wenige landwirthschaftliche Meliorationen, welche eine solche Empfehlung verdienen, als der rationelle Wiesenbau.

d) Der natürlich regelmäßige Wiesenbau.

Werden für den rationellen Bau nur die Gräben und Rinnen gemacht, unterbleibt dagegen das regelrechte Planiren der Flächen, so erhält man einen natürlich regelmäßigen Wiesenbau. Er ist also gewissermaßen eine Skizze dessen, was er eigentlich werden muß, das Gerippe des rationellen.

Durch konsequentes Fortbilden mittelst des durch die Räumung gewonnenen Materials läßt sich dieser Bau auch in einen vollständig fertigen rationellen umwandeln. Allein die dazu erforderliche, unwandelbar auf das gesteckte Ziel hinarbeitende, eiserne Konsequenz habe ich bisher fast nirgends angetroffen, und nachdem ich die ersten 10 Jahre meiner Praxis nur solche Anlagen ausgeführt, es aufgegeben, und seither es vorgezogen, die Anlagen gleich fertig und vollkommen abzugeben. Nur beim Hangbau gehen der rationelle und der natürlich regelmäßige Bau manchmal ganz in einander über.

Erster Abschnitt.

Theorie des Wiesenbaues.

I. Das Wasser.

Allgemeine Bemerkungen.

§. 1.

Das Wasser ist der Vermittler der anorganischen und organischen Natur. Nur in Wasser gelöst, können die Nahrungsmittel aus dem Boden von den Pflanzen aufgenommen werden. Daher die Wirksamkeit des Regens, und darum das Giezen des Gärtners. Manche regenarme Gegenden danken aus diesem Grunde dem Wasser allein die Möglichkeit oder den hohen Grad ihrer Kultur. So die Oasen in den Wüsten, gröẓere Landstriche in Spanien, dem südlichen Frankreich, der Lonbardei u. s. w. Natürlich hat an solchen Orten, wo die gan,e Existenz der Menschen darauf begründet ist, das Wasser einen höheren und allgemeiner anerkannten Werth, als an andern. Es wird da zum vollständigen Handelsartikel, es wird verpachtet und verkauft. So weit sind wir allerdings noch nicht vorgeschritten. Es mag auch der Werth desselben hier wirklich geringer sein, als dort, immer bleibt er doch noch hoch genug, um ihn mit Nutzen auszubeuten, und es ist nur zu bedauern, daß dies nicht schon lange in größerer Ausdehnung als bisher geschieht. Die Wirkungen, welche hier verlangt werden, sind jedoch etwas anderer mannigfaltigerer Art, als in jenen Gegenden, es wird nicht so ausschließlich nur ein Anfeuchten des Bodens, sondern noch mehr erstrebt, und deshalb ist hier der Ort, auf den verschiedenen Einfluß des Wassers näher einzugehen.

Die düngende Wirkung des Rieselwassers.

§. 2.

Es ist eine allgemein bekannte Thatsache, daß die Jauche, welche man auf die Wiesen fährt, daß das Regenwasser, welches den Dünger schlecht angelegter Misthöfe auslaugt und damit geschwängert auf jene hinauffließt, einen ungemein günstigen Einfluß auf den **Graswuchs ausüben.** Niemand ist über den naheliegenden Grund dieser Erscheinung im mindesten zweifelhaft. Ein Jeder findet ihn in dem Düngergehalt dieses Wassers. Seitdem Saussure, Sprengel, Liebig und andere Naturforscher bewiesen haben, daß alle Stoffe, woraus sich die Pflanzen aufbauen und welche darin gefunden werden, von denselben nur aus dem Boden und aus der Luft aufgenommen werden, daß also auch die Mineralien, wie Kali, Natron, Ammoniak, Kalk, Phosphor, Schwefel, Eisen u. s. w. für das Wachsthum derselben unentbehrlich nothwendige Nahrungsstoffe, also Dünger sind, wird nicht allein in jedem Wasser, welches diese Mineralien enthält, ein gewisser Düngergehalt anerkannt, sondern es wird, da ein jeder Boden Ersatz für die mit den Ernten fortgeführten Stoffe verlangt, wenn er dauernd fruchtbar bleiben soll, gerade der Zuführung dieser Stoffe der Haupteffekt des Wassers auf den Rieselwiesen zugeschrieben werden müssen. Hat der Boden Kraft und wird er in Kraft erhalten, d. h. finden die Pflanzen darin die nothwendige Nahrung in reichlicher Menge und in entsprechender Form, so bringt er nicht allein die möglichste Menge kräftiger Pflanzen hervor, sondern dieselben widerstehen auch allen nachtheiligen Einflüssen der Witterung u. s. w. am besten und längsten, er bringt sie auch am sichersten hervor. Vom Acker weiß das jeder Landwirth. Dasselbe gilt auch von den Wiesen. Die chemische Analyse weist aber fast in jedem Wasser, selbst in dem klaren Quellwasser mehr oder weniger von den verschiedenen Pflanzen-Nahrungsstoffen nach. So hat ein stets klarer aus tiefstehendem Sande entspringender und nur von sandigen Ufern begrenzter Bach bei Kuhtz in Hinterpommern nach der Analyse des Dr. Birner und Professor Marchand in 1 Cubikfuß, also in 66 Pfd.

Gips	1,043
Schwefelsaures Kali	0,167
Chlornatrium	0,713
Chlorkalcium	0,074
Latus	1,997 Mgr.

Transport	1,997
Kohlensaures Eisenoxydul	0,121
Kohlensauren Kalk	0,171
Kohlensaure Talkerde	0,221
Phosphorsauren Kalk	0,068
Kieselerde	0,083
Organische Substanz	0,500
zusammen	2,161 Mgr.

In derselben Menge enthält ein besseres Bachwasser bei Czamikauer Hammer im Großherzogthum Posen, dessen Quellen m mergelreichen Boden liegen nach **Bertels**:

Gips	0,138
Kohlensauren Kalk	4,525
Kohlensaure Talkerde	0,831
Chlornatrium	0,244
Eisenoxydul	0,131
Kieselerde	0,594
Thonerde	0,043
Schwefelsaures Kali	0,119
Humussäure und Ammoniak	0,132
Stickstoffhaltige organische Reste . .	0,462
zusammen	7,219 Mgr.

Ein Cubikfuß gutes aber klares Quellwasser bei Pribbargen in Hinterpommern nach einer Analyse des Professor **Marchard**:

Kieselerde	1,304
Kalk	1,440
Talkerde	0,542
Thonerde	0,916
Eisenoxydul	0,194
Natron	0,122
Kali	0,113
Chlor	0,357
Schwefelsäure	0,163
Kohlensäure	1,864
Organische Substanzen	2,111
zusammen	9,126 Mgr.

Ein Cubikfuß des Flusses Ale nach Professor Johnston in Schottland:

Organische Stoffe	0,972
(Schwefelsaures) Kali	0,933
Gips	0,355
Kohlensaurer Kalk	2,933
Kohlensaure Talkerde	0,556
Chlormagnesium	1,013
Eisenoxydul	0,311
Schwefelsäure	0,800
Chlor	0,200
Kieselsäure	0,133
zusammen	8,206 Mgr.

Ein Cubikfuß des Riglawburn sogar nach demselben:

Organische Stoffe	1,433
(Schwefelsaures)Kali	0,400
Natron und Chloride	1,075
Gips	1,633
Kohlensaurer Kalk	4,067
Kohlensaure Talkerde	2,022
Chlormagnesium	0,694
Eisenoxyd	0,333
Schwefelsäure	1,000
Chlor	0,917
Kieselsäure	0,178
zusammen	13,752 Mgr.

Ueberdies enthält jedes Wasser Ammoniak, oder besitzt wenigstens die Fähigkeit, dasselbe aus der Luft zu absorbiren.

Die Menge der enthaltenen Düngungsstoffe in Einem Cubikfuß Wasser ist scheinbar höchst unbedeutend. Sie gewinnt aber bei näherer Betrachtung eine sehr große Bedeutung, sobald man die Masse von Cubikfußen berechnet, welche in einer gewissen Zeit wegfließen. Die Rega, ein kleiner Hinterpommerscher Küstenfluß, schüttet z. B. am seinem Ausfluß in die Ostsee bei mittlerem Zufluß etwa 400 Cubikfuß per Sekunde.

Besitzt das Wasser derselben nur einen mittleren Gehalt

von 6 bis 8 Grammen per Cubikfuß, so entführt er in jedem Jahre der Kultur

1,500,000 Zentner

des allerwerthvollsten Düngers, eine Quantität, welche eine reiche Ernte von 400,000 bis 500,000 Morgen, also einen Werth von 3 bis 4,000,000 Thlrn. repräsentirt. Nichts beweist schlagender, als diese wenigen Zahlen die außerordentliche Wichtigkeit der Benutzung des Wassers. Sie beweisen, daß überall im Lande selbst noch größere Düngermassen, als auf den Guano-Inseln Peru's nur der erlösenden Arbeit harren, um nutzbringend zur Verbesserung des Landes, und dadurch zur besseren Ernährung der Menschen und zur Erhöhung des allgemeinen Wohles beizutragen, in national-ökonomischer Beziehung also produktiv zu wirken. Sie beweisen ferner, daß die Millionen von Thalern, welche für käufliche Düngungsmittel aus dem Lande gehen, erspart oder wenigstens im Lande selbst umgesetzt werden können, daß endlich die Gesetzgebung derartige Meliorationen auf alle mögliche Weise zu erleichtern, namentlich sie von den Fesseln oft nur eingebildeter Widersprüche, welche heute noch so hemmend entgegenwirken, zu befreien, bestrebt sein sollte. Wollte doch jeder Grundbesitzer, dem die Natur dazu die Gelegenheit geboten, das recht beherzigen, wollte er doch bedenken, daß er durch zweckmäßige Benutzung des Wassers einen herrenlosen, ungenützt weglaufenden, ohne bedeutende Kosten zu erhebenden Schatz festzuhalten im Stande ist! Wofür würde der Landwirth gehalten werden, der seinen Viehdünger auf dem Hof verfaulen ließe, um die Kosten der Abfuhr zu sparen? Und doch würde dieser nicht anders handeln, wie jener, der den Dünger im vorbeifließenden Wasser ungenutzt weglaufen läßt. Das chemisch reine Wasser vertritt nur die Stelle des Düngerwagens, welcher die Pflanzennahrung an den Ort ihrer Bestimmung bringt, und der Arbeitsleute, welche ihn verstreuen und auf diese Weise überall hinvertheilen.

Es ist aber ferner noch zu beachten, erstens, daß diese Stoffe in Wasser gelöst, also in einer Form den Pflanzen dargeboten werden, in der sie unmittelbar assimilirbar sind, und zweitens in einer solchen Verdünnung, und das ist eben so wichtig, daß sie denselben nicht nachtheilig werden können. Daß dies so ist, und daß diesen Stoffen vorzugsweise der günstige Erfolg der Rieselung zugeschrieben werden müsse, das beweist das schnelle Vorwärtsgehen der bewässerten Wiesen. Diese im Wasser aufgelösten Stoffe gehen aber nicht allein direkt in die Pflanzen über, es bleibt auch ein Theil derselben theils durch Filtration im Boden zurück, theils wird er durch chemische Verwandtschaft der Bestandtheile des letzteren gebunden. Zu konzentrirte Lösungen leicht löslichen Salze und der Humussäure kommen nur ausnahmsweise und sehr selten vor. Sie machen aber das Wasser zum Berieseln vollkommen unbrauchbar, weil sie in dieser Form von den Pflanzen nicht aufgenommen werden können, da sie Alles vergiften.

Die Sinkstoffe, der Schlick, d. h. die feineren vom Wasser mechanisch mit fortgerissenen Erdtheilchen, welche dasselbe zu Zeiten, namentlich bei Fluthen, trübe machen, sind noch keine Pflanzennährung. Sie dienen jedoch sehr häufig, z. B. auf dem Sande, den Brüchern und Mooren ebensowohl zur chemischen wie zur physikalischen Verbesserung des Bodens, indem sie demselben entweder fehlende Stoffe zuführen oder dessen Aggregatzustand verbessern. Ueberdies werden sie später, wenn auch nur allmählig, in Pflanzennahrung umgewandelt, da sie vermöge ihres feinen Korns und der dadurch dargebotenen bedeutenden Angriffsflächen schneller zersetzt werden, als die gröberen Bestandtheile; steht doch nach Schulz die Fruchtbarkeit eines Bodens in ziemlich direktem Verhältniß mit der Menge seiner feinsten abschlämmbaren Theile. Die Sinkstoffe werden mithin häufig eine Quelle von Pflanzennahrung für diejenigen Zeiten, in denen nicht gerieselt werden darf, wenn also den Gräsern in dem Rieselwasser unmittelbar die nöthige Stoffe weder quantitativ noch qualitativ dargeboten werden können. Endlich erhöhen sie die durch die neueren Forschungen Liebigs nachgewiesene Fähigkeit des Bodens die wichtigen, namentlich die Stickstoff, Phosphorsäure und Kali enthaltenden Pflanzen-Nahrungsstoffe festzuhalten. Dennoch sind sie zur Besserung der Wiesen nicht unumgänglich nöthig, denn auch klares Wasser, welches kaum Spuren davon mitbringt, wie das oben angeführte Kuhtzer Bachwasser, giebt eben so gutes Gras, wenn es auch den vollen Ertrag erst später hervorbringt.

Die gröberen Sinkstoffe werden häufig sogar dadurch nachtheilig, daß sie den Boden zu schnell erhöhen. Das ist besonders da der Fall, wo das Gefälle beschränkt ist, wo, wie z. B. im Siegerlande, Rieselwiesen und Triebwerke mit einander abwechseln. Hier wird durch eine solche Erhöhung des Bodens das Niveau verändert, und oft ein nachtheiliger Rückstau veranlaßt, dessen Fortschaffung dann das Abkarren der aufgeschwemmten Erde nöthig macht. Daher wird, um diese Arbeit zu vermeiden, dort lieber das Rieseln mit trübem Wasser ganz unterlassen.

Bei einer zweckmäßigen Berieselung soll das Material, welches zur Hervorbringung des Grases gedient hat, und in der Heuernte weggeführt ist, durch die im Wasser enthaltenen und herbeigeführten Stoffe wieder ersetzt werden. Es muß sich daher bei beständigen Rieselwiesen ein Gleichgewicht zwischen diesen dargebotenen Stoffen und dem Ertrage herausstellen.

Mithin ist die erste Bedingung einer Berieselung, von welcher dauernder und hoher Ertrag verlangt wird, daß die nöthige Menge von Dünger herbeigeführt, daß also auch eine entsprechende Menge von Wasser über die Wiese hinübergerieselt werde. Je mehr Wasser gegeben werden kann, desto üppiger muß auch das Gras, natürlich bis zu einem gewissen Punkte, wachsen. Ueber diesen Punkt hinaus würde eine Wässerung mindestens Verschwendung, und jedenfalls dadurch nachtheilig werden, daß das überflüssige Wasser anderwärts höher hätte ausgenützt werden können. Reicht dagegen die aufgebrachte Wassermenge nicht aus, so muß neben der Rieselung noch mit Vieh- oder anderm aufgefahrenen Dünger nachgeholfen werden, wenn die Erträge nicht nachlassen sollen. Dies Verfahren findet man daher auch in der Lombardei bei allen tüchtigen Besitzern von Winterwiesen, deren hoher Ertrag durch gewöhnliches Wasser wohl kaum ersetzt werden kann, ganz allgemein im Gebrauch.

Nicht alle Gewässer sind einander an Güte, d. h. im Gehalt an Nahrungsmitteln gleich. Es kommt darin eine ungemeine Verschiedenheit vor. Bemerkt worden ist diese Verschiedenheit auch oft, und welchem aufmerksamen Wiesenbauer hätte sie entgehen können — allein es ist bisher der Grund derselben nicht erkannt worden. Ein Blick jedoch auf die vorher aufgeführten Analysen verschiedener Rieselwasser weist deutlich nach, daß in allen beinahe die nämlichen Stoffe enthalten sind, und daß demnach die nicht zu verkennende verschiedene Güte und Wirksamkeit von dem Mengenverhältniß derselben abhängig ist. Unter denselben scheint der Stickstoff eine eben so bedeutende Rolle zu spielen, wie in dem Dünger für den Acker, denn dasjenige Wasser, welches aus Städten und Dörfern und von fetten gedüngten Aeckern abfließt, ohne Zweifel das an Stickstoff reichste, ist erfahrungsmäßig zum Rieseln ganz vorzüglich geeignet. Als weitere Folge der obigen Auseinandersetzungen ergiebt sich ferner selbstredend, daß die Quantität des nothwendigen Wassers im umgekehrten Verhältnisse zur Qualität desselben stehet, d. h. daß wenig aber düngerreiches Wasser eben so viel effektuiren müsse, als eine größere Menge ärmeren Wassers.

Kennzeichen der Güte des Wassers.

§. 3.

Zum Erkennen der Bestandtheile des Wassers ist allerdings die chemische Analyse wohl der sicherste Weg. Aus dem eben Gesagten leuchtet indessen auch ein, daß wenn die Qualität desselben auf diese Weise bestimmt werden soll, dies nur durch eine quantitative Analyse geschehen kann, welche, um auch über den Gasgehalt u. s. w. des Wassers ein richtiges Bild zu gewinnen, unmittelbar an Ort und Stelle ausgeführt werden müßte. Bei dem geringen Gehalte des Wassers an festen Körpern müssen aber nicht unbedeutende Wassermassen dazu erst verdampft werden. Dadurch wird die Arbeit so zeitraubend, so umständlich und schwierig, daß dies Mittel in der

Praxis wohl nur selten wird angewendet werden können. Man hat sich daher nach allerhand äußeren Kennzeichen umgesehen, um schon auf den ersten Blick die Güte des Wassers beurtheilen zu können.

Die meisten der bisher angegebenen Erkennungszeichen haben aber keine allgemeine Gültigkeit. So beurtheilt man z. B. im Lüneburgischen die Qualität des Wassers vielfach nach der Farbe des abgesetzten Schlickes, und hält es für gut, wenn dieser schwarz, für schlecht, wenn er weiß ist. Wie manches Wasser führt aber einen schwarzen Schlick, der allein aus fein zertheiltem Torfboden besteht, und darum wenig thut, während ein anderes viel besseres Wasser aus reichen Mergellagern, bei bedeutendem Kalkgehalt, nach dem Entweichen von Kohlensäure einen weißen, aus Kalk bestehenden Schlick niederfallen läßt. Und wie verhalten sich diejenigen Gewässer, die gar keinen Schlick mit sich führen, und deshalb auch nicht absetzen können, weil sie immer klar sind? Ebenso soll dasjenige Wasser gut sein, in welchem Seife schäumt. Ein solches Wasser nennt man gewöhnlich ein weiches. Aber fast alle Quellen, welche aus Mergellagern kommen, haben hartes Wasser, die Seife schäumt darin nicht, und doch sind sie oft zum Rieseln sehr gut. In Gebirgsgegenden hält man ferner die Forellen-Bäche für sehr brauchbar. Das sind sie unstreitig auch, allein Flüsse, in denen keine Forellen leben, sind ebenfalls gut, oft noch viel besser. Alle diese Anzeichen haben daher nur eine sehr lokale Anwendung.

Einen viel sicheren und für die Praxis überall brauchbaren Maaßstab zur Beurtheilung der Qualität des Wassers bildet sowohl die im Wasser selbst, als auch die an dem Rande desselben und auf den häufig überflutheten Stellen wachsenden Pflanzen. Ihre Existenz ist vorzugsweise auf die im Wasser enthaltenen Nahrungsstoffe angewiesen. Allerdings sind sie auf eine noch unerklärte Weise häufig Sammler einzelner, und zwar in sehr geringer Menge darin enthaltener Stoffe. So wird z. B. in den Fucus-Arten das Jod, von welchem im Meerwasser nur Spuren vorkommen, in großer Menge gefunden. Sie weisen jedoch mit großer Sicherheit auf die Bestandtheile des Wassers hin, und es ist nur zu wünschen, daß chemische Analysen dieser verschiedenen Pflanzen noch näher nachweisen, welche dies gerade vorzugsweise und auf welche Weise sie es thun.

So sind die Gewässer, in denen Ranunculus und Potamogeton-Arten, an deren Rande Glyceria spectabilis, Phalaris arundinacea u. s. w. sehr reichlich wachsen, und welche auf den überflutheten Stellen einen üppigen Graswuchs, in dem die Poa und Festuca-Arten, Alopecurus pratensis, Glyceria fluitans und dergleichen Gräser vorherrschen, erzeugen, zum Berieseln ganz vortrefflich. Bei einer solchen Prüfung muß man indeß auch auf Nebenumstände Rücksicht nehmen, wenn man sich nicht täuschen will. Beispielsweise mag nur darauf hingewiesen werden, daß auf sehr quelligen und nicht abgegrabenen Wiesen die überflutheten Stellen, trotz der Güte des überströmenden Wassers, diese Gräser zuweilen doch nicht hervorbringen, weil die Nachtheile der quelligen Grundnässe größer sind, als die Vortheile jenes Fluthwassers. Es würde unrecht sein, deshalb auf eine geringe Qualität des Bach- oder Flußwassers zu schließen. Ueberhaupt läßt sich ein genaues Bild der verschiedenen Abstufungen und Uebergänge gar nicht auf dem Papiere wiedergeben. Es lassen sich die Zeichen nur andeuten. Jeder aber, der offene Augen zum Sehen und Vergleichen hat, wird bei einiger Aufmerksamkeit sich sehr bald ein Urtheil danach bilden können.

Ferner sind im Wasser Myriophyllum, Veronica anagallis und Beccabunga, Glyceria aquatica, am Rande Butomus umbellatus, Sagittaria Zeichen eines guten, — Sium, Rumex, Cicuta, Mentha, Stachys, Alisma, Lythrum, Scirpus, Junius Zeichen eines ziemlich guten Wassers. Dagegen ist das Wasser der Bäche ganz arm, wenn darin wenig oder gar nichts, und am Rande nur einzelne Büschel oder Halme magerer Riedgräser (Carex acuta, stricta u. dgl.) und Moose wachsen. Finden sich viel Konferven im Wasser, so ist es gewöhnlich gut, wenn diese grün, aber nur mittelmäßig, wenn deren Färbung braun ist. Eben so arm an Pflanzen-Nahrungsstoffen ist oft das Wasser der Binnenseen, welche von Sandhöhen eingeschlossen keinen lebendigen Zufluß haben, und an deren Rande nur etwas Rohr und einige Binsen wachsen. Chara ist ein Zeichen von kalkreichem, die Nymphaea-Arten von sehr langsam fließendem oder ganz stillstehendem Wasser.

Auch kann man aus der Beschaffenheit der Erdschichten, durch welche die Quellen streichen, auf die Qualität des Wassers schließen. Entspringen sie aus Mergellagern, so ist es in der Regel recht gut. Es wächst darin Brunnenkresse, Nasturtium officinale oft in sehr großer Menge. Wenn sie dagegen aus tiefstehendem mageren Sande gewissermaßen filtrirt zu Tage kommen, so ist ihr Wasser an Reinheit oft dem destillirten ähnlich. Je mehr Dörfer und Städte ein Bach oder Fluß durchströmt, je fetter und kultivirter die anstoßenden Aecker sind, von denen bei Abgang des Schnees und bei Regenwetter das Wasser zufließt, desto größerer Nutzen ist gemeinhin von einer Berieselung damit zu erwarten. Je magerer dagegen der Grund der umgebenden Sandhöhen ist, in je weiterer Ausdehnung dieselben mit Wald oder Haide bewachsen sind, je mehr Zufluß aus sauren Mooren der Bach hat, desto ärmer ist dagegen sein Wasser.

Selten nur kommt Wasser vor, dessen Einfluß auf die Vegetation durchaus nachtheilig ist. Dasselbe ist in der Regel durch Abgänge gewerblicher Anlagen, wie bei manchen Pochhämmern, vergiftet, oder es enthält eine zu große Menge eines leicht löslichen Salzes oder zu viel Humussäure. Letzteres ist zuweilen der Fall, wenn es aus tiefen Haide- und Hochmooren entspringt. Es sieht dann immer sehr dunkelbraun aus, doch ist diese Farbe durchaus nicht charakteristisch, da manches andere durch Elsbrücher und Buchforsten fließende, sehr brauchbare Wasser eine fast ebenso intensiv dunkle Färbung hat. Glücklicherweise findet sich ganz unbrauchbares Wasser nur ausnahmsweise und nur auf kleinen Strecken. Durch das Laufen im Bachbett und durch die dabei nicht fehlende vielfache Berührung mit der Luft, welche beim Laufen und Rauschen über Steine und Kiesel besonders thätig wirkt, so wie durch Vermischung mit anderem Wasser verbessert es sich bald. Bei Pochhämmern leitet man es auch wohl in besondere Bassins, damit der nachtheilige Pochsand aus dem darin zur Ruhe kommenden Wasser schneller sich ablagere.

Verbesserung des Wassers.

§. 4.

Die Frage, ob sich mageres, düngerarmes Wasser nicht verbessern lasse, ist mehrfach aufgeworfen. Auch sind schon öfter Vorschläge dazu gemacht, z. B. Laufenlassen des Wassers über Kiesel, Ansammeln in Teichen, Einlegen gefallener Thiere in das Rieselwasser, Hineinleiten von Jauche, und Regenwasser vom Hofe u. s. w. Es ist gewiß das Zuführen stickstoffhaltiger Körper, wie das Zuleiten von Jauche u. s. w. ganz besonders wirksam, doch ist nicht allein die Möglichkeit der Anwendung solcher oder ähnlicher Mittel von lokalen Umständen abhängig, sondern sie sind auch nur im Kleinen ausführbar. Bietet sich indeß an einzelnen Orten dazu bequem Gelegenheit, so ist zu solchen Verbesserungen nur zu rathen. Von den Kadavern gefallener Thiere ist vielleicht auf keine andere Weise ein größerer Nutzen zu ziehen.

Wiederholte Benutzung des Wassers.

§. 5.

Beobachtet man auf einer wilden Rieselung die Wirkung des überrieselnden Wassers, so sieht man zunächst in den Wässergräben und Wässerrinnen das beste Gras. In einiger Entfernung nimmt der Graswuchs ab. Die Gramineen verschwinden. An ihrer Stelle treten Riedgräser auf. Noch weiter abwärts wird auch der Stand der letzteren immer dünner, das Moos nimmt zu, bis es endlich vollständig die Oberhand gewinnt. Je ärmer das Wasser, desto näher den Wässerrinnen rücken diese Erscheinungen zusammen, je reicher dasselbe, desto weiter erstreckt sich dessen günstige Wirkung; aber auch bei dem fruchtbarsten Wasser bleiben jene trotz des großen Düngergehalts nicht aus. Diese Thatsache ist unbestreitbar richtig. Viele Wiesenbauer glauben deshalb, daß das einmal übergelaufene Wasser seine düngenden Bestandtheile vorn ablagere, und weisen als Beweis dafür auf die stärkere Ueberschlickung in der Nähe der Wässerrinnen hin. Sie meinen, daß es dann zum Ueberrieseln nicht mehr brauchbar sei, und daß deshalb ein jeder Wiesentheil kein anderes als frisches Wasser erhalten dürfe, um Gras zu bringen. Das ist aber entschieden nicht richtig. Es ist schon oben nachgewiesen worden, daß der im Wasser enthaltene Dünger etwas ganz anderes sei, als der oben auf der Fläche liegen bleibende Schlick, daß es vielmehr die darin gelösten Stoffe sind, welche aus dem Wasser nicht niedergeschlagen werden, sondern damit fortfließen. Mit dem Rieselwasser gehen aber bei einer regelrechten Wässerung während 60 Rieseltagen 400 bis 600 Zentner derselben über einen Morgen Wiesen fort, von denen jedoch nur ein sehr kleiner Theil in den Boden eindringt und mit den Pflanzenwurzeln auf kurze Zeit in Berührung kommt, so daß also auch nur höchst wenig von denselben aufgenommen oder von dem Boden festgehalten werden kann. Nimmt man nun auch an, daß in einer sehr reichen Heuernte kaum 2 bis 3 Zentner davon dem Rieselwasser entzogen werden, und ein anderer Theil durch den Boden zurückgehalten wird, so ist doch dieser Verlust im Verhältniß zur ganzen Masse so gering, daß er selbst, wenn er nicht in anderer Weise wieder ersetzt würde, die Güte des Rieselwassers erst nach sehr oft wiederholter Benutzung etwas vermindern kann. Die Befürchtung, daß das Wasser aus diesem Grunde nicht wieder zu brauchen sei, ist also unhaltbar. Unbesorgt um die Entziehung des Düngers kann das Wasser 30, 40 mal und noch öfter zum Rieseln gebraucht und wieder gebraucht werden. Es wird bei der nächsten Benutzung fast noch ebenso kräftig düngen, wie bei der ersten. Auch spricht eine andere eben so oft beobachtete und eben so oft unwidersprechlich richtige Thatsache gegen jene Meinung. Ist nämlich das ein- oder mehrmal abgerieselte Wasser in einem Graben eine Strecke gelaufen, und wird es dann aus diesem von neuem über die Wiesen geleitet, so äußert es einen eben so günstigen Einfluß auf den Graswuchs, wie bei der ersten Benutzung.

Das Auffallende dieser Erscheinungen hat Veranlassung werden müssen, eine andere Erklärung dafür zu finden. Herr v. Lengercke führt in seinem praktischen Wiesenbau aus, was auch Sprengel und andere schon früher ausgesprochen hatten, daß das Wasser während des Ueberrieselns zwischen dem Grase einen Theil der darin enthaltenen Gasarten an die Pflanzen abgebe, und dieselben aus der Luft wieder absorbire, wenn es nachher einige Zeit in seinem Graben weiterfließe. Allein auch diese Erklärung genügt keineswegs. Das Absorptionsvermögen des Wassers wird — ganz abgesehen davon, daß ein Mangel von Kohlensäure nicht stattfinden kann, da sich der Kohlenstoff als Humus, welcher letztere immer wieder eine neue Quelle der Kohlensäurebildung wird, auf die Weise von Jahr zu Jahr vermehrt, und daß die Absorptionskraft des Wassers gegen Sauerstoff nicht so schnell wirkt, daß während des Laufens durch eine kurze Strecke eines Grabens und während einer ganz kurzen Zeit viel davon verschluckt werden könnt — um so größer sein müssen, eine je größere Oberfläche es der Berührung mit der Luft darbietet. Diese Oberfläche ist aber entschieden viel kleiner, wenn das Wasser in einem schmalen und tiefen Graben fließt, als wenn es in einer ganz dünnen Schicht über die ganze Oberfläche der Wiese verbreitet ist. Das Wasser müßte deshalb während des Ueberrieselns mehr Gase verschlucken können, als während des Weiterfließens in einem Graben.

Der Erscheinung muß also eine noch andere Ursache zu Grunde liegen. Vielleicht ist es folgende: Die Pflanzen entnehmen dem Wasser ihre Nahrung durch die Wurzeln. Diese kommen aber nicht mit demjenigen Wasser in Berührung, welches über die Erdoberfläche fort- und abläuft, sondern nur mit dem, welches in den Erdboden eingedrungen ist, und hier die Zwischenräume zwischen den Bodenpartikelchen ausfüllt. Davon tritt aber ein großer Theil schon durch die Wand der hochliegenden Rieselrinnen ein, sackt dann unter der geneigten Oberfläche des Rückens oder der Hänge immer weiter hinab, bis es endlich in die nächste Entwässerungsrinne hineingelangt. Dasselbe verhindert, wenn schwach gerieselt wird, sogar das Eindringen des übrigen, oben überlaufenden Wassers fast ganz. Auf diesem unterirdischen Wege löst und nimmt das Wasser manche Salze auf, welche entweder im Boden in leicht löslicher Form vorhanden sind, oder durch die Gegenwart von Kohlensäure immer wieder neu sich bilden, z. B. kohlensaures Eisenoxydul. Zunächst den Wässerrinnen ist diese Aufnahme von keinem Nachtheil. Je länger und je weiter aber das Wasser unter der Erde sich hinabgezogen, je weiter also von der Wässerrinne entfernt, desto konzentrirter wird die Lösung, bis sie zuerst den Gramineen, weiterhin selbst den Riedgräsern ungenießbar wird und nur noch dem Moose gedeihlich bleibt. Das scheinen wenigstens die in den Entwässerungsrinnen sehr häufig sich niederschlagenden Massen von Eisenoxydhydrat zu beweisen. Stürzt das übergelaufene Wasser nicht mit Heftigkeit in diese Rinnen hinein, so daß schon auf mechanischem Wege eine Vermischung mit dem aus dem Ufer hervorquellenden bewirkt wird, sondern gleitet dasselbe nur ganz schwach hinein, und wird dann aus dieser zweiten Rinne gleich aber schwach weiter gerieselt, so haben die gelösten Stoffe nicht Zeit, sich niederzuschlagen, und fließen mit dem Wasser auf die Oberfläche der zunächst liegenden Rieselfläche hinauf. Sie lassen aber das von oben her schwach überrieselnde, spezifisch-leichtere und bessere Wasser gar nicht an den Boden und mit den Pflanzen in Berührung kommen. Sie schlagen sich da zuweilen in solcher Menge nieder, daß die Oberfläche mit dem Niederschlag ganz dick überzogen ist und ganz roth aussieht. Der Graswuchs muß dadurch vergiftet und schlecht werden.

Bei dem starken Ueberrieseln geht dagegen schon während des ersten Ueberlaufens im Boden selbst eine Mischung vor sich, indem die Rasenmarke dadurch stark aufweicht, deren Poren sich weiter öffnen und so dem darüber fließenden Wasser das Eindringen in dieselben möglich wird. Schon hierdurch wird den Pflanzenwurzeln eine größere Menge besseren Wassers und damit reichlichere Nahrung angeboten. Die im Boden vor sich gehenden Auflösungen werden nicht so bald konzentrirt, und wenn sie in die nächste Rinne eintreten, durch die große Quantität des oben überlaufenden Wassers stark verdünnt. Durch diese Verdünnung allein werden sie schon zum wiederholten Gebrauch geeignet, sie werden es aber noch mehr, weil die Mischung noch inniger und vollständiger, wenn das vereinigte Wasser vor der Wiederbenutzung eine Strecke im Graben geflossen ist. Manche Körper erhalten dabei auch Zeit, sich niederzuschlagen. Man sieht wenigstens häufig die Grabenwände mit einem gelben Ueberzuge sich bedecken, während das früher trübe Wasser klar weiterfließt. Der Nachtheil ist beseitigt und der Nutzen des Rieselwassers wieder eben so groß, als beim ersten Aufbringen.

Die auflösende Kraft des Wassers.

§. 6.

Das Wasser vermittelt den Uebergang der anorganischen Bestandtheile des Bodens an die Pflanzen. In dürren, regenarmen Gegenden bedingt daher eine Wässerung häufig die Möglichkeit einer Kultur überhaupt. In unseren Gegenden, wo es von Zeit zu Zeit regnet, wird eine Anfeuchtung zu diesem Zwecke nur in kurzen trocknen Zeitabschnitten nöthig. Das Wässern auf den Wiesen entspricht dann dem Begießen des Gärtners. Das Wasser soll die im Boden angesammelten oder neu entstandenen Pflanzen-Nahrungsstoffe auflösen, genießbar machen und an die Gräser überführen. Wenn nun auch die Wiesengräser mehr Feuchtigkeit und daher einen feuchter erhaltenen Boden verlangen, als die auf dem Acker gezogenen Kulturpflanzen, so genügt es doch, wenn je nach der wasserhaltenden Kraft des Wiesengrundes jede fünfte bis achte Nacht einmal gerieselt wird. Eine zweckmäßige Berieselung muß daher so eingerichtet sein, daß in solchen Zeitabschnitten ein jeder Wiesentheil das dazu nöthige Wasser erhalten kann. Außer den in den düngenden Wässerungen angesammelten Stoffen löst es aber auch die im Boden vorhandenen auf, und vermittelt die Zersetzung derselben, damit deren Auflöslichkeit und deren Uebergang an die Pflanzen. Man sieht dies kaum irgendwo deutlicher, als auf denjenigen Rieselungen, welche zu wenig Wasser erhalten, um dadurch gedüngt zu werden. Sie tragen in den ersten Jahren, trotz des mangelnden Düngers, reichere Ernten, als früher, aber nur auf Kosten des Bodenreichthums, indem das Wasser die im Boden vorhandenen Stoffe in größerer Menge den Pflanzen zugänglich macht wie früher. Die Bewässerung hat hier eine ähnliche Wirkung, wie eine gute sorgfältige Bestellung des Ackers. Da aber die Ernte im Heu weggefahren wird, ohne als Dünger zurück zu kehren, und da die mit dem Rieselwasser herbeigeführten Stoffe nicht ausreichen, eine solche zu ersetzen, so muß sehr bald Erschöpfung eintreten, denn, wenn gleich die Pflanzen-Nahrungsstoffe vom Boden sehr festgehalten werden, so wirken hier diesen gegenüber immer noch Wassermassen, und überwinden jene Kraft. Auch der reichste Boden wird auf diese Weise im Laufe einiger Jahre ausgesogen. Er wird ärmer, als er vor der Berieselung war. Die größeren Erträge der ersten Jahre haben keine Dauer, und gehen schließlich noch unter die früheren zurück. Wie oft hört man (gewöhnlich aus diesem Grunde) das Verdikt, das Rieseln hilft nur auf einige Jahre! Es leuchtet hieraus ein, daß das Düngen mittelst der im Wasser vorhandenen Stoffe eben so wohl viel wichtiger ist, als das bloße Anfeuchten, als auch, daß dazu viel mehr Wasser gehört, und daß, sobald man das dazu nöthige hat, dies zu jeder Zeit in genügender Weise wird thun können.

Es muß aber hier auch noch erwähnt werden, daß dies Auflösungsvermögen des Wassers häufig zur Fortschaffung schädlicher Stoffe wirksam mithilft. Das ist namentlich bei neuen Anlagen der Fall, und tritt recht augenscheinlich in sehr eisenreichem Sand- und Haideboden hervor, aus welchem das durch die im Wasser enthaltene oder aus dem Humus sich bildende Kohlensäure gelöste Eisenoxydul oft in großer Menge ausgewaschen wird, und dann in den Entwässerungsgräben sich niederschlagend große Wolken von Eisenoxydhydrat bildet.

Einfluß der Temperatur des Wassers.

§. 7.

Die Temperatur des Wassers ist ebenfalls, jedoch weniger bei der ersten Anlage, als später bei der Benutzung der Rieselwiesen zu berücksichtigen. Zunächst wirkt es theils durch die eigene höhere Temperatur, theils durch die Bedeckung des Bodens, und dadurch als Abschluß gegen die Temperatur der Luft, theils durch das Tropfbarwerden der daraus aufsteigenden

Dämpfe schützend in kalten Nächten und bei Nachtfrösten. Darum muß stark und möglichst überall gerieselt werden, wenn im Frühjahr eine kalte Nacht dem jungen Grase gefährlich zu werden droht. Wie aber ein trüber Regentag die Nachtheile eines Nachtfrostes, der unvermuthet eingefallen, den Gewächsen auf dem Acker weniger empfindlich macht, so hebt auch ein tüchtiges Rieseln gleich nach dem Frost den Schaden, welchen derselbe der trocken liegenden Wiese gethan, beinahe wieder auf. Ist derselbe unvermuthet gekommen, so daß er die Wiesen während des Trockenliegens überrascht, oder ist nicht Wasser für die ganze Fläche vorhanden gewesen, so daß ein Theil der Wiese hat trocken liegen müssen, so ist früh am Morgen das Wasser umzustellen und auf diesen trocknen Theil hinaufzulassen.

Aber auch zu jeder andern Zeit wird das Wasser mit Vortheil zum Rieseln verwandt, sobald es wärmer ist, als die Luft, weil es mit der Erwärmung des Bodens die Durchschnittstemperatur der Wiese erhöht und damit eine erhöhte Vegetation erzeugt. Das hat seine volle Gültigkeit zu allen Jahreszeiten selbst bei regnigem Wetter, sogar, da sich beim Frieren des Wassers das Rieseln von selbst verbietet, im Winter, so lange der Boden noch nicht tief eingefroren ist. Auf gefrornem Boden darf aber nicht gewässert werden, so lange nicht der Frost aus dem Boden weggethaut, oder Aussicht vorhanden ist, das vollständige Durchthauen durch das Rieselwasser zu erzwingen. Kann man dies letztere erreichen, so wird der Eintritt der Vegetationsperiode dadurch, daß die später eintretende Frühjahrswärme beim Schmelzen des Eises im Boden nicht gebunden wird, beschleunigt und dieselbe auf diese Weise verlängert, im Frühjahr ein großer Vortheil. Wird dagegen der Frost nicht vollständig weggethaut, bleibt im Grunde eine Eisschicht, und friert dann der darüber erweichte Boden von oben her ebenfalls wieder, so hebt sich der letztere und zerreißt die in dem unterm Eise festsitzenden Wurzeln. Die Graspflanzen werden beschädigt und kranken lange Zeit oder sterben ab. Wer kennt nicht das Auswintern des Rapses, des Wintergetreides, des rothen Klees u. dgl.; Erscheinungen, die ganz ähnliche Ursachen haben?

Die Frühjahrswässerung ist überhaupt der Temperatur des Wassers wegen die schwierigste. Während im Herbst eine Wiese durch das Rieseln niemals zu verderben ist, man möchte denn vor Winter das Gras zu lang antreiben, so daß es später sich legt und ausfault, muß man im Frühjahr die größte Aufmerksamkeit und Vorsicht anwenden. Es ist zu dieser Zeit möglich, die Grasnarbe für mehre Jahre zu verderben, das Gras fortzuwässern und dafür nur Blattgewächse von geringem Futterwerth zu erzeugen.

Manche Quellen, welche aus reichen Mergellagern entspringen, machen hiervon eine Ausnahme. Sie können in der Nähe ihres Ursprungs, obgleich sie da gewöhnlich nur eine Temperatur von 6 bis 9 Grad Wärme haben, nicht allein mit großem Vortheil zum Rieseln benutzt werden, sondern man darf sie auch das ganze Jahr hindurch fast ununterbrochen auf derselben Stelle laufen lassen, wobei sich dann sehr häufig Glyceria fluitans in großer Menge einfindet. Wahrscheinlich ist diese Eigenthümlichkeit ihrem Gehalt an theils freier, theils aus doppelt kohlensaurem Kalk frei gewordener Kohlensäure zuzuschreiben. Die niedrige Temperatur schützt im Sommer das dadurch erzeugte dichtstehende Gras vor dem Faulen. Solche Quellen können sogar bedeutende Strecken unter der Erde fortgeleitet werden, ohne von ihrer Wirksamkeit etwas Wesentliches zu verlieren.

Anders verhält es sich wieder mit manchen andern Quellen, welche aus schlechtem Sandboden hervorbrechen. Sie wirken zuweilen in der unmittelbaren Nähe ihres Hervortretens nachtheilig, werden aber besser, wenn sie erst eine Strecke gelaufen sind. An der Armuth des Wassers kann es allein nicht liegen, eben so wenig, wie an einem zu großem Gehalt von Eisenoxydul oder Mangonoxyd. Diese Körper müßten sich nach dem Entweichen der zu ihrer Auflösung mitwirkenden Kohlensäure sehr bald niederschlagen und leicht zu erkennen sein, und doch sind sie nicht da. Möglicherweise liegt auch hier die Ursache in der Temperatur.

Einfluß auf den Stand der Pflanzen.

§. 8.

Endlich trägt das über eine Fläche kräftig fortrieselnde Wasser zum Zusammensinken des Bodens bei. Schwere Thonboden lagern sich daher in wenigen Jahren so fest zusammen, daß sie der Luft den Zutritt zu den Graswurzeln nicht mehr gestatten. Wiesen auf solchem Boden müssen deshalb im Ertrage nachlassen. Die Erfahrung bestätigt auch dies vielfach. Um einen dauernden Ertrag von ihnen zu erhalten, ist es nöthig, derartige Wiesen von Zeit zu Zeit wieder umzubauen und den Boden dabei gehörig aufzulockern. Im Siegenschen nimmt man 20 Jahre ziemlich allgemein für einen passenden Zeitraum an.

Dagegen wirkt das rieselnde Wasser auf diese Weise auf den verschiedenen Humusboden-Arten entschieden günstig. Jeder humosen Boden Bruch, Moor u. s. w. hat die Fähigkeit, sehr viel Wasser aufzusaugen. Friert dies davon eingesogene Wasser und dehnt es sich in Folge dessen aus, so kann dies nach keiner andern Seite hin geschehen, als nach oben, mit andern Worten, der Boden hebt sich in die Höhe, er friert auf. Bei diesem Auffrieren zieht er die die Narbe bildenden Pflanzen in die Höhe, oft Fuß hoch.

Am deutlichsten läßt sich dies in gerodeten und zu Wiesen umgeschaffenen Elsbrüchern einige Jahre nach der Rodung, nachdem die feinen Faserwurzeln abgestockt, daran erkennen, daß die dickeren, früher nicht sichtbaren, im Boden stecken gebliebenen Wurzeln nach dem vollständigen Aufthauen mit einem Male über der glatten Fläche weit hervorragen. Hier hielt der in die Höhe frierende Boden diese im Kern noch ziemlich holzigen Wurzeln fest, und zog sie mit in die Höhe. Nach dem Verschwinden des Frostes sackt der Boden zurück, die Wurzeln aber bleiben stehen, und ragen nun weit über der Oberfläche empor.

Während des Aufthauens sehen darum in manchen Brüchern ebene Flächen ganz uneben aus, indem an einzelnen Stellen der Frost sich länger als an andern hält, und jene dadurch noch einige Zeit hindurch höher bleiben, als diejenigen, wo der aufgethaute Boden schon zusammengesunken. Beim Hinübergehen über solche Flächen bricht man auch wohl durch den Frost hindurch und sinkt dann plötzlich mehrere Zoll tief ein. Auf torfigen und bruchigen Rieselwiesen scheinen in dieser Zeit die Ausgaben für ein sauberes Planiren der Flächen fortgeworfen zu sein, eine Erscheinung, die schon manchem neuen Wiesenbesitzer zuerst keinen kleinen Schrecken verursacht hat.

Es ist aber damit nicht so arg, als es aussieht, denn so bald nur das Eis erst vollständig verschwunden, wird Alles ohne weiteres Hinzuthun wieder glatt und eben.

Es ist aber eine bekannte Thatsache, daß, wenn dieser Frost bei hellem Sonnenschein aus solchem Boden verschwindet, der Grasertrag der Wiesen entschieden viel geringer ausfällt, als wenn Regenwetter das Eis wegschmilzt oder wenigstens bald nach dem Aufthauen heftige Regengüsse eintreten.

Diese günstige Wirkung der Nässe kann hier nur darin ihren Grund haben, daß der durch den Frost gehobene und beim Aufthauen wieder gesunkene Boden bei anhaltend trocknem Wetter zu lose bleibt, und auf dem Untergrunde nicht fest genug aufliegt, durch große Nässe dagegen beschwert und so hinabgedrückt wird, daß sich die Narbe auf dem Untergrund wieder festlegt und daß die gelösten und zerrissenen Wurzelfasern in Berührung mit frischer Erde wieder anwachsen können. Auf Rieselwiesen kann durch das Rieselwasser diese Wirkung herbeigeführt werden. Es darf jedoch erst nach dem vollständigen Aufthauen damit begonnen werden, weil das Wasser sonst unter der aufgefrornen Narbe hindurchlaufen, hier den lockeren Boden wegschwemmen, Rinnen ausreißen und dadurch die mit vielen Kosten hergestellte Ebenung der Fläche zerstören würde.

Nachtheilige Wirkungen des Wassers.

§. 9.

Abgesehen von dem Einfluß eines durch seine Bestandtheile schädlichen Wassers, glauben die Wiesenbesitzer gar oft, daß der Einfluß des sonst brauchbaren Wassers auf die Grasproduktion immer ein günstiger sein müsse. Dem ist aber nicht so! Es läßt sich durch eine unrichtige Anwendung desselben oft gar viel schaden. Schon §. 7. ist erwähnt, daß es möglich sei, im Frühjahr durch unrechtes Rieseln den Graswuchs zu verderben. Dies ist die Folge des zu starken Rieselns zwischen dem eben aussprießenden Grase bei hellem und warmen Sonnenschein. Thatsache ist, daß dann das Gras vergeht und schlechte Blattgewächse, hier z. B. sehr häufig Cardamine amara, Rumea hydrolapatrum, Wasser-Sauerampfer u. s. w. den Boden dicht beziehen. Dasselbe geschieht durch Aufwässern einer dicken Schicht von Konserven, sobald hernach nicht Wasser genug da ist, sie naß zu halten, bis das Gras gehörig durchgewachsen. Dieselben bilden nach dem Trockenwerden eine dichte papierähnliche Haut, unter der eine jede Vegetation erstickt. Die Wiesennarbe kann dadurch auf Jahre verdorben werden. Noch häufiger zeigt sich das Wasser nachtheilig, wenn Gräben und Rinnen zu Zeiten, in denen ohne Nachtheil nicht gerieselt werden darf, besonders bei heißem Wetter, voll Wasser gehalten werden.

Daß dies nicht zu vermeiden, ist oft ein Fehler in der Anlage, eben so oft aber auch nur Faulheit der Wiesenwärter, welche die Feinde, d. h. die Maulwürfe 2c., nicht wegfangen, sondern durch die beständige Nässe abhalten wollen. Dieses Wasser, welches sich so zu unrechter Zeit in den hochliegenden Wässergraben und Rinnen ansammelt, durchdringt den Erdboden nach allen Seiten bis zum eignen Niveau. Es nimmt dabei die Natur des nachtheiligen Grundwassers an, das man, nachdem dessen Schädlichkeit allgemein erkannt worden ist, aus dem Acker und aus den Wiesen durch Drainage mit großer Mühe und bedeutenden Kosten zu entfernen, jetzt so eifrig bemüht ist. Der unter dem Niveau dieses Wassers liegende Wiesentheil wird vollständig ausgekältet, die besseren Gräser vergehen, die Riedgräser treten an ihre Stelle und das Moos wuchert. Beobachtet ist diese Erscheinung oft genug, sie ist zu sehr in die Augen fallend, um übersehen werden zu können, allein die Ursache derselben ist nicht richtig erkannt. Anstatt diese dadurch fortzuschaffen, daß man für Abfluß dieses Wassers, für vollständige Trockenlegung der Gräben und Rinnen, und damit für die Erwärmung des Bodens sorgte, machte man in dem Wahn, das Rieselwasser habe in kurzer Entfernung schon seinen Dünger verloren, die zu berieselnden Flächen schmaler und immer schmaler (in Hannover mitunter bis auf 6 Fuß) und leitete dadurch eine Wasserverschwendung ein, welche auf den Ertrag der Wiesen gemeinhin noch viel nachtheiliger einwirkt als jenes Auskälten.

Bestimmung der zur Berieselung einer gewissen Fläche nothwendigen Wassermenge.

§. 10.

In den obigen Auseinandersetzungen ist unzweifelhaft nachgewiesen, daß der günstige Einfluß des Berieselns der Wiesen vorzugsweise in dem Düngen derselben durch das Wasser zu suchen, und daß hierzu das meiste Wasser erforderlich sei, während eine viel geringere Quantität davon ausreicht, die Wiese anzufeuchten, das Gras zu schützen u. s. w., daß also diese Zwecke sich werden von selbst erreichen lassen, wenn nur für den ersten der genügende Zufluß vorhanden ist. Es bleibt daher auch die düngende Wirkung des Wassers für unsere Zwecke die allein maaßgebende. Hieraus folgt selbstredend, daß die Richtigkeit des oben bereits ausgesprochenen Satzes, daß zur Produzirung eines bestimmten Grasquantums eine bestimmte Menge von Dünger, oder gleichbedeutend, die Zuführung einer bestimmten Wassermenge nothwendig sei, zugegeben, die Ermittelung der Größe dieser nothwendigen Wassermenge die erste und nächste Aufgabe sein müsse. Diese Lösung wird hier in Preußen um so nothwendiger, da das Gesetz vom 28. Februar 1843, über die Benutzung der Privatflüsse, ein bestimmtes Besitzverhältniß an Wasser feststellt, und bei überwiegendem Landeskultur-Interesse sogar manche Einschränkung der Rechte Anderer und Expropriationen gestattet.

Früher war man einer entgegengesetzten Ansicht. Man hielt es für allgemein einleuchtend, und Herr v. Lengercke spricht das in seiner Anleitung zum praktischen Wiesenbau ganz offen aus, daß hypothetisch-mathemathische Annahmen über das Verhältniß des Zuflusses zu der zu bewässernden Fläche bodenlos und unbegründet ausfallen müßten. Man gehe, fährt derselbe fort, viel sicherer, wenn man sich in Ermangelung des eigenen Prüfungsaktes über diesen Gegenstand bei einem Manne, dessen Verhältnisse und Beruf ein inwohnendes praktisches Gefühl, einen durch Erfahrung richtigen Blick voraussetzen lassen, Raths erhole. Er sagt aber nicht, wo solche Männer zu finden. Zu einer solchen Ausbildung des praktischen Gefühls gehört unzweifelhaft vieles Beobachten, vieles Arbeiten, vieles Messen. Bei der geringen Ausdehnung der Kunstwiesen einerseits und bei den mangelhaften Erfolgen der wilden Rieselungen andererseits war dazu aber weder Veranlassung noch Gelegenheit. Dazu kam die sehr geringe, rein empirische Ausbildung des bei weitem größten Theils der Wiesenbauer, die sie zu solchen Messungen 2c. ganz unfähig machte. Es gab daher solche Leute, wie sie Herr v. Lengercke verlangt, nicht, es konnte sie nicht geben! Man war deshalb vollkommen rathlos, und bei neuen Anlagen immer auf den eigenen Geldbeutel angewiesen. Man blicke nur um sich auf die vielen mißlungenen Anlagen der renommirtesten Meister, die in neuerer Zeit große Ausdehnung gewonnen, aber ein klägliches Ende genommen haben. Wie große Summen sind vielfach weggeworfen und wie wenig ist im Ganzen damit erreicht!

Manche Wiesenbauer hatten ein dunkles Gefühl der Nothwendigkeit der Bestimmung der erforderlichen Wassermenge. Sie haben wirklich versucht, Zahlen zu geben. So verlangte z. B. Schenk im Siegenschen mit kühnem Griffe pro Morgen und Sekunde 16 Cubikfuß Zufluß, während andere Wiesenbauer bescheidener in ihren Ansprüchen mit 1 Cubikfuß in der nämlichen Zeit 20 und mehrere Morgen berieseln zu können glaubten, und noch andere wieder aus der überrieselten Fläche und der Stärke des überrieselnden Wassers ohne Rücksicht auf dessen Geschwindigkeit die erforderliche Quantität zu ermitteln versuchten. Alle diese Versuche sind jedoch nur Beweise der gröbsten Ignoranz. Solche Differenzen, wie die angeführten, sind zu groß, um auf Vertrauen Anspruch machen zu können. Die Lösung der Aufgabe ist aber wirklich schwerer, als man im ersten Augenblicke erwartet. Theoretisch allein ist sie nicht zu lösen. Daß nur ein Theil der Pflanzen-Nahrungsstoffe dem Wasser entzogen wird, liegt auf der flachen Hand, allein der wie vielste Theil dies ist, das läßt sich a priori nicht bestimmen, weil gar nicht zu ermitteln ist erstens, der wie vielste Theil des rieselnden Wassers mit den Pflanzenwurzeln in unmittelbare Berührung kommt, zweitens, wie lange diese Berührung dauert, drittens, wie viel ihm in dieser Zeit an Nahrung entzogen, und viertens, wie viel davon im Boden zurückgehalten wird.

Man kann darum auch nicht rückwärts schließen und sagen, 2 oder 3 Zentner werden für eine Ernte gebraucht; so und so viel mal muß diese Quantität im Wasser enthalten sein, es muß der Zufluß also eine solche Stärke haben. Die nöthige Menge läßt sich nur durch komparative Versuche feststellen. Vor allem muß man aber bei diesen Versuchen über das zu erreichende Ziel klar sein. Ist das nicht der Fall, so geht es damit eben so, wie es den Leuten in der Campine in Belgien gegangen ist, die Resultate werden unrichtig. Dort sind nämlich mit außerordentlicher Genauigkeit, vielleicht mit zu pedantischer Genauigkeit Wassermessungen veranstaltet, und Zahlen gefunden worden, allein diese Zahlen sind viel zu klein gerathen. Das liegt aber sehr einfach darin, daß man dort keineweges eine Düngung, sondern nur eine Anfeuchtung der berieselten Wiesen bewirkte und schon zufrieden gestellt war, wenn die auf dem frisch rayolten, wohl gar nicht gedüngten Sandboden gesäten Gräser und der Klee besser wuchsen, als sonst in der Gegend. Von Rieselgras, d. h. von den Grasarten, welche einer guten Rieselwiese einen ganz bestimmten Charakter aufdrücken, war noch nicht eine Spur da, die Versuche also kaum begonnen. Die Resultate derselben können daher auch durchaus noch nicht als maßgebend betrachtet werden.

Es würde sogar unrichtig sein, wenn man nur Eine für alle Fälle gültige Zahl verlangen wollte. Denn da, wie schon §. 2. erwähnt, der Düngergehalt des Wassers verschieden ist, wird, um denselben Effekt zu erzielen, von reicherem Wasser weniger gebraucht werden, als von ärmeren. Die Versuche mit Wasser von verschiedener Qualität müssen also auch nothwendigerweise verschiedene Resultate geben. In diesen Resultaten muß sich jedoch eine gewisse Proportionalität herausstellen, so daß aus dem Verhältniß des Gehaltes sich, wenn nur bei einem Versuch erst ein richtiges Facit gefunden, auch die andern berechnen lassen müssen. Es kam also darauf an, zuerst mit irgend einem beliebigen Wasser einen Versuch vollständig durchzuführen. Die dazu bestimmte Fläche mußte aber dann so bewässert werden, daß der Graswuchs überall gleichförmig und so üppig, und der Ertrag so hoch wurde, wie er auf recht guten Stellen anderer Rieselwiesen vorkommt. Der Versuch war damit aber noch keineswegs zu Ende, er mußte, nachdem dieses Ziel wirklich erreicht war, noch mehrere Jahre mit gleichen Wasserquantitäten fortgesetzt werden, zum Beweise, daß sich dieses Gras auch hielte. War dies der Fall, so konnte man ziemlich sicher annehmen, daß nicht zu wenig Wasser angewandt worden sei. Um aber auch noch die Gewißheit zu haben, daß nicht zu viel gebraucht, und von dem Angewandten nichts verschwendet sei, mußte dann später der Wiese das Wasser in vermindertem Maaße gegeben werden. Ging bei Anwendung dieser geringeren Quantität der Ertrag zurück, so war auch hierüber kein Zweifel mehr möglich. Natürlich mußte zu diesem Versuche ein Boden ausgewählt werden, welcher zwar trocken und warm, doch nicht so durchlässig ist, daß ein bedeutender und in Rechnung zu bringender Theil des Wassers in den Untergrund versinkt, darauf absackt und sich auf diese Weise der Beobachtung entzieht. Dieser Theil würde nur zu schätzen gewesen, eine solche Schätzung aber zu unsicher geblieben sein. War man endlich hiermit im Reinen, so durfte die wirkliche Messung erst dann vorgenommen werden, wenn der Abfluß so groß war, als der Zufluß, denn der Verlust durch Verdunstung ist voraussichtlich zu klein, um in Betracht gezogen werden zu können.

Unter anderm wurde hier ein Versuch mit diesen vielseitigen Rücksichten auf einer Fläche von 135 □Ruthen, also gerade $\frac{3}{4}$ Morgen groß, ausgeführt. Der Boden war lehmiger Sand, die Fläche zu 9 Hängen von 10 Ruthen Länge eingerichtet, welche sämmtlich frisches und kein abgerieseltes Wasser bekamen. Die Qualität des Wassers war ziemlich gut, so daß ein jeder Hang eine Breite von $1\frac{1}{2}$ Ruthe erhalten konnte. Dieser Wiesenfläche wurde das Wasser durch einen vollkommenen Ueberfall zugeführt, wobei der obere Wasserspiegel in Wässergraben als stillstehend angenommen werden konnte. Der Ueberfall bestand in einem senkrecht stehenden Brettstück, in welches winkelrecht eine Schutzöffnung von 10 Zoll Breite und 4 Zoll Höhe eingeschnitten war. Die bei einem solchen Ueberfall durchgehende Wassermasse M. ist nach Eytelweins Hydraulik, §. 106., $\frac{2}{3} \alpha bh \sqrt{h}$, wobei der Contraktions Coefficient α für eine dünne Wand = 5,0 also $\frac{2}{3} \alpha = 3,3$ angenommen wird. Die Breite $b = 10$ Zoll $= \frac{5}{6}$ Fuß und die Höhe $h = 4$ Zoll $= \frac{1}{3}$ Fuß, also $M. = 3,3 \times \frac{5}{6} \times \frac{1}{3} \sqrt{\frac{1}{3}}$ in Einer Sekunde giebt die Wassermenge für $\frac{3}{4}$ Morgen $= \frac{1}{2}$ Cubikfuß. Daraus berechnet sich der Bedarf für 1 Morgen $= \frac{2}{3}$ Cubikfuß per Sekunde.

Um nun aus diesem Resultate die für andere Verhältnisse erforderlichen Wassermengen weiter berechnen zu können, ist es zuvor noch nöthig, auf die Momente überzugehen, durch welche der Wasserverbrauch bedingt wird. Dies geschieht:

1) durch die Breite der Flächen, über die das Wasser überrieselt,
2) durch das Gefälle dieser Flächen, als maßgebend für die Geschwindigkeit des überfließenden Wassers, und
3) durch die Höhe, in der es darüber fortgeht.

Die Größe der beiden letzten Bedingungen ganz genau zu bestimmen, ist zwar nicht möglich, es ist dies aber auch aus folgenden Gründen nicht wesentlich. Erstens differirt die Geschwindigkeit des überfließenden Wassers bei verschiedenem Gefälle nur unbedeutend, weil dasselbe auf den überrieselten Flächen gewöhnlich zwischen $\frac{1}{2}$ bis höchstens 1 Zoll per Fuß Breite groß gemacht wird. Die Geschwindigkeit verhält sich aber bei einem ungehindert durch Staue und dergl. fließenden Wasser in einem offenen Graben oder Flusse, wie die Quadratwurzel aus den Gefällen, d. h. erst bei vierfachem Gefälle läuft das Wasser darin doppelt so schnell, weil sich die doppelte Zahl von Wassertheilchen in der halben Zeit von den Wandungen und dem Boden losreißen muß. Rieselt das Wasser dünn über eine dicht begrasete Wiese, so findet es in jedem Grashälmchen einen Stau, und muß, weil die Friktion daran viel stärker und eine viel größere Adhäsion zu überwinden ist, als in jenem Falle, dieser Unterschied in der Geschwindigkeit noch viel geringer sein. Das Wasser läuft mithin bei dem doppelten Gefälle von 1 Zoll pro Fuß Breite auch nur sehr unbedeutend schneller über, als bei $\frac{1}{2}$ Zoll. Fließt also ein und dieselbe Wassermenge über eine etwas mehr geneigte Fläche, so wird deren schnelleres Fließen nur dadurch sichtbar werden, daß es in etwas geringerer Höhe, ein wenig schwächer überzufließen scheint. Aber auch diese Ungleichheit wird häufig noch, wie weiterhin nachzuweisen bleibt, vollkommen überwunden werden. Die Geschwindigkeit des überrieselnden Wassers kann daher überall und ohne Besorgniß vor großen Fehlern als gleich angenommen werden.

Eine Messung der Höhe, in welcher das Wasser überrieselt, um daraus ein Querprofil des überfließenden auch nur annähernd bestimmen zu können, ist ganz unmöglich. Aus dem wandelbaren Material, mit welchem der Wiesenbau es zu thun hat, Rasen und Erde, läßt sich für große Flächen niemals eine so genaue Ausgleichung der Wässerrinnen erreichen, daß dieselben überall durchaus gleichmäßig überschlagen und Wasser abgeben könnten, es läßt sich die Ebenung der Rücken und Hänge auch bei der sorgfältigsten Arbeit gar nicht in dem Maaße herstellen, daß überall das Wasser ganz gleich hoch überlaufen müßte. Differenzen sind hier unvermeidlich. Die Messung würde an verschiedenen Stellen sehr verschiedene Resultate geben. Glücklicherweise ist die Bestimmung dieser Höhe des überfließenden Wassers jedoch für die vorliegende Ermittelung eben so wenig wesentlich, wie die vorher gleichfalls als unausführbar nachgewiesene der Geschwindigkeit desselben. Auch die Höhe kann aus den vorher angegebenen Gründen überall als gleich groß angenommen werden. Somit bleibt nur die Breite der Fläche, über welche das Wasser zu laufen, die allein maßgebende Bedingung für die Konsumtion. Ist also eine überrieselte Fläche doppelt so breit, als eine andere, die überschlagende

Wässerrine aber für beide gleich lang und gleich breit, führt sie also beiden eine gleiche Quantität von Wasser zu, so konsumirt jene, obgleich deren Flächeninhalt doppelt so groß ist, wie der dieser, nur eben so viel Wasser. Es stehen also die Breiten mit dem Wasserbedürfniß in umgekehrtem Verhältniß. Da nun ein düngerreicheres Wasser auf eine größere Breite günstig wird, als ein ärmeres, davon aber zur Produktion einer gleich großen Grasmenge weniger gebraucht wird, so ist in dem breiteren Bau das zweckmäßigste Mittel gegeben, von dem reicheren Wasser auf der gleichen Fläche unbeschadet des Erfolges eine geringere Quantität nicht blos gleichmäßig zu vertheilen, sondern den Bedarf auch der Qualität proportional zu machen.

Hiernach ergeben sich aus dem vorher durch den Versuch gefundenen Resultate die Wassermengen für andere Breiten leicht durch Rechnung. Der Bedarf ist, wenn die Flächen 1 Ruthe breit sind

also für 1 Ruthe breite Hänge und 2 Ruthen breite Rükken 1 Cubikfuß per Sekunde,

für $1\frac{1}{2}$ Ruthen breite Hänge und 3 Ruthen breite Rücken $\frac{2}{3}$ Cubikfuß per Sekunde,

für 2 Ruthen breite Hänge und 4 Ruthen breite Rücken $\frac{1}{2}$ Cubikfuß per Sekunde.

Die eben angegebenen Wassermengen rieseln 1 Morgen gleichzeitig, gleichmäßig und mäßig stark. Sie können für den mittleren Wasserzufluß als Norm angenommen werden. Ist zu Zeiten, namentlich bei Herbst- und Frühjahrsfluthen der Zufluß stärker, so wird derselbe dankbar acceptirt. In solchen Zeiten ist ein stärkeres Rieseln häufig sehr vortheilhaft, da dann dadurch stärker gedüngt werden kann. Dagegen schadet es im Sommer, also in der Zeit des Wassermangels nicht, wenn der Zufluß etwas geringer ist, weil gerade dann die Wiesen fett sein, das Rieseln zum Auflösen der bereits vorhandenen Nahrungsstoffe dienen und nur ausnahmsweise noch neue herbeiführen soll.

Obgleich diese Wassermengen im ersten Augenblicke nur geringe zu sein scheinen, so sind sie in der That doch sehr bedeutend. Die zur Berieselung Eines Morgens nöthige Quantität würde in 60 Rieseltagen ein Bassin von eben so großer Grundfläche 100 bis 200 Fuß hoch anfüllen. Betrachtet man dabei, wie wenig Wasser unsere Bäche schütten, so würden die berieselungsfähigen Flächen verschwindend klein ausfallen, wenn sich nicht durch abwechselndes Rieseln, durch rationelle Wiederbenutzung des abgerieselten Wassers und durch sorgfältige Ausnutzung des Gefälles die erste Fläche noch oft vervielfältigen ließe.

Wird nämlich die verlangte Wassermasse von Zeit zu Zeit umgestellt, d. h. abwechselnd auf einer zweiten, dritten u. s. w. Abtheilung der Wiesen gebraucht, so daß während die eine wässert, die anderen trocken liegen, so können dadurch je nach der Zahl dieser nebeneinanderliegenden Abtheilungen zwei=, drei u. s. w. mal ein Morgen mit demselben Zufluß berieselt werden, welcher für die erste nothwendig erschien. In unserm Klima dürfen jedoch für den mittleren Zufluß nicht mehr als drei Abtheilungen nebeneinandergelegt werden. Ein Cubikfuß frisches Wasser pro Sekunde reicht daher höchstens für 3 Morgen eine Ruthe breiter Flächen hin. Zweckmäßig wird dann die Einrichtung so getroffen, daß von diesen verschiedenen Abtheilungen bei Fluthen und dadurch im Allgemeinen verstärktem Zuflusse mehrere gleichzeitig berieselt und auf diese Weise das Wasser genügend ausgenutzt werden kann.

Wird endlich das auf dem ersten Morgen benutzte, abgerieselte Wasser zu einem zweiten niedriger liegenden hingeleitet, so kann es, vorausgesetzt, daß dadurch auf der ersten Fläche kein nachtheiliger Rückstau verursacht und keine Stelle derselben dadurch überschwemmt wird, gleichzeitig mit dem ersten einen zweiten Morgen und sofort einen dritten, vierten u. s. w. berieseln. Beiläufig hier die Bemerkung, daß auf solchen überstauten Stellen der Rieselwiesen kein oder nur sehr wenig und schlechtes Gras wächst. Wie vielfach das Wasser zu benutzen, wie viel terrassenförmig untereinanderliegende Morgen einzurichten sind, das hängt an jedem Ort von dem Gefälle des Terrains ab. Je stärker dasselbe, desto mehr Abtheilungen lassen sich untereinander legen.

Man wird bei dieser Einrichtung nur die Vorsicht zu gebrauchen haben,e daß inem jeden einzelnen Theile frisches Wasser zugeführt werden kann, damit in den kurzen Wässerperioden des heißen Sommers die oberen Flächen nicht zu lange gerieselt, oder die unteren im Wässern verkürzt zu werden brauchen. Es vergeht nämlich über dem Füllen der Gräben und über dem Vollsaugen des Bodens immer einige Zeit, ehe das Wasser gehörig über die Fläche fortrieselt. Dieser Zeitverlust wiederholt sich in jeder Terrasse oder Schicht. Liegen dann deren sehr viele, ohne eine besondere Verbindung unter einander, so würde die erste so lange rieseln müssen, bis das Wasser über die übrigen fortgegangen und auch die letzte vollständig überwässert ist, d. h. zu lange. Wollte man dagegen nach den oberen sich richten und das Wasser nur für die gehörige Zeit hindurch laufen lassen, so würden die unteren zu kurz kommen. Beiden gerecht zu werden, muß ein Zuleitungsgraben durch alle Schichten hindurchgehen und die Möglichkeit gewähren, die oberen trocken zu legen, nachdem sie genug erhalten und den unteren eben so lange den ganzen Zufluß zuzuwenden.

Schließlich muß hier noch bemerkt werden, daß auf eine solche Wiederbenutzung und damit auf eine große Ausdehnung der berieselten Fläche nur da gerechnet werden darf, wo ein anderer Verlust an Wasser als der durch Verdunstung oder durch das Vollsaugen des Bodens nicht zu erwarten ist. Geht noch auf anderen Wegen Wasser verloren, z. B. dadurch, daß es in tief stehendem groben heißen Sande bis auf den darunter liegenden festen Untergrund gerade hinuntersinkt und darauf bis zum Abzuge hinabsackt, so sind die Verhältnisse sehr vorsichtig zu prüfen und die Arbeiten nur sehr allmählig fortzuführen, damit nicht alles Wasser verschwunden ist, ehe es zu den untersten Abtheilungen hinabgelangt. Zu große Anlagen auf solchem Boden gelingen sehr selten. Namentlich ist in solchem Falle darauf zu achten, ob das zuzuführende Wasser immer hell und klar oder häufig auch so trübe ist, daß sich erwarten läßt, daß die zu großen Zwischenräume zwischen den Sandkörnern des Bodens mit der Zeit zugeschlämmt, die Wege, auf denen das Wasser versinkt, dadurch verstopft und der Boden mit der Zeit zum Rieseln immer geeigneter gemacht werden kann. Doppelt gefährlich bleiben aber solche Unternehmungen, wenn der Zufluß schwach und das Wasser immer klar ist. Da kann es vorkommen, daß dasselbe nicht einmal zur Füllung eines Grabens ausreicht, geschweige denn zum Ueberrieseln zu bringen. Es ist übrigens nicht schwierig, solchen Sandboden und diese Gefahr zu erkennen, schwieriger dagegen, die Größe des Verlustes vorher zu schätzen. In der Regel geht hier Probiren über Studiren.

2. Der Boden.

Allgemeine Bemerkungen.

§. 11.

Mit dem Rieselwasser tritt der Boden in Wechselwirkung. Er muß daher auch auf den Erfolg einer Berieselungsanlage einen gewissen Einfluß ausüben. Denselben genauer zu ermessen, denke man sich einen Theil desselben auf ein Filter gebracht; wird dieser mit der genügenden Masse von chemisch reinem Wasser begossen, so löst dasselbe die überhaupt in Wasser löslichen Bestandtheile auf, und wäscht sie, wenn sie hinreichend lange genug ausgesüßt wird, vollständig aus. Enthält dies Wasser Kohlensäure, so wächst damit dessen lösende Kraft. Es werden dann noch manche andere Körper aufgelöst und ebenfalls fortgespült. Ganz ähnlich ist es mit dem Boden einer Rieselwiese. Das in Masse hinaufgebrachte und wieder abfließende Wasser nimmt seinen Theil von den Bodenbestandtheilen hinweg. Es bleiben nur die in Wasser unlöslichen und ein großer Theil der schwer löslichen zurück. Die Eigenthümlichkeit des Bodens, welche zum Theil in der Menge der darin enthaltenen leicht löslichen Verbindungen beruht, muß daher nach und nach verschwinden. Seine Bestandtheile werden indifferent, denn, wenn sich auch in kurzer Zeit darin wieder manche löslichen Verbindungen bilden sollten, so werden auch diese immer wieder von Neuem ausgesüßt und weggeschwemmt.

Begießt man aber diesen auf das Filter gebrachten Boden mit einer starken Salzlösung, so läuft dieselbe nicht mehr so stark ab, als sie hinauf gebracht wurde. Von dem gelösten Salz ist etwas in dem Boden auf dem Filter zurückgeblieben. Das Rieselwasser ist aber nicht chemisch rein, es enthält vielmehr, wie oben nachgewiesen ist, mehrere verschiedene Salze. Von diesen Stoffen bleibt etwas im Boden zurück, theils durch Filtration mechanisch festgehalten, theils chemische Verbindungen mit verwandten Stoffen des Bodens eingehend. Der Boden artet auf diese Weise also vollkommen um. Nach dem Verlust seiner Eigenthümlichkeit treten an die Stelle der verlorenen Stoffe diejenigen, welche theils aufgelöst, theils mechanisch vom Wasser herbeigeführt sind. Was die Menge der auf diese Weise gebundenen und festgehaltenen Stoffe betrifft, so kommt es wesentlich auf die Qualität des Filters an. Je feinkörniger und je vielseitiger in seinen Bestandtheilen dasselbe, desto mehr muß zurückbleiben.

Bei der Beurtheilung eines Bodens für die Berieselung kommt es daher nicht allein auf seine chemische Zusammensetzung, sondern auch und beinahe noch mehr auf seine physikalischen Eigenschaften an.

Wenn er also

1) das Rieselwasser in größtmöglichster Menge in sich aufnimmt, also recht viel Poren hat,
2) dies Wasser schnell durchgehen und durch neues ersetzen läßt,
3) dasselbe möglichst filtrirt, also feinkörnig ist,
4) außerdem vieles daraus auch chemisch bindet, selbst also aus recht verschiedenen Körpern zusammengesetzt ist,
5) der Luft und Wärme recht zugänglich, also nicht zu bindig und doch warm ist, und
6) den Pflanzen einen sicheren Stand gewährt, so eignet er sich vorzugsweise für Berieselungsanlagen. Ein solcher Boden giebt richtig angelegt und behandelt in sehr kurzer Zeit gute Erträge.

In wie weit die Behauptung mancher Landwirthe, daß das auf Torf und Bruchboden gewachsene Heu vom Vieh weniger gern als das von erdigen Wiesen gefressen werde, auch für

Rieselwiesen gelte, darüber kann, ehe nicht die verschiedenen Nährstoffe aus dem auf beiden Bodenarten gewonnenen Heu chemisch festgestellt sind, und ohne komparative Versuche wohl nicht entschieden werden. Nach den vorigen Betrachtungen scheint es so, als müsse es, wenn die Wiesen erst einige Jahre alt sind, gleich sein, auf welchem Boden das Gras gewachsen. Ueberhaupt ist die ganze These wohl zu bezweifeln. Es scheint dabei eine Erscheinung, die an und für sich richtig ist, nur falsch interpretirt zu sein. Die Moor- und Bruchwiesen liegen häufig naß. Es bleibt auch wohl Wasser darauf stehen. Wenn dann heißes Wetter eintritt, so fängt das Wasser an zu faulen, und wie Fische in einem Teiche mit sehr modrigem Grunde, so nimmt das in dem faulenden Wasser stehende Gras durch und durch einen modrigen Geschmack an, der dem nicht daran gewöhnten Vieh wahrscheinlich sehr widerlich ist. Die Ursache liegt aber dann nicht in dem Boden, sondern in dem darauf stehen gebliebenen Wasser, in dem Mangel an Entwässerung. Auch kann wohl die Ursache in der natürlichen Kälte, oder in einem künstlichen Auskälten des Bodens liegen. Ist es doch eine bekannte Thatsache, daß das Vieh die Futtergewächse, welche auf einem warmen Boden gewachsen, lieber frißt, und dabei besser gedeiht, als bei dem Genuß derselben Pflanzen von kaltem und nassen Boden.

Der Werth der einzelnen Bodenarten läßt sich daher am besten darnach ermessen, wie sie jenen oben angegebenen Bedingungen entsprechen.

Der Sandboden.

§. 12.

Am allerwenigsten entspricht diesen Bedingungen der grobe, kiesige, heiße, tiefstehende Sandboden. Er eignet sich gar nicht zur Berieselung, wenn man nicht hoffen darf, die Zwischenräume zwischen den Sandkörnchen durch schlickreiches Wasser mit der Zeit zuschwemmen zu können. Das Wasser versinkt darin, wenn der Zufluß auch gar nicht unbedeutend ist. Er gleichet dem Faß der Danaiden, und oft ist es gar nicht einmal möglich, einen Graben darin zum Ueberlaufen zu bringen. Weit entfernt davon kommt dasselbe Wasser zuweilen an niedrigen Stellen ganz unerwartet zu Tage, kältet den Boden da aus, oder veranlaßt Erdfälle, Bergrutsche, oder andere Nachtheile. Sind neben einem solchen Sandboden noch andere berieselungsfähige Terrains vorhanden, so thut man in der Regel am besten daran, jene gar nicht zu bewässern, sondern mit Kiefern anzusäen. Die Wasserbenutzung darauf wird Verschwendung, wenn sich mit denselben Mitteln an andern Orten unverhältnißmäßig höhere Erträge gewinnen lassen.

Immer ist ein Sandboden, auf dem Nardus, Aira canescens und praecox, Sedum, Panicum, Euphorbia, Cyparissias, Carex arenaria, Elymus arenarius, Gnaphalium, Ammophila, Lichen, Sticta u. dergl. m. wachsen, mit großer Vorsicht zu behandeln. Ein solcher Sand ist, wenn ihm die Decke dieser Pflanzen fehlt, oft Flugsand. Der Wind spielt damit. Bei reichlichem Zufluß dürfen zunächst nur kleine Flächen eingerichtet, und erst nachdem man die Ueberzeugung gewonnen, daß Wasser übrig sei, die Anlage weiter geführt werden.

Ganz anders verhält sich derselbe Boden, wenn bei mäßigem Gefälle in nicht sehr großer Tiefe eine undurchlassende Schicht darunter liegt. In diesem Falle lassen sich die Zwischenräume zwischen den Sandkörnern mit Wasser ausfüllen.

Der Boden nimmt dann viel Wasser auf, läßt eine leichte Kommunikation desselben mit dem oben darüber fortlaufenden zu, und wenn er auch nicht viel von den im Wasser enthaltenen Stoffen bindet, gewährt er doch den Pflanzen einen sichern Stand. Er eignet sich daher in dieser Lage ganz gut zur Berieselung.

Je feinkörniger er ist, desto mehr erfüllt er auch die bei jenem fehlende Bedingung, desto geeigneter ist er. Dasselbe ist der Fall, wenn der Sand eine geringe lehmige Beimischung enthält. Die Erfahrung bestätigt dessen vorzügliche Qualifikation zur Anlage von Rieselwiesen überall. Noch schneller werden hohe Erträge erzielt, wenn ein solcher Boden außerdem etwas Mergel enthält.

Auch der warme humose Sand, welcher häufig am Rande

von Grünlandsmooren und Brüchern und in Thälern, welche von sehr schnell fließenden Bächen oder Flüssen durchströmt werden, vorkommt, liefert berieselt sehr hohe Erträge. Schon von Natur erzeugt ein solcher Sandboden, sobald er nur durch häufige Regen die nöthige Feuchtigkeit hat, einen dichten, süßen Rasen, der aber bei dürrer heißer Witterung zuweilen ausbrennt und gelb wird.

Der kalte Sandboden hat im Untergrunde und zwar in nicht großer Tiefe immer Grundwasser. Nach der Güte dieses Wassers, welches von höheren Gegenden her unter der Erde langsam zu und weiter fließt, und welches theils durch den Druck von oben her, theils durch Kapillarität bis an die Oberfläche emporsteigt, richtet sich gewöhnlich die Qualität des Bodens. Ist das Grundwasser reich an guten Pflanzen-Nahrungsstoffen, so hat der Boden, wenn er auch für den Anbau unserer Kulturgewächse zu naß ist, doch eine dichte Narbe von guten und nahrhaften Pflanzen, worunter gewöhnlich weißer Klee (Trifolium repens), Floringras (Agrostis stolonifera), Alopecurus geniculatus, Poa annua und pratensis u. dgl. mehr besonders vorherrschen. Ist dasselbe dagegen schlecht, d. h. einerseits arm an Mineralien und nur reich an einem leicht löslichen Salze (gewöhnlich kohlensaurem Eisenoxydul), so ist der Boden schlecht und bringt häufig ähnliche Gewächse hervor, wie das Hochmoor, z. B. Erica tetralix, Calluna vulgaris, Eriophorum, Drosera, Ledum, Vaccinium uliginosum, verschiedene Scirpus-Arten, Polytrichium und Sphagnum. In ihm sind auch die Materialien zur Hochmoorbildung gegeben und oft läßt sich der Uebergang in dasselbe sehr deutlich erkennen.

In Folge großen Eisengehalts des Wassers ist ein solcher Boden häufig sehr reich an Eisen, welches sich in Berührung mit der Luft dadurch, daß theils das Lösungsmittel, die Kohlensäure, theils auch das Wasser selbst durch Verdunstung entweicht, oft in solchen Massen niedergeschlagen vorfindet, daß derselbe nicht allein ganz dunkelbraun, beinahe schwarz aussieht, sondern daß dessen einzelne Sandkörnchen auch so fest miteinander verkittet sind, daß er nur mit der Hacke gehauen werden kann. An der Luft zerfällt er und zersetzt sich, und ist gelockert nicht unfruchtbar. Der kalte Sandboden, in welchem Raseneisenstein gebrochen wird, ist bei weitem noch nicht der schlechteste. Die gründliche Abgrabung desselben und damit die Entfernung des nachtheiligen Grundwassers ist die erste Bedingung jeder Kultur. Er wird niemals zu trocken, denn erstens lassen sich die Entwässerungsgräben des im Untergrunde gewöhnlich vorkommenden Triebsandes wegen niemals zu tief machen, und zweitens ist ihm, da ein Verlust durch Versinken des Wassers darin nicht zu besorgen, durch die Berieselung zu jeder Zeit auch wieder die nöthige Anfeuchtung zu geben.

Der Lehm- und Thonboden.

§. 13.

Der warme sandige Boden unterscheidet sich von dem lehmigen Sandboden nur durch einen größeren Thongehalt. Er hat im Allgemeinen deshalb auch fast die nämlichen Eigenschaften, nur daß er etwas bindiger ist, als dieser. Dennoch gewährt er der Luft immer noch genügenden Zutritt zu den Pflanzenwurzeln, und entspricht daher den oben gestellten Anforderungen an einen guten Boden vollkommen. Er eignet sich ebenfalls vortrefflich zu Rieselwiesen.

Je strenger aber der Lehmboden wird, je mehr sein Thongehalt zunimmt, desto mehr treten die Eigenschaften des letzteren in den Vordergrund. Er erweicht zwar durch das Rieselwasser bei lange dauernder Wässerung, allein er ist, das Gegentheil vom groben Sande, zu wenig durchlassend, läßt auch die einmal eingezogene Nässe sehr schwer wieder fahren, trocknet daher nur langsam aus, und zieht sich dabei so sehr zusammen, daß er große Spalten und Risse bekommt. Endlich schlämmt er mit der Zeit durch das Wässern so fest zusammen, daß keine Luft einzudringen vermag, und deren zum Pflanzen-Wachsthum nothwendiger zu den Wurzeln aufhört. Nur wenn und so lange durch künstliche Lockerung auch diese Bedingung erfüllt wird, ist er ertragsfähig.

Um denselben dauernd in tragfähigem Zustande zu erhalten, müssen solche künstlichen Auflockerungen von Zeit zu Zeit wiederholt, d. h. die Wiesen müssen in kürzeren oder längeren Zeitabschnitten wieder umgebaut werden. Im Siegener Lande, wo der Wiesenbau schon über ein Jahrhundert kultivirt wird, nehmen die erfahrensten Wiesenwirthe zwanzig Jahre als den äußersten Termin eines Umbaues an.

Noch mehr gilt dies vom kalten Lehm- und Thonboden, weil hier dieses Zusammenschlämmen in noch kürzerer Zeit stattfindet, als bei dem warmen. Es versteht sich wohl von selbst, daß auch hier eine gründliche Trockenlegung jeder weiteren Kultur vorangehen muß. Im Untergrunde enthält dieser Boden übrigens fast immer eine Wasser führende Triebsand- oder Schlickschicht, und in derselben Grundwasser, von eben so verschiedener Beschaffenheit, wie der kalte Sandboden und von dem nämlichen Einfluß auf die Gewächse, unter denen verschiedene Arten von Disteln (Cnicus), Nesseln (Urtica) und verwandte Pflanzen besonders üppig hervortreten. Zu einer gründlichen Trockenlegung desselben ist das Anzapfen dieser Wasser führenden Schicht durch hinreichend tiefe Gräben unumgänglich nothwendig.

Der Bruch- und Moorboden.

§. 14.

Der Bruch- und Moorboden ist aus mehr oder weniger zersetzten Pflanzenresten entstanden, und zwar aus Pflanzen, welche das Wasser lebend sowohl zu ihrer Ernährung wie auch zur Erhaltung ihrer abgestorbenen Theile bedurften, dies Wasser mochte nun von Feldern oder aus Bächen und Flüssen breit überlaufen, oder auf der Oberfläche, oder im Grunde mehr oder weniger stagniren, oder es mochte in Quellen seinen Ursprung haben. Von dem Gehalte dieses Wassers, an Mineralien und Pflanzennahrung und von der Menge desselben, wurden die verschiedenen dem Boden eigenthümlichen Pflanzen bedingt, deren Reste wieder die wesentlichsten Bestandtheile desselben bilden. Schon aus dieser Geschichte der Entstehung desselben erklärt sich diese so sehr große Verschiedenheit in der Zusammensetzung und in der Fruchtbarkeit der verschiedenen Arten des Humusbodens, deren äußerste Klassen nichts miteinander gemein haben, als die dunkle, schwarzbraune Farbe, die aber in allen sonstigen Eigenschaften so verschieden sind, wie Thonboden und Flugsand.

Umgekehrt kann man aus der Beschaffenheit dieser Bodenarten mit ziemlicher Gewißheit auf die Qualität des unter denselben befindlichen Grundwassers schließen, die Qualität des Bodens aber aus den darauf wild wachsenden Pflanzen erkennen.

So sind: Trifolium pratense und repens, Bellis, Lotus, Vicia, Lathyrus, Symphytum, Urtica, Arnica, Cnicus, oleraceus, Ranunculus repens und auricomus, Caltha palustris, Poa pratensis und trivialis, Festuca pratensis, Alopecurus pratensis und geniculatus, Phalaris, überhaupt die besseren Gramineen, Menganthes trifoliata u. s. w., kräftig wachsend, Zeichen eines sehr guten Bruchbodens. Ist derselbe mit Holz, darunter namentlich mit Erlen bewachsen, so kommen auch noch andere Ranunculus-Arten, Chrysosplenium, Ribes, Rubus, Prunus padus, Evonymus europaeus und dergl. m. darauf vor. Geringer ist er, wenn Holcus lanatus, Parnassia palustris, Geum rivale, Spiraea ulmaria, Polygonum bistorta, Ajuga reptans, Lychnis flos cuculi, Galium palustre, Potentilla anserina, Trollius europaeus, Cardamine pratensis, Valeriana officinalis und dioica, Lythrum salicaria, Sonchus, Orchis latifolia, Triglochin maritimum, Cnicus pratensis, Inula, Ranunculus lingua, Myosotis, Ayra cespitosa, Holcus lanatus, Epilobium u. s. w.; von den Hölzern Birken und Weidenstrauch, noch schlechter, wenn Calla, Potentilla, Tormentilla, Epipactis, Orchis conopsea, Pedicularis palustris, Linum catharticum, Spergula nodosa, Carex caespitosa, dioica etc., Comarum palustre, Mentha, Primula farinosa, Molinia caerulea und verschiedene Scirpus- und Juncus-Arten, Saxifraga hirculus (bei bedeutendem Kalkgehalt), Salix rosmarinifolia, Tannen u. s. w. darauf wachsen; endlich ganz schlecht, wenn nur verkümmerte Kiefern, Ledum palustre, Empetrum nigrum, Calluna vulgaris, Erica tetralix, Eriophorum, Vaccinium uliginosum und oxycoccos, Andromeda polyfolia, Myrica gale, Betula pubescens und fruticosa, Polytrichium, Sphagnum und andere Moose darauf vorkommen. Dieser letzte bildet entweder den Uebergang, oder ist bereits Hochmoorboden. Verschiedene Equisetum-Arten kommen auf humosen Bodenarten ebenfalls und leider nicht selten vor.

Für die Praxis besteht kein bedeutender Unterschied zwischen Bruch- und Grünlandsmoor. Bei dem erstern ist durch stärkere Verwitterung der Zusammenhang seiner Bestandtheile mehr zerstört, als beim Torf. Durch recht starke und gründliche Trockenlegung artet jeder Darg Torf in Bruchboden um. und selbst der Hochmoortorf kann durch Trockenlegung so zersetzt werden, daß nicht nur gar nichts darauf wächst, sondern daß dem Flugsande ähnlich der Wind damit spielt und Torfwehen entstehen.

Stets muß der Bruch- und Moorboden vor der Berieselung oder gleichzeitig mit den dazu nöthigen Arbeiten abgegraben und trocken gelegt werden. Je länger diese Trockenlegung der Berieselung vorangegangen, je mehr sich also der Boden bereits zersetzt hat, desto besser und schneller wirkt das aufgebrachte Wasser.

Er besitzt die Fähigkeit, an 100 Prozent Wasser aufzunehmen. Gründlich trocken gelegt, gehört der Humusboden zu den durchlässigsten Bodenarten, welche es giebt. Nur wird die Trockenlegung und namentlich die schnelle Entziehung des Wassers daraus oft Veranlassung, daß Risse und Spalten von der Breite mehrerer Zolle entstehen, indem nach dem Verschwinden des Wassers der Boden sich nach allen Richtungen sehr stark zusammenzieht. Diese Spalten haben oft viele Ruthen Länge und gehen immer bis auf den festen Untergrund hinab. Sie sind bei Berieselungsanlagen sehr störend, weil ganze Ströme von Wasser hineinstürzen, und ihre Ausfüllung und Dichtung große Schwierigkeiten verursacht. Man weiß oft gar nicht, wo das Wasser bleibt und was man hineinfüllen soll.

Treten sie in manchen Mooren in großer Menge und Ausdehnung auf, so sind solche Terrains gar nicht zu bewässern.

Sonst hat das Abgraben gewöhnlich keine großen Schwierigkeiten, es wird sogar fast nirgend so leicht wie hier, nur müssen, sobald nur die nöthige Vorfluth vorhanden oder zu schaffen ist, die Gräben auf der rechten Stelle und in den gehörigen Dimensionen gemacht werden. Sie wirken dann sehr oft auf ganz bedeutende Entfernungen.

Fehlt aber die Vorfluth, und kann man deßhalb die Entwässerungsgräben nicht tief genug machen, so wird die Trockenlegung stets unvollkommen. Die Haarröhrenkraft des Humusbodens und vor allen des Moostorfes der Hochmoore, in denen die Sphagnum-Pflanzen zusammenhängende, von unten bis oben hinauf gehende Röhrchen bilden, ist so groß, daß das Wasser darin 10 bis 20 Fuß in die Höhe zu steigen vermag. An diesen Sphagnum-Pflanzen läßt sich übrigens die Gründlichkeit der Trockenlegung mit großer Sicherheit und Leichtigkeit erkennen. Sie bleiben grün und lebendig, und enthalten so viel Wasser, daß sich dasselbe aus einer Hand voll Moos stromweis ausdrücken läßt, so lange der Untergrund naß, sie werden dagegen ganz trocken und brennen wie Zunder, wenn das Grundwasser vollständig fortgeschafft ist. Dabei hält, wie auch dies Beispiel zeigt, der Moostorf das Wasser ungemein fest. Es gehört aber, namentlich bei mangelhafter Abgrabung ein sehr kräftiges Rieseln dazu, die Nachtheile der Grundnässe zu überwinden. Schwaches Rieseln effectuirt dagegen sehr wenig. Das Ueberfahren des humosen mit festem Boden (Patzig verlangt sogar zwei Fuß!!) ist niemals nothwendig.

Der Gehalt der verschiedenen Humusboden-Arten an mineralischen Salzen ist eben so verschieden, wie deren Entstehungsweise. In der Regel sind sie darin nur in verhältnißmäßig geringer Menge enthalten. Mancher enthält jedoch einzelne davon in besonders großer Quantität. So findet sich z. B. in manchem Bruch und Torfboden so viel kohlensaurer Kalk, daß seine Asche zum Mauern gebraucht wird, in anderen wieder so viel Gips, daß dieser bei trockenem Wetter auf narbfreien Stellen ganz weiß efflorescirt.

Kohlensaures Eisenoxydul, Eisenoxydhydrat, phosphorsaures Eisenoxydul (Raseneisenstein, natürliches Berlinerblau) erzeugen, wenn sie in Menge im Boden vorhanden (er sieht zuweilen ganz roth — oder auch hellblau davon aus) und wenn derselbe trocken gelegt ist, ein ganz feines, aber drelles und dichtes wolliges Gras, welches im Spätsommer sehr leicht und fast immer mit Rost befällt. Zuweilen, aber selten, enthält der Boden so viel Kochsalz, daß er im Sommer wie mit Glatteis überzogen erscheint. Ebenso findet sich, in der Regel aber nur an einzelnen Stellen, viel Eisenvitriol darin, und tödtet, wenn es in großer Masse auftritt, jede Vegetation. Der damit durchdrungene Boden sieht beinahe blauschwarz aus.

Dagegen sind wieder andere Bruch- und Torfbodenarten so arm an mineralischen Stoffen, daß sie kaum Spuren derselben enthalten. Dahin gehören diejenigen, deren Oberfläche durch beständige Nässe ausgelaugt sind, und die fast nur Carex cespitosa, stricta, acuta, Comarum palustre oder Moos u. s. w. als Hauptnarbe hervorbringen. Es gehört viel und kräftiges Wasser dazu, sie erst gehörig fett zu machen. Häufig ist in solchen Fällen der Untergrund viel fruchtbarer, als die obere Krume. Das Rieseln mit recht dickem trübem Wasser ist auf allen Bruchbodenarten von entschiedenem Vortheil.

Schon in §. 8 ist das Auffrieren des humosen Bodens erwähnt. Hätte der Boden diese Eigenschaft nicht, so würde er sich entschieden eben so gut zum Berieseln eignen, wie der Sandboden. Spätes Wässern in den Winter hinein, so daß die Wiese ganz in Eis zu liegen kommt, schützt ihn gewöhnlich, doch nicht immer, davor. Ist derselbe aber einmal durch den Frost gehoben und dadurch unter der Grasnarbe ganz hohl geworden, so hat dies außer dem oben erwähnten nachtheiligen Einflusse auf den Stand der darauf wachsenden Pflanzen auch einen Verlust an Zeit in der wichtigen Frühjahrs-Wässerung zur Folge, einen Verlust an Dünger, der unersetzlich ist, weil man mit dem Beginn dieser Frühjahrs-Berieselung so lange warten muß, bis der Frost aus dem Boden herausgethaut ist und bis der letztere nach dem Zusammensinken wieder auf dem Untergrunde festliegt. Wollte man diesen Zeitpunkt nicht abwarten, so würde alles Wasser zwischen der aufgefrornen Narbe und dem unteren losen Untergrunde hinweggehn, diesen wegspühlen und dadurch die saubere Planirung der Flächen zerstören, während auf anderem Boden der letzte Frost fortgerieselt und der Eintritt der Vegetationszeit durch dieses Wässern beschleunigt wird.

Dieser Uebelstand wird dadurch, daß der Frost in dem humosen Boden sich viel länger, als in jedem anderen Boden hält, noch besonders vermehrt. Aus diesem Grunde ist auch der beste Bruchboden zur Anlage von Rieselwiesen weniger geeignet, als der erstere. Dennoch bleibt es bei hinreichend starkem Zufluß stets vortheilhaft, ihn dazu einzurichten. Die Erträge werden auch darauf immer noch hoch genug, das Anlage-Kapital reichlich zu verzinsen.

3. Entwässerung.

Nothwendigkeit des Abgrabens.

§. 15.

Die Nachtheile des nassen Bodens sind bekannt. Ein Jeder weiß, daß die Nässe des Grundes den zum Gedeihen der Pflanzen und zur Auflösung der Nahrungsstoffe des Bodens nöthigen Zutritt der Luft ausschließt, daß durch deren Verdunstung Wärme gebunden, Kälte und Nachtfröste erzeugt werden, daß die bessern Pflanzen vergehen und weniger nahrhaften Platz machen, daß dieselben leichter befallen u. s. w., daher ist in den vorigen §§. wiederholt darauf aufmerksam gemacht, daß der Boden sich um so mehr zur Anlage von Rieselwiesen eignet, je trockener und wärmer er sei, weil ihm bei zweckmäßiger Einrichtung gerade durch die Berieselung zu jeder Zeit die nöthige Anfeuchtung gegeben werden kann. Nasser und kalter Boden kann deßhalb für die Wässerung niemals zu sehr abgegraben, er kann nie zu trocken gelegt werden. Ja, der von Natur trockene, oder der trocken gemachte Boden bedarf zum Hervorbringen eines bestimmten Ertrages von gutem Heu eine geringere Quantität von Wasser, als der nasse. So paradox dieser Satz auch klingt, so ist er dessenungeachtet doch richtig; denn da die kältende Nässe des Bodens entschieden schädlich ist, so gehört zuerst immer eine Kraft dazu, die nachtheilige Wirkung derselben aufzuheben. Diese Kraft wird von dem Rieselwasser ausgeübt. Es muß also immer erst ein Theil desselben vorweggenommen werden, jene nachtheilige Einwirkung zu neutralisiren. Erst der übrige Theil, immer aber nur ein Theil des Rieselwassers wirkt hier vortheilhaft, auf dem warmen Boden ceteris paribus das Ganze. Die gründliche Trockenlegung bleibt daher bei jedem nassen Boden eine wichtige Aufgabe, nur muß bei Lösung derselben auch darauf Bedacht genommen werden, daß die dazu nöthigen Gräben der späteren Bewässerung nicht hinderlich werden.

Die regelmäßige systematische Drainage, welche jetzt bei der Trockenlegung der nassen Aecker so allgemein anerkannte und wesentliche Dienste leistet, ist jedoch für die bisherige Art von Berieselungs-Anlagen nicht anwendbar, weil sich bei irgend tiefer Lage der Drains, wie sie zum Schutz gegen das Einfrieren u. s. w. doch nöthig ist, auf einer gut eingerichteten Rieselwiese selten die nöthige Vorfluth findet, und weil durch die Drains, wenn die Vorfluth sich auch fände, den Wiesen zu viel Wasser ungenutzt entzogen werden würde. Hiermit soll jedoch durchaus nicht behauptet werden, daß sich mit einer Bewässerung überhaupt keine regelrechte Drainage verbinden ließe, sondern nur, daß jene ganz anders als unsere bisherigen Rieselungen konstruirt sein müßte. Es ist vielmehr höchst wahrscheinlich, daß wenn beides rationell mit einander verbunden wird, der erste Erfolg ein sehr guter werden muß.

Auf die dabei naheliegende und ebenfalls in Betracht kommende, aber bis jetzt nicht zu lösende Frage, ob eine solche Anlage längere Zeit zu halten im Stande sein wird? läßt sich erst nach einiger Zeit und nach Durchführung geeigneter Versuche eine bestimmte Antwort geben. Von vorn herein ist, da die Drains fast immer nur sehr wenig Gefälle werden erhalten können, dabei aber beständig unter Druck arbeiten müssen, die Vermuthung dagegen. Das darf indessen davon nicht zurückschrecken, Versuche in dieser Richtung zu machen, wenn auch größere Anlagen der Art bis zur Erledigung der Sache noch aufgeschoben bleiben können. Hier mag, da darüber noch nichts fest steht, vorläufig davon abgesehen werden.

Einzelne verdeckte Gräben aber sind sehr häufig mit großem Vortheil auf solchen schmalen Terrains anzuwenden, welche bei starkem Gefälle am hohen Rande herum tief liegende Quellen haben. Mit Fanggräben, welche am Rande herum oder damit parallel gehen, ist, sobald sie nicht tief genug ausgehoben werden, oder gemacht werden können, gar nichts zu leisten. Die Art ihrer Anwendung an solchen Stellen wird in §§. 19. u. 56. näher besprochen werden.

Schon früher ist darauf hingewiesen worden, daß es außerordentlich wichtig sei, ja, daß der ganze Erfolg der Abgrabung davon abhange, daß die Entwässerungsgräben auf dem rechten Fleck und in den richtigen Dimensionen angelegt werden. Sie müssen das Uebel an der Wurzel anfassen. Daher muß einem Entwässerungsprojekte eine Untersuchung der Ursachen der Nässe vorangehen. Wenn gleich dieser Ursachen mehrere zusammenwirken können, so lassen sich doch vier wesentlich von einander verschiedene Fälle unterscheiden:

1) Das Regen- und Schneewasser sammelt sich in einem Kessel und stagnirt darin.
2) Das Tagewasser fließt von höheren Gegenden zu, und ergießt sich breit über größere flachliegende Terrains.
3) In weit verbreiteten Schichten zieht sich Grundwasser unter der Erde in zu großer Nähe, beinahe in der Höhe der Oberfläche fort.
4) Es brechen Quellen an einzelnen bestimmt erkennbaren Stellen hervor.

Ableitung des stagnirenden Tagewassers aus rings umschlossenen Niederungen.

§. 16.

Sammelt sich in einer von höheren oder niedrigeren Hügeln oder Höhen umschlossenen Niederung, in einem Kessel Wasser, welches der Undurchlässigkeit des Untergrundes halber keinen genügenden Abfluß hat, und hier Teiche oder Seen, oder wenn diese nach und nach zugewachsen, Sümpfe oder Moor- und Bruchflächen bildet, die immer durch ihre fast ganz horizontale Lage kenntlich sind, so ist weiter nichts nöthig, als diesem Sammelwasser mittelst eines gehörig tiefen Grabens durch die umgebenden Höhen den fehlenden Abfluß zu verschaffen. Daß Kosten und Ertrag im Verhältniß stehen, daß die erforderliche Vorfluth nach einem niedrigeren Punkte vorhanden, daß auch ein in entsprechender Tiefe durch die Niederung gezogener Entwässerungsgraben ebenfalls noch abziehen kann, und daß endlich die Dimensionen, namentlich die nöthige Tiefe, durch ein richtiges Nivellement vorher ermittelt und bestimmt sein müssen, bedarf wohl kaum der Erwähnung. Andere Arten der Entwässerung solcher Kessel, z. B. durch die Drainage, durch Bohrlöcher, Senkbrunnen u. s. w., sind für andere Zwecke an manchen Orten ausführbar und zweckmäßig, soll aber ein solches Terrain nach seiner Trockenlegung noch bewässert werden, so reichen diese Mittel nicht hin. Die Entwässerung kann dann nur durch offene Gräben bewerkstelligt werden, weil weder die Drains, noch die Bohrlöcher u. s. w. die Masse des Rieselwassers fortzuschaffen im Stande sind, und der ganze Kessel in einen See verwandelt werden würde.

Die anderen Entwässerungsmethoden gehören daher nicht hierher.

Ableitung des breit überlaufenden Tagewassers.

§. 17.

Auch in dem zweiten der oben angeführten Fälle, wenn nämlich von höheren Gegenden abfließendes Tagewasser sich breit über niedriger liegende Flächen ergießt, hat die Entwässerung keine Schwierigkeit. Hier wird es nur nöthig, am Rande der trocken zu legenden Flächen einen Fanggraben zu machen, in dem das von oben her zufließende Wasser aufgefangen wird. Hat dieser Graben Gefälle und Vorfluth, so läuft darin das Wasser von selbst ab. Ist er dagegen horizontal, so stellt er sich, wenn nicht für Abfluß noch besonders gesorgt wird, ganz voll Wasser und läuft überall über. Er würde auf diese Weise gar keinen Nutzen gewähren, wenn nicht durch einen besonderen Vorfluthgraben für die Entfernung des Wassers daraus nach einem niedrigeren Punkte hin noch besonders gesorgt wird. Dasselbe mußte von den niedrigsten Stellen aus geschehen, sobald der Graben aus irgend welchen Gründen, z. B. um ihn auf der Grenze zu haben oder dgl. m., über mehrere hohe Punkte weggeführt worden und das Gefälle in der Sohle nicht nach einem einzigen Punkte hin zu schaffen gewesen ist.

Hierher gehört es auch, wenn das zufließende Wasser aus einem Bache oder Flusse herrührt, welcher hochliegend und bei der geringsten Vermehrung des Zuflusses über die Ufer übertritt und einen Theil seines Wassers in die anliegenden flachen Wiesen ergießt, und diese dadurch versumpft. In diesem Falle ist das Querprofil oder das Gefälle desselben im Verhältniß zur abzuführenden Wassermasse zu klein. Ersteres mag nun herrühren von einer Verflachung des Bettes durch Sand, welcher von dem Bache oder Flusse beständig mitgeführt und abgelagert wird, oder durch Verkrautung, oder durch andere Ursachen, immer beweist es einen Mangel der im Interesse der Landeskultur nothwendigen Wasser- und Strom-Polizei. Früher war im Allgemeinen Landrecht die Verpflichtung der Adjacenten nur zur Räumung von Gräben und Kanälen, nicht aber auch zur Räumung von Bächen und Flüssen ausgesprochen.

In letzterer Beziehung war daher nie etwas zu erreichen, außer wenn man sich gütlich mit den Nachbaren vereinigte, oder wenn man, falls dies nicht ging, auf eigene Kosten so viel thun ließ, als möglich war. Jetzt ist in §. 7. des Gesetzes über die Benutzung der Privatflüsse vom 28. Februar 1843 zwar auch diese Verpflichtung ausgesprochen, allein unter Räumung wird in der Praxis eine Vertiefung des jetzigen Bettes nicht verstanden. Es wird also dadurch nur der jetzige Zustand erhalten, und höchstens einer Verschlimmerung desselben vorgebeugt. Eine Besserung desselben ist jedoch damit eben so wenig zu erreichen. In dieser Beziehung bleibt daher ein Jeder noch eben so auf sich selbst angewiesen, wie früher.

Der Mittel zur Abhülfe dieses Uebels giebt es mehrere. Sie sind oben durch Aufzählung einiger Ursachen desselben schon angedeutet, und bestehen entweder in Vergrößerung des Querprofils, also Verbreitung oder Vertiefung des Flußbettes rc., oder in Vergrößerung des Gefälles durch Abkürzung des Laufes mittelst Geradelegung des ganzen Baches oder Durchstechung der Serpentinen. Welches von diesen Mitteln zu wählen, hängt von der Lokalität und den Verhältnissen ab. Die Vergrößerung des Profils, namentlich dessen Vertiefung, wird in der Regel nur sehr schwierig oder mit bedeutenden Kosten zu erzielen sein. Dagegen ist auf das Ausziehen des Krautes (eine Arbeit, die durch Benutzung desselben als Düngermaterial wohl ziemlich bezahlt wird) mehr zu halten, als bisher gewöhnlich geschieht, und dasselbe, wenn nöthig, zweimal im Jahre zu wiederholen, eben so wohl, weil das Kraut das Profil verengt und also stauend wirkt, als auch, weil dasselbe in Sand führenden Bächen 2c. die erste Veranlassung zur Ablagerung desselben, zu Unregelmäßigkeiten im Wasserlauf, Abbrechen der Ufer, Verflachung des Bettes u. dgl. m. wird.

Sehr reifliche Ueberlegung erfordert die Vergrößerung des Gefälles durch Geradelegung des ganzen Baches oder mittelst des Durchstechens der Krümmungen desselben, und zwar ganz besonders in dem Falle, daß die daran liegenden Wiesen in gewöhnlichen Jahren gute Erträge geben. In der Regel sind diese hohen Erträge nur Folge der zeitweisen Ueberschwemmungen, sie gehen aber häufig zurück, wenn den Wiesen die Fluthen entzogen werden, und dies geschieht durch Anwendung der eben angegebenen Mittel gar leicht. Hier entscheidet ein einfaches Rechenexempel, ob die geringeren, aber sichereren Erträge den größeren, aber unsicheren vorzuziehen sind. Da hingegen, wo die Wiesen schlecht, der Wasserlauf nur klein und namentlich nicht tief ist, da ist eine Geradelegung unter allen Umständen sehr angebracht. Werden die Wiesen später bewässert, so ist der Verlust durch das Entziehen der Fluthen nicht zu fürchten. Er wird durch das Rieselwasser überreichlich ersetzt. Bei einer solchen Geradelegung ist dann nur noch darauf zu achten, daß die geraden Linien des neuen Bettes auf die niedrigsten Stellen des neuen Terrains verlegt werden, und von der einen Seite nicht Höhen abschneiden, deren Einrichtung zur Berieselung später unnöthigerweise, da sie wie Inseln aus den umgebenden Niederungen hervorragen, viel Kosten verursachen würde.

Leider ist sie aber nur für denjenigen ausführbar, der Besitzer beider Ufer ist, und auch dann nur innerhalb der eigenen

Grenzen. Bilden Bäche ꝛc. die Grenze, gehören also die Ufer verschiedenen Besitzern, und ist der Nachbar zur Theilnahme oder auch nur zur Erlaubniß einer solchen Geradelegung nicht zu bewegen, so muß schon in anderer Weise auf Hülfe gedacht werden. Durch Anlage eines Fanggrabens, Taf. I. Fig. 1. a b, läßt sich auch in diesem Falle das übertretende Wasser von den Wiesen abhalten. Allerdings bleibt dadurch der Strich zwischen dem Flusse ꝛc. und diesem Fanggraben den früheren Ueberschwemmungen ausgesetzt. Da jedoch erstens diese Fläche nicht groß ist, da zweitens die unmittelbaren Ufer und die abgeschnittenen Zungen durch die früheren Fluthen schon besseren Boden zu haben pflegen und da schon von Natur hier immer das bessere Gras wächst, da drittens durch den Fanggraben der Untergrund derselben ebenfalls trocken gelegt, und ihr Ertrag durch diese Trockenlegung erhöht wird, und da viertens sich bei drohenden Witterungsverhältnissen das Futter davon, um es sicherer werben zu können, ohne allzu große Schwierigkeiten auf die andere geschützte Seite des Fanggrabens hinüber transportiren läßt, so ist der Nachtheil nicht sehr groß, wenn dieser kleine Strich auch unsicher bleibt. Ein solcher Graben würde aber der Zerstörung zu sehr ausgesetzt sein, wenn man ihn unmittelbar neben und parallel mit den Ufern des Flusses ziehen wollte, weil das in den hohlen Krümmungen überstürzende Wasser gar zu leicht Durchbrüche verursachen könnte. Damit aber dies über die Ufer hineindringende Wasser aus dem mit stärkerem Gefälle dasselbe abführenden Graben nicht ein neues Strombett auswühle, muß er erstens mit Stauapparaten versehen sein, welche bei Fluthen geschützt werden und die Strömung darin aufhalten können, und zweitens in angemessener Entfernung und in der durchschnittlichen Richtung des Flusses ꝛc. so angelegt werden, daß die Serpentinen dadurch abgeschnitten werden. Eine solche Lage wird durchaus nothwendig, wenn man diesen Graben auf der Flußseite durch eine Verwalung gegen das überlaufende Wasser noch besonders schützt, die Wiesen auf diese Weise also eindeicht. Bei allen Anlagen am Wasser soll man, dem fliehenden Feinde goldene Brücken bauend, für Fluthen Platz lassen, damit deren rasende Gewalt nicht angreifend austritt. Darum müssen dieselben zwischen den Deichen genügenden Raum sich auszudehnen behalten. An größeren Flüssen und Strömen können solche Eindeichungen nur dann von Nutzen sein, wenn sie in größerer Ausdehnung gemacht werden. Sie sind dann Sache von Genossenschaften, und nur durch sachverständige Techniker anzulegen. Ganz ähnlich liegen die Verhältnisse, wenn das Wasser im Bache rc. nicht durch Vernachlässigung des Flußbettes, sondern durch das Stauwerk einer Fabrikanlage, Mühle oder dergleichen in der nachtheiligen Höhe erhalten wird. Hier ist durch einen solchen Fanggraben, welcher unterhalb des Stauwerks ausmündet, ebenfalls geholfen.

Nach der Masse des abzuführenden Wassers richten sich natürlich die Dimensionen des Fanggrabens. Unterwärts ist derselbe bis zu einem Punkte hinabzuführen, wo der Wasserspiegel des Flusses so viel tiefer liegt, als der Vorfluth halber nöthig ist. Liegt dieser Punkt nicht auf eigenem Grund und Boden, muß man, dahin zu gelangen, fremde Grundstücke durchschneiden, so müssen nach dem Vorfluth-Edikt vom 15. November 1811 die Besitzer dieser bei überwiegendem Landeskultur-Interesse und gegen volle Entschädigung sich die Durchleitung eines solchen Vorfluthgrabens gefallen lassen, dessen Kosten natürlicherweise der Unternehmer allein zu tragen hat. Stößt man bei der Anlage dieses Grabens auf ein natürliches Hinderniß, welches die Fortleitung auf derselben Seite des Flusses nicht gestattet, z. B. ein hohes Ufer, eine Mühlenanlage oder dergleichen, so kann man auch mittels eines Tunnels unter dem Bache rc. hindurch nach der anderen Seite hinüber, und auf dieser dann so weit hinabgehen, als erforderlich. Vergleiche man hierzu Taf. I. Fig. 1., wo a b der Fanggraben auf dem einen Ufer durch den Tunnel c nach dem anderen hinüber und bei d in das Flußbett hineingeleitet wird; e ist ein Siel unter dem Deiche e f. Die flußwärts angelegte Verwallung geht über dasselbe und über den Graben fort, und schließt sich an die Höhen des Thalrandes an.

Von den lokalen Verhältnissen hängt die Art der Durchführung dieses Mittels ab. Daß Kosten und Nutzen dabei in einem richtigen Verhältnisse stehen müssen, versteht sich wohl von selbst.

Ableitung des in breiten Schichten unter der Erde sich fortziehenden Grundwassers.

§. 18.

Häufig liegt am Rande breiter und flacher Wiesenthäler und am Fuße sandiger, den Thalrand bildender Höhen eine weit verbreitete Schicht von Triebsand oder Schlick, in der Grundwasser streicht, welches dann die anstoßenden flacheren Wiesen 2c. beständig naß und durchbrüchig erhält. Diese Wasser führende Schicht kann sehr verschiedenartig sein, hier ist sie einige Zoll, an anderen Orten viele Fuß mächtig. Immer aber liegt sie in der Nähe des Wiesenrandes nicht tief unter der Oberfläche, und versumpft von da aus oft große Flächen. Von dem Dasein einer solchen Erdschicht und von ihrer sonstigen Beschaffenheit und Tiefe hat man sich zuerst durch Nachgraben und Bohrversuche zu unterrichten, und die verschiedenen Höhen durch Nivellement zu vergleichen. Ein klares Bild der Sachlage ist nöthig, um auf der rechten Stelle einen Fanggraben anlegen zu können, welcher dieses Grundwasser abfängt, denn die erste Bedingung der Wirksamkeit eines solchen Fanggrabens ist, daß er die Wasser führende Triebsandschicht entweder durchschneidet, oder, wenn sie dazu zu mächtig, wenigstens doch einige Fuß hineingreift. Je gleichmäßiger und je tiefer dies geschieht, desto sicherer und auf desto weitere Entfernungen hilft der Graben. Dieser Endzweck läßt sich am besten erreichen, wenn im Terrain diejenigen Punkte gesucht werden, wo unter einer Decke von 2 bis 3 Fuß Stärke die Triebsandschicht anfängt, und wenn dann der Graben selbst eine Tiefe von 4 bis 5 Fuß erhält. Sollte die Wasser führende Schicht der Krume noch näher liegen, so würde eine Tiefe von 3½ Fuß schon ausreichen. Man wird also die Richtung des Fanggrabens nach der Lage des Terrains zu bestimmen haben und ihm, da diese Schichten gewöhnlich mit dem Thale zu korrespondiren pflegen, wenn irgend möglich, ein stetiges Gefälle zu geben bemüht sein, daher ihn aber auch nur ausnahmsweise nach geraden Linien anlegen können.

Nach der Tiefe richtet sich dann die obere Breite desselben. Nimmt man also die obige Tiefe und für die Sohle 2 Fuß Breite an, so wird die obere mindestens 9 bis 12 Fuß gemacht werden müssen. Dient der Fanggraben zu keinem anderen Zwecke, als zur Entwässerung, so ist das Gefälle von 6 bis 8 Zoll auf 100 Ruthen das normale. Kann dasselbe etwas stärker gemacht werden, so erhält sich der Graben um so besser rein. Demselben aber ein schwächeres Gefälle zu geben, kann nur durch besondere Umstände, z. B. dadurch, daß überhaupt nicht so viel vorhanden ist, gerechtfertigt werden. Haben jedoch, und das ist häufig der Fall, diese Fanggräben zu gleicher Zeit noch eine andere Bestimmung, indem sie als Zuleitungs- oder als Wässergräben dienen, oder beide Zwecke zugleich erfüllen, so werden die eben gegebenen Regeln zur Bestimmung der verschiedenen Dimensionen in so fern etwas abgeändert, als ihre Tiefe dann mit Rücksicht auf die Entwässerung, ihre Breite und ihr Gefälle dagegen nach den Regeln, welche für die Zuleitungs- oder Wässergräben gelten, bestimmt werden muß.

Abgrabung bestimmt erkennbarer Quellen.

§. 19.

Die Versumpfung der Wiesen rührt aber sehr häufig auch von Quellen her. Hier streicht das unterirdische Wasser nicht in einer weit verbreiteten Schicht unter der Erde, sondern es kommt an einzelnen bestimmten Punkten wirklich zu Tage und läuft in Rinnen über der Oberfläche ab. Diese Rinnen führen jedoch nicht immer den ganzen Zufluß der Quelle ab, sondern oft nur einen Theil, während ein anderer den Boden rings herum naß erhält. Der Abfluß über der Erde ist sogar oft kaum erkennbar. Er verbreitet sich zuweilen so weit umher und verschwindet im Grase oder Moose so, daß nur noch aus der Form der Oberfläche der Wiese auf das Dasein von Quellen geschlossen werden kann. So bilden sie z. B. mitten in einer flachen Wiese zuweilen kleinere oder größere Erhöhungen,

Geschwüren ähnlich, welche auf ihren höchsten Punkten entweder am weichsten sind, oder wohl gar ein mit Wasser angefülltes, manchmal tiefes Loch haben, in welchem man das in die Höhe Quellen des Wassers deutlich erkennt. Liegen sie dagegen am Höhenrande, so erscheinen sie als mehr oder weniger steil und hoch ansteigende Ränder, welche entweder den vorigen ähnliche und an die den Thalrand bildenden Berge sich anschließende Erhöhungen bilden, oder gerade am Rande unmittelbar unter diesen Bergen am nassesten sind. Das ist vorzugsweise bei Wiesen mit humosem Boden der Fall. Die Abgrabung solcher Quellen wird vielfach sehr ungenügend ausgeführt. Ehe jedoch das einzuhaltende Verfahren angegeben wird, dürfte es zweckmäßig sein, die noch alle Tage und unter unseren Augen vor sich gehende Entstehung dieser Erhöhungen, welche sich auch in der Schichtung der kennbaren Bodenlagen und deren Neigung deutlich ausspricht, und ihre Beziehungen zu den Quellen näher zu betrachten.

Am Fuße eines Bergrandes, in welchem unter einer undurchlassenden (Taf. I. Fig. 2. A) eine Wasser führende Bodenschicht B liegt, hat das Wasser an einer Stelle a die erstere durchbrochen, steigt hier bis zur Oberfläche in die Höhe, bildet eine Quelle und läuft über der Erde ab. Entsteht an diesem Ausflusse der Quelle A durch Vegetation und dazwischen durch Ablagerung von Sand oder durch Niederschlag von Mineralien aus dem Wasser (Eisenoxydhydrat, Kalktuff u. dgl. m.) oder durch andere zufällige Ursachen eine die Oeffnung a deckende, aber immer noch durchlassende Schicht bb, so wird das Quellwasser auf dem nächsten Wege in der Richtung ac zur Oberfläche in die Höhe dringen, und diesen Weg durch die Kraft, mit der es in Folge des Druckes aus dem Berge in die Höhe steigt, am offensten erhalten.

Die Ursachen, welche die Decke bb gebildet, wirken fort, es bilden sich die Schichten dd, ee, und so entsteht über a eine Erhöhung, welche nach und nach immer höher wird, und mit dem Wachsen nach dieser Richtung gleichzeitig nach Maaßgabe der Witterungsverhältnisse mehr oder weniger nach allen Seiten hin sich verbreitet. Gerade über dem Quellenpunkte a auf der Spitze der Höhe, sie mag in einer ebenen Fläche oder am Rande der Höhe liegen, bleibt der weichste und nasseste Punkt, wenn nicht durch irgend eine zufällige Veranlassung die Quelle einen anderen, niedriger liegenden Ausgang gefunden, und dadurch ihren ersten Ausfluß verlassen hat. In diesem Falle wird dann die Höhe etwas trockener. Oft entstehen auch aus einer und derselben Wasser führenden Schicht des Untergrundes mehrere, scheinbar einzelne, im Grunde aber zusammengehörige, ähnliche Quellenhügel, welche theils in verschiedener Höhe liegen, theils selbst, je nach der Menge des emporsteigenden Quellwassers, eine verschiedene Höhe und Ausdehnung haben.

Ganz ähnlich bilden sich die Quelllager, wenn auch der ganze Berg durchlassender Natur ist. Dann sackt sich das hindurchfließende Wasser nach der niedrigsten Stelle hin, und kommt hier zu Tage. Taf. I. Fig. 3. a. Bildet sich hier auf ähnliche Weise, wie in dem vorigen Falle, eine Decke bb, welche das Austreten des Wassers bei a verhindert (denn hier wirkt die Decke zurückstauend), so durchbricht sie das Wasser nicht, sondern es steigt im Berge höher an und fließt nun über bb ab. Die Schichtenbildung schreitet wie vorher fort, es bildet sich cc. Dadurch wird das Wasser im Berge wieder höher getrieben. Es läuft nun über cc ab u. s. w. Diese Schichten bb, cc werden in trockenen Jahren kürzer, in nassen länger, und daher bildet sich schließlich von e nach f ein oft sehr stark fallender Hang, über welchem dann die Quellen bei e zu liegen scheinen.

Die Art der Abgrabung solcher Quellen ergiebt sich hiernach von selbst. Man braucht nur von dem niedrigsten Punkte in Fig. 2. u. 3., etwa von g ab, so tief, wie es die Vorfluth nur gestattet, möglichst wenig ansteigend einen Graben aufwärts bis a zu führen, welcher da die Wasser führende Schicht des Untergrundes an einem niedriger als das zu entwässernde Terrain liegenden Punkte anschneidet, und ihr dadurch in gehöriger Tiefe einen genügenden Abfluß verschafft. Zweckmäßig ist es im zweiten Falle immer, mit diesem Graben eine kurze Strecke über den bruchigen Rand noch hinfort, und in den Berg hinein zu gehen, weil man auf diese Weise die gesuchte Schicht gründlich zu treffen sicherer ist, etwa bis h. Die Gräben werden dazu bei g mäßig tief und schmal, nach der Höhe zu aber dem Ansteigen des Terrains entsprechend immer tiefer und demzufolge auch breiter. Werden solche Gräben an der rechten Stelle und in den gehörigen Dimensionen angelegt, so übertrifft der Erfolg oft alle Erwartungen. Mir selbst ist es vorgekommen, daß dadurch einem sehr nassen und weichen Torfberge das Wasser so schnell entzogen, und die Masse durch diese rasche Entziehung zu einem so heftigen Zusammenziehen gezwungen wurde, daß sich auf jeder Quadratruthe mehrere Zoll breite und bis auf den festen Untergrund hinabgehende Spalten bildeten. An einem anderen Orte wurden beim Ausheben des Grabens in der Ecke bei h durch den Druck des Wassers, welches sich dadurch selbst Luft verschaffte, große Erdstücke in die Höhe gehoben, u. s. w.

Die rechte Stelle läßt sich, wenn man einige Erfahrung und Uebersicht hat, unschwer erkennen. Hier mögen noch einige Fingerzeige, das Erkennen zu erleichtern, Platz finden. Hat man es mit einem einzelnen Quellenhügel, wie Fig. 2., zu thun, so dirigirt man den Graben auf dem kürzesten Wege von dem niedrigsten Punkte des Terrains direkt auf den höchsten Punkt dieses Hügels hin, und bestimmt durch Nivellement und Bohren dessen mögliche und nöthige Tiefe. Sind aber mehrere dergleichen Quellhügel vorhanden, so hat man, wenn es nicht unzweifelhaft in die Augen fällt, durch Nivellement den höchsten und den niedrigsten Punkt dieses ganzen Quellenterrains und die Größe der Differenz zwischen beiden zu suchen, und danach den entsprechend tiefen Graben nach dem höchsten Punkt hinzuführen. Gehören die verschiedenen Quellen zu einem und demselben Quellengebiet, so werden sie sämmtlich durch den einen Graben trocken. Liegen dieselben, wie beim zweiten Falle, am hohen Rande eines Bruches, so muß man bei Bestimmung der Grabenrichtungen die höheren Bergspitzen des Thalrandes in's Auge fassen, und die Gräben so, daß sie dem stärksten Gefälle des Abhanges folgen, auf diese hindirigiren.

Unter den höheren Bergen (der Diluvialformation) liegt das Wasser in der Regel am höchsten, und drückt vermöge dieser Höhe nach allen Richtungen am stärksten.

Zuerst sind derartige Quellen-Abgrabungen durch den verstorbenen Herrn Pogge-Ziersdorf in Striesenow mit vollständig glücklichem Erfolge ausgeführt. Auch mir hat diese Manier unter allen anderen die besten und sichersten Resultate gegeben. Zuweilen gelingt es, wenn der Untergrund aus tiefstehendem Triebsande besteht, in eingesetzten Röhren das Wasser an solchen Stellen zum Steigen und an der oberen Oeffnung derselben zum Abfließen zu bringen.

Da diese Entwässerungsgräben am oberen Ende in der Regel sehr breit und tief sind, so pflegen sie bei einer Einrichtung der Wiesen zum Rieseln sehr hindernd im Wege zu liegen.

Um sie unschädlich zu machen, kann man, da es doch nur auf den genügenden Abzug in der Tiefe ankommt, dieselben verdeckt einrichten. Berücksichtigt man jedoch, daß in diesen Gräben an einzelnen Stellen oft sehr bedeutende Wassermassen hervorströmen, und daß es oft nicht gut möglich ist, dieselben in die jetzt überall zum Entwässern angewandten Thonröhren hineinzubringen, weil die Stoßfugen zwischen denselben zu enge sind und nicht den dazu nöthigen Raum gewähren; berücksichtigt man ferner, daß der Abfluß solcher Quellen ein beständiger ist, und daß sich Holz, abgeschlossen vom Luftzutritt, im Wasser sehr lange conservirt, so wird man, wenn Strauch in der Nähe zu haben ist, den Faschinen vor den Röhren den Vorzug geben. Will man jedoch gebrannte Thonröhren anwenden, so muß man eine hinlänglich starke Schicht von recht groben Kies oder kleinen Steinen darauf schütten, oder eine Schicht von Strauch darauf decken, in deren Zwischenräumen das Wasser so weit neben und über den Röhren hinfließen kann, bis es in einer größeren Zahl von Stoßfugen die nöthige Menge von Oeffnungen gefunden hat, um in die Röhren eindringen zu können. Auch kann man, wenn die Quelle an einer Stelle so stark aussprudelt, sie in einen Brunnen einfassen, und von diesem aus die Röhren, jedoch so hoch legen, daß der mit dem Was ser in die Höhe geworfene Sand nicht hinein treibt. Die Weite der Röhren muß natürlich so groß sein, daß sie das ganze Wasser zu fassen im Stande sind.

Bei der Abgrabung der Quellen im festen Boden kommt es auf die Art ihres Auftretens an, und zwar, ob sie in einer verbreiteteren Wasser führenden Schicht liegen, oder, als Adern in einzelnen Punkten die darüber liegende weniger durchlassende Schicht durchbrechen. Im ersteren Falle wird die Abgrabung derselben genau in der vorbeschriebenen Weise ausgeführt. Im zweiten Falle dagegen muß man mit dem Graben den rechten Quellenpunkt treffen. Geschieht dies nicht, so bleibt die Quelle ungestört. Es ist schon vorgekommen, daß eine Quelle zwischen zwei 7 Fuß tiefen Gräben, welche kaum eine Ruthe von einander entfernt waren, unverändert fortfloß, und durch diese Gräben nur die Nässe der Umgebung, nicht aber die Quelle verschwunden war.

Entwässerung durch Bohrlöcher u. s. w.

§. 20.

Von Elkington in Schottland wurde früher das Entwässern der Grundstücke durch Bohrlöcher ausgeführt, beschrieben und empfohlen, und zwar in doppelter Weise, in einem Falle, um darin das Wasser zum Steigen, im andern, es zum Versinken zu bringen. Ersteres geschieht, wenn eine Wasser führende Schicht zwischen zwei undurchlassenden eingeklemmt liegt, und die obere mit einem gewöhnlichen Erdbohrer an einer oder mehreren Stellen durchgebohrt wird. Taf. I. Fig. 4. ist AA die Wasser führende, BB die beiden undurchlassenden Schichten, und aa' Bohrlöcher durch die oberste dieser letzteren. Liegen die Zuflüsse der eingeklemmten Schicht höher als a', so muß das Wasser im Bohrloche steigen und aus demselben abfließen.

Ist dagegen in einem Kessel so undurchlassender Untergrund, daß über demselben das Wasser stagnirt, so läßt es sich zuweilen durch die Durchbohrung der undurchlassenden Schicht mit einer trockenen und durchlassenden Schicht des tieferen Untergrundes in Verbindung bringen, und durch diese das Versinken und Verschwinden des Wassers aus der obersten Bodenschicht in die Tiefe herbeiführen. In letzterem Falle genügen, wenn die undurchlassende Schicht wenig mächtig, manchmal ausgegrabene Löcher, oder wenn sie stärker, tiefere Brunnen. Taf. I. Fig. 5. ist AA die undurchlassende, BB die darunter liegende durchlassende Schicht des Untergrundes, aa sind die Bohrlöcher.

Das in die Höhe Bohren von Quellen läßt sich mit der Berieselung vereinigen, das Versenken des Wassers nie. Die Entwässerung solcher Kessel ist überdies schon §. 16. besprochen.

Wo dagegen der Untergrund aus tiefstehendem Triebsande besteht, da schwimmen die Bohrlöcher von den Seiten her immer wieder zu. Der Boden wird durch das Bohren selbst so weich, daß zuletzt der Bohrer gar nichts mehr herausbringt. An solchen Orten glückt es zuweilen durch eingesetzte Röhren, welche bis auf den wässerigsten Theil der Triebsandschicht hinabreichen, das Wasser zum Steigen, sogar zum Ablaufen aus der oberen Oeffnung der Röhre zu bringen.

Werden die Röhren über diesen Theil der Wasser führenden Schicht hindurchgetrieben, so hört deren Fließen sehr häufig wieder auf, daher ist vor Uebereilung bei der Arbeit zu warnen. Mit Sicherheit ist der Erfolg nicht überall vorher zu wissen, es kommt auf einen Versuch an.

4. Voraussichtlicher Erfolg.

Qualität und Quantität des zu producirenden Futters.

§. 21.

Wirft man einen Blick zurück auf die oben §. 2. gegebenen Analysen des Wassers, so findet man in allen den verschiedenen Gewässern die nämlichen Stoffe, mithin in diesem Wasser überall ein Angebot gleicher, wenigstens ähnlicher Nahrung an die auf den damit berieselten Wiesen wachsenden Pflanzen. Auch die physikalischen Eigenschaften des Bodens werden überall durch das Rieseln ziemlich gleichartige. Die Feuchtigkeit und Temperatur desselben, die Möglichkeit, der Luft den erforderlichen Zutritt zu verschaffen u. s. w., liegen überall in der Hand des Rieselwirthes. Sie können von ihm überall ziemlich gleich gemacht und erhalten werden. Geschieht dies, so kann man erwarten, daß einzelnen Gewächsen diese Verhältnisse ganz besonders zusagen müssen, daß darum bestimmte und zwar die nämlichen oder wenigstens verwandte Arten auf allen Rieselwiesen besonders üppig gedeihen, und durch kräftigen Wuchs und dichten Stand alle anderen Pflanzen unterdrücken und verdrängen werden. Es läßt sich auch mit ziemlicher Sicherheit ebensowohl annehmen, daß dies dieselben Gewächse sein müssen, welche auf den besten Rieselwiesen des Siegener Landes, der Lüneburger Heide 2c. wachsen, als auch aus einem Vergleiche der Flora auf den Wiesen dieser Gegenden mit der der Lombardei, darauf schließen, daß der Einfluß des dort so viel wärmeren Klima's weniger im Hervorbringen anderer Arten von Pflanzen, sondern mehr nur in deren schnellerem Nachwachsen sich äußern, daß also die Wiesen im Norden nur weniger oft gemähet werden können, als unter der wärmeren Sonne des Südens.

Diese Pflanzen der besseren Rieselwiesen sind vor Allem: Poa trivialis, im Vorschnitt das dominirende und am wenigsten verbreitete Gras, welches den dichtesten Stand verträgt, und kaum ½ Fuß hoch schon anfängt, unten blaß zu werden; Poa pratensis, Festuca pratensis und elatior, Glyceria fluitans (4½ bis 5 Fuß hoch), Agrostis, bei recht fettem Wasser auch Alopecurus pratensis, Glyceria spectabilis, Phalaris arundinacea u. a. m.; alles Gräser der edelsten Art und von bekanntem Futterwerth.

Es fehlen darunter, wie unter andern auch Schleiden ganz richtig bemerkt, die Leguminosen; allein es geht schon aus den Analysen hervor, und wird durch den kräftigen Wuchs des auf neuen Anlagen, sogar im reinen Sande angesäeten und bewässerten rothen Klees, des oft beinahe ausschließlich auftretenden gelben Klees (Lotus) auf Bruchboden, der Platterbse (Lathyrus pratensis) und anderer Pflanzen auch deutlich bewiesen, daß sie nicht darum vergehen, und späterhin fehlen, weil die zu ihrer Ernährung nöthigen Stoffe nicht vorhanden sind, sondern weil das schnell in die Höhe schießende Gras sie überwächst und ihnen keinen Platz, kein Licht und keine Luft läßt, sie also unterdrückt. Man findet zwischen dem Rieselgrase zuweilen Stengel von weißem Klee, welche mit dem Grase in die Höhe gegangen, von 3 Fuß Länge mit fußweit von einander entfernten Blättern.

Es bleibt darum zweifelhaft, oder eigentlich sogar unwahrscheinlich, daß sich angesäte, wenn auch sehr nahrhafte Pflanzen, wie das von Schilden empfohlene Mutterengras (Phellandrium mutellina) und der Alpenfrauen-Mantel (Alchemilla alpina), selbst wenn sie, wie diese, von natürlichen, aber nicht den besten Wässerwiesen gewonnen sind, auf recht guten Rieselwiesen lange Zeit halten werden. Auch Kümmel (Carum carvi) wächst zuerst sehr gut. Vorherrschend bleiben aber immer die Gramineen. Die Qualität des erzeugten Futters muß daher eine gute werden. Eben so zufriedenstellend, wie die Qualität, muß auch die Quantität ausfallen. In der Nähe der Wässergräben, da, wo das Wasser frisch und in genügender Menge auf die Wiesen tritt, steht sogar auf wilden Rieselungen das Gras immer gut und dicht. Lassen sich durch zweckmäßigere Einrichtung ähnliche Verhältnisse, wie hier an diesen Stellen, überall herstellen, läßt sich das Wasser in genügender Menge überall hinbringen und demselben seiner Güte entsprechend breite Flächen vorlegen, so müssen die Wiesen bei richtiger Behandlung einen sehr reichlichen und durchweg ausgeglichenen Graswuchs hervorbringen. Man wird nicht unbescheiden sein, wenn man im ersten Schnitt 25 bis 30, im zweiten 15 bis 20 Centner vom Morgen erwartet.

5. Die Gräben und Grippen.

Bestimmung und Eintheilung der Gräben und Grippen.

§. 22.

Die Gräben und Grippen dienen dazu, das zur Rieselung nöthige Wasser nicht allein den Wiesen im Ganzen, sondern auch jedem einzelnen Theile derselben den für ihn nöthigen Antheil zuzuführen, dieses Wasser gleichmäßig über die Fläche zu vertheilen, das übergerieselte Wasser wieder aufzunehmen, zusammenzuleiten und endlich von der Wiesenfläche wieder zu entfernen.

Nach dieser verschiedenen Bestimmung lassen sie sich eintheilen:

1) in Gräben, 2 Fuß und darüber breit und mindestens 1 Fuß tief.
   a) Zuleitungsgräben oder Zubringer. Sie erhalten Gefälle, und dienen dazu, den
   b) Wässer- oder Vertheilungsgräben das Wasser zuzuführen. Diese geben dasselbe an die Grippen ab. Sie werden horizontal.
   c) Die Entwässerungsgräben nehmen das abgerieselte Wasser wieder auf und führen es fort. Sie dienen außerdem zur Trockenlegung des Bodens.
2) In Grippen oder Rinnen, unter 2 Fuß breit, und höchstens 1 Fuß tief. Analog den Gräben sind sie:
   a) Zuleitungsgrippen. Diese führen mit Gefälle den
   b) Wässergrippen, welche horizontal liegen, das Wasser zur Vertheilung über die Wiesenflächen zu, wenn die letzteren dasselbe nicht unmittelbar aus den Vertheilungsgräben erhalten.
   c) Entwässerungsgrippen. Sie nehmen zunächst das abgerieselte Wasser auf, und führen es in die Entwässerungsgräben ab.

Allgemeine Bemerkungen.

§. 23.

Die Größe der Gräben muß sich natürlicherweise überall nach der fortzuleitenden Wassermenge richten, welche durch die beiden Faktoren Geschwindigkeit und Querprofil bedingt wird. Die Geschwindigkeit hängt vom Gefälle ab. Nach hydrostatischen Ermittelungen über die Bewegung des Wassers in Gräben und Flußbetten von ziemlich gerader Richtung und überall gleichen Querprofilen sind in Eytelwein's Hydraulik die folgenden Formeln entwickelt, welche nach angestellten Versuchen mit der Wirklichkeit ziemlich genau übereinstimmen. Nur für große Ströme und die dort zusammenwirkenden Kräfte sind noch mehr Erfahrungen zu wünschen, ehe über die Bewegung des Wassers in den Krümmungen derselben bestimmte Regeln aufgestellt werden können. Für unsere Zwecke sind jene Eytelwein'schen Formeln eine unbestreitbare Autorität.

Darin bezeichnet

M die Wassermenge,

b die Breite des rechtwinkligen Profils,

h dessen Höhe,

c die mittlere Geschwindigkeit in einer Sekunde,

α das Gefälle für

λ die dazu gehörige Länge.

Hieraus wird die mittlere Geschwindigkeit

$$c = 90{,}9 \sqrt{\frac{bh}{b + 2h} \times \frac{\alpha}{\lambda}}$$

gefunden, da die Wassermenge dem Produkte aus Querprofil und Geschwindigkeit gleich ist, so ergiebt sich daraus

$$M = 90{,}9\,bh \sqrt{\frac{bh}{b + 2h} \times \frac{\alpha}{\lambda}}$$

Beispiel: Ein 12 Fuß im Mittel breiter, 3 Fuß im Wasser tiefer Graben hat 4 Zoll Gefälle auf 100 Ruthen; wie groß ist dessen Geschwindigkeit in einer Sekunde und wie viel Wasser führt er in dieser Zeit?

Da bei allen solchen Ansätzen die gegebenen Größen als Füße oder Theile von Füßen auszudrücken sind, so ist für diesen Fall b = 12 Fuß, h = 3 Fuß, $\alpha = \frac{1}{3}$ Fuß und $\lambda = 1200$ Fuß, mithin

$$c = 90{,}9 \times \sqrt{\frac{12 \times 3}{12 + 2 \times 3} \times \frac{1\frac{1}{3}}{1200}} = 2{,}15 \text{ Fuß und}$$

$$M = 90{,}9 \times 12 \times 3 \sqrt{\frac{12 \times 3}{12 + 2 \times 3} \times \frac{\frac{1}{3}}{1200}} = 77{,}4 \text{ Kubikfuß.}$$

Das für alle solche Fälle angenommene Zeitmaß ist eine Sekunde.

Man sieht aus einer Vergleichung des eben Gesagten mit dem, was andere Schriftsteller über den Wiesenbau darüber angeben, wie wenig die Herren mit den hydrostatischen Gesetzen bekannt gewesen, und wie diese bis jetzt so gar nicht auf die

Ausführung oft wichtiger Wasserbauten angewendet werden konnten. Alles Schelten der Herren auf unhaltbare Theorieen kann diesen Mangel nicht beschönigen oder verdecken. Die Unrichtigkeiten sind mitunter wirklich zu stark.

Was würde z. B. ein Zuleitungsgraben, welcher nach Patzigs „praktischer Rieselwirth," Seite 126 = 4320 □ Zoll Querprofil, mithin bei 10 Fuß mittlerer Breite, 3 Fuß Tiefe hat, bei einem Gefälle von 10 Zoll auf 100 Ruthen für eine Wassermasse führen? Hier ist b = 10 Fuß, h = 3 Fuß, $\alpha = \frac{5}{6}$ Fuß und $\lambda = 1200$ Fuß, also

$$M = 90{,}9 \times 10 \times 3 \sqrt{\frac{10 \times 3}{10 + 2 \times 3} \times \frac{\frac{5}{6}}{1200}} =$$

$$= 2727 \sqrt{\tfrac{1}{768}} = 98 \text{ Cubikfuß.}$$

in der Sekunde, also $3\frac{1}{4}$ mal mindestens mehr als die dort angegebenen 30 Cubikfuß! Das Wasser würde eine mittlere Geschwindigkeit von 3,28 Fuß in der Sekunde haben, während Patzig nur einen Fuß annimmt. Wäre ein solcher Graben zulässig? Würde er nicht in kurzer Zeit durch seinen rapiden Strom die Ufer unterwühlen und abbrechen und alle die Uebelstände herbeiführen, die in reißenden Flüssen kostbare Strombauten und Uferdeckungen nöthig machen? Was sollte wohl daraus werden, wenn das Wasser durch solche Gräben an verschiedene, bei einer Anlage betheiligte Interessenten vertheilt werden sollte?

Doch zurück zu den Formeln, welche sich aus jenen für die übrigen darin vorkommenden Größen ableiten lassen. Darnach ist

$$b^3 - \left(\frac{M^2 \lambda}{8262{,}8\, h^3 a}\right) b - 2 \left(\frac{M^2 \lambda}{8262{,}8 h^3 a}\right) h = 0$$

$$h^3\, 2 \left(\frac{M^2 \lambda}{8262{,}8 h^3 a}\right) h \left(\frac{M^2 \lambda}{8262{,}8 h^3 a}\right) b = 0$$

$$\alpha = \frac{b + 2h}{8262{,}8 b^3 h^3} M^2 \lambda$$

$$\lambda = \frac{8262{,}8 b^3 h^3}{(b + 2h) M^2}$$

wobei zu bemerken, daß die Bestimmung der Werthe von b und h die Auflösung einer cubischen Gleichung erfordern.

Die Berechnungen nach diesen Formeln stimmen um so mehr mit der Wirklichkeit überein, je weniger Widerstand das fließende Wasser an den Wandungen und dem Boden des Grabens zu überwinden hat. Es kommt daher sehr auf die Form des Querprofils an, und diejenige ist unter den verschiedenen möglichen die zweckmäßigste, welche bei gleichem Flächeninhalt die geringste Wandfläche, also den kleinsten Umfang besitzt. Deswegen müßte der Halbkreis das beste Profil abgeben, seine Herstellung hat indessen gar zu große Schwierigkeit, so daß es niemals zur Anwendung kommt.

Dem Halbkreis am nächsten steht das halbe Sechseck, Taf. I. Fig. 6. Ein darnach gearbeitetes Profil paßt auch für manche Bodenarten recht gut, für andere wird die Böschung der Seitenwände jedoch zu steil. Da muß ein anderes mit flacheren Wandungen konstruirt werden, dessen Sohlenbreite gleich $\frac{1}{5}$, und dessen Tiefe gleich $\frac{3}{10}$ der oberen Breite gemacht wird. Taf. I. Fig. 7.

Ein solches Profil hat nur einen eben so großen Umfang, wie das halbe Quadrat, und steht also wieder dem halben Sechseck am nächsteu*). Das halbe Quadrat selbst ist nicht ausführbar, weil die Seitenwände nicht senkrecht hinuntergestochen werden dürfen, sondern damit sie nicht einstürzen, eine schräge Lage, Böschung oder Dossirung erhalten müssen. Man nennt diese, je nachdem die schräge Linie von einem auf der Sohle in dem Anfangspunkte der Böschungslinie errichteten Perpendikel Taf. I. Fig 8. 9. 10. 11. ab ab auf einen Fuß Höhe um $\frac{1}{4}$, $\frac{1}{2}$, 1, 2 Fuß u. s. w. abweicht, eine $\frac{1}{4}$füßige, $\frac{1}{2}$füßige, 1füßige, 2füßige Böschung

Bei größerem Zusammenhange des Bodens darf dieselbe

*) Theilt man bei einem halben Quadrat Taf. I. Fig. 7 die Seiten in 6, die Grundlinie in 12 gleiche Theile, und zieht von dem vierten und achten Theilungspunkte der letzteren c und e durch die Mitte oder die Seiten g und f die Linien cd und eh, so erhält man die Böschungslinien, deren jede gleich 10 Theilen der Seiten und Grundlinie ist. Der Umfang dieses Profils hat also 22 Theile, wie der des halben Quadrates.

steiler, bei geringerem muß sie flacher gemacht werden. So genügt für Torfboden auch in den tieferen Entwässerungsgräben eine ¼ bis ½füßige Dossirung, während in den Wassergräben eine ½ bis ¾füßige, als dem halben Sechsecke angehörig passender ist; bei strengem Lehm- und Thonboden eine ½ bis ¾füßige. Für losen Sandboden muß sie 1 bis 1½ füßig gewählt (d. h. dem halben Umfang des Quadrats gleich gemacht) werden. Ist der Graben aber zur Fortleitung großer Wassermassen bestimmt, so ist es rathsam, auch in festerem Boden die Böschung flacher zu machen.

Zur Bequemlichkeit für den Gebrauch sind in der beigefügten Tabelle A die Wassermengen berechnet und zusammengestellt, welche Gräben von verschiedener Breite und Tiefe bei verschiedenem Gefälle führen. Es läßt sich daraus eben so wohl die Wassermenge, welche ein Graben von gegebener Breite und Tiefe bei einem gegebenen Gefälle führt, als auch die Graben-Dimensionen, oder das Gefälle, welches der Graben zur Fortleitung einer bestimmten Wassermasse erhalten muß, versehen.

Die in der Tabelle aufgeführten Breiten sind jedoch mittlere. Wird nun die dem Graben zu gebende Böschung ¾, ½ u. s. w. mit der Grabentiefe multiplicirt, so giebt dies Produkt, zur mittleren Breite hinzuaddirt, die obere davon abgezogen, die Sohlenbreite.

Beispiel: Ein Graben soll 66 Kubikfuß Wasser führen. Das demselben zu gebende Gefälle beträgt pro 100 Ruthen 3 Zoll. Er soll 3 Fuß Tiefe und 1⅓füßige Böschung erhalten, wie groß wird die obere und die Sohlenbreite? Nach Tabelle A. wird unter den gegebenen Bedingungen die mittlere Breite desselben 12 Fuß. Die Tiefe 3 multiplizirt mit der Böschung 1⅓ ist = 4, und diese zur mittleren Breite addirt, giebt die obere Breite = 16 Fuß, davon abgezogen die Sohlenbreite = 8 Fuß.

Der Hauptzuleitungsgraben.

§. 24.

Der Hauptzuleitungsgraben dient zur Zuleitung des sämmtlichen zu benutzenden Wassers vom Flusse, Bache ꝛc. ab nach der zu berieselnden Wiese hin. Läßt sich das Wasser unmittelbar an dieser Fläche, ohne Schäden auf anderen Grundstücken zu verursachen, bis zu der für die Berieselung nothwendigen Höhe aufstauen, oder liegt das Wasser von Natur schon höher als die Wiese, so ist ein Hauptzuleitungsgraben oft ganz entbehrlich. Dagegen kann derselbe an andern Orten bei schwachem Gefälle des Flusses und hoher Lage der zu berieselnden Fläche viele hundert Ruthen lang gemacht werden müssen.

a. Gefälle des Hauptzuleitungsgrabens.

Das Gefälle, welches einem Hauptzuleitungsgraben zu geben ist, richtet sich nach der Höhe des Wasserspiegels oder der zulässigen Aufstauung an dem Punkte, von wo aus die Ableitung geschehen soll, über der höchsten Stelle des zu bewässernden Terrains. Aber nicht eine jede Höhendifferenz zwischen diesen beiden Punkten ist brauchbar. Ein zu großes Gefälle kann gefährlich und nachtheilig werden, indem es eine zu große Geschwindigkeit des im Graben fließenden Wassers zur Folge hat. Bei großen Wassermassen sollte eine mittlere Geschwindigkeit von über 2 Fuß per Sekunde gar nicht zugelassen werden. Dem entspricht je nach der Größe der Quantität ein Gefälle von 2 bis 4 Zoll auf 100 Ruthen. Ein Graben von 18 Fuß mittlerer Breite und 3 Fuß Tiefe, also von 54 □Fuß Querprofil führt bei 3 Zoll Gefälle auf 100 Ruthen nach Tabelle A 106,28 Cubikfuß Wasser. Das Wasser darin hat also eine Geschwindigkeit von $\frac{106,28}{54}$, nahe zu 2 Fuß. Hätte dieser Graben 6 Zoll Gefälle, so würde er 150,35 Cubikfuß mit einer Geschwindigkeit von 2,8 Fuß per Sekunde führen, diese letztere aber schon zu groß sein. Man wird daher besser thun, für eine so große Wassermasse das Profil zu erweitern, und das Gefälle zu vermindern, z. B. den Graben 20 Fuß im Mittel breit und 4 Fuß tief zu machen. Er würde dann etwas über 2 Zoll Gefälle auf 190 Ruthen bedürfen, und das darin fließende Wasser (150 Cubikfuß) eine Geschwindigkeit von 1,8 Fuß erhalten. Manchmal kann man diesen Zweck durch die Ableitung an einer weiter unterhalb belegenen Stelle erreichen, und dabei an Grabenlänge ersparen, was demselben in der Breite und Tiefe zugesetzt werden mußte, so daß dadurch kaum Mehrkosten erwachsen werden; oder man kann, wenn das Wasser an dem zuerst bestimmten höchstgelegenen Punkte ausgehoben wird, durch Ersparung im Gefälle des Hauptzuleitungsgrabens ein größeres Terrain für die Berieselung gewinnen.

Läßt sich jedoch die Grabenlinie, welche das zu starke Gefälle hätte, nicht verändern, so muß man dasselbe durch in denselben hineingebaute Wehre brechen, und die Gefahr auf einzelnen, deshalb leicht zu schützenden Stellen, koncentriren.

Für kleinere Wassermassen kann das Gefälle des Hauptzuleitungsgrabens bedeutend größer werden, weil diese kleineren Wassermassen lange nicht eine solche Kraft auszuüben vermögen, wie die größeren, der Angriff derselben also auch bei weitem nicht so gefährlich und zerstörend wirkt. Auch hier kommt es auf den Zusammenhang des Bodens an. Je größer derselbe ist, ein desto größeres Gefälle im Hauptzuleitungsgraben ist zulässig. Im Thonboden und Torf darf dasselbe deshalb auch größer sein, als im Sande. Für kurze Strecken und ganz kleine Wassermassen endlich giebt es gar kein Maß, weil sich in dem dazu nöthigen, schmalen und flachen Graben die Sohle und die Seitenwände ohne allzugroße Mühe decken und dadurch sichern lassen.

Das geringste zulässige Gefälle eines Hauptzuleitungsgrabens beträgt 1 bis 1½ Zoll auf 100 Ruthen.

Einer besondern Rücksicht bedarf es noch, wenn ein Zuleitungsgraben aus einem Bache, Flusse oder dergl. abgeleitet werden muß, ohne daß dieser durch eine darin erbaute Stauschleuse angehalten werden darf, oder die Ableitung so tief gelegt werden kann, daß der Wasserspiegel im Zuleitungsgraben niedriger würde, als die Sohle des Baches. In diesem Falle läuft nur ein Theil des Wassers aus dem Flusse ꝛc. in den geöffneten Graben hinein, und nur der übrige Theil, mithin weniger, als vorher, fließt in dem natürlichen Wasserlaufe weiter. Diese geringere Wassermasse bedarf aber, da das Gefälle auch nach Entziehung des abgeleiteten Theils dem früheren gleich bleibt, und nur der andere Faktor, das Querprofil, veränderlich ist, ein kleineres Profil. Das Querprofil ist jedoch nur nach einer Seite hin einer Veränderung fähig. Die Breite desselben bleibt nach wie vor die nämliche; die nothwendig erfolgende Verminderung des Flächeninhalts kann daher nur durch eine Verminderung der Tiefe des darin fließenden Wasserstandes, durch das Fallen des Wasserspiegels hervorgebracht werden. Bei der Berechnung des Gefälles für den Hauptzuleitungsgraben ist hierauf Rücksicht zu nehmen und zu ermitteln, um wie viel der Wasserspiegel im Flusse durch die Ableitung des erlangten Theils sich senken muß. Geschieht dies nicht, so wird der Graben zwar etwas Wasser, dasselbe jedoch bei weitem nicht in der gewünschten Masse ableiten.

b. Tiefe und Breite des Hauptzuleitungsgrabens.

Nächst dem Gefälle ist die Tiefe des Hauptzuleitungsgrabens zu bestimmen. Auch diese ist keineswegs willkührlich. Maaßgebend dafür ist die Möglichkeit, ihn trocken zu legen. Seine Sohle kann also so tief gelegt werden, daß sie mit der Sohle des niedrigsten Vertheilungsgrabens, welcher aus jenem noch frisches Wasser erhalten kann, in einem Niveau liegt. Die Differenz der Höhe zwischen dem Wasserspiegel des Hauptzuleitungsgrabens und der Sohle dieses Vertheilungsgrabens giebt mithin die größtmöglichste Tiefe desselben. Ihn noch tiefer zu machen, wird nur da nothwendig, wo der zu berieselnde Boden fast ganz horizontal ist, der Graben also zu flach werden und dieser zu geringen Tiefe wegen eine zu große Breite und ein zn schlechtes Profil erhalten würde, um die nöthige Wassermenge fortzuführen. Werden die Gräben nämlich sehr flach, und deshalb der Umfang sehr groß, so bedürfen die Wassertheilchen zum Losreißen von den Wandungen und der Sohle einer zu großen Kraft, so daß sich die Geschwindigkeit des Wassers darin verhält wie die Quadratwurzeln aus dem Gefälle.

Uebrigens fließt in Gräben mit sehr geringem Gefälle (1 Zoll auf 100 Ruthen) das Wasser in der Nähe der Sohle, selbst in dem Falle, daß dieselbe in dieser Tiefe keinen Abfluß hat, beinahe mit der nämlichen Geschwindigkeit, wie an der Oberfläche.

Wird dagegen bei bedeutendem Gefälle des Terrains die Tiefe nach der ersten Bestimmung zu groß, so liegt es in der Hand des Wiesenbauers, ihm eine beliebige andere zu geben. Derselbe hat dann darauf Rücksicht zu nehmen, was in §. 23 über die beste Form des Querprofils gesagt worden. Möglicherweise kann aber auch in einzelnen Fällen diese Tiefe noch zu bedeutend sein, wenn z. B. der Graben in den aus schwimmendem Boden, Triebsand oder dergl. bestehendem Untergrund mehrere Fuß hineingearbeitet werden müßte, um ein solches Profil herauszubekommen, und dadurch die Arbeit übermäßig schwierig und kostbar werden würde. Dann ist für größere Gräben 3 Fuß das geringste Maaß der Tiefe. Für kleine Wassermengen kann man die Gräben flacher machen lassen.

Es bleibt nun noch die Breite des Hauptzuleitungsgrabens zu bestimmen. Gegeben ist dazu die Größe der fortzuführenden Wassermasse. Gefälle und Tiefe werden zuerst nach den vorher gegebenen Regeln festgestellt. Aus diesen Größen läßt sich, wie oben bereits in den gegebenen Formeln nachgewiesen, die mittlere Breite, und aus dieser wieder die obere sowohl wie die Sohlenbreite berechnen. Die Tabelle A. macht für die gewöhnlich vorkommenden Fälle die Berechnung entbehrlich. Die auf diese Weise gefundene Breite wird für größere Wassermassen allerdings oft sehr bedeutend. So sind hier in neuerer Zeit Hauptzuleitungsgräben für ziemlich ausgedehnte Anlagen von 16 bis 24 Fuß Breite und von bedeutender Länge gar nicht selten ausgeführt worden. Der Erfolg hat den Beweis geliefert, daß sie durchaus nicht zu groß gerathen sind.

c) Lage des Hauptzuleitungsgrabens.

Da der Hauptzuleitungsgraben keine weitere Bestimmung hat, als das Wasser nach einem bestimmten Punkte hinzuführen, so wird hauptsächlich der Kostenpunkt entscheidend, und diejenige Lage desselben die beste sein, in der der Graben am billigsten herzustellen ist. Ob daher der kürzeste Weg, die gerade Linie, oder ob das Umgehen von Hindernissen in größeren oder kürzeren Bögen den Vorzug verdiene, darüber entscheidet eine einfache Rechnung. Auch werden zuweilen noch andere Rücksichten sich geltend machen. Wenn z. B. die Wahl frei steht, ob der Zuleitungsgraben durch ein Stück Acker hindurch, oder um dasselbe herum geleitet werden soll, so wird die Bequemlichkeit in der Bestellung hierbei den Ausschlag geben. An anderen Orten bietet vielleicht die Gelegenheit zu einer bessern Abfuhr des Heues u. dgl. m. ein hierüber entscheidendes Moment, kurz, die Lage des Hauptzuleitungsgrabens bleibt immer von den localen Verhältnissen abhängig.

d) Allgemeine Bemerkungen.

Um gefährliche Fluthen abhalten, in der Rieselzeit den Zufluß des Hauptzuleitungsgrabens bei wechselndem Wasserstande im Flusse oder Bache reguliren, oder ihn in Zeiten, wo nicht gerieselt wird, ganz abschließen zu können, um das Wasser daraus abzulassen und die Wiesen vollkommen trocken zu legen, ist unweit der Ableitung am Anfange eines Hauptzuleitungs-Grabens eine Schleuse zu erbauen. Sie wird nur da entbehrlich, wo, um das Wasser in den Graben hineinzutreiben, der Bach so hoch angestaut wird, daß nach dem Oeffnen dieses Stauwerks das Füllwasser aus dem ersteren rückwärts wieder abläuft, und der Graben auf diese Weise wieder leer wird.

Kleinere Zuleitungsgräben oder Zubringer.

§. 25.

Die kleineren Zubringer sollen den Wasser- oder Vertheilungsgräben das Wasser zuführen. Sie werden aus dem Hauptzuleitungs- oder einem Wässergraben gespeist, welcher letztere dann gleichfalls als Zuleitungsgraben dient. Die Zubringer geben niemals Wasser an eine Wässerrinne zur Vertheilung über die Wiesen ab. Sie erhalten in der Regel das stärkste Gefälle des Terrains, wo sie gerade liegen. Ist dies Gefälle so groß, daß das fließende Wasser das Grabenufer ausreißt und zerstört, so sind sowohl diese wie die Grabensohle zu decken (conf. §. 57).

Ihre Größe sollte sich, strenge genommen, zwar nach der fortzuleitenden Wassermasse richten, doch ist es aus folgenden Gründen rathsamer, sie größer zu machen. Dann bedarf das darin fortzuschaffende Wasser weniger Gefälle. Durch diese Ermäßigung des Gefälles werden die Gefahren einer zu starken Strömung sehr oft, wenn auch nicht ganz aufgehoben, wenigstens vermindert. Eine weitere Folge davon ist, daß der Graben an seinem oberen Ende nicht ganz mit Wasser angefüllt wird, und daher vor der dort angebrachten, den Zufluß des Zubringers regulirenden Schleuse einige Zolle Druckwasser bleiben. Dieses Druckwasser treibt durch eine verhältnißmäßig kleine Schutzöffnung nicht allein das genügende Wasserquantum hindurch, erfordert daher kleinere und daher billigere Schleusen, sondern gestattet auch, daß, wenn bei Ueberschuß von Wasser ein besonders kräftiges Rieseln nutzbringend erscheint, dem Vertheilungsgraben mehr, als das normale Maaß zugeführt werden kann. Darum ist es zweckmäßig, den kleinen Zubringern, trotzdem sie Gefälle haben, dennoch die Breite der Vertheilungsgräben zu geben, welche sie zu speisen bestimmt sind.

Ihre Tiefe wird selten unter 2 Fuß betragen dürfen, weil sie neben dem Zwecke der Wasserzuleitung während des Rieselns auch nach dem Behufs Trockenlegung der Wiesen erfolgten Abstellen gewöhnlich die Vorfluth für das zur Füllung der Wässergräben benutzte und das daraus zurück- und ablaufende Wasser zu gewähren haben. Sie wird sogar mindestens 3 Fuß sein müssen, wenn jene Wässergräben gleichzeitig als Entwässerungsgräben die Trockenlegung des Grund und Bodens bewirken sollen, und selbst diese Tiefe besitzen.

Da sie keine Grippen mit Wasser versorgen, so erhalten sie auf beiden Seiten eine kleine Verwallung von einigen Zoll Höhe. Liegt aber die Schicht, welche sie durchschneiden, höher, als der Wasserspiegel im Zubringer, so bedürfen sie einer solchen Verwallung nicht. Sie vertreten beim Rückenbau in diesem Falle sogar die Stelle der Entwässerungsrinnen.

Wässer- oder Vertheilungsgräben.

§. 26.

Die Bestimmung der Wässer- oder Vertheilungsgräben ist, das zur Berieselung der darunter liegenden Fläche nöthige Wasser vollständig gleichmäßig und nach Bedürfniß an die Wässerrinnen zu vertheilen. Unter allen Gräben erfordern die Wässergräben die größte Umsicht in der Feststellung ihrer Dimensionen, nicht allein, weil sie eine bestimmte Quantität von Wasser fortführen, sondern auch, weil sie an verschiedenen Orten gewisse Theile desselben abgeben müssen.

a) Gefälle der Wässergräben.

Die Kunstwiesenbauer sind über die Größe des Gefälles, welches die Wässergräben bekommen müssen, sehr verschiedener Meinung. Die Siegener halten, indem sie den Verlust an Terrain durch breite und tiefe Gräben fürchten, auf 100 Ruthen das sehr bedeutende Gefälle von 10 Zoll für nothwendig, während die Hannoveraner ihre Wässergräben vollständig horizontal machen. Jene mit Gefälle gearbeiteten schmalen Gräben schlagen aber nur bei einem ganz bestimmten Zufluß regelmäßig über. Jede Vermehrung desselben hat vornan ein bedeutendes Steigen des Wasserspiegels zur unausbleiblichen Folge. Der stärkere Zufluß stürzt dann in die ersten Rinnen hinein, während nach dem unteren Ende kaum das nöthige Wasser hin zu bekommen ist. Außerdem kann dies Gefälle, welches von ihnen dem Graben gegeben worden ist, auf andere Weise viel vortheilhafter benutzt werden. Darum ist die Hannöversche Manier, sie horizontal zu legen, bei kurzen Gräben vorzuziehen. Werden dieselben aber lang, so kommt es bei der Bestimmung des Gefälles darauf an, an welcher Stelle denselben das Wasser zugeführt wird. Geschieht dies auf mehreren, von einander mehr oder weniger entfernten Stellen, so müssen sie, sie mögen so lang werden, wie sie wollen, ganz horizontal gemacht werden. Erhalten sie jedoch ihren ganzen Zufluß an dem einen Ende, so ist es besser, ihnen ein geringes Gefälle, von 1 Zoll auf 100 Ruthen, zu geben. Rathsam bleibt es dann immer noch, ihnen keine zu große und nicht über 60 bis 80 Ruthen Länge zu geben.

b) Tiefe der Wässergräben.

Eben so verschiedene Ansichten herrschen unter den Kunstwiesenbauern über die den Wässergräben zu gebende Tiefe. Die Siegener bauen dieselben auf, d. h. sie bilden die Seiten derselben durch kleine Verwallungen, so daß ihre Sohle mit der Oberkante der daraus gespeiseten Wässerrinnen, in gleicher Höhe liegt, die Hannoveraner dagegen schneiden sie in den Boden so ein, daß der Wasserspiegel derselben mit jener Oberkante in einem Niveau ist. Auch hierbei ist die Manier der Siegener nicht die bessere. Erstlich können die aufgebauten Gräben eine nur geringe Tiefe erhalten. Das Wasser fließt aber in solchen flachen Gräben, wie schon §. 24. b. nachgewiesen, immer schlecht. Zweitens ist die Höhe, welche das im Graben fließende Wasser hat, eben so verloren, wie vorher das Gefälle desselben. In gebirgigen Gegenden mag dasselbe überflüssig vorhanden sein, in flacheren Gegenden ist eine solche Verschwendung des Gefälles ganz unverantwortlich. Drittens aber ist es gar nicht zu vermeiden, daß das in diese Gräben bei nassem Wetter sich ansammelnde oder als Spillwasser der Schleusen hineintretende Wasser, auch wenn man es auf den Wiesen nicht haben will, in die Wässerrinnen hineinläuft und dieselben anfüllt. Aus diesen kann es, da es daraus keinen Abfluß hat, nur durch Versacken oder Verdunsten wieder verschwinden. Schon §. 9. ist der große, hieraus entstehende Nachtheil des künstlichen Auskältens des Bodens erwähnt.

Dieser letzte Fehler genügt, ganz abgesehen von allen andern, an und für sich schon, die aufgebauten Gräben ganz zu verwerfen, und den eingeschnittenen den Vorzug einzuräumen. Der Graben muß sogar so tief eingeschnitten werden, daß er den Wässerrinnen zu allen Zeiten reichliche Vorfluth in dem Maaße zu gewähren im Stande ist, daß, wenn auch etwas Wasser im Graben sich ansammeln sollte, dieses Wasser niemals so hoch steigen kann, daß es in die Wässerrinnen eintritt. Beim Trockenlegen müssen dieselben rückwärts in den Graben hinein ablaufen können, und auf diese Weise nach Vermögen zur Trockenlegung der Wiese beitragen.

Die zweckmäßigste Tiefe der Wässergräben ist aus diesen Gründen mindestens $1\frac{1}{2}$ bis 2 Fuß.

c) Breite der Wässergräben.

Nachdem auf diese Weise das Gefälle, und davon abhängend die Geschwindigkeit, und die Tiefe gefunden sind, so bleibt, da auch die fortzuführende Wassermasse gegeben, nur noch die Breite der Wässergräben zu bestimmen übrig. So viel leuchtet von vornherein ein, daß sie, da die beiden ersten Faktoren überall ziemlich gleich groß ausfallen, zum Fortschaffen einer größeren oder geringeren Wassermenge verhältnißmäßig größer oder geringer werden muß. Erhält dann der Wässergraben an dem einen Ende seinen Zufluß, so ist nicht nothwendig, die ihm hier zu gebende Breite bis an das andere Ende durchzuführen; sie kann vielmehr von da ab, weil bei jeder daraus gespeisten Wässerrinne ein Theil des Wassers abgeht und nur das übrig bleibende im Wassergraben weiter geführt wird, allmählig geringer werden, bis der Graben nur noch der letzten Rinne Wasser zuzuführen und deshalb auch nur die Breite dieser Rinne zu erhalten brauchte. Wenn das Wasser stets rein und klar und im Graben Alles glatt und sauber bliebe, so würde diese Breite hier auch vollständig genügen. Dies ist aber nicht der Fall. Alles darin liegende Laub, Reisig, trockenes Gras u. s. w. schiebt sich beim Anlassen des Wassers in demselben bis zum Ende fort, und füllt da den Graben oft ganz zu. Das auf den Seiten üppig wachsende und hineinhängende Gras verengt überdies das Grabenprofil, so daß die geringe Breite von 1 Fuß am untern Ende ganz unpractisch und es rathsam ist, den Graben lieber etwas breiter zu machen. Das unterste todte Ende eines Vertheilungsgrabens darf daher nicht unter 2 Fuß Breite gemacht werden. Bei dieser Breite kann er dann auch die entsprechende Tiefe erhalten, was vorher nicht der Fall war.

Das vorerwähnte Abnehmen der Breite eines Vertheilungsgrabens von seinem Anfang bis zum todten Ende wird in verschiedenen Verhältnissen nothwendig, je nachdem schmale oder breite Rücken oder ein oder mehrere Hänge daraus ihr Wasser erhalten sollen. Alle gleich langen und gleich breiten Wässerinnen bedürfen gleich viel Wasser, sie mögen 2 oder 4 Ruthen breite Rücken bewässern.

In jenem Falle liegen sie 2, in diesem 4 Ruthen von einander entfernt. Die Grabenbreite muß dort auf jede 2 Ruthen Länge eben so viel geringer gemacht werden, wie hier auf 4 Ruthen. Das macht sich aber von selbst, wenn nur erst die Breite desselben am Einfluß festgestellt worden ist, da dieselbe von da ab nur proportional abzunehmen braucht.

Als maaßgebend für den Wasserbedarf und damit auch für diese Breite muß man die Größe der aus dem Graben mit frischem Wasser zu bewässernden Fläche annehmen. Ist die Wiese zu 2 Ruthen breiten Rücken eingerichtet, so wird die mittlere Breite des Grabens so viele Fuß groß, als die Fläche Morgen enthält. Hat der Graben 3 Ruthen breite Rücken zu speisen, so wird seine Breite $\frac{2}{3}$, bei 4 Ruthen breiten Rücken halb so groß, als die vorherberechnete. Aus der mittleren wird dann die obere und Sohlenbreite bestimmt, wie bei einem Zubringer.

Ein solcher Graben hat z. B. 90 Ruthen Länge. Darunter liegen 6 Ruthen lange und 2 Ruthen breite Rücken. Der Flächeninhalt derselben ist $6 \times 90 = 540$ □Ruthen = 3 Morgen. Der dafür bestimmte Wässergraben würde mithin 3 Fuß mittlere Breite, oder bei $\frac{1}{2}$füßiger Böschung $4\frac{1}{2}$ Fuß obere, $1\frac{1}{2}$ Fuß Sohlenbreite und 2 Fuß Tiefe erhalten. Nach Tabelle A. führt ein Graben von solcher Dimension bei 1 Zoll Gefälle auf 100 Ruthen pro Sekunde 4,21 Kubikfuß Wasser, d. i. mehr, als nöthig. Bei einem normalen Zufluß von 3 Kubikfuß wird sich das Gefälle mithin geringer, als 1 Zoll herausstellen. Bei dieser einer Horizontale nahe kommenden Lage geschieht die Vertheilung nicht allein bei einer gewöhnlichen Wässerung sehr regelmäßig, sondern sie bleibt auch bei einem stärkeren Zufluß, Behufs einer recht kräftigen Rieselung, noch eine möglichst gleichmäßige, indem das Wasser im Graben dabei nur unbedeutend steigt. Ist auf diese Weise die Breite

6*

am Anfange des Grabens gefunden, so soll er von da ab nach und nach schmaler und am todten Ende 2 Fuß breit werden. Es sind mithin die ersten 15 Ruthen $4\frac{1}{2}$ Fuß, die nächsten 15 Ruthen 4 Fuß, dann 15 Ruthen $3\frac{1}{2}$ Fuß, 15 Ruthen 3 Fuß, 15 Ruthen $2\frac{1}{2}$ Fuß, endlich die letzten 15 Ruthen 2 Fuß breit zu machen. Bei der Breite von 2 Fuß läßt sich jedoch dem Graben nur eine Tiefe von höchstens $1\frac{1}{2}$ Fuß geben

Die Grabensohle steigt also vom Anfang bis zu Ende. Das hat aber auf die Regelmäßigkeit des Wasserzuflusses im Graben selbst keinen Einfluß, dasselbe fließt trotzdem auch in der Tiefe ruhig fort. Wären die Rücken 3 Ruthen breit, so brauchte der Graben für gewöhnlich nur 2 Kubikfuß zu führen, und würde dazu eine mittlere Breite von 2 Fuß, also eine obere von 3 Fuß, bei 1 Fuß Sohle und 2 Fuß Tiefe erhalten.

Ganz eben so verhält es sich beim Hangbau. Auch hier ist der Flächeninhalt, gleichbedeutend mit dem Wasserbedarf der Hänge, maaßgebend. Wie die Wässergräben für die Rücken, werden auch diese am vorderen Ende so viel Fuß breit, als die Fläche, welche daraus unmittelbar ihr Wasser erhält, Morgen hat, und nehmen von da allmählig bis auf 2 Fuß Breite ab.

Sollte indeß die Breite irgend eines Wässergrabens nach dieser Berechnung kleiner werden als 2 Fuß, so ist doch dieses Maaß als das geringste eines Wässergrabens festzuhalten.

Von vielen Kunstwiesenbauern werden gegen diese Dimensionen gewiß eine Menge von Einwendungen gemacht. Zunächst wird den tieferen und breiteren Gräben vorgeworfen, daß dadurch zu viel Terrain verloren gehe, ferner, daß sie die Kosten einer Anlage bedeutend vergrößern und endlich, daß zu deren Füllung zu viel Wasser erforderlich sei, welches der Berieselung nicht zu Nutzen komme. Auf alle diese Angriffe läßt sich allerdings nur erwidern, daß alle diese Uebelstände zwar wahr, aber, wenn das oben entwickelte Prinzip wirklich richtig, ein nothwendiges Uebel sind, und daß deshalb keine Wahl übrig bleibt. Uebrigens scheinen dieselben im ersten Augenblick viel schlimmer, als sie wirklich sind. Große Wassermassen bedürfen zu ihrer Fortbewegung natürlicher Weise auch großer Gräben;

indeß werden große Wasserquantitäten eben auch nur für große Flächen erforderlich. Bei der großen Ausdehnung der Gutsflächen in unseren östlichen Provinzen, welche im Verhältniß zu den Grundstücken anderer Gegenden nur einen geringen Werth haben, welche aber sehr häufig große berieselungsfähige Terrains und zu deren Bewässerung reichliches Wasser besitzen, ist es ganz gleichgültig, ob einige Morgen mehr oder weniger in Gräben liegen, wenn nur der Ertrag der übrigen vielen Morgen dadurch höher und sicherer wird. In anderen Gegenden, wo Grund und Boden viel kostbarer, ist der Besitz mehr getheilt. Die einzelnen Besitzungen sind kleiner, zu ihrer Bewässerung daher nur kleinere Wassermassen und für diese kleinere Gräben erforderlich. Die Furcht vor einem unverhältnißmäßigen Verluste an Terrain ist daher ganz ungegründet. Man mag sich dabei mit dem guten Rieselsprüchwort trösten: An den Knochen wächst Fleisch und an den Gräben Gras. Ganz eben so verhält es sich mit den Kosten. Daß die Anfertigung eines größeren Grabens mehr kostet als die eines kleineren, liegt auf der Hand. Allein die Kosten für die ganze Gräberei auf einer Rieselwiese betragen pro Morgen je nach der dazu erforderlichen Länge und Größe der Gräben zwischen 20 Sgr. und 2 Thlrn. Die breiteren machen den Preis also durchschnittlich vielleicht 1 Thlr. theurer. Dieser Thaler kommt jedoch bei einer Höhe der Gesammtkosten des Umbaues der Wiesen in Kunstwiesen von 40 bis 100 Thlrn. pro Morgen kaum, und hier um so weniger in Betracht, als sich bei rationellem Bau auf andere Weise durch andere Anordnungen 20 bis 50 Thlr. pro Morgen ersparen lassen. Oft hängt sogar die Möglichkeit einer ausgedehnten Anlage von der Einrichtung eines großen und sehr kostbaren Zuleitungsgrabens ab.

Eben so wenig läßt sich der letzte Einwand begründen, wenn er auch im ersten Augenblicke Manches für sich zu haben scheint. Zahlen beweisen. Daher mag hier ein einfaches Rechenexempel folgen. Nach dem vorher angeführten Beispiel war für 3 Morgen Fläche ein vorne im Mittel 3 Fuß, am todten Ende 1½ Fuß, im Mittel, durchschnittlich also 2¼ Fuß und durchschnittlich (vorn 2 Fuß, am Ende 1½ Fuß) 1¾ Fuß tiefer Graben erforderlich. Ein solcher Graben hat bei 90 Ruthen Länge $2\frac{1}{4}$ Fuß × $1\frac{3}{4}$ Fuß × 1080 Fuß = $4520\frac{1}{2}$ Cubikfuß Inhalt. Die Siegener Kunstbauer würden dafür einen vorne 2 Fuß, am Ende $1\frac{1}{2}$ Fuß, durchschnittlich $1\frac{3}{4}$ Fuß breiten, 1 Fuß tiefen Graben gemacht haben. Derselbe hätte einen kubischen Inhalt von $1\frac{3}{4}$ × 1 × 1080 = 1890 Kubikfuß gehabt, wäre also um $2362\frac{1}{2}$ Kubikfuß kleiner gewesen. Die Füllung des breiteren Grabens würde bei normalem Zufluß $10\frac{1}{2}$ Minute länger gedauert haben. Aehnliche Verhältnisse stellen sich überall heraus. Was wollen aber einige Minuten mehr oder weniger den längeren Rieselzeiten von 8 bis 14 Tagen gegenüber sagen? Sogar bei der Wässerung Einer Nacht kann dieser Zeitverlust dadurch ganz unschädlich gemacht werden, daß man das Wasser einige Minuten früher anläßt. Was nun die Benutzung des Füllwassers der eingeschnittenen Gräben zur Berieselung betrifft, so kann dasselbe selbstredend nicht zur Bewässerung der zunächst liegenden, wohl aber auf den weiter unterhalb und niedriger belegenen Schichten verwendet werden. Daher ist bei etwas ausgedehnteren Anlagen auch nur das Füllwasser der untersten, letzten Wässergräben, also immer nur ein Theil des Ganzen, und zwar ein Theil, welcher gewöhnlich schon zur Berieselung der oberen Schichten, oder bei kürzeren Wasserzeiten zur Füllung der oberen Gräben gedient hat, verloren. Nur auf Flächen mit einem sehr geringen Gefälle kann dies nicht geschehen, aber da tritt der Werth des rationellen Baues in anderer Beziehung erst ganz besonders hervor. Der Siegener Kunstwiesenbauer braucht z. B. zu Einer Schicht erstens die Wassertiefe des aufgebauten Grabens mit 12 Zoll, zweitens das Gefälle dieses Grabens in Bezug auf das vorige Beispiel 9 Zoll, drittens die Rückenhöhe von 8 bis 12 Zoll, endlich für das Gefälle der Entwässerungsrinnen und den Vorstand derselben wenigstens noch 4 Zoll, im Ganzen 33 bis 37 Zoll. Eine Fläche mit diesem Gefälle bekommt also überall frisches Wasser. Der rationelle Wiesenbauer ist bei dem nämlichen Gefälle in der Lage, drei bis vier Schichten unter einander zu legen, also das Wasser drei- bis viermal zu benutzen, mit anderen Worten, er verbraucht zur

Berieselung einer so gelegenen, eben so großen Fläche nur ⅓ bis ¼ des Wassers, welches der Siegener haben muß, oder rieselt mit dem nämlichen Zufluß eine drei- bis viermal größere Fläche eben so kräftig, und erreicht trotzdem dasselbe Resultat. Was will das Bischen Füllwasser, welches etwa verloren geht, gegenüber einer solchen Wasserersparung sagen?

d) Lage der Wässergräben.

Der rationelle Wiesenbau würde seinen Namen nur halb verdienen, wenn er nicht die §. 31. besprochenen Resultate auch mit dem möglichst geringsten Anlage-Kapital zu erzielen im Stande wäre. Auch dieser Anforderung genügt derselbe vollständig. Denn während im Siegenschen die durchschnittlichen Anlagekosten für einen Morgen auf 60 Thlr., im Hannöverschen auf 40 Thlr. sich belaufen und bis 120 Thlr. steigen, betragen dieselben beim rationellen Bau unter ähnlichen Verhältnissen durchschnittlich nur 20 bis 30 Thlr., und nur an Orten, wo sehr viel Steine oder sehr viel Wurzeln kurz zuvor abgetriebener Bäume die Arbeit ganz außergewöhnlich erschweren, kostet er, wenn nicht ganz besondere außergewöhnliche Schwierigkeiten oder eine Liebhaberei des Bauherrn dazwischen kommt, 40 bis 50 Thlr., und nur in sehr seltenen Fällen noch mehr. Dieser sehr bedeutende Unterschied von 20 bis 40 Thlr. Anlage-Kapital für einen Morgen liegt in der viel geringeren Erdbewegung beim rationellen Wiesenbau. Bedenkt man, daß jeder Zoll Auf- oder Abtrag pro Morgen 3 Thlr. kostet, so wird man dieß erklärlich und natürlich finden, denn was ist ein Zoll auf einer größeren Fläche, und wie oft müssen die Kunstwiesenbauer zur Herstellung ihrer geraden Linien mehrere Fuß auf- oder abtragen! Die Ersparung hat ihren Grund vorzugsweise in andern Regeln für die Lage der Wässergräben. Macht doch schon Schwerz darauf aufmerksam, daß sich durch eine wohlüberdachte Richtung der Wässergräben manche Beschwerlichkeit beim Ebnen des Bodens beseitigen und manche Ausgabe ersparen lasse. Diese Regeln verdienen deshalb auch ganz besondere Beachtung. Nur auf einem sehr ebenen und gleichmäßig fallenden Boden lassen sich dieselben ausnahmsweise nach geraden Linien ausführen. Auf jedem anderen werden sie krumm. Immer muß sich ihre Lage nach dem Terrain richten. Ihre Richtung wird durch Abstecken einer Horizontale gefunden, dadurch, daß man im Terrain die zusammengehörigen Punkte, welche gleich hoch liegen, aufsucht. Wollte man jedoch diese Punkte durch gerade Linien mit einander verbinden, so würde das nicht allein sehr schlecht aussehn, sondern es würde oft für die ferneren Arbeiten manchen Nachtheil haben, größere Kosten verursachen, die Werbung erschweren u. s. w. Den das Auge beleidigenden Krümmungen und Ecken mancher Wiesenbauer soll daher hier auch keineswegs das Wort geredet werden. Es läßt sich den krummen Linien mit großer Leichtigkeit eine hübsche und gefällige Form geben. Um diese herauszubekommen, braucht man den abgesteckten Horizontalpunkten nicht allzu ängstlich und genau von Pfahl zu Pfahl zu folgen. Von dem Gefälle des Terrains hängt es ab, ob man mehr oder weniger von demselben abweichen darf. Bei geringerem Gefälle kann man die Grabenlinie 1 bis 2 Ruthen ober- oder unterhalb einzelner abgesteckter Horizontal-Pfähle einrichten. Taf. I. Fig. 12 seien z. B. a. b. c. d. e. f. die mit dem Nivellir-Instrumente gesuchten Horizontalpunkte, so würde A. B. C. oder A′ B′ C′, wie es gerade mit den folgenden Punkten paßt, die Grabenlinie werden können. Je stärker das Seitengefälle ist, desto näher muß man sich an den angesteckten Punkten halten und die Linie lieber etwas darüber, als darunter legen. Der Graben würde also bei der nämlichen Lage der Horizontalpunkte Fig. 13 a. b. c. d. e. f. die gezeichnete Richtung erhalten müssen. Auch ist es oft zweckmäßiger, wenn man auf einer Stelle die Graben, oberhalb eines Pfahles, abgesteckt hat, nicht weit davon damit wieder unterhalb des nächsten zu bleiben, damit der dort erfolgende Abtrag an der hier entstandenen niedrigeren Stelle, mithin in der Nähe untergebracht werden kann. Mit etwas Geschmack und Uebersicht lassen sich auf diese Weise sehr gefällige Formen darstellen, und eine so eingerichtete Rieselung verhält sich zu einem Kunstbau etwa wie ein Englischer Park zu einem Garten nach alt-Französischem Stil.

Die zuweilen laut gewordene Besorgniß, daß das fließende Wasser in den Krümmungen der geschlängelten Gräben aufgehalten, und durch solche Störungen die Vertheilung unregelmäßig werde, hat keinen Grund. Erscheinungen, wie Wirbel, Widerströmungen u. s. w. treten in Folge der hohlen Ufer nur dann auf, wenn bei starkem Gefälle eine heftige Strömung sich daran bricht. In Gräben dagegen, welche, wie die hier verlangten Wässergräben, mit dem möglichst geringsten Gefälle angelegt sind, fließt das Wasser fast in allen Theilen des Profils mit gleicher Geschwindigkeit und Regelmäßigkeit ruhig fort, und greift nur in sehr scharfen Krümmungen die hohen Ufer etwas, aber sehr wenig an.

e) Nebenbestimmungen der Wässergräben.

Sehr häufig muß ein Wässergraben gleichzeitig zu andern Zwecken entweder als Zubringer- oder als Entwässerungsgraben benutzt werden.

Dient ein Wässergraben ganz oder auf einzelnen Strecken gleichzeitig als Zuleitungsgraben für eine andere Fläche, so wird er, was Gefälle und Tiefe betrifft, wie jeder andere Wässergraben, und nur um so viel breiter gearbeitet, daß er das für die andere Fläche nöthige Wasser noch neben seinem eigenen Bedarf bis zu dem bestimmten Punkte hinzubringen im Stande ist. Dient er nach dem Abstellen des Wassers in denjenigen Zeiten, wenn nicht gerieselt wird, als Entwässerungsgraben, so macht auch dieser Nebenzweck noch einige verschiedene Abweichungen nöthig, je nachdem der Graben seinen Zufluß am Ende oder an mehreren Stellen oder überall erhält.

Das erste ist z. B. der Fall, wenn der Wässergraben am Rande einer bruchigen Fläche liegt, unter welcher sich in geringer Tiefe Grundwasser hinzieht (§. 18). Hier muß derselbe gleichzeitig als zum Abfangen dieses Grundwassers dienen. Er erhält dann die Tiefe eines solchen Fanggrabens, d. h. $3\frac{1}{2}$ bis 4 Fuß. Danach richtet sich dann auch seine Breite, wenigstens darf er nicht schmaler gemacht werden, wenn auch eine geringere genügte, die zum Rieseln nöthige Wassermenge darin fortzubringen. Reicht indessen seine, nach der Tiefe bestimmte

Breite für diese Wassermenge nicht aus, so muß er natürlicher Weise um so viel, als dazu nöthig, breiter gemacht werden. Aehnlich verhält es sich, wenn auf flachen Terrains ein Wässergraben einem größeren Hauptzuleitungsgraben parallel geht und nur durch einen Wall oder Weg davon getrennt ist. Eine solche Einrichtung wird da nöthig, wo mehrere, an einem und demselben Hauptzuleitungsgraben, neben einander liegende Hauptabtheilungen abwechselnd gerieselt werden. Der parallele Graben dient hier dazu, das aus dem vollen Hauptzuleitungsgraben unter der Erde durchsickernde Wasser abzufangen und abzuleiten, sobald die anstoßende Fläche trocken liegen, eine folgende aber rieseln soll. Hier ist es möglich, dem Wässergraben an mehreren Stellen Zufluß zu geben. Er kann daher überall eine gleiche Breite erhalten. Diese Breite muß aber der für den Fanggraben erforderlichen Tiefe von mindestens 3 Fuß entsprechen. Als Wässergraben erhält er eine ganz horizontale Lage.

Dasselbe ist der Fall, wenn der Wässergraben einer unteren Schicht gleichzeitig die Stelle eines Entwässerungsgrabens für eine obere vertritt und sein Wasser aus den verschiedenen Entwässerungsgrippen der oberen Schicht, also überall erhält. Auch hier hat der letztere Zweck bestimmten Einfluß auf seine Tiefe. Sie kann im trockenen warmen Sandboden 1½ Fuß, sie muß im feuchten Boden mindestens 3 Fuß groß werden. Nach dieser Tiefe richtet sich seine obere Breite, sie wird daher 3 bis 5 Fuß. Auch in diesem Falle wird dessen Oberfläche durchweg horizontal.

Entwässerungsgräben.

§. 27.

Die Entwässerungsgräben dienen theils zur Trockenlegung des Grund und Bodens, theils zur Ableitung des benutzten Rieselwassers, theils vereinigen sie beide Zwecke mit einander. Wo und in welcher Art dieselben anzulegen, um den Boden trocken zu legen und welche Dimensionen ihnen dazu zu geben, darüber ist in §. 15 bis incl. 19 das Nöthige gesagt. Sollen sie dagegen nur das abgerieselte Wasser ableiten, oder sollen sie beide Zwecke vereinigen, so ist bei ihrer Anlage folgendes zu berücksichtigen.

a. Gefälle der Entwässerungsgräben.

Die Entwässerungsgräben werden entweder horizontal, wenn sie einem Wässergraben parallel gehen, oder sie erhalten Gefälle, wenn sie mehrere unter einander liegende Schichten durchschneiden. Ersteres geschieht auf Terrains mit geringem Gefälle, häufig um, wenn die Wässerrinnen der zunächst unterhalb folgenden Schicht höher gelegt werden, als die Entwässerungsrinnen der oberen, diese von jenen unabhängig zu machen, und einen nachtheiligen Rückstau und theilweise Ueberschwemmung der oberen Schicht zu verhüten. Es ist das eine oft vorkommende Einrichtung, welche sich besonders ihrer geringen Erdbewegungen und der daraus folgenden Kostenersparung wegen für manche Lage besonders empfiehlt, Taf. IV. Fig. 7. ist eine solche Plantage gezeichnet. Die Rücken der obersten Schicht x x liegen wenig höher, als die der zweiten y y, und diese nur wieder wenig höher als die der dritten z z. Hier schützen die Entwässerungsgräben k i und l m die oberen Schichten vor Ueberstauung aus dem zweiten und dritten Wässergraben. Zwischen ihnen und den Wässergräben bleibt zu dem Ende ein Wall liegen. Früher wurden diese Wälle, um für die Berieselungen möglichst wenig Terrain zu verlieren, nur 6 Fuß breit gemacht. Allein bei dieser geringen Breite war die Werbung des darauf gewachsenen Futters schwierig und zeitraubend, indem zum Abhauen des Grases der gewölbten Oberfläche des Dammes wegen zwei Schwade gehörten, und viel Gras in die Gräben fiel, außerdem wurde deren geringe Breite in früher nassen und sumpfigen Brüchern nicht selten Veranlassung zu höchst bedeutenden und unangenehmen Reparaturen. Wurden nämlich die beiden nicht weit von einander liegenden Gräben kurz nach einander ausgehoben und dadurch dem Boden mit einem Male das ihn aufschwemmende Wasser entzogen, so zog sich derselbe zuweilen so außerordentlich zusammen, daß er große Spalten bekam, und zwar, weil in dem Wässergraben die zusammenhaltende Grasnarbe fortgenommen war, gewöhnlich in der Sohle desselben Spalten, welche bis auf den festen Untergrund hinabreichten, von mehreren Ruthen Länge, in die alles Wasser aus dem Graben hineinlief, um am Ende derselben an einer niedrigeren Stelle oder in einem anderen Graben wieder herauszustürzen. Zuweilen fielen die Wälle sogar um, und senkten sich ganz und gar in den Entwässerungsgraben hinein. Es macht aber sehr viel Mühe, solche Spalten wieder zuzumachen. Zuweilen gelingt es gar nicht einmal, und daher bleibt zuletzt nur die Verlegung des Wässergrabens und die Verbreitung des Walles als einziges Rettungsmittel übrig. Es haben sogar schon Berieselungsanlagen auf Torfboden dieser Spalten wegen ganz eingehen müssen. Darum sind diese Wälle nach und nach immer breiter angelegt worden, erst 9 Fuß, später eine Ruthe. Am besten aber ist es, sie wenigstens $1\frac{1}{2}$ Ruthe breit zu machen. Um aber diese Fläche nicht ungenutzt liegen zu lassen, auch das Ungeziefer, Mäuse, Maulwürfe u. dgl. m. davon abzuhalten, werden sie zu Hängen eingerichtet. Zu dem Ende wird hinter einem kleinen Walle unmittelbar am Wässergraben Taf. IV. Fig. 7. von 3 Fuß Breite und 3 bis 4 Zoll Höhe über dem Wasserspiegel des letzteren eine Wässerrinne und für den Hang A genau so hoch wie die Rücken der dazu gehörenden Schicht angelegt, und durch einzelne Durchstiche aus dem Graben gespeist. Die untere Kante des Hanges A korrespondirt dann mit der Oberkante der Entwässerungsrinnen der oberen Schicht. Je weniger Gefälle das Terrain hat, desto weniger Gefälle können diese Hänge auch nur erhalten. Das ist ein unvermeidliches Uebel, allein der geringe daraus entstehende Nachtheil wird häufig wieder dadurch aufgewogen, daß der Hang bei der Abfuhre des Heues gleichzeitig als Weg benutzt werden kann. Wenn die Entwässerungsgräben mehrere unter einander liegende Schichten durchschneiden, erhalten sie das aus den lokalen Verhältnissen sich ergebende Gefälle. Ein Maaß für dessen Größe giebt es nicht. Zu stark wird es nur selten, weil es gewöhnlich gerathen ist, auch das abgerieselte Wasser durch zweckmäßige Wiederbenutzung zu verwerthen, deshalb dasselbe aus den Entwässerungsgräben an passende Stellen wieder zur Wässerung herauszunehmen, und zu diesem Behufe Stauwerke darin anzubringen. Paßt dies jedoch nicht, und hat ein solcher Entwässerungsgraben zu viel Gefälle, so daß das darin hinabstürzende Wasser dessen Sohle oder Wandungen zu zerstören droht, so ist durch einzulegende Stauwerke, Steinwehre oder Kastenschleusen das zuviel des Gefälles auf einzelne Punkte zu beschränken, oder, wenn es leichter sein sollte, der ganze Graben zu sichern (§. 52.).

b. Tiefe der Entwässerungsgräben.

Ueber die Rücksichten, welche bei der Bestimmung der Tiefe der Entwässerungsgräben zur Trockenlegung nasser Terrains zu nehmen, ist früher (§. 15. bis incl. 19.) das Wesentlichste festgestellt. Es mag hier jedoch noch einmal wiederholt werden, daß gründliche Entwässerungen niemals durch flache Gräben zu erreichen sind. Man wird daher auch gut thun, allen Entwässerungsgräben, selbst denen, welche nur zur Ableitung des abgerieselten Wassers dienen, eine verhältnißmäßige größere Tiefe zu geben, als dazu gerade nöthig ist, weil sich fast immer in den hochliegenden Wässergräben etwas Wasser findet, und daraus erst nach und nach verschwindet, Wasser, welches den Boden wenigstens kühl und so feucht macht, daß die Entwässerungsgräben den schädlichen Einfluß desselben, während des Trockenliegens der Wiesen neben ihrem ersten Zweck doch noch entfernen müssen. Eine Ausnahme macht in dieser Beziehung nur der sehr trockene, durchlassende, heiße Sandboden, in dem auch, ohne daß ein besonderer Abfluß der Gräben besorgt ist, das Wasser in kurzer Zeit vollständig versinkt. Ein solcher Sandboden hat überdies sehr wenig Bindigkeit, die Gräben darin verlangen zu ihrer Erhaltung eine sehr flache Böschung, sie würden daher bei großer Tiefe eine noch viel größere obere Breite erhalten müssen, und dadurch unnöthiger Weise nutzbares Terrain wegnehmen. In einem solchen Boden genügt daher eine Tiefe von 2 Fuß ganz vollkommen, in jedem andern dagegen müssen sie mindestens 3 Fuß tief gemacht werden. Sollte der Boden bei der Anfertigung der Gräben schlecht stehen, was bei fehlender Rasennarbe oft der Fall ist, so mag man sie zuerst nicht ganz so tief und weniger breit machen, als sie eigentlich werden sollen, darf aber später, wenn Alles zusammengewachsen, das Fehlende nachzuholen nicht versäumen. War vorher die Tiefe der mit den Wässerungsgräben parallel gehenden Entwässerungsgräben bestimmt, so versteht es sich von selbst, daß die anderen, welche jenen beim Trockenlegen der Wiesen die nöthige Vorfluth gewähren sollen, wenigstens eben so tief gemacht werden müssen.

c. Breite der Entwässerungsgräben.

Alle Entwässerungsgräben, welche das abgerieselte Wasser abführen sollen, nehmen, je weiter sie gehen, desto mehr von demselben, und zwar in demselben Verhältnisse auf, wie die Wässergräben es an die Fläche abgegeben haben. Sie müssen deshalb auch in demselben Verhältnisse an Breite zunehmen, wie jene schmaler würden, und zwar die mit den Wässergräben parallel laufenden bis zu dem Punkte, wo ihnen durch einen andern Graben das Wasser abgenommen und Vorfluth geschafft wird. Da sie aber eine größere Tiefe haben sollen als die Vertheilungsgräben, so werden sie am todten Ende auch mit einer größeren Breite, als jene anfangen müssen, da sonst ihre Böschung zu steil werden und darum nachfallen würde. Das todte Ende eines Entwässerungsgrabens ist aus diesem Grunde 3 Fuß breit zu machen. Am andern Ende erhalten sie jedoch die Breite des die dazu gehörige Fläche mit Wasser versorgenden Vertheilungsgrabens, vorausgesetzt, daß dieselbe 3 Fuß und darüber beträgt. Diese Breite genügt immer, denn wenn der entsprechende Wässergraben auch bis zu Ende voll läuft, der Entwässerungsgraben dagegen das Wasser einige Zolle unter der berieselten Fläche abführen soll, so wird er dies bei derselben Breite doch in gewünschter Weise thun, da er eine größere Tiefe und daher ein größeres Profil hat, wenn nicht durch irgend eine fehlerhafte Einrichtung das Wasser darin zu hoch angestaut, sondern für genügende Vorfluth gesorgt ist. Ueberdies kann das Wasser darin auch ohne irgend welchen Nachtheil mit etwas größerer Geschwindigkeit fließen, und ein etwas größeres Gefälle annehmen als in einem Wässergraben.

Es bedarf dann auch aus diesem Grunde ein kleineres Profil als dieser. Die freie Bord wird dann am obern Ende etwas weniger hoch erscheinen.

Die Größe derjenigen Entwässerungsgräben, welche anderen nur die erforderliche Vorfluth verschaffen, richtet sich natürlicher Weise nach der fortzuschaffenden Wassermenge. Ihr Gefälle ist durch die Lage des Terrains und den Einrichtungen gegeben, ihre Tiefe richtet sich nach der Tiefe derjenigen Gräben, denen sie die Vorfluth zu gewähren, also kann die Breite nach der Tabelle A. bestimmt werden. Dabei ist aber nicht zu vergessen, daß sie auch bei kräftigem Rieseln nie bis an den Rand voll laufen dürfen. Man muß sie daher auf eine verhältnißmäßig größere Wassermasse einrichten, und darf bei der Berechnung nur die Tiefe in Ansatz bringen, welche nach Abzug der freibleibenden Bord übrig bleibt.

d. Nebenbestimmung mancher Entwässerungsgräben.

Die zuletzt erwähnten Entwässerungsgräben haben, wenn das abgerieselte Wasser weiter unterhalb wieder benutzt wird, immer die Stelle der Zuleitungsgräben zu vertreten. Sie werden dann an den geeigneten Stellen angestaut, und geben das Wasser wieder an einen Wässergraben ab. Auf ihre Größe hat dies gar keinen Einfluß. Ihre Breite und Tiefe wird ganz so bestimmt, wie vorher angegeben, nur werden sie so weit beufert, daß auch beim Anstauen das Wasser nach den Seiten nicht übertreten kann.

Allgemeine Bemerkungen über die Grippen oder Rinnen.

§. 28.

Die Grippen oder Rinnen werden je nach den Umständen 6 bis 18 Zoll breit, und verschieden, d. h. 6 bis 10 Zoll tief. Sie müssen beinahe senkrechte Wandungen erhalten, welche sich, da sie größtentheils in dem mit Graswurzeln durchwachsenen Boden liegen, auch gut halten. Die flachen Rieselrinnen haben nur auf neuen Anlagen in sandigem Boden einen Sinn, weil da die tiefen nicht stehen, sondern zusammenschwimmen, und dadurch von selbst flach, dann aber auch immer zu breit werden. Hier darf man sie daher zuerst nur schmaler, als sie eigentlich sein sollten, und ganz flach, d. h. 3 Zoll tief machen, und muß mit dem regelrechten Ausheben derselben so lange warten, bis sich eine Rasennarbe gebildet hat, oder bis die aufgedeckte, festgewachsen und dadurch in der Oberfläche das nöthige Zusammenhalten gewonnen ist. Erst, nachdem dies geschehen, können sie regelrecht fertig gemacht werden. Auf älteren Anlagen wachsen die flachen Rinnen gar zu leicht und um so schneller und um so dichter zu, je dungreicher das Wasser und je fruchtbarer der Boden, je besser also die Wiese ist. Das darin fließende Wasser gebraucht dann des flachen Profils wegen ein stärkeres Gefälle, es bewegt sich darin weniger frei, und jedes Stückchen hineingetriebenen Bodens, jeder hineinfallende oder hängende Grashalm, Laub u. dergl. wirkt stauend viel nachtheiliger und macht das Ueberschlagen des Wassers stets unregelmäßiger als in einer tiefen Rinne. Darum muß eine jede Wässerrinne so tief ausgehoben werden als möglich, und deshalb ein Profil erhalten, wie es Taf. II. Fig. 1a. und b. gezeichnet ist. Eine Ausnahme machen nur diejenigen Grippen, welche in losem Boden mit einem so starken Gefälle bergab gehen daß selbst die geringen darin fließenden Wassermassen Ausrisse verursachen würden, bei denen daher die Benarbung im Boden und an den Seiten als Schutzmittel gegen das Ausreißen nützlich wird. Auch diese Rinnen erhalten ein beinahe rechtwinkliges Profil, Taf. II. Fig. 2., sie werden aber nur wenige Zoll tief.

Zuleitungsgrippen.

§. 29.

Die Zuleitungsgrippen oder Rinnen haben im Kleinen die nämliche Bestimmung, wie die Zubringer. Sie führen den Wässerrinnen das nöthige Wasser zu, vertheilen aber selbst nie etwas davon auf die Wiesen. Daher erhalten sie das Gefälle des Terrains oder das Seitengefälle des Rückens, und auf beiden Seiten eine kleine, 1 bis 2 Zoll hohe, nach der Seite zu flach abfallende Beuferung. Sie werden beim Hangbau und bei breiten Rücken angewendet. Damit sie beim Rieseln nicht hinderlich werden, erhalten sie eine möglichst winkelrechte Lage gegen den Vertheilungsgraben oder die Wässerrinne, aus der sie ihr Wasser entnehmen, d. h. die Richtung des stärksten Gefälles. Die gewöhnliche Breite beim Hangbau ist 12 Zoll. Nur in seltenen Fällen wird eine größere bis 18 Zoll nothwendig. Ihre Tiefe beträgt 4 bis 10 Zoll. Für breite Rücken können sie schmaler, 6 Zoll und etwas weniger tief gemacht werden. Ihr Wasserzufluß wird durch kleine Staubretter am bequemsten regulirt.

Wässergrippen oder Rinnen.

§. 30.

Die Wässergrippen sollen das Wasser auf die Wiesenfläche vertheilen. Da von der Gleichmäßigkeit der Vertheilung des Wassers, und dadurch des Düngers, die Ausgeglichenheit des Graswuchses und damit die Höhe des Ertrages wesentlich abhängig ist, da also bei jeder guten Rieselanlage für eine solche möglichst gleichzeitige und überall gleich starke, mithin die möglichst gleichmäßige Vertheilung des Wassers gesorgt werden muß, und diese Vertheilung nur durch die Wässerrinnen geschieht, so geht hieraus die Wichtigkeit der richtigen Anordnung und der saubersten Ausarbeitung der Wässerrinnen zur Genüge hervor. Man sollte nun meinen, daß im Bewußtsein dieser Wichtigkeit das Beste schon lange herausgefühlt und herausprobirt, und über die Regeln zur Bestimmung des Gefälles und der Dimensionen derselben unter den Wiesenbauern Uebereinstimmung herrschen müßte. Dem ist aber nicht so. Die Siegener machen sie ganz anders als die Hanoveraner, jene arbeiten sie flach mit Gefälle wie ihre Wassergräben, sehr selten und erst in neuerer Zeit horizontal, diese machen sie zwar immer horizontal, aber nicht selten viel zu lang. Es werden also bestimmte Regeln darüber erst zu entwickeln sein. Dabei ist Folgendes zu berücksichtigen. Die mit Gefälle angelegten Wässerrinnen schlagen nur bei einem ganz bestimmten Zufluß regelmäßig über. Wird derselbe stärker, so läuft vorn an das meiste, wird er schwächer, vorne gar nichts, sondern alles am untern Ende über. Das läßt sich bei jeder mit Gefälle gearbeiteten Rinne durch einen Versuch leicht nachweisen. Da es nun zu den ersten Anforderungen einer guten Berieselung gehört, daß zu verschiedenen Zeiten in verschiedener Stärke, immer aber gleichmäßig gerieselt werde, dies aber bei den mit Gefälle gearbeiteten nur sehr unvollkommen geschieht, so sind die horizontalen besser. Diese sind indessen in ihrer Fähigkeit, Wasser fortzuführen, durch ihr geringes Profil beschränkt, und dürfen nicht mehr zuzuleiten bekommen, als sie mit dem geringsten Gefälle fortzuführen im Stande sind. Der Wasserbedarf richtet sich aber nach der Größe der Fläche. Die Breite derselben ist durch die Qualität des Wassers bedingt, also nur die Länge derselben, welche mit der Länge der Wässerrinnen korrespondirt, von der zulässigen Länge dieser Rinne abhängig. Die Frage, wie lang? ist jedoch nur durch Versuche und aus der Erfahrung zu beantworten. Durch diese hat sich herausgestellt, daß horizontale Rinnen von 10 Zoll Breite und 8 bis 9 Zoll Tiefe bis zu 6 Ruthen Länge diesen Anforderungen ganz gut entsprechen, und stets regelmäßig überschlagen. Diese kurzen Grippen haben über diesnoch den Vorzug, daß sie sowohl bei der ersten Einrichtung sich viel leichter und gleichmäßiger abrichten, als auch später sich besser in Ordnung halten lassen, als die längeren. Darum macht man sie, wenn auf beiden Seiten ein und desselben Wässergrabens Rücken in gleicher Höhe liegen, am besten noch kürzer und zwar nach jeder Seite 5, im Ganzen also 10 Ruthen lang. Länger als 6 Ruthen dürfen sie nur in Ausnahmsfällen angelegt werden, und müssen dann, um sie zur Fortführung einer größern Wassermasse noch geschickter zu machen, vorn eine etwas größere Breite erhalten. Beim Rückenbau bleiben sie 4 Fuß vom Ende des Rückens zurück.

Auf die Länge der Wässerrinnen für Hänge wirkt noch etwas Anderes bestimmend ein. Die mit bedeutendem Gefälle von oben herunterkommenden Zuleitungsrinnen führen in der

Regel etwas Material, losgerissene Stückchen Boden, Sand u. dgl. mit herab, und legen es in den Wässerrinnen, in denen die Strömung viel schwächer, die Kraft es weiter fortzutreiben also bedeutend geringer ist, vornan nieder. Dadurch wird die Wässerrinne an dieser Stelle sehr bald und um so mehr verflacht, je größer die von oben herunterkommende Wassermasse, je größer deren Kraft und je mehr Material dadurch herabgeschwemmt ist. Werden die Hänge jedoch nur kurz, und bedürfen sie deshalb weniger Wasser, so tritt das Zuschlämmen der Wässerrinnen später und seltener ein. Darum ist es gut, die Wässerrinnen für Hänge, wenn sie das Wasser am Ende erhalten, 4 bis 4½ Ruthen, wenn es ihnen in der Mitte zufließt, im Ganzen nur 8 Ruthen lang zu machen. Das vornan in der Rinne abgelagerte Material muß oft herausgenommen werden, denn es macht die Vertheilung nach den Seiten hin unregelmäßig, wird sogar bei grober Vernachlässigung Veranlassung, daß das Wasser in Masse entweder geradeaus über den Hang oder nach den Seiten über die Wälle fort in die nächsten Entwässerungsrinnen hineinstürzt, also ungenutzt verloren geht. Auch bleibt bei der Trockenlegung der Wiesen das Wasser, durch diese Verschlämmung am Ablauf verhindert, größtentheils in den Wässerrinnen stehen. Wenngleich dasselbe in kurzer Zeit nach der sehr nahen Entwässerungsrinne abzusacken vermag, oder wenn das nicht geschieht, durch einen kleinen Durchstich dahin abgelassen werden kann, so würde es doch besser sein, wenn es noch schneller entfernt, oder die vielen kleinen Durchstiche vermieden werden könnten. Beim Hangbau bleiben die Wässerrinnen 2 Fuß vom Ende des Hanges zurück.

Entwässerungsrinnen.

§. 31.

Die Entwässerungsrinnen tragen zur gründlichen Entwässerung des Bodens niemals viel bei, sondern nehmen nur das abgerieselte Wasser auf, um es den Entwässerungsgräben zuzuführen. Sie werden, wie die Wässerrinnen, in der Regel 10 Zoll breit und erhalten 8 bis 9 Zoll Tiefe. Im Sandboden darf man sie, eben so wenig wie die Wässerrinnen, gleich bei der Anlage zur vollen Breite und Tiefe ausarbeiten, weil nämlich die Ufer nachfallen und sie doch wieder zuschwemmen. Damit ist auch bei ihnen bis nach der Bildung einer vollständigen Grasnarbe, welche den Boden hält, zu warten. Sie erhalten dann auch ein eben solches Profil wie die Wässerrinnen.

Die Entwässerungsrinnen werden ebenfalls am besten ganz horizontal gelegt. Ihnen Gefälle zu geben, wie es die Siegener Kunstwiesenbauer thun, ist vollständig überflüssig, und erschwert nur die Arbeit. Es genügt, wenn sie bei den angegebenen Dimensionen nur keine zu große Länge erhalten, und diese können sie nicht bekommen, wenn die Wässerrinnen, mit denen sie immer korrespondiren, regelrecht, also nicht zu lang gemacht worden sind. Haben sie durch die Entwässerungsgräben gehörige Vorfluth, so führen sie das ihnen zufließende Wasser gut und so ab, daß sie immer noch den genügend freien Bord behalten. Das darin fließende Wasser braucht eben so wenig Gefälle, wie in den Wässerrinnen. Nach dem Abstellen des Wassers werden sie ganz trocken, da die tiefen Entwässerungsrinnen ihnen Vorfluth gewähren.

Beim Rückenbau fangen sie 4 Fuß von dem Wässergraben entfernt an. Beim Hangbau wird ihre Lage durch die Lage der Wässerinnen bestimmt, indem sie parallel damit nur durch einen kleinen, 3 Fuß breiten Wall davon getrennt sind. Sie fangen hier 2 Fuß von der Zuleitungsrinne entfernt an. Diejenigen Entwässerungsrinnen, welche den mit den Wässerrinnen parallel gehenden horizontalen Vorfluth verschaffen, erhalten das Gefälle des Terrains, werden 10 Zoll breit 8 bis 9 Zoll tief, und nur, wenn dieses Gefälle sehr stark ist, wie die Zuleitungsrinnen mit großem Gefälle nur 4 Zoll tief. Je mehr diese zuwachsen, desto besser erhalten sie sich.

6. Herstellung der geneigten Ebenen.

Erklärung des Rücken- und Hangbaues.

§. 32.

Bisher ist nachgewiesen, wie viel Wasser zur Berieselung einer gewissen Fläche nothwendig, und wie das ganze Graben- und Grippensystem einzurichten ist, um jedem Wiesentheile das ihm zukommende Quantum zur rechten Zeit zuführen zu können. Damit nun dieses Wasser auch über die Wiesenfläche gleichmäßig hinüberlaufe, und nirgends etwas davon stehen bleibe, und damit überall gleich viel davon hinkomme, müssen dieselben eben sein und geneigte Flächen bilden. Es bleibt daher das Gefälle, die Lage und Breite dieser Flächen noch zu bestimmen. Die Herstellung dieser ebenen und geneigten Flächen ist bisher von den Kunstwiesenbauern für ihre größte Kunst gehalten, ja man hat darin zuweilen sogar das Wesen des Wiesenbaues gesucht. Es ist allerdings nicht zu leugnen, daß die dahin gehörenden practischen Arbeiten von ihnen, wenn auch von dem Einen etwas anders, vielleicht auch umständlicher, als von dem Andern, im Ganzen doch ganz vorzüglich ausgeführt werden. Da aber nirgends ein festes, naturgemäßes, richtiges Prinzip zu Grunde lag, und in der reinen Empyrie die Hauptsache gesucht wurde, so wurden diese Flächen an dem einen Orte eben so gebaut, wie an dem andern, gleichviel, ob genügend oder zu wenig, ob gutes oder schlechtes Wasser vorhanden war u. s. w., kurz der Kunstwiesenbau wurde Chablonenarbeit, und ist das auch bis heute noch geblieben.

Was nun die Neigung der Flächen selbst betrifft, so läßt sich dieselbe auf zweierlei Weise erreichen, und zwar entweder in der Weise, daß sie alle ein stetiges Gefälle nach einer Seite erhalten, oder so, daß sie dachförmig auf beiden Seiten einer und derselben Wässerrinne liegend, nach zwei Seiten Gefälle bekommen. Die erste Anordnung giebt den Hang-, die zweite den Rückenbau.

Hang- oder Rückenbau?

§. 33.

Welcher von diesen beiden Bauarten der Vorzug gebühre, darüber sind die Meinungen der Kunstwiesenbauer sehr getheilt. Während man im Westen und Süden dem Hangbau (als einem Wasser sparenden Mittel) überwiegend den Vorzug einräumt, ist man im Hannöverschen ziemlich allgemein überzeugt, nur durch Rückenbau könne der höchst möglichste Ertrag einer Rieselwiese erzielt werden. Alle berufen sich dabei, wie das so gewöhnlich ist, auf ihre Erfahrung, und haben darin auch vollkommen Recht. Die Hänge der Kunstwiesen brauchen weniger Wasser, als Rücken, aber sie geben auch nicht den vollen Ertrag Man glaube aber ja nicht, daß dadurch die obige Frage schon entschieden sei. Wahr ist die Behauptung nur für ihre Art des Hangbaues. Diese ist jedoch entschieden fehlerhaft, denn wie ist es denkbar, daß gleiches Wasser, auf gleichem Boden, bei gleichem Gefälle und bei sonst überall gleichen Verhältnissen nur darum verschieden wirken sollte, weil es hier auf beiden, da nur auf einer Seite einer Wässerrinne überläuft; denn das ist ja nur der Unterschied zwischen Rücken und Hängen. Wenn eine Schicht Rücken am Ende mit einem halben Rücken schließt, so findet man diesen halben in allen Beziehungen den anderen ganzen gleich, und doch ist ein solcher halber Rücken nichts weiter als ein Hang. Es giebt also auch Hänge, welche eben so gutes Gras tragen, wie die Rücken, und welche andererseits die Hannöversche Ansicht widerlegen. Der Fehler liegt ganz einfach in der Anordnung der Hänge der Kunstwiesenbauer, in der Art der Zusammenlegung mehrerer in der Einrichtung ihres Hangbaues.

Bei den Hangwässerungen der Kunstwiesenbauer ist nämlich die Entwässerungsrinne Taf. II. Fig. 3. ab. ab. des ersten Hanges gleichzeitig die Bewässerungsrinne des zweiten, die Entwässerungsrinne dieses, cd cd, die Wässerrinne für den dritten u. s. f. Das übergerieselte Wasser wird also in jeder neuen Rinne nur regulirt und rieselt dann weiter. Wären die verschiedenen Rinnen nicht da, so wäre es der Hang einer wilden

Rieselung, ein Hang von zu großer Breite. Der Erfolg der Rieselung darauf würde vornan gutes Gras, weiter abwärts Riedgras und endlich unten Moos sein. Was wird durch die Anlage der regulirenden Rinne geändert? Wenig! Das unter der Oberfläche des ersten Hanges durchsickernde, manche Bodenbestandtheile auflösende Wasser tritt als ziemlich konzentrirte Lösung in die zweite Rinne ein. Spezifisch schwerer, bleibt es unten und das oben überlaufende Wasser läuft darüber fort, und mischt sich, wenn es nicht von einem hohen Bord hinabstürzt, nur wenig damit. Es läßt sich dies ganz deutlich sehen, wenn der Boden viel Eisen enthält. Dann füllen sich die Rinnen ganz mit Wolken von Eisenoxydhydrat, welche auf den zweiten Hang hinaufschwimmen und ihn gelb überziehen. Dieser ist daher schon auf vergiftetes Wasser angewiesen. Der Ertrag darauf muß fast eben so sehr nachlassen, wie bei der wilden Rieselei. Noch schlechter kommt der dritte Hang und so weiter der vierte Hang fort. Bei einer solchen Einrichtung erhält überdies die ganze Hangfläche weniger Wasser als eine gleich große Rückenfläche! Wird doch von manchem Wiesenbauer (Vorländer, Wehner und Andern) der Hangbau als wassersparendes Mittel ausdrücklich empfohlen!! Wie soll danach gutes Gras wachsen? Das ist, wenn es auch nicht überall ganz so schlimm gewesen, wie eben beschrieben, doch vielfach empfunden. Darum hat man diese Einrichtungen dadurch zu verbessern versucht, daß man durch eine besondere Zuleitungsrinne ef frisches Wasser aus dem Vertheilungsgraben hinableitete, welches nach beiden Seiten in die Wässerrinnen hineinfließen, sich mit dem darin enthaltenen Wasser vermischen und dasselbe verbessern sollte. Die Wässerrinnen sind aber von dem überrieselnden Wasser bereits gefüllt. Wenn man in ein volles Gefäß noch etwas hineingießen will, so läuft es über, hinein geht aber nichts mehr. So geht es auch hier. Das Wasser stürzt, da die Wässerrinnen schon voll sind, auf beiden Seiten der Zuleitungsrinne über, giebt hier einem schmalen Streifen Wiese besseres Wasser, kann aber keinen wesentlichen Einfluß auf den Ertrag der Hänge im Ganzen ausüben. Viel wird dadurch nicht geändert. Während man an einigen Orten die Rücken schmaler und schmaler macht, um einen ausgeglichenen Graswuchs zu erreichen, läßt man hier das Wasser fast ohne Unterbrechung über eine viel zu breite Fläche laufen. Der Ertrag kann nicht anders als mäßig ausfallen. Man könnte allerdings dadurch etwas verbessern, wenn man den ganzen Hang abwechselnd in zwei Abtheilungen rieselte. Würden nämlich zuerst die Wässerrinnen des zweiten, vierten, sechsten u. s. w. Hanges nur als Entwässerungsrinnen für den rieselnden ersten, dritten, fünften u. s. w. benutzt, und das Wasser um die nicht wässernden Hänge 2., 4., 6. herumgeleitet, dann die Rollen gewechselt und während des Trockenliegens von 1., 3., 5. die Hänge 2., 4., 6. gerieselt, so würde der Ertrag zwar viel besser ausfallen, als wenn die ganze Fläche gewässert wird, aber er wird nicht der möglichst größte werden, weil bei dieser Einrichtung sämmtliche Rinnen und der hochliegende Vertheilungsgraben beständig voll Wasser gehalten werden müssen, und weil dadurch wieder der Boden ausgekältet wird. Bei sehr steilen Hängen ist dies zwar die einzig mögliche Weise zu rieseln, wo aber das Gefälle nicht zu stark ist, da läßt sich folgende noch bessere Einrichtung treffen. Denkt man sich in einer Schicht Rücken die eine Seite dieser Rücken ganz schmal, und zu einem Walle so weit erhöht, daß das Wasser nach dieser Seite nicht überschlagen kann, so hat man eine Hangwässerung, welche ohne Zweifel eben so viel Gras bringen muß, als vorher die Rücken. Das liegt einzig und allein daran, daß das Wasser, nachdem es über eine entsprechend breite oder vielmehr schmale Fläche übergerieselt ist, in einer eignen Entwässerungrinne weggeleitet wird. Wird daher bei der Hangwässerung der Kunstwiesenbauer oberhalb einer jeden Wässerinne Taf. II. Fig. 4 ab. eine besondere Entwässerungsrinne cd. cd. für den darüberliegenden Hang angelegt, und durch eine Zuleitungsrinne ef von oben herunter jedem Hange frisches Wasser gegeben, so ist die Wässerung vollkommen in Ordnung. Haben dann die Hänge eine der Güte des Wassers entsprechende Breite, bekommen sie ihr genügendes Quantum davon, so müssen sie den vollen möglichen Ertrag der Wiese geben.

Der Zwischenraum zwischen der Be- und Entwässerungsrinne wird 3 Fuß breit Taf. II. Fig. 1b. Die beiden Borten der Entwässerungsrinne a werden des bequemen Mähens wegen gleich hoch, die andere Borte des Walles 2 bis 3 Zoll höher als der Wasserspiegel der Wässerrinne b. Der Graswuchs auf diesem schmalen Walle bleibt in der ersten Zeit von der Qualität des Bodens abhängig. Wenn dieser schlecht und mager ist, so dauert es einige Zeit, ehe jener gut wird, allein durch die Feuchtigkeit, und durch die Düngung mit der Räumerde aus den Grippen wird er auch hier bald besser, so daß dadurch, daß dieser Wall nicht gerieselt werden kann, kein Nachtheil entsteht.

Der rationelle Wiesenbauer, dessen Aufgabe es ist, mit bedeutend geringeren Arbeitskräften und daher auch mit viel weniger Anlagekapital sicher zu leisten, was die Kunstwiesenbauer mit bedeutenden Kosten und doch nicht immer mit Glück erstreben, den höchsten Ertrag der berieselten Wiese nämlich, wird daher in der Ueberzeugung, daß der Ertrag der Hänge und Rücken ganz gleich ausfallen muß, die Anlage derselben nur von der Lage des Terrains abhängig erkennen, und an jeder Stelle dem weniger kostbaren Bau den Vorzug geben.

Stellen die Kosten für beide sich jedoch ziemlich gleich, ja! sollte die Herstellung der Hänge sogar noch etwas billiger sein, so verdient der Rückenbau doch den Vorzug, weil die Uebersicht über eine Schicht Rücken beim Rieseln viel leichter und deren Unterhaltung bei weitem weniger schwierig ist, als die der Hangflächen von gleicher Größe.

Der Rückenbau.

a. Gefälle der Rücken.

§. 34.

In offenen Gräben verhält sich die Geschwindigkeit des fließenden Wassers wie die Quadratwurzeln aus den Gefällen, d. h. erst bei dem vierfachen Gefälle verdoppelt sich die Geschwindigkeit des Wassers. Der Unterschied in der Geschwindigkeit des Wassers, welches über mehrere mit Grashalmen dicht bewachsene geneigte Flächen dünn überrieselt, kann nur ganz unbedeutend sein, das Gefälle desselben mag etwas mehr oder weniger betragen, und das auf der einen etwa langsamere Hinüberfließen sich höchstens dadurch zeigen, daß dieselbe Wassermasse unbedeutend stärker, d. h. etwas höher überzulaufen scheint. Es kommt deshalb auf das Gefälle der Rücken wenig, vielmehr nur darauf an, daß das Wasser nicht zu hoch darüber fortrieselt und nirgends stehen bleibt. Soll daher das Gefälle, die Höhe der Rücken bestimmt werden, so ist vorzugsweise auf die Nachtheile der hochliegenden Wässerrinnen Rücksicht zu nehmen, welche früher §. 9. besprochen. Es ist deshalb zweckmäßig, die Höhe der Rücken gerade nach der möglichsten Tiefe der Wässerrinnen einzurichten, damit jene Nachtheile des in der Rinne sich findenden Wassers möglichst geringe werden. Darnach stellt sich das Totalgefälle der Seitenflächen folgendermaßen heraus:

Rücken von 2 Ruthen Breite erhalten eine Höhe von 6—8 Zoll,
" " 3 " " " " " " 8—10 "
" " 4 " " " " " " 10—12 "

oder für jeden Fuß Breite ungefähr ½ bis ⅔ Zoll.

Mancher Wiesenbauer, z. B. Schenk, schwärmte für sehr hohe Rücken, eigentlich wohl nur aus Liebhaberei. Es fehlt jeder stichhaltende Grund dafür, wächst doch das Gras neben den Wässerrinnen sogar auf ganz horizontalen Flächen ohne alles Gefälle ganz vortrefflich, wenn nur die Bedingungen des Gedeihens ihm sonst gegeben sind. Hohe Rücken kosten nur mehr Arbeitslohn und involviren eine unnöthige Verschwendung des Gefälles, und damit des Wassers, welches sich in anderer Weise viel besser dadurch ausnutzen läßt, daß jede Fläche davon mehr erhält.

b. Breite der Rücken.

Vorweg muß bemerkt werden, daß unter dem Ausdruck: Breite der Rücken, immer die Breite der beiden Seitenflächen zusammengenommen zu verstehen ist.

Die Breite der Rücken richtet sich nach der Güte, dem Düngergehalt des Wassers als maaßgebend für die Weite, in der dasselbe auf den überrieselten Flächen günstig wirkt (vergl.

§. 2.). Auch bei dem ganz armen Wasser läßt sich, wo nur die genügende Masse davon hinkommt, bis auf 1 Ruthe Entfernung ein sehr günstiger Einfluß desselben auf die Vegetation beobachten. Daher ist die Breite eines Rückens von 2 Ruthen als die geringste anzunehmen. Sie schmaler zu machen, wie das im Lüneburgischen sehr häufig geschieht, wie es in der Campine in Belgien in großer Ausdehnung ausgeführt ist, ist nur eine Verschwendung von Wasser. Wächst auf 2 Ruthen breiten Rücken an den Entwässerungsrinnen schlechtes Gras, so ist die Ursache zunächst in etwas anderem zu suchen, als in einer zu großen Breite der überrieselten Fläche, z. B. in unvollkommener Abgrabung des von Natur kalten Bodens, oder in künstlicher Auskältung durch unzeitiges Vollhalten der Rinnen, in zu schwachem Ueberwässern, ungenügendem Wasserzufluß, zu seltenem oder unzeitigem Rieseln u. dgl. m.

Bei der Bestimmung der Breite von 2, 3, 4 Ruthen der Rücken für die verschiedene Qualität des Wassers, ist angenommen worden, daß jede Seitenfläche eine gewisse Zahl von Schwadbreiten haben müsse, damit beim Mähen der Länge nach nicht unnützerweise über die Rinnen, in denen kein Gras steht, weggehauen zu werden braucht. Dabei ist die Schwadbreite zu 6 Fuß angenommen, weil die Mäher, wenngleich manche von ihnen weiter hauen können, bei größerer Breite zu hohe Schwadbalken stehen zu lassen pflegen, gutes gleichmäßiges Abmähen auf den Rieselwiesen aber ganz besonders verlangt werden muß.

Rücken von 4 Ruthen Breite erhalten in der Mitte einer jeden Seitenfläche noch eine kleine Regulirungsrinne, Taf. II. Fig. 5 aa. aa., denen durch die Zuleitungsrinne cd. cd. von oben her noch etwas Wasser zugeführt wird, um das im Boden versinkende und auf diese Weise für den untern Theil des Rückens verlorene Wasser zu ersetzen. Diese kleinen Rinnen werden übrigens nur 4 bis 6 Zoll breit und etwa 4 bis 5 Zoll tief gemacht zu werden brauchen.

Wenn von manchen Wiesenbauern (Vorländer, Wehner u. s. w.) breite Rücken als Wasser sparendes Mittel anempfohlen werden, und deren Einrichtung da angerathen wird, wo der Zufluß, ohne Rücksicht auf dessen Qualität, quantitativ ein geringer ist, so ist das ein neuer Beweis, daß die Kunstwiesenbauer ihre Beobachtungen nicht zu interpretiren verstehen.

Nur sehr selten wird man Rücken von mehr als 4 Ruthen Breite anlegen. Auch bei entsprechender Qualität des Wassers ist es in der Regel besser, sie schmaler und weniger hoch zu machen, das Wasser früher wieder abzunehmen, schon da, wo dessen günstige Wirkung noch nicht aufgehört hat, dafür aber das Gefälle mehr auszunutzen und das abgerieselte Wasser öfter auf niedriger liegende Schichten wieder hinaufzuleiten. Dann behält die berieselungsfähige Fläche dieselbe Ausdehnung, wie bei der Anlage der breiten Rücken, die Kosten werden aber geringer und der Ertrag in kürzerer Zeit überall gleich.

c. Länge der Rücken.

Die Rückenlänge richtet sich nach der zweckmäßigsten Länge der Wässerrinnen, welche in §. 30. zu 6 Ruthen und nur ausnahmsweise etwas länger festgestellt ist. Die Rinne hört 4 Fuß vom Ende des Rückens entfernt auf, also wird auch als gewöhnlich größte Länge des Rückens 6 Ruthen anzunehmen sein. Liegen 2 Rücken auf beiden Seiten eines und desselben Wässergrabens einander gegenüber, so werden sie etwas kürzer, und zwar nur 5 Ruthen lang gemacht werden müssen. Die geringste zulässige Länge ist nach der Breite der Rücken verschieden. Sie beträgt für 2 Ruthen Breite 3 Ruthen Länge,

„ 3 „ „ 4 „ „

„ 4 „ „ 5 „ „

Sie kürzer zu machen, ist nicht zweckmäßig, da sich auf einem Terrain, auf welchem sie nicht einmal diese Länge erhalten könnten, eine andere Einrichtung besser macht.

d. Lage der Rücken.

Obgleich die Vortheile der Richtung der Rücken von Norden nach Süden durchaus nicht zu verkennen sind, da beide Seitenflächen derselben hierbei dem Einflusse des Lichts und der Sonnenwärme gleich sehr ausgesetzt sind, so ist dieser Vortheil doch nicht wesentlich genug, um ihn mit Aufwand bedeutender Kosten zu erstreben. Nur bei ganz horizontaler Lage der zur Rieselung einzurichtenden Flächen ist es möglich, und dann auch zweckmäßig, denselben diese Richtung zu geben, weil hier allein die Lage der Wässergräben eine willkührliche ist. Auf jeder geneigten Fläche wird dieselbe jedoch durch die Lage der Horizontalen bedingt (§. 26.).

Die Lage der Wässergräben wirkt aber bestimmend auf die Richtung der Rücken ein. Eine Fläche rieselt nämlich nur dann überall gut, wenn sie möglichst winkelrecht neben der Wässerrinne liegt. Spitze Winkel, wie sie der rhomboidalen Form zugehören, wässern unvollkommen und zwar, um so mehr, je spitzer die Winkel werden. Daraus folgt von selbst, daß die Richtung der Rücken überall auf die Richtung der Wässergräben, vorzugsweise aber der Entwässerungsgräben eine möglichst rechtwinklige werden muß. Die gegebene Lage dieser Gräben ist aber größtentheils eine krumme. Sie macht deshalb auch verschiedene Richtungen in der Lage der Rücken nöthig. Dabei lassen sich hauptsächlich drei Fälle unterscheiden. Die Wässergräben

1) haben entweder mehrere von einer geraden Linie wenig abweichende Krümmungen,
2) oder sie haben eine entschiedene Krümmung einwärts,
3) oder eine solche nach auswärts.

ad 1) Im ersten Falle, wenn die Gräben mehrere sanfte von der geraden Linie kaum abweichende Krümmungen haben Taf. II. Fig. 6 kann eine gerade Linie ab gedacht werden, welche, die verschiedenen Biegungen durchschneidend, gewissermaßen die mittlere Richtung derselben ausdrückt. In diesem, dem einfachsten Falle, legt man die Rücken rechtwinklig auf diese Durchschnittsrichtung. Gehen dabei Wässer- und Entwässerungsgraben nicht parallel, so faßt man besser die Richtung des Entwässerungsgrabens ins Auge, weil die spitzen Ecken an den Enden der Entwässerungsrinne und neben dem Entwässerungsgraben entschieden unangenehmer sind, und viel schlechter durchwässern, als an dem Wässergraben.

Liegen mehrere Schichten, deren Gräben nicht ganz parallel sind, unter einader, Taf. II. Fig. 6., so sucht man die Durchschnittsrichtung für alle auf, cd, und legt die Rücken winkelrecht auf diese, so daß sowohl die Wässerrinnen, wie die Entwässerungsrinnen von oben bis unten eine gerade Linie, ef ef, bilden. Einige spitze Ecken sind dabei ganz zu vermeiden. Man muß sie schon des bessern Aussehens wegen mit in den Kauf nehmen. Es sieht gar zu schlecht aus, wenn die unter einander liegenden Rücken eine verschiedene Richtung bekommen, und dabei nicht auf einander treffen, Taf. II. Fig. 6 ef, gh und ik. Divergirt indeß die Richtung der Gräben zu sehr, würden die Winkel deshalb zu spitz, dann allerdings muß man das bessere Ansehen schon opfern. Die Aenderung in der Richtung wirdnothwendig, ef und ik.

ad 2) Hat der Graben eine entschiedene Krümmung einwärts, so kommt es auf die Größe derselben an. Bildet derselbe nur einen sanften Bogen, Taf. II. Fig. 7., so werden die Rücken am Wässergraben etwas schmaler, am Entwässerungsgraben etwas breiter, so daß die mittlere die normale ist und die Wässerinnen möglichst rechte Winkel mit den Tangenten an dem Bogen bilden. Wird der Bogen aber schärfer Taf. II. Fig. 8., so würden bei einer solchen Einrichtung die Wässerrinnen am Wässergraben ganz dicht an einander rücken, und die Rücken am Entwässerungsgraben doch zu breit werden. Da ist es besser, zwei verschiedene Durchschnittsrichtungen anzunehmen, welche die Schenkel des abgestumpften Winkels bilden, auf diese die Richtung der Rücken winkelrecht anzunehmen, und dann die Vermittelung zwischen den verschiedenen Richtungen dadurch zu bewirken, daß man von den nach der vorigen Weise eingerichteten Wässerrinnen je zwei und zwei hufeisenartig mit einander verbindet, und diesem Verbindungsbogen den Zufluß in einer einfachen Wässerrinne giebt.

ad 3) Hat endlich der Vertheilungsgraben eine entschiedene Krümmung nach auswärts, so kann man sich die beiden vorigen Fälle umgekehrt denken. Was dort, Taf. II. Fig. 7. und 8., Wässergraben war, wird hier Entwässerungsgraben, und umgekehrt der Entwässerungsgraben dort hier Wässergraben. Eben so würden die Rinnen ihre Bestimmung vertauschen, die

Wässerrinnen dort sind hier die Entwässerungsrinnen und umgekehrt.

Man kann aber in diesem Falle, sobald die Krümmung sehr scharf ist, auch einen kleinen Entwässerungsgraben, ab, in die Ecke hineinlegen und bis an diesen die auf den beiden Seiten winkelrecht auf die Durchschnittsrichtung derselben gelegten Rücken herangehen lassen. Etwas spitze Ecken sind dabei nicht zu vermeiden. Am Ende des Entwässerungsgrabens bei a werden die verschiedenen Rücken durch einen kleinen Hang vermittelt, Taf. II. Fig. 9.

Werden die Schichten zu breit, d. h. liegen der Wässer- und der dazu gehörige Entwässerungsgraben an einer Stelle oder überall weiter als 6 Ruthen, also über Rückenlänge auseinander, so theilt man die Fläche entweder in zwei Theile, indem man der Länge nach einen Entwässerungsgraben für die obere, Taf. II. Fig. 10. ab, und dahinter einen Wässergraben für die andere Hälfte, cd, welcher letztere dann sein Wasser aus dem Wässergraben für die ganze Fläche erhält, anlegt, und die Richtung der Rücken dann nach den oben gegebenen Regeln bestimmt, oder indem man winkelrecht aus dem Hauptwässergraben einen oder mehrere kleinere Wässergräben, Taf. II. Fig. 11. ab ableitet, und aus diesen die auf beiden Seiten derselben liegenden Rücken speisen läßt. Das abgerieselte Wasser vereinigt sich in den parallel mit den letzteren angelegten Entwässerungsgräben cd cd, welche es in den Entwässerungsgraben für die ganze Schicht abführen. Die Wässerrinnen werden alle beinahe oder ganz parallel mit dem Hauptwässergraben. Längst demselben wird zuerst ein Hang, xx, eingerichtet, welcher häufig auch als Heuweg zu benutzen ist.

Wird eine Einrichtung wie Taf. II. Fig. 10. gewählt, so wird der Zwischenraum zwischen dem Vertheilungsgraben cd und dem Entwässerungsgraben ab ½ Ruthe breiter, als die halben Rücken, und zum Hange eingerichtet.

e. Wo sind Rücken zu bauen?

Es bleibt nun noch die Frage zu beantworten, wo sind Rücken zu bauen? mit anderen Worten: wo wird deren Einrichtung weniger kostbar als die der Hänge?

Die geringsten Kosten entstehen beim Wiesenbau immer da, wo die Oberfläche des Bodens am wenigsten verändert, wo daher zur Herstellung der verlangten Form die geringste Erdbewegung, der wenigste Ab- und Auftrag nöthig, endlich wo dieses Ausgleichungs-Material am nächsten beschafft, und ohne Anwendung von Karren an den Ort seiner Bestimmung transportirt wird.

Da nun das Seitengefälle des Rückens, er mag lang oder kurz sein, immer gleich und nur so groß ist, wie das des Hanges, die Länge jenes aber immer größer, als die Breite dieses, so läßt sich schon von vorn herein übersehen, daß der Rückenbau den Hängen da vorzuziehen ist, wo das Gefälle des Terrains geringe ist. Er wird um so billiger, je geringer das Gefälle ist. Darum lassen sich schmale Rücken unzweifelhaft auf ganz horizontalen Flächen am allerleichtesten einrichten. Hier braucht nur die Hälfte der Rückenhöhe, also 3—4 Zoll an der Entwässerungsrinne weggenommen, mit dem Spaten in der Mitte des Rückens zusammengeworfen und dann planirt zu werden, um den Rücken mit dem verlangten Gefälle zu bilden. Da das Terrain horizontal liegt, wird auch der gleiche Abtrag überall einen gleich hohen Auftrag geben, und die Wässer- und Entwässerungsrinnen die §. 30. und 31. geforderte Lage erhalten. Nur muß bei der Anlage des Wässergrabens von vorn herein darauf gerechnet werden, daß das Wasser darin nach Ausführung des Baues einige Zoll über die natürliche Wiesenfläche wird angetrieben werden müssen. Etwas, aber wenig schwieriger wird hier der Bau breiterer Rücken, weil deren Gefälle, also auch Auf- und Abtrag größer, und die Entfernung von der Entwässerungs- bis zur Wässerrinne, also auch der Erdtransport etwas weiter ist.

Etwas mehr Erde ist zu transportiren, wenn das Terrain ein geringes, z. B. auf Rückenlänge, also auf 3 bis 6 Ruthen

1 oder 2 Zoll Gefälle hat. Wollte man hier den Rücken nur eben so zusammenwerfen, wie vorher auf horizontalem Boden, so würden die Rinnen das Gefälle des Terrains erhalten. Da sie aber horizontal sein sollen, so müssen vorn noch einige Karren voll Erde weggenommen und nach hinten hingebracht werden, um dort so viel wie nöthig zu erniedrigen, hier zu erhöhen, bis die horizontale Lage hergestellt ist. Um die Größe des Auf- und Abtrages zu berechnen, zieht man das natürliche Gefälle z. B. 2 Zoll von dem nothwendigen des Rückens 7 Zoll ab. Es bleiben hier 5 Zoll. Nun halbirt man den Rest. Das auf diese Weise gefundene Resultat, 2½ Zoll, giebt den Auftrag an der Wässerrinne vorn, und den Abtrag an der Entwässerungsrinne hinten in der Nähe des Entwässerungsgrabens. Eben so hoch wird das Wasser im Wässerungsgraben über der ursprünglichen Wiesenfläche angetrieben.

Je stärker das Gefälle des Terrains wird, desto mehr Boden muß von vorne nach hinten hingeschafft werden. Die Gränze des Rückenbaues wird mithin da liegen, wo vorn nichts mehr aufgetragen wird, der Wasserstand im Vertheilungsgraben mit dem Terrain gleich hoch liegt und der sämmtliche Abtrag von vorn als Auftrag zum Aufbauen des Rückens am hintern Ende gebraucht wird. Bevor jedoch diese Gränze in bestimmten Zahlen angegeben werden kann, ist daran zu erinnern, daß ein gewisses Maaß des gewachsenen Bodens ausgegraben, und dadurch gelockert, einen ungefähr ¼ größern Raum einnimmt als vorher, daß also 7 Zoll Abtrag nahezu 9 Zoll Auftrag geben. Hat das Terrain auf Rückenlänge 9 bis 10 Zoll Gefälle, so können deshalb 7 bis 8 Zoll hohe schmale Rücken so gebaut werden, daß sie vorn mit dem Terrain gleich hoch liegen, an der Entwässerungsrinne 7 bis 8 Zoll abgetragen werden, und die größere Masse des Auftrages am hintern Ende dennoch die Kante der Entwässerungsrinne um 2 bis 3 Zoll in die Höhe zu bringen gestattet, so daß also auch das Uebermaaß der durch das Auflockern gewonnenen Erde untergebracht, und sowohl die Wässer- als die Entwässerungsrinne horizontal gelegt ist. Da nun die geringste Länge der Rücken 3 Ruthen beträgt, so ist für schmale Rücken ein natürliches Gefälle des

Terrains von 3 Zoll pro Ruthe das äußerste. Für breitere Rücken stellt sich dasselbe Verhältniß heraus.

Da die Wässergräben, und damit die Gränzen der verschiedenen Schichten, Horizontalen sind, da mithin überall die Differenz in der Höhe zwischen je zwei unter einander liegenden gleich groß ist, so muß, vorausgesetzt, daß die Fläche ziemlich eben ist, Auf- und Abtrag auf jedem Rücken, der von dem einen bis zu dem andern hinabgeht, sich mit einander ausgleichen. Beide bilden dreiseitige Pyramiden, deren Grundflächen congruent, und deren Höhen gleich sind, daher ist auch der cubische Inhalt derselben gleich. Die äußerste Weite des Erdtransports ist hierbei die Entfernung von dem Wässer- bis zu dem Entwässerungsgraben, die größte Höhe des Abtrages vorn an der Entwässerungsrinne, die Höhe des Rückens. Die normale Erdbewegung für schmale Rücken ist also im Durchschnitt der ganzen Fläche höchstens $\frac{7}{8}$ Zoll Auftrag und $\frac{7}{8}$ Zoll Abtrag. Daraus erklären sich schließlich die dem Kunstbau gegenüber so sehr geringen Kosten des rationellen Wiesenbaues.

Der Hangbau.

§. 35.

In §. 33. ist auseinander gesetzt, daß rationell eingerichtete Hänge, d. h. solche, welche qualitativ dauernd den möglichst größten Ertrag geben sollen, wie halbe Rücken zu betrachten sind. Die Regeln zur Feststellung der verschiedenen Dimensionen derselben lassen sich daher auch größtentheils schon aus dem Vorigen ableiten.

a. Breite der Hänge.

Je nach der Güte des Wassers werden die Hänge da, wo die Rücken 2, 3 oder 4 Ruthen breit gemacht werden müssen, 1, $1\frac{1}{2}$, 2 Ruthen Breite erhalten. Da indeß zur bessern Ausnutzung des Gefälles Rücken zuweilen schmaler gemacht werden, als es die Qualität des Wassers eigentlich gestattet, so wird, um die vielen Rinnen zu vermeiden, die Breite der Hänge sich noch entschiedener nach der Qualität des Wassers richten, als dies beim Rückenbau geschieht.

Auch die 2 Ruthen breiten Hänge erhalten in der Mitte eine kleine Regulirungsrinne Taf. IV. Fig. 1. xy, wie die breiten Rücken.

b. Länge der Hänge.

Wie sich die Länge der Rücken nach der zulässigen Länge der Wässerrinne richtet, ist dieselbe auch für den Hangbau maaßgebend. §. 30. sind die Gründe auseinandergesetzt, warum dieselben etwas kürzer gemacht werden müssen, wie die der Rücken. Die Hänge werden daher, wenn sie ihr Wasser an dem einen Ende erhalten, 4 bis 5 Ruthen, wenn ihnen dasselbe in der Mitte zufließt, 8 Ruthen lang werden können. Der Auf- und Abtrag gleicht sich auf kürzeren Hängen auch leichter aus.

c. Gefälle der Hänge.

Das Gefälle der Hänge muß denen der Rücken, welche unter denselben Verhältnissen angelegt werden, mindestens gleich sein. Hänge von

1 Ruthe	Breite	werden	daher	wenigstens	6—8 Zoll
1½ „	„	„	„	„	8--10 „
2 „	„	„	„	„	10—12 „

Gefälle erhalten müssen.

Hat jedoch der Boden von Natur ein stärkeres Gefälle, als das eben genannte, so wird man den Hängen dieses schon lassen müssen, und nur in seltenen Fällen gezwungen oder im Stande sein, dasselbe zu ermäßigen.

d. Wo sind Hänge zu bauen?

War die Einrichtung von Rücken an solchen Orten zweckmäßig, wo das Terrain wenig Gefälle hat, so verdienen die Hänge entschieden da den Vorzug, wo das Terrain eine mehr abhängige Lage hat. Sie lassen sich zwar auch auf einem flacheren einrichten, es ist aber auch schon früher auseinandergesetzt, daß ceteris paribus, ja sogar bei etwas größerem Kostenaufwande, Rücken den Vorzug verdienen. Ihre Einrichtung muß daher auf Terrains mit starkem Gefälle beschränkt bleiben, und es kommt hier nur darauf an, die Gränze des natürlichen Gefälles, welches den Hangbau bedingt, festzustellen. Die Kunstwiesenbauer verlangen dazu ein natürliches Gefälle des Terrains von mindestens 4 Zoll auf die Ruthe, sie sind aber bei diesem Gefälle nicht im Stande, ihren Hängen ein größeres zu geben. Dieselben machen sie daher dann auch nur sehr flach. Dem rationellen Wiesenbauer wird es möglich, ihnen bei einer solchen Lage der Wiese schon das normale oben verlangte Gefälle von 6 bis 8 Zoll pro Ruthe zu geben. Da nämlich ein jeder Hang durch seine eigene Entwässerungsrinne von dem zunächst darunter folgenden unabhängig ist, sobald nur diese Entwässerungsrinne auf irgend eine Weise Vorfluth erhält, so kann die Wässerrinne des zweiten Hanges ohne Nachtheil höher liegen, als die Entwässerungsrinne des ersten. Man kann also an der letzteren Taf. IV. Fig. 4a. etwas Boden ab- und an der dazu gehörigen Wässerrinne desselben Hanges b auftragen, und auf diese Weise das natürliche Gefälle vergrößern. War dies 4 Zoll, der Abtrag 1 bis 2 Zoll, der Auftrag ebenfalls 1 bis 2 Zoll, so bekommt der Hang die eben verlangten 6 bis 8 Zoll. Eben so läßt es sich mit jedem unteren Hange machen. Die Entwässerungsrinne a des ersten Hanges lag 4 Zoll unter der dazu gehörigen Wässerinne, sie liegt nach 1 bis 2 zölligem Abtrag 5 bis 6 Zoll darunter. Die Wässerrinne des zweiten Hanges d liegt zunächst 6 Zoll, und nach 1 bis 2 Zoll Auftrag 4 bis 5 Zoll unter demselben Punkte; sie wird also 0 bis 2 Zoll höher, als die Entwässerungsrinne des ersten Hanges, das Wasser darin aber durch den kleinen Wall c am Zurücklaufen gehindert.

Ganz in derselben Weise läßt sich ein Hang für das noch kleinere Gefälle von 3 Zoll pro Ruthe konstruiren. Das natürliche Gefälle von 3 Zoll von dem verlangten künstlichen durchschnittlich zu 7 Zoll angenommenen abgezogen, bleiben 4 Zoll, welche halbirt 2 Zoll Auftrag an der Wässerrinne und 2 Zoll Abtrag an der Entwässerungsrinne geben. Die Wässerrinne des zweiten Hanges liegt dabei $2\frac{1}{2}$ Zoll höher, als die Entwässerungsrinne des ersten.

Da aber bei einem Gefälle von 3 Zoll pro Ruthe sich Rücken noch sehr gut bauen lassen, so werden Hänge am zweckmäßigsten da gebaut, wo das Gefälle größer ist, als 3 Zoll pro Ruthe.

Bei einem Gefälle von 6 bis 8 Zoll pro Ruthe und darüber wird kein Auf- und Abtrag mehr nöthig. Man kommt dann schon mit dem bloßen Planiren des Bodens aus, Taf. IV. Fig. 3. Soll bei stärkerem Gefälle des Terrains das des Hanges ermäßigt werden, so wird, umgekehrt, wie vorher an der Wässerrinne a so viel wie nöthig ab- und an der Entwässerungsrinne b aufgetragen Taf. III. Fig. 2. Diese Einrichtung ist indeß nur selten auszuführen, weil dann das Ufer der Entwässerungsrinne, von der das überrieselnde Wasser in dieselbe hinabfließt, zu hoch und zu steil wird, und deshalb in kurzer Zeit dem zerstörenden Angriff des hinabstürzenden Wassers unterliegen muß.

Aus demselben Grunde ist auch bei sehr steilen Hängen, wie schon §. 33. erwähnt, die Einrichtung von besonderen Entwässerungsrinnen nicht recht zweckmäßig, wenigstens nicht, so lange der Rasen noch nicht fest zusammengewachsen ist. Man muß hier schon aus der Noth eine Tugend machen, die Rinnen einfach anlegen und abwechselnd erst die Hänge 1., 3., 5. und dann 2., 4., 6. Taf. II. Fig. 3. bewässern, das kleinere Uebel wählen und die Unannehmlichkeit der beständig vollen Rinnen mit in den Kauf nehmen.

Die Zutheilung des einem jeden Hange zukommenden Wassers wird durch eingesetzte Staubretter ermöglicht.

e. Lage der Hänge.

Die Vortheile eines südlichen Abhanges sind zu sehr in die Augen fallend, als daß sie nicht überall gewünscht werden sollten. Es läßt sich aber bei der Anlage von Hängen noch viel weniger, als bei der der Rücken darauf Rücksicht nehmen, und eine solche Abdachung schaffen. Man muß hier mit der

Neigung des Terrains schon so vorlieb nehmen, wie die Natur es darbietet.

Liegen mehrere Hänge unter einander, so darf der erste, oberste derselben niemals so eingerichtet werden, daß das Wasser zur Bewässerung desselben über die Bort des Wässergrabens selbst überschlägt. Die Schwierigkeit, diese Grabenbort so abzugleichen, daß das Wasser bei verschieden starkem Zuflusse überall gleichmäßig überlaufe, ist, besonders wenn größere Zuleitungsrinnen an einzelnen Stellen demselben viel Wasser entnehmen, gar nicht zu überwinden. Aus diesem Grunde muß längs dem Wässergraben ein 2 bis 3 Zoll, neben größeren Hauptzuleitungsgräben bis 1 Fuß über dessen normalen Wasserstand erhöhter, je nach der Größe des Grabens 3 bis 6 Fuß breiter Wall Taf. II. Fig. 3. und 4. xx, Taf. III. Fig. 2. x und hinter diesem Walle eine besondere Wässerrinne Taf. II. Fig. 3. und 4. gh, gh und Taf. III. Fig. 2. a für den ersten Hang angelegt werden, deren überwässernde Kante ½ bis einige Zoll unter dem normalen Wasserstand des Grabens abzurichten ist, und welche durch kleine Durchstiche aus dem Graben ihr Wasser empfängt. Bei dem Abrichten dieser Kante der Wässerrinnen längs dem Hauptzuleitungsgraben darf man aber nicht vergessen, daß das Wasser darin zum Fließen Gefälle braucht, und daß daher die Hänge nach dem Ende desselben zu diesem Gefälle entsprechend immer niedriger gelegt werden müssen. Die Zuleitungsrinne für den zweiten Hang Taf. II. Fig. 4. eb ist mit dieser nicht zu verbinden.

Vor der Ausführung der Hänge werden auf der geneigten Wiesenfläche Horizontalen in derselben Weise, wie für die Wässergräben ausgesteckt (§. 26. und 46.), welche die Richtung der Wässerrinnen angeben. Um jedoch den Parallelismus derselben einigermaßen durchzuführen, sind einige, zuweilen sogar nicht unbedeutende, Abweichungen von der Horizontale erlaubt. Man darf bei einer Bewässerungs-Anlage, welche möglicherweise für sehr lange Zeit angelegt wird, dem guten Aussehen schon etwas Rechnung tragen, zumal nach Beendigung der Arbeit ein Jeder die früheren Terrainverhältnisse und damit die

Motive für die gewählte Einrichtung sehr bald vergessen, und nur die neue Form im Auge hat.

Hat das Terrain in größerer Breite ein zum Hangbau sich eignendes stetiges Gefälle, so ist es doch nicht zweckmäßig, aus einem und demselben Wässergraben allzuviele unter einander liegende Hänge zu berieseln. Unregelmäßigkeiten in der Vertheilung des Wassers sind dabei kaum zu vermeiden, weil bei der Nähe der neben einander liegenden Wässer- und Entwässerungsrinnen durch Maulwurfs- oder Mauselöcher oder unter der hohl gefrornen Rasennarbe das Wasser aus der einen in die andere leicht und in solcher Menge übergeht, daß der eine Hang zu viel, der andere zu wenig Wasser erhält, die Vertheilung abwärts ganz unregelmäßig wird, und der Wiesenwärter gezwungen ist, jede einzelne Rinne stets unter ganz specieller Aufsicht zu behalten. Darum ist es besser, nur 4, höchstens 6 unter einander liegende Hänge einem Wässergraben zuzutheilen, und auf breiteren Hangflächen lieber mehrere kleine Wässergräben, welche das Wasser reguliren und dann wieder neu austheilen, anzulegen.

Taf. III. Fig. 3. ist eine solche Einrichtung gezeichnet.

A.B. ist der Wässergraben für die obersten Hänge,

C.D. ein Wässergraben, welcher das Wasser, welches über die ersten Hänge bereits übergelaufen, regulirt und an die untern wieder abgiebt.

aa, aa sind die ersten kleinen Wässerrinnen für die zunächst unter den Graben liegenden Hänge, welche durch die Durchstiche bb ihr Wasser erhalten, und durch die kleinen 3 Fuß breiten Wälle durchgestochen sind.

Die punktirten Linien tt, uu, vv, ww deuten die abgesteckten Horizontalen an, durch welche die Lage der Rinnen bestimmt wird.

cd, cd sind die Zuleitungs-,

ef, ef die Wässerrinnen und

gh, gh die Entwässerungsrinnen, denen andere ii, ii die Vorfluth schaffen und es in CD, den Entwässerungsgraben, abführen, welcher wieder Wässergraben für die nächsten Hänge ist.

Aus den Profilen Taf. III. Fig. 3., 4. und 5. geht die ursprüngliche Bodenlage, welche durch die punktirten Linien kl, kl angedeutet ist, so wie die Konstruktion der Hänge noch deutlicher hervor.

Bassins oder Sammelteiche.

Was ist von der Anlage von Bassins oder Sammelteichen überhaupt zu halten?

§. 36.

Von vielen Wiesenbauern werden Berieselungs-Anlagen gemacht, für welche das Wasser beim Abgange des Schnees und bei anhaltendem Regenwetter in eigenen Sammelteichen angehalten werden soll, wenn auch keine weiteren, oder nur sehr kleine lebendige, beständige Zuflüsse da sind. Fast niemals brachten dergleichen Anlagen einen günstigen Ertrag. Man hätte nach solchen Resultaten davon abstehen sollen. Dennoch waren sie zu entschuldigen, da man keine Ahndung von der zum Rieseln nothwendigen Menge Wasser hatte. Nun das Wasserbedürfniß festgestellt ist, wird man aus dem Facit eines einfachen Rechenexempels sehr bald die Ueberzeugung gewinnen, daß dergleichen Anlagen dem Geldbeutel mindestens sehr gefährlich bleiben, und eine sehr reifliche Ueberlegung erheischen, ob der davon zu erwartende Erfolg auch mit den aufzuwendenden Kosten im Verhältniß steht.

Wie oben bereits auseinandergesetzt (§. 10.) ist zur Berieselung eines Morgens 2 Ruthen breit eingerichteter Rücken ein Zufluß von 1 Cubikfuß Wasser pro Sekunde nothwendig. Der Wasserverbrauch pro Tag beträgt mithin 86,400 Cubikfuß und für die ganze Zeit der Rieselung in Einem Jahre, dieselbe nur zu 60 Tagen angenommen, 5,184,000 Cubikfuß. Diese Wassermasse zu fassen, würde ein Bassin von eben so großer Grundfläche, wie die berieselte Wiese, 200 Fuß hoch voll Wasser gehalten werden müssen. Ist die Qualität des Wassers dazu auch wirklich sehr gut, gestattete dieselbe sogar die Einrichtung von 4 Ruthen breiten Rücken, so würde es doch immer noch 100 Fuß hoch das Bassin anfüllen. Gewöhnlich muß daher, da diese Stauhöhe nirgends möglich, die inundirte und dadurch ertraglose Fläche viel größer werden, als die berieselte. Daraus folgt selbstredend, daß die Anlage von Bassins, wie sie gewöhnlich gemacht werden, immer nur eine verfehlte Spekulation werden kann. Ebenso bleibt es in der Regel auch sehr gewagt, mit dem Wasser von Landseen, die keinen oder nur sehr geringen sichtbaren Zu- oder Abfluß haben, Berieselungs-Anlagen zu machen. Ueberdies pflegen derartige Seen 1 bis $1\frac{1}{2}$ Fuß Wasser in jedem Jahr durch Verdunstung, und was ebenfalls sehr häufig, und namentlich bei Feststellung der Stauhöhe zu beachten ist, durch unterirdischen Abfluß zu verlieren.. Es ist hierauf in den seltenen Fällen, wo die Wassermasse derselben wirklich hinreicht, noch besonders Rücksicht zu nehmen. Man muß also die Höhe der Verdunstung von der möglichen Aufstauungshöhe in Abzug zu bringen nicht vergessen, und, da der unterirdische Abzug gewöhnlich in oder über der gewöhnlichen Wasserstandshöhe zu liegen pflegt, die Aufstauung nicht über dieselbe legen, sondern das nöthige Wasser durch tieferes Abgraben aus solchen Seen entnehmen.

Etwas, wenn auch nicht viel günstiger machen sich die Verhältnisse, wenn das Wasser für die Hauptrieselzeiten im Herbst und Frühjahr in genügender Menge vorhanden ist und nur bei trockener Zeit fehlt. Es wird dann lange nicht die oben berechnete Quantität und nur noch Wasser zum Anfeuchten gebraucht. Daher kann in solchem Falle die Anlage von Sammelteichen an manchen Orten wohl rathsam werden.

Sehr vortheilhaft wird sie sogar zuweilen da werden, wo man neben anderen Zuflüssen Gelegenheit hat, in einem Bassin besonders fettes Wasser festzuhalten und anzusammeln. „Diese höher gelegenen Fangteiche," sagt Schwerz, „haben für kleine Wässerungen noch nebenbei den Vortheil, daß sie Gelegenheit geben, das Wasser wesentlich zu verbessern und fetter zu machen. Dieses Fettmachen geschieht durch künstliche Beimischung von Mist, Jauche u. dgl. Kann man in solche Bassins die aus den Ställen, vom Hofe u. s. w. abgelaufene Jauche und Mistwasser unmittelbar hineinleiten, so ist dies allerdings eine große Bequemlichkeit. Aber auch ohne das wird sich der Transport der Jauche u. s. w. reichlich lohnen.“ Das Fettmachen des Wassers wird in diesem Falle noch den Vortheil gewähren, daß davon auf den breitesten Rücken und Hängen die geringste Quantität gebraucht wird, daß zur Fortleitung derselben also auch die verhältnißmäßig kleinsten Gräben, und zu deren Füllung wieder die möglichst kleinste Wassermasse nothwendig ist und verloren geht.

Am leichtesten und billigsten macht sich die Anlage solcher Bassins immer im hügeligen Terrain, weil sich da die Gelegenheit darbietet, die natürlichen Erhöhungen zur Umschließung des Teiches mitzubenutzen, und dadurch die Schüttung der kostbaren künstlichen Deiche zu ersparen. Die Beschaffenheit des Bodens, welcher den Grund des anzulegenden Sammelteiches sowohl, wie der umgebenden Höhen bildet, verdient in sofern noch einer besondern Untersuchung, als er mitunter aus losem Sande besteht und so durchlassend ist, daß das Wasser entweder ganz darin versinkt, oder nur bis zu einer gewissen Höhe ansteigt, und in dieser Höhe unterirdisch weiter abfließt.

Verwallungen oder Deiche.

§. 37.

Verwallungen oder Deiche, sie mögen zum Anhalten des Wassers in Bassins, oder zum Abhalten der Fluthen längs den Flüssen gemacht werden, haben immer einem einseitigen Wasserdrucke zu widerstehen. Werden dieselben einmal von dem hoch dahinterstehenden Wasser durchbrochen, so sind die Verwüstungen, Auskolkungen zunächst, und weiterhin Versandungen in der Regel sehr bedeutend. Daher erfordert die Anlage derselben besondere Vorsicht und tüchtige Arbeit bei der Ausführung.

a. Höhe der Verwallung.

Die Höhe der Verwallung richtet sich nach der Höhe des dagegen drückenden Wassers. Nachdem daher die Höhe der Anstauung desselben oder die Höhe des höchsten Fluthwassers ermittelt, wird die Krone der Verwallung bei Bassins horizontal, bei Flüssen parallel mit dem Wasserspiegel derselben, im ersten Falle 1 bis $1\frac{1}{2}$ Fuß über dem projektirten Wasserstande, im letztern so hoch, daß auch das in dem durch den Deich verengten Profil höher ansteigende Wasser nicht über derselben fort sich ergießen kann, angelegt, weil das überlaufende, oder bei starkem Wellenschlage hinübergetriebene, auf der Rückseite hoch hinabstürzende Wasser die Gefahr eines Durchbruches herbeiführt, indem es nach und nach zuerst Löcher auswäscht und den Deich so weit schwächt, daß er dem dagegen wirkenden Drucke nicht mehr zu widerstehen vermag.

b. Kronenborte.

Mit der Stauhöhe steigt der Wasserdruck, daher muß die Stärke der Verwallung mit der Höhe des Aufstaues größer werden. Man nimmt deshalb bis zu 8 Fuß Höhe die Kronenbreite derselben gleich an. Bei größerer Höhe setzt man zur Hälfte derselben noch 4 Fuß hinzu. Es wird also für 10, 12, 14, 16 Fuß Wasserstauhöhe die Kronenbreite mindestens 9, 10, 11, 12 Fuß werden müssen.

c. Dossirung.

Wichtig für die Erhaltung der Verwallung ist deren Böschung und namentlich die Böschung nach der Wasserseite. Wird dieselbe zu steil, so bricht der plätschernde Wellenschlag nnd das vom Winde oder der Strömung angetriebene Eis die Ufer fortwährend ab, und spült so die Dammkrone nach und nach in die Tiefe hinab. Künstliche Deckungen der Dossirung, mit Faschinen, Strauch, Stroh oder Steinen od. dergl. m., halten nur kurze Zeit oder werden sehr theuer. Der zweckmäßigste Schutz besteht immer in einer sehr flachen Böschung, auf welche die Wellen, deren Kraft mit der geringeren Tiefe des Wassers ebenfalls abnimmt, ohne zu schaden auflaufen können. Darum muß die Böschung um so flacher werden, je höher der Deich ist. Dieselbe sollte auf der Wasserseite niemals stärker gemacht werden, als 4füßig. Für die andere, äußere Seite genügt 1 bis $1\frac{1}{2}$füßige Dossirung vollständig, da es hier nur darauf ankommt, das Abgleiten der Dammkrone zu verhüten. Außer der flachen Böschung nach dem Wasser zu, trägt eine dichte Grasnarbe besonders zur Sicherheit bei. Nach dem Aufschütten des Walles ist es darum vortheilhaft, die beiden Böschungen desselben mit Flachrasen abzudecken, und auf diese Weise das Zusammenwachsen der Oberfläche recht zu befördern. Die Benarbung der Böschung auf der äußeren Seite schützt auch vor dem Abspülen durch heftigen Regen, durch Schnee oder durchsickerndes Druckwasser.

d. Allgemeine Bemerkungen.

Das beste Material zur Schüttung solcher Verwallungen ist der Lehm und Thonboden, weil er kein Sickerwasser, welches den Boden durch und durch erweicht und dadurch die Widerstandsfähigkeit der Verwallung schwächt, hindurchläßt. Weniger gut ist Sand. Reiner Bruch- und Torfboden ist der Leichtigkeit wegen, welche er nach dem Austrocknen besitzt, und seiner Zersetzbarkeit in feuchter, der Luft zugänglichen Lage wegen, nie allein zu größeren Dämmen zu verwenden. Für kleinere, d. h. solche, welche einen nur geringen Wasserdruck auszuhalten haben, ist er allenfalls zu gebrauchen, doch müssen die daraus geschütteten Wälle $1\frac{1}{2}$ mal die oben angegebene Stärke erhalten. Sie sacken mit der Zeit jedoch sehr zusammen und müssen immer wieder von Neuem erhöht werden. Mit festen Erdarten gemischt hält sich dieser Boden etwas besser.

Besonders vorsichtig muß man bei der ersten Schüttung der Dämme dafür sorgen, daß dieselben mit dem Boden, auf welchem sie aufgeschüttet, recht gut verbunden werden. Hat derselbe eine Rasendecke, so wird dieselbe zuvor abgehauen und bei Seite geschafft. Werden die Dämme hoch, so müssen außerdem breite, wenn auch nur flache Gräben aufgenommen werden, damit das Wasser zwischen dem gewachsenen und dem aufgeschütteten Boden sich nicht hindurchziehe. Eben so wenig darf quer durch den Wall hindurchreichendes Langholz hineingepackt, auch müssen alle Stubben und Wurzeln aus der Walllinie sorgfältig entfernt werden, weil die Verbindung zwischen Holz und Erde immer mangelhaft bleibt, und die Poren des Holzes beim Verfaulen zu Wegen werden, auf denen das Wasser durch den Wall dringt und leicht Brüche veranlaßt.

Das Bepflanzen der Deiche mit Strauch ist gefährlich, weil unter den Wurzeln desselben die Mäuse und Ratten u. dergl. m. ihre Gänge und Schlupfwinkel haben, in welche hinein sie nicht zu verfolgen sind. Noch schlimmer ist das Erziehen großer Bäume darauf. Wirft der Sturm einmal einen solchen großen Baum, der mit seinen Wurzeln den ganzen Wall durchgreift, während des Hochwassers um, so ist ein Durchbruch gar nicht aufzuhalten.

Zur Sicherung der Verwallung eines Bassins ist endlich sehr oft die Anlage eines natürlichen Ueberfalls ganz zweckmäßig, d. h. die Herstellung einer längeren Ebene mit sehr geringem Gefälle, aber von ziemlich bedeutender Breite, 1 bis 1½ Fuß niedriger, als die Dammkrone. Man richtet ihn an einer Stelle ein, wo das hinüberstürzende Wasser, wenn es unerwartet und bei geschlossenen Schleusen im Bassin über den normalen Wasserstand in die Höhe steigt, abfließen kann, ohne dem Damme oder sonst irgendwo Schaden zu thun.

Wiederbenutzung des Wassers.

§. 38.

In §. 2 und 5 ist nachgewiesen, daß es im höchsten Grade unzweckmäßig sei, das Wasser über zu breite Flächen laufen zu lassen und daß, warum und unter welchen Umständen das abgerieselte Wasser mit dem nämlichen Vortheil, wie das erstemal wieder zur Wässerung gebraucht werden könne. Hier kommt es daher noch darauf an, nachzuweisen, wie die Anlagen zur Wiederbenutzung des Wassers am besten zu machen, und welche Einrichtungen zu treffen, um die Entwässerungsgräben oder Rinnen als Zubringer oder Wässergräben für die niedriger belegenen Wiesentheile zu benutzen. Von der Zweckmäßigkeit dieser Einrichtung hängt nicht allein die Ausdehnung der berieselungsfähigen Fläche, sondern auch das überall gleichmäßige Wässern und damit die Ausgeglichenheit des Graswuchses und die Höhe und Güte des Ertrages ganz wesentlich ab. Sie setzen eine entsprechende Benutzung des natürlichen Gefälles des zu bewässernden Terrains voraus.

Ehe jedoch dazu die Art und Weise der dazu nöthigen

Einrichtungen näher entwickelt werden kann; wird es nothwendig, die zulässige oder zweckmäßigste Höhe festzustellen, bis zu welcher das Wasser in den Entwässerungsgräben und Rinnen angestaut, mit andern Worten, wie tief dasselbe unter der Bort dieser Gräben ꝛc. und der Oberfläche der Wiese während des Wässerns gehalten werden darf, denn unter keiner Bedingung darf bei wiederholter Benutzung des Wassers eine Ueberstauung oberhalb liegender Flächen verursacht werden. An solchen überstauten Stellen hilft das Wasser nicht nur nicht so, wie etwa auf den Stauwiesen, sondern es schadet ganz entschieden, und vertilgt den ganzen Graswuchs.

Eben so unvortheilhaft aber ist es, den Entwässerungsrinnen während des Rieselns eine zu hohe Bort zu erhalten, und das Wasser im Entwässerungsgraben zu tief unter dem Rande abzuführen. Liegen nämlich die berieselten Flächen sehr hoch über dem Wasserspiegel der Entwässerungsrinnen und Gräben, so versinkt auf durchlassendem Boden bei mäßig starkem Rieseln das Wasser in der Nähe derselben. Dasselbe verschwindet hier von der Oberfläche, und zieht sich unter derselben nach der Entwässerungsrinne hinab, aus deren Ufern es dann heraus und in dieselben hineinfließt. Es bleibt also ein Streifen des Rückens oder Hanges neben dieser Rinne ꝛc. liegen, über den das Wasser nicht überrieselt. Dieser Streifen ist um so breiter, je durchlässiger der Boden. Diese Erscheinung ist also am sichtbarsten bei Bruch- und Torfboden und warmem Sande. Nur durch Hinaufleiten sehr großer Wassermassen gelingt es, das Wasser über die Oberfläche fort bis zur Entwässerungsrinne hinabzutreiben. Immer aber zerstört in jenem Falle das unter der Erde aus den Ufern heraustreibende, in diesem das hoch von denselben hinabstürzende Wasser die dafür immer zu steilen Seitenwände der Rinne oder des Grabens in sehr kurzer Zeit. Zuerst unterwühlt es dieselben. Dadurch wird die den Grabenrand bildende Grasnarbe unten hohl, sackt dann allmählig nach, oder bricht in großen Stücken ab und stürzt endlich in die Rinne oder den Graben hinein, staut hier das Wasser auf, veranlaßt kleine Wasserfälle, welche das Uebel vermehren, und die Zerstörung beschleunigen. Aus den kleinen Rinnen werden tiefere und breite Gräben, die tieferen Entwässerungsgräben dagegen breiter und flacher, die Rücken rund, kurz die ganze Berieselungsanlage verfällt, wenn nicht mit nie endenden Arbeiten und Kosten die umfangreichsten Reparaturen immer von Neuem daran vorgenommen werden. Am unangenehmsten ist in dieser Beziehung der Sandboden. Auch Bruch- und Torfboden verhalten sich, wenn sie durch Trockenlegung zur Zersetzung geneigter werden, ganz ähnlich. Aber auch jeder andere Boden wird in ähnlicher Weise angegriffen, und zwar jährlich wenigstens soweit, als er durch den Frost mürbe und krümelig geworden ist. Einigermaßen läßt sich dem Uebel dadurch begegnen, daß man nach Art der Siegener Kunstwiesenbauer die Entwässerungsrinnen ziemlich flach macht, und ihnen Gefälle giebt, aber auch nur einigermaßen, weil, wenn die in der flachen Rinne konzentrirte Wassermasse in den tiefer liegenden Entwässerungsgraben hinabstürzt, die Zerstörung, das Ausreißen der Sohle und der Ufer hier eben so anfängt, und sich von da ab nach und nach weiter aufwärts zieht. Die Gräben und Rinnen halten sich wohl etwas länger, auf die Dauer aber nichts besser. Ueberdies vermehrt die Anlage der Rinnen, welche Gefälle bekommen, die Arbeit und die Kosten. Da aus diesen Gründen die Lüneburger Manier, auch die Entwässerungsrinnen ganz horizontal zu machen, den Vorzug verdient, so besteht das einfachste Mittel, alle die oben näher nachgewiesenen Nachtheile zu vermeiden, darin, daß das Wasser in den horizontalen Entwässerungsgräben und Rinnen so hoch angestaut wird, daß der Rand derselben bei normalem Wässern nur 2 bis höchstens 3 Zoll über dem Wasser frei bleibt. Zwar fürchtet Mancher, daß dadurch der Boden zu naß erhalten, wohl gar versumpfen werde, das ist jedoch nicht der Fall. Zur Beruhigung dieser Aengstlichen mag die schon öfter gegebene Erklärung hier wiederholt werden, daß weder die Zahl noch die Tiefe der Entwässerungsrinnen einen wesentlichen Einfluß auf die Trockenlegung eines Bodens hat, sondern daß dieselbe vielmehr einzig und allein durch gehörig tiefe, offene oder, wo bei starken Quellen diese störend werden, durch verdeckte Gräben zu erreichen ist, und daß es nicht auf den Wasserstand während des Rieselns ankommt, sondern darauf, daß nach beendigter Rieselung die Gräben und Rinnen ablaufen und leer werden können.

Wiederbenutzung des Wassers beim Hangbau.

§. 39.

Die Einrichtungen, welche Behufs wiederholter Benuzzung des abgerieselten Wassers erforderlich werden, müssen den verschiedenen Lokalitäten angepaßt werden. Hier kann daher nur an einzelnen Beispielen gezeigt werden, wie man sich dabei zu verhalten. Es liegt auf der flachen Hand, daß bei größerem Gefälle ein nachtheiliger Rückstau leichter zu vermeiden ist, als bei schwachem, und daß deshalb die Möglichkeit der Wiederbenutznng beim Hangbau näher liegt, als bei dem Rückenbau. Hat der Boden z. B. 7 Zoll Gefälle auf 1 Ruthe Länge, also das natürliche Gefälle der Hänge, so daß nirgends Auftrag oder Abtrag nöthig ist, so liegt bei einer Breite der Hänge von 1 Ruthe die Entwässerungsrinne des ersten Hanges b Taf. IV. Fig. 3. um 14 Zoll höher, als die Wässerrinne des dritten c. Es kann also das von dem ersten Hange abgerieselte Wasser, ohne Rückstau befürchten zu dürfeu, auf den dritten wieder hinauf geleitet werden. Die Anlage macht sich dann folgendermaßen. Das vom ersten Hange Taf. IV. Fig. 2. A. abgerieselte Wasser sammelt sich in der dazu gehörigen Entwässerungsrinne ab, wird durch bc um den zweiten Hang herumgeleitet, tritt in die Wässerrinne des dritten cd, rieselt über diesen über und sammelt sich wieder in der Entwässernngsrinne dieses Hanges ef, geht um den vierten in der Rinne fg herum, rieselt aus der Wässerrinne gh in den fünften u. s. w. fort. Der zweite Hang erhält von oben her durch die Zuleitungsrinne ik frisches Wasser, von k aus vertheilt sich dasselbe nach beiden Seiten in die Wässerrinne lkl, das abgerieselte Wasser des zweiten Hanges sammelt sich in der Entwässerungsrinne mom und geht durch on dem vierten, dann dem sechsten u. s. w. Hange zu.

Auch bei einem Gefälle von $3\frac{1}{2}$ Zoll pro Ruthe, dem geringsten für den Hangbau, läßt sich noch eine ebensolche Einrichtung treffen. Bei diesem Gefälle lassen sich die Hänge mit normaler Neigung nur dadurch bauen, daß man an der Entwässerungsrinne $1\frac{3}{4}$ Zoll auf-, an der entsprechenden Entwässerungsrinne eben so viel abträgt. Lag also der Boden an der Stelle Taf. IV. Fig. 4 a, d. h. da, wo die Entwässerungsrinne gemacht wird, 5 Zoll unter dem Wasserspiegel des Vertheilungsgrabens, und wird dann $1\frac{3}{4}$ Zoll abgetragen, um 7 Zoll Gefälle zu bekommen, so liegt die Fläche an der Entwässerungsrinne, nach Ausführung des Hanges, $6\frac{3}{4}$ Zoll unter demselben Wasserspiegel. Die Wässerrinne des dritten Hanges f liegt davon beinahe 2 Ruthen entfernt. Das natürliche Gefälle von a bis dahin ist also = 7 Zoll, und die Höhe von f beträgt 12 Zoll unter dem Wasserspiegel des Grabens. Um dem dritten Hange das normale Gefälle zu geben, muß bei f $1\frac{3}{4}$ Zoll aufgetragen werden. Die Kante der fertigen Wässerrinne bleibt dann noch $10\frac{1}{4}$ Zoll unter demselben Wasserspiegel des Grabens. Die Entwässerungsrinne des ersten Hanges a lag $6\frac{3}{4}$ Zoll, die Kante der Wässerrinne des dritten liegt $10\frac{1}{4}$ Zoll darunter, letztere mithin $3\frac{1}{2}$ Zoll niedriger als a. Wenn also f voll ist und überrieselt, so hat a, da das Gefälle des Wassers in der kurzen Entwässerungsrinne kaum in Betracht kommt, mindestens 3 Zoll freie Bort. Ein nachtheiliger Rückstau findet mithin selbst bei dem sehr geringen Gefälle von $3\frac{1}{2}$ Zoll pro Ruthe eben so wenig Statt, wie vorher. Die Einrichtung der Hänge wird auch dabei die nämliche, wie vorher Taf. IV. Fig. 2.

Wiederbenutzung beim Rückenbau.

§. 40.

Hat das Terrain 3 Zoll pro Ruthe oder weniger natürliches Gefälle, so sollen Rücken gebaut werden (§. 34, e). Bevor jedoch hierbei die Möglichkeit der Wiederbenutzung beurtheilt werden kann, muß zunächst das ganze für eine Rückenschicht nothwendige Gefälle, d. h. die Differenz zwischen dem Wasserspiegel des Vertheilungsgrabens und dem des dazu gehörigen Entwässerungsgrabens fest- und zusammengestellt werden. Nach den vorigen in §. 34 a und 38 entwickelten Regeln liegt der Wasserspiegel des Wässergrabens mit dem der Wässerrinnen gleich hoch. Das Gefälle der Rücken soll bei einer Breite derselben von 1 Ruthe 6 bis 8 Zoll, und der Vorstand in den Entwässerungsrinnen 2 bis 3 Zoll betragen. Die ganze Differenz beträgt mithin 8 bis 11; durchschnittlich 9½ Zoll. In §. 34 e ist bereits auch nachgewiesen, daß und wie bei einem Gefälle von 9 Zoll auf 3 Ruthen sich Rücken bauen lassen. Sie werden dann 3 Ruthen lang Die einfachste Art, das abgerieselte Wasser auf einem Terrain mit diesem Gefälle zu benutzen, ist, wenn alle 3 Ruthen ein Wässergraben Taf. IV. Fig. 5 ab, cd, ef gezogen, und der Raum zwischen je 2 Gräben in Rücken gebaut wird. Der Wässergraben der zweiten ist dann Entwässerungsgraben der ersten, der Wässergraben der dritten Entwässerungsgraben der zweiten Schicht. Die einzelnen Schichten liegen, wie aus dem bei Fig. 5. nebengezeichneten Profile hervorgeht, terrassenförmig untereinander. Da die Gräben so sehr nahe zusammenliegen, wird auch die Trockenlegung des Bodens, wenn er naß sein sollte, sich sehr gut erreichen lassen, wenn nur der erste, dritte, fünfte u. s. w. Wässergraben tief gemacht werden. ab würde also in diesem Falle, wenn es für den Wasserzufluß genügt, 5 Fuß breit, 3 Fuß tief, cd 3 Fuß breit, 1½ bis 2 Fuß tief, ef aber wieder 5 Fuß breit, 3 Fuß tief gemacht werden müssen u. s. w. In Torfboden genügen für ab und ef allenfalls 4 Fuß Breite. In trockenem, warmen Sande können cd, ef u. s. w. gleich breit, d. h. etwa 3 Fuß breit und 1½ bis 2 Fuß tief ausgehoben werden. Nur muß bei dieser Plantage ein Zuleitungsgraben ag noch die Möglichkeit gewähren, auch den unteren Wässergräben in kurzen Wässerperioden frisches Wasser zuführen zu können. Ganz ebenso läßt sich das Terrain bei geringerem Gefälle und zwar bis zu 1½ Zoll auf die Ruthe, behandeln, nur mit dem Unterschiede, daß dann die Rücken länger, d. h. bei 1½ Zoll Gefälle 6 Ruthen lang werden.

Wird das Gefälle noch geringer, z. B. 1 Zoll auf die Ruthe, so kommen bei dieser Einrichtung, 9 Zoll Gefälle auf die Schicht gerechnet, die Wässergräben a'a' und ee 9 Ruthen auseinander. Man darf die Wässerrinnen in diesem Falle nicht wie vorher von Graben zu Graben gehen lassen, da sie dann 9 Ruthen, also zu lang werden würden. Hier legt man Taf. IV. Fig. 6. die kleinen Wässergräben ab, ab und die Entwässerungsgräben cd dazwischen, so daß die Entfernung derselben von einander 5 Ruthen beträgt. Längs den Hauptwässergräben a'a' und ee wird erst ein Hang, und zwischen den kleineren Wässergräben die Rücken querüber angelegt. Auch hier wird der Wässergraben der zweiten Schicht ee Entwässerungsgraben der ersten, und muß deshalb in feuchtem Boden 4 bis 5 Fuß breit und 3 Fuß tief ausgehoben werden. Die Wasserhöhe in den Gräben a'a' und ee bleibt genau in der Höhe des Terrains, die Erde muß jedoch von a bis b transportirt werden, da die unteren, dem Entwässerungsgraben zunächst liegenden Rücken ganz durch Auftrag, die oben am Wässergraben liegenden ganz durch Abtrag gebildet werden.

Etwas weniger Erdtransport stellt sich bei der nämlichen Lage des Terrains, aber bei einer andern Einrichtung heraus. Wenn nämlich auf die Schicht ein natürliches Gefälle von 5 Zoll gerechnet wird, so werden die Wässergräben im vorliegenden Falle 5 Ruthen von einander entfernt angelegt werden müssen. Bei diesem natürlichen Gefälle werden die Wässerrinnen am Wässergraben Taf. IV. Fig. 7. bei r 1 Zoll auf-, und die Entwässerungsrinnen am Entwässerungsgraben bei s 1 Zoll abgetragen werden müssen, um das normale Gefälle des Rückens herzustellen. Eben so ist es in der zweiten Schicht. Die Wässerrinnen yy und damit die Wasserhöhe im Vertheilungsgraben cd der zweiten Schicht, liegen mithin 2 Zoll höher, als die Entwässerungsrinnen der ersten. Sollte nun dieser Wässergraben cd das abgerieselte Wasser der ersten Schicht in der für die zweite nöthigen Höhe anhalten, so würde das auf der ersten Rückstau geben. Die letztere muß also ihren eigenen Entwässerungsgraben ik erhalten, welcher das abgerieselte Wasser um die zweite Schicht herum leitet. Das Terrain der dritten Schicht am Wässergraben ef liegt 5 Zoll unter dem Terrain am Entwässerungsgraben der ersten Schicht ik. Hier war 1 Zoll Abtrag an den Entwässerungsrinnen, dort ist 1 Zoll Auftrag an der Wässerrinne. Die Oberkante dieser liegt also 5 Zoll — (1 + 1) = 3 Zoll unter dem Rande jener. Der Stau, um das von der ersten abgerieselte Wasser wieder auf die dritte Schicht zu bringen, wirkt also in der ersten nur in der rechten Weise. Der Wall A A zwischen den Wässer- und Entwässerungsgräben wird 1 Ruthe 4 Fuß breit und zum Hang eingerichtet. Zu diesen 1 Ruthe und 4 Fuß kommt die Breite der beiden Gräben cd und ik à 3 bis 4 Fuß. Das abgezogen von der Entfernung der Gräben von 5 Ruthen, bleibt die Rückenlänge, hier 3 bis $3\frac{1}{2}$ Ruthen. Das Wasser der ersten Schicht kann also auf der dritten, das von dieser auf der fünften u. s. w. gebraucht werden. Die zweite erhält durch einen Zuleitungsgraben bg frisches Wasser. Das davon abgerieselte geht um die dritte herum, rieselt wieder in der vierten, und so fort in der sechsten u. s. w.

In derselben Weise kann diese Einrichtung bis zur Länge der Rücken von 6 Ruthen ausgeführt werden, also bis zu 5 Zoll Gefälle auf 8 Ruthen, oder $\frac{5}{8}$ Zoll pro Ruthe. Auch dann bleibt trotz des Rückstaues der dritten, fünften u. s. w. vierten und sechsten Schicht in den Entwässerungsrinnen der ersten, dritten, und zweiten und vierten u. s. w. noch 3 Zoll freie Bort.

Wird das Gefälle noch kleiner z. B. $\frac{1}{2}$ Zoll pro Ruthe, so lassen sich die beiden vorigen Einrichtungen kombiniren Taf. V. Fig. 1. In diesem Falle gehören 5 Zoll natürliches Gefälle zu 10 Ruthen Länge, und ist nach Abzug des Walles und der Gräben $8\frac{1}{2}$ Ruthen die Länge einer Schicht. Jede derselben erhält ihren eigenen Wässergraben aa a'a' und Entwässerungsgraben bb b'b', wie im vorigen Beispiel. Da aber die Entfernung derselben von einander viel weiter ist, als die normale Rückenlänge, so wird die Schicht durch kleine, rechtwinklig auf die Richtung jener ersten gelegte Wässergräben cd und Entwässerungsgräben ef in passende Abtheilungen von 5 Ruthen Länge gebracht. Alles Übrige macht sich dann wie vorher.

Bei $\frac{1}{4}$ Zoll Gefälle auf 1 Ruthe würde die Schicht in dieser Weise $18\frac{1}{2}$ Ruthen lang und beinahe so weit auch wieder der Erdtransport werden. Will man diesen etwas vermeiden, so muß man alle Wässergräben parallel mit dem ersten nach den Horizontalen des Terrains abstecken, die einzelnen Schichten aber nur für Rückenlänge einrichten, jeder ihren eigenen Abzugsgraben geben, und dann so viel Schichten zu einem Systeme vereinigen, daß man das Wasser des ersten Systems um das zweite herumleiten und auf dem genügend tiefer liegenden dritten wieder gebrauchen kann. Da hierbei die Entfernungen größer werden, ist auf Gefälle in den Gräben etwas hinzuzurechnen. Hat man also das zuletzt genannte Gefälle von $\frac{1}{4}$ Zoll pro Ruthe, so sind auf 7 Ruthen $1\frac{3}{4}$ Zoll Gefälle. Oben in der Schicht Taf. V. Fig. 2. bei a muß daher, wenn die Rücken 7 Zoll Gefälle haben sollen, $(7 - 1\frac{3}{4}) : 2 = 2\frac{5}{8}$ Zoll auf-, und unten bei b $2\frac{5}{8}$ Zoll abgetragen werden. Dasselbe geschieht in der zweiten, dritten, vierten, fünften, sechsten u. s. w. Schicht. Das Terrain am Entwässerungsgraben der zweiten c liegt um $1\frac{3}{4}$ Zoll niedriger als b, also $3\frac{1}{2}$ Zoll niedriger als a. In der dritten Schicht liegt d wieder $1\frac{3}{4}$ Zoll niedriger, also $5\frac{1}{4}$ Zoll unter a. In der vierten Schicht e 7 Zoll niedriger als a. In der fünften f $8\frac{3}{4}$ Zoll. In der sechsten g endlich $10\frac{1}{2}$ Zoll darunter. Wurde in der ersten Schicht am Entwässerungsgraben, also bei b $2\frac{5}{8}$ Zoll Abtrag zur Bildung der Rücken nöthig, so liegt der Rand der Entwässerungsrinne $4\frac{3}{8}$ Zoll niedriger als a. Ebenso wird in der siebenten Schicht, also unterhalb g, am Wässergraben $2\frac{5}{8}$ Zoll aufgetragen. Die Wässerrinne liegt hier also $10\frac{1}{2} - 2\frac{5}{8}$ Zoll $= 7\frac{7}{8}$ Zoll unter a. Die Differenz zwischen dem Entwässerungsgraben der ersten und dem Wässergraben der siebenten Schicht beträgt mithin $7\frac{7}{8} - 4\frac{3}{8} = 3\frac{1}{2}$ Zoll, d. h. der letztere liegt so viel niedriger; die Entfernung zwischen beiden beträgt 35 Ruthen. Wird dafür $\frac{1}{2}$ Zoll Gefälle abgerechnet, so bleiben 3 Zoll freie Bort im Entwässernngsgraben der ersten Schicht, wenn mit dem abgerieselten Wasser derselben die siebente gewässert wird. In diesem Falle sind also 5 Schichten zu einem Systeme zu vereinigen. Die Entwässerungsgräben von 5 Schichten werden zu einem h i vereinigt, welcher um die nächsten 5 Schichten des zweiten Systems herumgeleitet wird, und in dem dritten System (den folgenden 5 Schichten) wieder in die Wässergräben übergeht. So wässert also das erste, dritte, fünfte, siebente System mit dem nämlichen Wasser, das zweite erhält frisches und giebt es, nachdem es abgerieselt, an das vierte, sechste, achte u. s. w. ab. Die Vertheilung des Wassers aus dem Zuleitungsgraben an die Wässergräben, wird durch die kleinen Schleusen xxxx regulirt. Die Vertheilungsgräben aa, a'a' und a''a'' dienen gleichzeitig als Zuleitungsgräben für das darunter liegende, dazu gehörige System.

Eine ganz ähnliche Einrichtung läßt sich für jedes noch geringere Gefälle treffen. Es kommt dabei nur darauf an, den Punkt zu berechnen, wo das Terrain so viel tiefer liegt, daß nach dem Bau der Rücken der Rückstau nicht nachtheilig zurückwirkt. Hierzu berechnet man den in einer Schicht von höchstens 6 Ruthen Länge nöthigen Auf- und Abtrag, addirt beide zusammen und rechnet dazu noch das Maaß, welches für die freie Bort der Entwässerungsrinne verlangt wird, und das Gefälle, das der Vorfluthgraben, welcher gleichzeitig Zuleitungsgraben werden muß, haben soll. Man findet dann das für das ganze System nothwendige Gefälle, berechnet daraus dessen Länge und Eintheilung in die einzelnen Schichten.

Ein Terrain habe z. B. $\frac{1}{6}$ Zoll natürliches Gefälle auf die Ruthe. Werden die Rücken dann 6 Ruthen lang, so wird incl. Gräben, Wall ꝛc. die Schicht 8 Ruthen lang, und hat auf diese Länge $\frac{8}{6} = 1\frac{1}{3}$ Zoll natürliches Gefälle.. Die Rücken sollen aber 7 Zoll Gefälle bekommen, es muß also zu deren Herstellung an der Wässerrinne oben $(7 - 1\frac{1}{3}) : 2 = 2\frac{5}{6}$ Zoll auf-, an der Entwässerungsrinne unten eben so viel abgetragen werden. Beides zusammenaddirt giebt . . . . $5\frac{2}{3}$ Zoll,
dazu die freie Bort in den Entwässerungsgräben . $2\frac{1}{3}$ „
Gefälle in den Entwässerungsgräben . . . . . . 1 „

Das nothwendige, natürliche Gefälle im Terrain beträgt mithin für ein System . . . . 9 Zoll.

Bei $\frac{1}{6}$ Zoll Gefälle pro Ruthe gehören für 9 Zoll 54 Ruthen. Das ist die Länge des Systems, welche in 7 Theile getheilt, beinahe 8 Ruthen Länge für die Schicht, und, nach Abzug von 2 Ruthen für die dazu gehörigen Gräben und Wälle, annähernd 6 Ruthen Länge der Rücken ergiebt. Allerdings ist bei dieser

Einrichtung der Transport der Erde, namentlich, wenn man die Grabenerde der Entwässerungsgräben und Wälle immer aufwärts nimmt, ein höchst geringer und gar nicht weit, doch geht immer noch ein großer Theil des Gefälles dabei verloren, denn, während der Entwässerungsgraben der untersten Schicht eines Systems Taf. V. Fig. 2. fh die verlangte Höhe über dem bei i wieder angestauten Wasser hat, liegt der, der obersten Schicht desselben Systems zugehörige hk um das ganze natürliche Gefälle der Entfernung beider höher. Geht man auf das vorige Beispiel zurück, so liegt der Entwässerungsgraben jener ersten Schicht ungefähr 46 Ruthen oberhalb, also $46 \times \frac{1}{6} = 7\frac{2}{3}$ Zoll über dem letzten desselben Systems. Hatte dieser $2\frac{1}{3}$ Zoll freie Bort, so wird der oberste also $2\frac{1}{3} + 7\frac{2}{3}$ Zoll, oder 10 Zoll, oder wenn auch noch ein Zoll für Gefälle auf diese Entfernung abgerechnet wird, mindestens doch noch 9 Zoll Bort behalten. Das ist aber nicht allein nicht nothwendig, sondern weniger sogar besser. Die Nachtheile der zu hohen, freien Bort lassen sich zwar in solchen Fällen durch Bestimmung passender Dimensionen in den mehr Gefälle erhaltenden Gräben kh wohl wieder gut machen, allein eben dies Gefälle ist und bleibt verschwendet.

Von wesentlichem Einfluß ist diese Verschwendung des Gefälles auf den Wasserbedarf. Bei anderer Einrichtung ist mit weniger als $\frac{2}{3}$ des dort nothwendigen Wassers auszukommen, und dennoch ganz der nämliche Effekt hervorzubringen, wenn nämlich die Anlage in der vorher beschriebenen Taf. V. Fig. 1. gezeichneten Weise gemacht wird. Bei dieser Anordnung gehören zu der ganzen Schicht 5, höchstens 6 Zoll Gefälle, statt daß vorher das System 9 Zoll gebrauchte. Sie bedarf daher nur 30 bis 36 Ruthen, anstatt dort 54 Ruthen Länge; sie enthält also höchstens $\frac{2}{3}$ des Flächeninhalts, und braucht daher höchstens $\frac{2}{3}$ des Rieselwassers dieser. Die Masse der zu bewegenden Erde ist aber größer, der Transport weiter, die Anlagekosten mithin bedeutender. Diese höheren Kosten können zuweilen die Fig. 2. gezeichnete Einrichtung empfehlen, sie dürfen aber nicht gescheut werden, wenn die Zuflußverhältnisse das Berieseln der größeren Flächen verbieten, weil sonst eine kleine, aber passende Fläche eben so viel Futter, als die zu große liefern würde.

Aus diesen Beispielen wird sich für alle Fälle eine Norm finden lassen.

Zweiter Abschnitt.

Praktische Ausführung des Wiesenbaues und der dazu gehörigen Arbeiten.

I. Vorarbeiten.

Rechtsverhältnisse.

§. 41.

Ehe an die Anlage einer Wiesenberieselung, ja ehe noch an die Vorarbeiten dazu herangegangen werden kann, ist es nöthig, sich eine Uebersicht darüber zu verschaffen, ob und in welchem Umfange man gesetzlich zur Benutzung des Wassers berechtigt ist, ob die eigenen Grenzen ausreichen, oder ob man von den Nachbarn noch etwas zu verlangen hat u. dergl. m. Das Gesetz vom 28. Februar 1843, über die Benutzung der Privatflüsse, enthält die darüber geltenden Bestimmungen.

Außer der Ausfüllung einzelner Lücken der älteren Gesetzgebung, namentlich in Beziehung auf die Verpflichtung der Uferbesitzer zum Räumen der Privatflüsse, und dem weiteren Gebrauch derselben zum Holzflößen, stellt das Gesetz in den §§. 1., 13. nnd 14. als Prinzip auf, daß, sobald nicht ein besonderer Besitzstand nachgewiesen werden kann, der Uferbesitzer das Recht habe, das Wasser der Privatflüsse zu seinem besonderen Vortheil zu benutzen, jedoch mit den Beschränkungen, daß dadurch kein nachtheiliger Rückstau oder Versumpfung über die Grenzen der eigenen Grundstücke hinaus verursacht, und nach der Benutzung das Wasser in das ursprüngliche Flußbett zurückgeleitet werde, bevor dasselbe die Grenze eines Nachbarn berührt.

Bildet der Bach, Fluß ꝛc. die Grenze, so hat jeder der gegenüberliegenden Uferbesitzer Anspruch auf die Benutzung der Hälfte des Wassers.

Die Ableitung des Wassers aus einem öffentlichen d. h. von Natur schiffbaren Strome, bleibt schon im Landeskultur-Interesse nach wie vor von der Genehmigung der administrativen Behörden abhängig, weil möglicherweise durch solche Ableitungen die Wasserkommunikation vollständig aufgehoben werden kann. Treten mehrere Besitzer zu einer Genossenschaft zusammen, so soll für dieselben ein Lokal-Statut entworfen und höheren Orts sanktionirt werden.

Dies Prinzip des Gesetzes ist unstreitig das allein richtige. Es schließt sich nicht allein dem allgemeinen Landrecht und dem code civil vollständig an, sondern es entspricht auch allen Anforderungen der Billigkeit. Treffen den Uferbesitzer zunächst alle Nachtheile, welche eben das Fließen des Wassers in den Bächen ꝛc. mit sich bringt, brechen ihm die Ufer ab, und verliert er dadurch an seinem Grund und Boden, oder muß er, um ihn zu behalten, kostbare Uferbauten ausführen, überschwemmen ihm und versanden ihm zuerst seine Wiesen, oder muß er mit unsäglicher Mühe den aufgetriebenen Schutt oder Sand oder dergl. wieder fortschaffen, verliert er zunächst an seinem Ertrage durch das Betreten der Ufer beim Holzflößen, erschweren die Fluthen ihm zunächst die Werbung, oder verderben sie ihm die Erträge, liegt ihm die Last der Räumung ob: so ist gewiß nichts gerechter und billiger, als daß er auch den Nutzen hat, daß die Vortheile der Wasserbenutzung dem Uferbesitzer vindicirt werden. Erst da, wo der Einzelne gar keinen Nutzen davon haben kann, oder wo bei Separationen die Grundstücke ohne Rücksicht auf die Möglichkeit und Ausdehnung der dadurch zu erzielenden Vortheile umgelegt sind, würde die Gemeinde als gemeinschaftliche Besitzerin des Wassers gelten, oder Mehrere zum Zweck der Bewässerung zu einer Genossenschaft zusammentreten können.

Zwar sind von verschiedenen Seiten gegen die hier vertretenen Grundsätze des Gesetzes Einwendungeu gemacht. Man hat das Wasser als gemeinschaftliches Eigenthum Aller, oder wenigstens als gemeinschaftliches Eigenthum der Thalgenossen anerkannt wissen wollen; allein beides führt nur zu einem Kommunismus, bei dem Niemand etwas erhält. Es erinnert dies an den französischen Arbeiter, der seine Blouse zerriß, und Jedem ein Stückchen davon gab, nur mit dem Unterschiede, daß er dies zum Beweise that, daß damit Keinem geholfen; denn die in einem Bache, Flusse rc. bergab laufende Wassermenge reicht **niemals** aus, die in dem Flußgebiet unter dem Niveau des Wasserspiegels liegenden Grundstücke, denen doch eine gewisse Bewässerungsfähigkeit nicht abgesprochen werden kann, mit Vortheil zu berieseln. Sie einem Jeden zugänglich machen, ist in diesem Falle ganz gleichbedeutend mit Keinem helfen.

Das Gesetz geht aber noch weiter. Es gestattet, natürlich aber nur bei überwiegendem Landeskultur-Interesse, und gegen volle Entschädigung auch die Einschränkung der Rechte Anderer und Expropriationen, wie Einräumung einer Servitut zur Zuleitung des Wassers über fremden Grund und Boden, Benutzung des jenseitigen Ufers zum Anschluß eines Stauwerks, Gestattung des Rückstaues auf ein fremdes Grundstück und Beschränkung des Rechts zur Benutzung des Wassers für den Besitzer eines Triebwerks.

Anderseits wahret es diese Rechte Anderer auch wieder, indem es ihnen ein Widerspruchsrecht gegen dergleichen Anlagen offen erhält, ja es gewährt den Triebwerksbesitzern ein solches sogar in einem Falle, in welchem es nach der früheren Gesetzgebung wenigstens sehr zweifelhaft war, wenn nämlich das Wasser ohne Stau aus einem Bache rc. abgeleitet wird. Nur Fischerei-Berechtigte haben kein Widerspruchsrecht, sondern nur einen Anspruch auf Entschädigung.

Nach diesem Gesetze bedarf der Unternehmer einer Bewässerungsanlage ferner keiner polizeilichen Erlaubniß und Konzession. Es ist aber seinem Ermessen und Belieben anheimgestellt, die Vermittlung der Regierung in Anspruch zu nehmen, wenn er sich darüber Sicherheit verschaffen will, welche

Widerspruchsrechte und Entschädigungsansprüche stattfinden, oder wenn er verlangt, daß ein Anderer ihm ein Recht einräumen, oder sich die Einschränkung eines Rechtes gefallen lasse.

Der zweite Theil des Gesetzes geht dann auf das Verfahren über, welches bei der Ermittlung und Werthschätzung dieser Widersprüche und bei der Feststellung der zu gewährenden Entschädigung zu beobachten ist. Das Verfahren ist ein zwiefaches: ein Aufgebots- und Präklusions- nnd ein Vermittlungsverfahren.

Der dritte Theil behält endlich die Ausgabe von Lokal-Statuten für Genossenschaften in jedem einzelnen Falle der höheren Sanktion vor.

Soweit scheint das Gesetz allen Ansprüchen, welche man etwa machen könnte, zu genügen. Das würde auch wirklich der Fall sein; man könnte bei einiger Gewandtheit, sich in die Verhältnisse zu fügen, wirklich damit auskommen, und wenn auch nicht überall Alles, so doch sehr Vieles leisten, wenn nicht eben durch das im zweiten Theil vorgeschriebene Verfahren der Nutzen des Ganzen durch den Verlust an Zeit, die Weitläufigkeit der Untersuchung, die voraussichtlich großen Kosten und die Unsicherheit des Erfolges so vollständig aufgehoben würde, daß nur in sehr seltenen Fällen die Vermittlung der Landes-Polizei-Behörde wirklich in Anspruch genommen wird, und daß schon wiederholt und von verschiedenen Seiten her Anträge und Bitten um Abänderung des Gesetzes angebracht worden sind.

Man ist daher genöthigt, selbst zu prüfen, wie weit die eigene Berechtigung geht, und da, wo man von Andern etwas verlangt, zu versuchen, dies auf dem Wege eines gütlichen Vergleiches, selbst mit Opfern zu erreichen. Die Opfer werden selten so groß, wie die Kosten der Vermittlung der Landes-Polizei-Behörde, und der Zweck gewöhnlich in viel kürzerer Zeit erreicht.

Die am heftigsten Widersprechenden sind immer und überall die Besitzer von den Triebwerken, welche auf den zu benutzenden Bächen unterhalb der bewässerten Wiesen liegen. Aber sie sind einmal im Besitze des Benutzungsrechts am Wasser; darum muß dasselbe geachtet werden. Geschieht das wirklich, so läßt sich trotz der Mühlen noch immer viel, vorläufig noch genug durchführen, wenn auch die Ausdehnung der Meliorationen ohne deren Dasein manchmal bei weitem größer hätte werden können. Gewöhnlich sind sie wirklich nicht so hinderlich, als man allgemein annimmt, und deren Furcht, daß ihnen auch durch eine rationelle Anlage von dem zu dem Betriebe ihrer Werke nothwendigen Wasser, etwas entzogen werde, übertrieben.

Der Verlust an Wasser bei der Benutzung desselben zur Berieselung auf einer oberhalb belegenen Wiese kann nur auf zweierlei Weise entstehen, und zwar erstens dadurch, daß ein Theil des über die breite Fläche überrieselnden Wassers verdunstet, oder zweitens dadurch, daß etwas davon in den Boden eindringt und dort zurückgehalten wird.

Ueber die Größe dieses Verlustes herrschen vielfach sehr unklare Begriffe, so daß hier etwas näher auf die Beleuchtung desselben eingegangen werden muß. Man sollte meinen, der Verlust müsse sich ziemlich mit mathematischer Gewißheit beurtheilen lassen. Durch die starke Verdunstung an sehr heißen trockenen Tagen sinkt der dem Luftzuge und der Sonne ausgesetzte Wasserspiegel eines stehenden Wassers in 24 Stunden nach vielfachen Beobachtungen um $\frac{1}{4}$ Zoll. Da nun in unseren Gegenden die Verdunstung eines solchen Wasser-Bassins während eines ganzen Jahres durchschnittlich 18 Zoll beträgt, so läßt sich dieselbe auf 72 Tage à $\frac{1}{4}$ Zoll pro Tag reducirt denken. Da aber an solchen Tagen nicht beständig und meistentheils nur des Nachts, wo eben die Verdunstung viel geringer ist, gerieselt wird, da ferner das überrieselnde Wasser durch das lange Gras beschattet und gegen Luftzug geschützt ist, und deshalb ganz andere Verhältnisse darbietet, wie ein offenes, so ist es gewiß nicht zu Gunsten der Wiese gerechnet, wenn man die Verdunstung zu $\frac{1}{4}$ der des freien Wassers annimmt, also pro Tag $\frac{1}{16}$ Zoll der Höhe rechnet. Zum Beweise hierfür mag nur daran erinnert werden, daß sich der Thau im langen Grase noch hält, wenn auf den glatten Flächen schon längst Alles abgetrocknet ist. Das macht pro Morgen und Tag nur 135 Kubikfuß, und läßt sich da die stärkste Verdunstung im Sommer, also zu einer Zeit, wo am wenigsten gerieselt wird, stattfindet, dieser Verlust höchstens für die halbe Zeit der ganzen jährlichen Verdunstung, also nur für 36 Tage annehmen. Es gehen mithin als Wasserdampf in einem Jahre und von 1 Morgen 4860 Kubikfuß in die Luft. Die Ziffer frappirt im ersten Augenblick durch ihre Größe. Rechnet man aber weiter, und reduzirt den Verlust auf ein geringeres Zeitmaaß, so beträgt derselbe pro Tag durchschnittlich $12\frac{1}{2}$ Kubikfuß, oder pro Sekunde 0,00015 Kubikfuß.

In Prozessen und bei dem Vermittlungsverfahren, wo diese Frage zur Erörterung kam, sind von Sachverständigen über diesen Punkt in verschiedenen Jahren und an verschiedenen Orten wiederholte Versuche mit der größtmöglichsten Aufmerksamkeit angestellt worden. Diese Versuche haben die Richtigkeit der obigen Schlußfolgerungen überraschend und unzweifelhaft bewiesen. Die Verdunstung stellte sich auf neuen Anlagen und bei kurzem Grase in der Versuchszeit, während sie in einem eingegrabenen dichten, oben offenen Gefäß $\frac{1}{4}$ Zoll betrug, pro Morgen auf 0,001 Kubikfuß bis 0,0015 Kubikfuß pro Sekunde heraus. Hieraus den Durchschnitt des Jahres berechnet, giebt 0,0001 bis 0,00015 Kubikfuß pro Sekunde und Morgen. Sie beweisen aber auch, daß die obige Annahme, daß die Berechnung die für die Wiese günstigeren Verhältnisse, z. B. den Schutz durch langes Gras u. dergl. nicht genug berücksichtige, und daß deshalb der Verlust durch Verdunstung eigentlich noch geringer, vollkommen richtig sei.

Dieser Verlust vervielfältigt sich allerdings mit der Zahl der berieselten Morgen, richtet sich also nach der Größe der Fläche, und kann, wenn diese bedeutend ist, auch ziemlich groß werden, so daß bei wilden Rieselungen, welche an Wassermangel leiden, wohl ein beachtenswerther Nachtheil daraus erwachsen kann. Derselbe bleibt aber beim rationellen Wiesenbau relativ nur so ganz unbedeutend, daß er gegenüber dem Zufluß und Wasserbedarf verschwindet. Der Morgen bedarf nämlich pro Sekunde, wie früher schon in §. 10. auseinandergesetzt, da in der Regel nur 1 Ruthe breit und nur ausnahmsweise breiter gebaut wird, zur Zeit 1 Kubikfuß Zufluß. Der Zufluß, der zur Berieselung einer rationell eingerichteten Wiese nothwendig ist, beträgt mithin das Jahr hindurch 31,557,600 Kubikfuß. Davon gehen durch Verdunstung, welche der Rieselung zur Last zu schreiben, nur 4860 Kubikfuß ab. Das ist ein vollkommen verschwindend kleiner Theil des Ganzen. Er kann dem gegenüber, was ein Triebwerk bedarf, gar nicht in Betracht kommen. Gewöhnlich läuft neben den nicht ganz dicht schließenden Schützen viel mehr Wasser als Spillwasser ganz unbeachtet fort. Aus diesen Gründen ist man in der Lüneburger Heide nach vielen Versuchen zu dem Resultate gekommen, daß dieser Verlust durch Verdunstung nicht meßbar sei und gleich Null angenommen werden könne.

Eben so geringfügig ist der Verlust durch das Einsaugen des Bodens. Als verloren ist hierbei jedoch nur der Theil des Wassers anzusehen, welcher in den Poren des Bodens durch Attraktion fest- und zurückgehalten wird. Man wird aber keineswegs dasjenige Wasser dazu rechnen dürfen, welches ihn erst übersättigen muß, um das Ueberrieseln überhaupt möglich zu machen, weil dieses nur temporär zurückgehalten, nach Beendigung der Rieselung wieder absackt. Darum laufen die Entwässerungsgräben noch so lange Zeit, nachdem oben jeder Zufluß längst abgeschnitten worden ist, so daß eine Berieselungsanlage, der das Wasser sehr unregelmäßig zufließt, ein vollkommener Regulator für dasselbe wird. Diese Thatsachen haben sich an verschiedenen Orten herausgestellt.

Ebenso wenig kann aber auch der Theil des Rieselwassers dahin gerechnet werden, welches unter der Oberfläche ab- und dem Bache wieder zugeht. Die Quantität des durch Einsaugen des Bodens festgehaltenen Wassers ist nach der größeren oder geringeren Porosität desselben sehr verschieden, so daß sich theoretisch gar nichts darüber feststellen läßt.

Einen einigermaßen brauchbaren Anhalt für die Beurtheilung des dadurch entstehenden Verlustes, können nur Versuche geben. Solche Versuche über die wasserhaltende Kraft der verschiedenen Bodenarten liegen zwar in Menge vor, sie beziehen sich aber nur auf die Qualität des Bodens, und nicht auf die anderen hier zu beachtenden Faktoren, die Mächtigkeit der Schicht, und den Grad der vorherigen Austrocknung. Um daher nur ein einigermaßen begründetes Urtheil zu gewinnen, sind Versuche mit möglichster Genauigkeit auf einer Wiesenfläche angestellt, welche einen aus dem Kiefernwalde gerodeten zur Hälfte sandigen, sehr warmen und durchlassenden, zur anderen Hälfte moorigen Boden hatte, nicht lange zuvor gebaut war, noch keine genügende Grasdecke und längere Zeit als bei einer regelmäßigen Wässerung erforderlich, trocken gelegen hatte, die also zu ihrer Sättigung zur Zeit viel gebrauchte. Es betrug die Quantität des Wassers, welche von dem Boden zurückgehalten wurde und nicht wieder ablief, auf der 30 Morgen großen Fläche 15,925 Kubikfuß oder pro Morgen 530 Kubikfuß. Dieser Verlust tritt nur bei dem Anlassen des Wassers auf die Wiese ein, nachdem dieselbe trocken gelegen, ist auch bei regelrechter Behandlung auf älteren Wiesen, welche schon eine dichte Grasnarbe haben, viel geringer, weil der Boden derselben öfters gewässert wird, und durch das dichte Gras geschützt, lange nicht so sehr ausgetrocknet ist, wie der zu dem Versuch ausgewählte. Aber selbst angenommen, daß der hier gefundene Verlust nicht zu groß sei, so findet das Anlassen höchstens statt

Im	März	1 mal	bei	7—10	Tage	Rieselzeit
=	April	2 =	=	5— 7	=	=
=	Mai	3 =	=	3— 5	=	=
=	Juni	2 =	=	2— 3	=	=
=	Juli	4 =	=	1— 2	=	=
=	August	4 =	=	1— 2	=	=
=	Oktober	1 =	=	10—15	=	=
=	November	2 =	=	6—15	=	=
	zusammen	19 mal im Jahre.				

Der Boden ist jedoch nicht jedesmal vor dem Anlassen so trocken, wie er bei diesem Versuche im warmen Sommer war. Es wird sehr häufig vorher geregnet haben, namentlich zur Zeit der Frühjahr- oder Spätherbstwässerung. Man wird daher wieder nicht zu Gunsten der Wiesen annehmen können, daß dieser Verlust nur neunmal im Jahre eintritt. Er beträgt dann für diese Zeit 9 × 530 = 4770 Kubikfuß, also annähernd so viel, wie der Verlust durch Verdunstung.

Beides zusammen giebt einen Verlust von 9630 Kubikfuß pro Morgen im Jahre. Die athmosphärischen Niederschläge betragen auf dieselbe Zeit und Fläche 51,840, und nach Abzug der jährlichen Verdunstung noch 12,960 Kubikfuß Wasser, wovon jedoch in dem vom Rieselwasser durchnäßten Boden nichts einziehen kann, sie werden vielmehr durch die Rinnen und Gräben abgeführt. Recht deutlich sieht man dies, wenn während solcher Versuche, wie sie vorher erwähnt, ein kleines Bischen Regen fällt. In ganz überraschend kurzer Zeit laufen die Gräben überall stärker Es wird mithin vorher der nachgewiesene Verlust an Wasser, aus dem zur Berieselung benutzten Bache schon durch die größere Quantität des Regenwassers, welches nach Anlage der Berieselung von der bewässerten Fläche mehr abläuft als früher, sehr reichlich ersetzt. Noch mehr geschieht dies, noch mehr haben die Triebwerke Vortheil, wenn der Boden vorher naß, quellig und versumpft war, und diese Quellen Behufs der Trockenlegung abgegraben sind. Es wird bei allen diesen angeblichen Verlusten, faktisch nur die eine Art von Wasser gegen eine andere vertauscht, und höchstens die Zeit des Zuflusses verändert.

Es ist schon vorher erwähnt worden, daß das Versinken des Wassers im Boden bis zum undurchlassenden Untergrunde hierbei nicht in Betracht gezogen ist. So lange die berieselten Wiesen im Bach- oder Flußthale liegen, aus welchem die Ableitung geschehen, geht dadurch fast niemals Wasser verloren, weil die Neigung des Untergrundes da hinabzugehen, der Fluß an der niedrigsten Stelle desselben zu liegen und das Wasser wieder hineinzusacken pflegt. Kommt man jedoch mit der Zuleitung über eine zwei Gewässer trennende Wasserscheide fort, so kann allerdings ein zuweilen auch sehr bedeutender Theil des Wassers, welches dort versinkt, und einem andern Bache &c. zufließt, für das ursprüngliche Flußbette verloren gehen. Dieser Fall kommt aber äußerst selten vor. Sieht ein Techniker einen so großen Verlust voraus, daß deshalb ein begründeter Widerspruch erhoben werden, und daraus die Verpflichtung einer unverhältnißmäßigen Beschädigung hergeleitet werden kann, und das muß er können, so ist es seine Schuldigkeit, den Grundbesitzer darauf aufmerksam zu machen.

2. Das Nivelliren.

Nothwendigkeit des Nivellireus.

§. 42.

Nachdem auf diese Weise die Besitzverhältnisse am Wasser, der Punkt und die Höhe der Ableitung, festgestellt sind, wird es nöthig, zur Prüfung der Möglichkeit überhaupt, und der Ausdehnung der Anlage, sowie auch der Art der Einrichtung insbesondere eine Uebersicht über die verschiedenen Höhen und das Gefälle des Terrains und Wassers zu gewinnen. Dies ist nur durch genaues Nivelliren, d. h. die Kunst, die verschiedenen Höhen und das Gefälle zu messen und zu vergleichen möglich.

Ueberblick und gutes Augenmaß sind gewiß eine herliche Sache, und erleichtern die Arbeit sehr. Schon Thaer sagt in seiner rationellen Landwirthschaft: „Ein geübtes Auge ist zwar im Stande, den besten Plan zu entwerfen, und die möglichst höchste Benutzung des Wassers und Terrains anzugeben, man darf sich aber bei der größten Uebung nie allein darauf verlassen, sondern muß, ehe man zur Ausführung selbst schreitet, durchaus nach allen Richtungen und nach allen Punkten hin mit der größten Vorsicht vor- und rückwärts nivelliren. Man wird dann erfahren, wie unglaublich das Auge oft trüge u. s. w." Das ist sehr wahr. Ueberdies wird ein solcher Ueberblick, ein solches Augenmaaß nur durch vieles Arbeiten, durch vielseitige Uebung erst erworben. Fängt daher ein Wiesenbauer ohne umfassendes und genaues Nivellement eine Arbeit an, so kann der Bauherr ganz gewiß überzeugt sein, daß, wenn nachher die Berieselung ganz gut geht, dies Resultat nur auf Kosten seines Geldbeutels gewonnen ist, daß viele Thaler an den Anlage-Kosten hätten erspart werden können. Man bedenke stets, daß jeder Zoll hoch Erde, ab- oder aufzukarren, pro Morgen 2 bis 3 Thaler kostet! Wie leicht sind ohne genaues Nivellement auf nicht unbedeutenden Flächen mehrere Zoll, ja ganze Fuße Auf- und Abtrag nöthig. Bei größeren Anlagen kann man sogar mit Sicherheit voraussehen, daß man sich fest arbeitet, und nur auf Kosten des Ertrages sich aus den Verlegenheiten herauszuziehen im Stande ist. Nur genaue, umsichtige und fleißige Anwendung der Nivellir-Instrumente gewährt die einem Jeden gewiß wünschenswerthe Sicherheit, und wird Veranlassung, daß beim rationellen Wiesenbau für ein ungleich geringeres Anlage-Kapital mehr geleistet wird, als beim Kunstbau.

Instrumente zum Nivelliren.

§. 43.

Die zum Nivelliren nothwendigen Instrumente haben verschiedene Zwecke. Die einen dienen dazu, eine Linie zu visiren, welche in dem Punkte, wo das Instrument steht, eine Tangente an einen größten Kreis der Erde bildet, die scheinbare Horizontale; während eben die Peripherie eines solchen Kreises die wahre Horizontale ist. Beide differiren von einander. Mit der Entfernung nimmt diese Differenz nicht unbedeutend zu, darum muß die erstere auf die letztere reduzirt werden, sobald man von dem Endpunkt einer Linie aus nivellirt. Diese Berechnung wird indeß überflüssig, wenn man mit dem in der Mitte der Station aufgestellten Instrumente nach beiden Seiten hin nach gleich weit entfernten Punkten visirt. In diesem Falle heben sich die Differenzen auf, und man erhält die wirkliche Horizontale unmittelbar, und hat dabei nebenher noch den Vortheil, daß auch die kleinen Ungenauigkeiten, welche durch die Mangelhaftigkeit des Instruments so leicht eintreten, und bei langen Stationen bedeutend große Differenzen geben können, sich gegenseitig aufheben. Das letztere Verfahren, das Nivelliren aus der Mitte der Station, ist daher bei weitem vorzuziehen. Die Instrumente zum Visiren der Horizontallinien sind außerordentlich verschieden. Dahin gehört

a. Die Libellenwage.

Der Hauptheil des Instruments ist die Röhrenlibelle, bestehend aus einer 2 bis 5 Zoll langen, metallenen, cylindrischen Röhre, deren eine offene Seite mit einer ganz unbedeutend hohl geschliffenen Glasplatte ganz dicht verschlossen ist. Die Röhre ist mit einer Flüssigkeit so weit gefüllt, daß nur noch eine Luftblase darauf schwimmt, welche, wenn die Libelle horizontal liegt, in der Mitte der Glasplatte stehen muß. Parallel dieser Richtung ist mit der Libelle (über oder unter derselben) gewöhnlich ein Fernrohr verbunden, dessen Sehaxe durch ein Fadenkreuz bezeichnet ist. Steht die Röhrenlibelle horizontal, so muß auch die Sehaxe des Fernrohrs, also die Visirlinie horizontal sein. Die Stellung einer solchen Libellenwage auf einem dreibeinigen Statif geschieht auf sehr verschiedene Art durch Schrauben-Vorrichtungen. Bei genauer Arbeit und gehöriger Rectification ist sie unstreitig das beste Instrument zum Nivelliren. Sie muß aber sehr genau gearbeitet sein, und beim Nivelliren damit sehr aufgepaßt werden, weil bei der durch Anwendung des Fernrohres möglichen großen Länge der Stationen die Fehler sehr bedeutend werden können.

b. Die Kanal- oder Wasserwage

besteht aus einer 3 bis 5 Fuß langen blechernen Röhre von circa 1 Zoll Durchmesser, mit aufgebogenen Enden, auf denen ein Paar gläserne Cylinder, wasserdicht eingesetzt, stehen. Sie wird mit Wasser, der deutlichen Sichtbarkeit wegen etwas blau gefärbt, so gefüllt, daß dasselbe in die gläsernen Röhren einige Zoll hineintritt. Da diese durch die blecherne Röhre in Verbindung stehen, so stellt sich die Oberfläche des Wassers in ihnen horizontal, und die Linie, welche durch diese beiden Wasserspiegel geht, die Visirlinie, muß eine Horizontale sein. Vollkommener wird das Instrument, wenn in der Mitte noch eine dritte Glasröhre angebracht ist, in welcher die Oberfläche des aufgestiegenen Wassers einen dritten Punkt in der Visirlinie giebt. Diese Wage an sich ist immer richtig, doch ist es sehr schwer, damit genau zu arbeiten. Die Wasserspiegel in den

Cylindern, über welche fortvisirt wird, schneiden nämlich nicht scharf ab, sondern sind nur undeutlich sichtbar, weil das Wasser an den inneren Glaswänden, vermöge seiner Adhäsion, daran etwas in die Höhe steigt und einen verschwimmenden Rand bekommt. Darum gehört ein sehr scharfes Auge, und da man neben den Wasserspiegeln fort sieht, und während der Operation den Körper ganz still halten muß, auch sehr viel Uebung zu dem Arbeiten mit der Kanalwage. Ueberdies geht dieselbe damit langsam, weil jener Mängel wegen nur kurze Stationen von höchstens 20 Ruthen Länge gemacht werden können, und weil sie bei irgend windigem Wetter gar nicht gebraucht werden kann.

c. Die Merkurialwage.

Zwei viereckige, oben offene, hölzerne, sehr genau gearbeitete Kästchen sind unten durch eine ziemlich enge hölzerne Röhre (einem Pfeifenrohre ähnlich) verbunden. Wird Quecksilber hineingegossen, so stellt sich dasselbe, als flüssiger Körper in beiden Kasten in der Oberfläche horizontal. Auf dieses Quecksilber werden ein Paar recht genau gearbeitete, gleich schwere, elfenbeinerne Würfel von genau gleich großer Grundfläche, worauf Dioptern, deren Sehaxe ganz gleich hoch über der Grundfläche derselben liegt, befestigt sind, gesetzt, welche natürlich darauf schwimmen. Auch der Ungeübte sieht durch diese Dioptern ziemlich genau; dennoch taugt das Instrument nicht viel. Das Pferdehaar im Kreuz der Diopter ist zu stark und deckt in einiger Entfernung zu viel. Der Transport des Instruments von einer Station zur andern ist schwierig und zögernd, weil jedesmal die Würfel herausgenommen, und besondere Kapseln auf die Kasten fest aufgeschoben und angeschroben werden müssen, um das Quecksilber nicht zu verschütten. Die Arbeit damit geht langsam, weil die Stationen nicht über 20 Ruthen lang werden, und windiges Wetter sie ganz unterbricht. Ein Hauptfehler ist aber noch der, daß, wenn das Instrument kaum sichtbar schief steht, oder wenn beim Einsetzen der Würfel nur unbedeutende Quecksilber-Kügelchen in die Höhe spritzen, und sich an die Würfel hängen, diese in ihren Kasten sich klemmen, oder durch verschiedenes Gewicht ungleich eintauchen, kurz, daß man auf keiner Station ohne wiederholte Proben die volle Ueberzeugung haben kann, daß die visirte Linie wirklich eine richtige Horizontale sei.

Außer diesen giebt es noch eine Menge anderer Nivellirinstrumente: die Setzwage, Markscheidewage u. dergl. m., welche mit einem Loth in Verbindung stehen. Sie sind aber noch unvollkommener, und für den Gebrauch im Großen noch viel weniger geeignet, als die Merkurialwage, und müssen deshalb hier übergangen werden.

d. Die Tafel- oder Zielscheibe

ist Taf. VI. Fig. 1. abgebildet. Sie dient zum Messen der Höhe der Visirlinie über dem Terrain, und besteht aus einem hölzernen Maaßstock und einer beweglichen Zielscheibe, nach deren Mitte visirt wird. Der Maaßstock ist eine 12 Duodezimal-Fuß lange, $1\frac{1}{4}$ Zoll breite, 1 Zoll starke Latte aa, deren Rückseite in Fuß und Zolle, und diese noch in 6 Theile à 2 Linien eingetheilt ist. Er ist unten mit einer Hülse von Eisenblech versehen, damit er durch das oft wiederholte Aufstellen nicht kürzer wird. Die bewegliche Tafel b wird am zweckmäßigsten von starkem Eisenblech gefertigt, 12 Zoll lang, 8 Zoll hoch, ihre Vorderseite in 4 Theile eingetheilt und über Kreuz schwarz und weiß angestrichen. Sie wird durch 3 Bügel cde, welche die Latte umschließen, daran gehalten. Mit der horizontalen Theilungslinie der Tafel schneidet genau die eine Kante des mittelsten Bügels d ab, und zeigt so auf der Rückseite der Latte an der Scala die Höhe des Mittels der Tafel vorne, also der Visirlinie über dem Punkte, auf welchem die Tafel aufgestellt ist. Die lose aufgestreifte Tafel wird durch eine Schnur, welche oben und unten stramm über die Rollen ee geht, gehalten, und damit auch auf und nieder bewegt. Sie kann endlich auch durch einen zwischen Latte und Tafel gesteckten flachen Keil f sicherer als durch eine Schraube so fest gemacht werden, daß jedes Verrücken derselben nur mit großer Gewalt geschehen kann.

e. Das Wasser als Mittel zum Nivelliren.

Erwähnt muß hier noch werden, daß die Lüneburger sich des stillstehenden Wassers selbst auf eine höchst praktische Weise bei dem Abgleichen der Gräben und Grippen zur Herstellung von horizontalen Linien bedienen. Da dies der Arbeit mit der Setzwage, welche von den Siegener Leuten gebraucht wird, bei weitem vorzuziehen, weil es die möglichst sicherste und genauste Arbeit giebt, so wird auch beim rationellen Wiesenbau diese Benutzungsweise beibehalten, und später, §. 60., wenn von der Manipulation bei der Bauausführung die Rede sein wird, näher beschrieben werden.

f. Kette und Maaßstäbe.

Zum Messen der Längen, wo solches nöthig wird, bedient man sich der Ketten oder der Maaßstäbe. Die Kette ist gewöhnlich 5 Ruthen lang und die Ruthe in 10 Fuß eingetheilt. Da aber dies zehntheilige Maaß nur zur Erleichterung bei der Berechnung von Flächen für die Feldmesser dient, für alle anderen Arbeiten aber zwölftheiliges Maaß gesetzlich vorgeschrieben ist, so beziehen sich alle hier gegebenen Maaße auf die letztere Eintheilung. Es hat also die Ruthe 12 Fuß, der Fuß 12 Zoll und der Zoll 12 Linien.

Die Maaßstöcke sind verschieden lang, nach ihrer verschiedenen Bestimmung 2 bis 12 Fuß.

Das Verfahren beim Nivelliren.

§. 44.

Soll eine Linie nivellirt werden, so theilt man dieselbe zuerst in Stationen, d. h in beliebige Theile, deren Länge aber die Sehweite des Instruments (bei Kanal- und Merkurialwage also 20 Ruthen) nicht übersteigen darf. Die Endpunkte dieser Stationen werden durch doppelte Pfähle, von denen der eine, oben recht gerade abgeschnittene, so tief in die Erde eingeschlagen wird, daß die Oberkante mit der Erdfläche in einer Ebene liegt, bezeichnet. Dieser tief eingeschlagene Pfahl giebt für die Stange mit der Tafel, welche darauf gestellt wird, eine sichere und unverrückbare Unterlage. Der zweite Pfahl mit der laufenden Nummer 0, 1, 2, 3 u. s. w. je nach der Zahl der Stationen bezeichnet, wird in einer Entfernung von einigen Zollen neben den ersten geschlagen, bleibt aber 1 Fuß über der Erde sichtbar stehen, um die Stelle zu markiren, wo der andere, der eigentliche Stationspfahl steht.

Nun wird zuerst die Tafel durch einen Arbeitsmann auf den tief eingeschlagenen Pfahl a bei Nr. 0. Tafel VI. Fig. 2. aufgestellt. In der Mitte der Station, also zwischen den Pfählen Nr. 0. und Nr. 1. bei d wird das Instrument auf- und horizontal gestellt. Von hier visirt der Techniker nach der Tafel bei Nr. 0., und läßt die Scheibe so lange an der Latte, nach Zuruf oder Winken auf- und niederschieben, bis deren Mittel genau in die horizontale Visirlinie fällt. Auf Befehl steckt der Arbeitsmann dann den Keil zwischen Latte und Tafel, und macht sie dadurch fest. Der Techniker visirt noch einmal hin, um sich zu überzeugen, daß alles richtig und auch beim Festmachen nichts verschoben ist. Paßt das Mittel der Tafel noch mit der Visirlinie, so bringt der Arbeitsmann auf Zuruf die Tafel dem Techniker, der nun selbst die Höhe des Mittels der Scheibe an der Latte abliest und anschreibt. Sie ist z. B. 3 Fuß 4 Zoll 5 Linien. Nun geht der Arbeitsmann mit der Tafel nach dem Pfahl Nr. 1., stellt sie dort auf den ganz niedergeschlagenen Pfahl a wieder senkrecht auf, macht den Keil los, schiebt die Zielscheibe wieder auf Kommando des nun dahin visirenden Technikers so lange auf und nieder, bis deren Mittel wieder in die Visirlinie paßt, und befestigt sie durch Einstecken des Keiles. Nachdem der Techniker durch nochmaliges Visiren die Ueberzeugung gewonnen, daß auch hier alles in Ordnung, läßt er das Instrument aufnehmen, schreibt im Vorbeigehen die Höhe der Scheibe bei Station Nr. 1. an (sie sei 4 Fuß 6 Zoll 2 Linien), und stellt nun das Instrument in der Mitte der zweiten Station bei e, also zwischen den Pfählen Nr. 1. und Nr. 2. auf, und horizontal. Der Arbeitsmann, welcher bis dahin ruhig auf Nr. 1. stehen geblieben, macht nun die Tafel wieder los, richtet sie wie früher nach dem Kommando des visirenden Technikers ein, befestigt sie, kurz es wiederholt sich ganz genau die vorher beschriebene Operation.

Führen des Brouillons und Berechnen des Nivellements.

§. 45.

Die auf diese Weise gefundenen Höhen müssen aufgeschrieben werden, um daraus demnächst die Lage der verschiedenen Stationspunkte gegen einander berechnen zu können. Dies Aufschreiben kann auf doppelte Art geschehen. Zuerst erscheint es am einfachsten, daß man, dem Gange der verschiedenen Operationen folgend, sich eine Zeichnung davon macht, wie Taf. VI. Fig. 2. sie darstellt, und in diese hinein die gefundenen Höhen schreibt, um dann später zu Hause die nöthige Rechnung vorzunehmen.

Nach dem obigen Beispiele war die Höhe der Tafel beim Pfahl Nr. 0., die Visirhöhe, und zwar, da vom Instrumente aus nach dem Anfangspunkte des Nivellements gesehen wurde, die Visirhöhe rückwärts 3 Fuß 4 Zoll 5 Linien. Die Visirhöhe von Nr. 1., von a aus in der Richtung, wohin das Nivellement geht, gesehen, vorwärts, war 4 Fuß 6 Zoll 2 Linien. Die Visirhöhe der Station Nr. 1. bis 2. sei rückwärts 2 Fuß 8 Zoll, vorwärts 4 Fuß 4 Zoll 3 Linien, Station 2. bis 3. rückwärts 5 Fuß 2 Zoll 4 Linien, vorwärts 2 Fuß 10 Zoll 9 Linien u. s. w. gewesen. Beiläufig hierbei die Bemerkung, daß es gut ist und Irrthum eher vermieden wird, wenn die Höhen in der Art, wie in der Zeichnuug angedeutet, niedergeschrieben werden.

Die Differenz zwischen den Visirhöhen rückwärts und vorwärts giebt das Steigen und Fallen des Terrains, ersteres, wenn die Visirhöhe vorwärts kleiner, letzteres, wenn sie vorwärts größer ist, als rückwärts. Das obige Beispiel beibehaltend, wird sich die Berechnung also folgendermaßen machen:

Station 0 bis 1 ist die Visirhöhe rückwärts 3′ 4″ 5‴
desgl. vorwärts 4′ 6″ 2‴
mithin fällt das Terrain um 1′ 1″ 9‴

Station 1 bis 2 ist die Visirhöhe	rückwärts	2′ 8″ 0‴
desgl.	vorwärts	4′ 4″ 3‴
	das Terrain fällt um	1′ 8″ 3‴
Station 2 bis 3 ist die Visirhöhe	rückwärts	5′ 2″ 4‴
desgl.	vorwärts	2′ 10″ 8‴
	das Terrain steigt um	2′ 3″ 8‴

Diese Differenzen gelten aber immer nur für 2 Punkte, und zwar nur für die beiden Endpunkte der Station. Man erfährt dadurch wohl, wie viel höher oder niedriger Station 0 liegt, als Station 1, wie viel das Terrain von Nr. 1. nach 2. steigt oder fällt u. s. w., aber es fehlt die Uebersicht noch, wie sich die Lage eines jeden einzelnen Punktes gegen einen Normalpunkt verhält, oder wie viel niedriger oder höher auch die andern Punkte Nr. 2., 3., 4. u. s. w. liegen, als der Punkt Nr. 0. Aus dem Verhältniß aller zu einem Normalpunkte wird auch das Höhenverhältniß der verschiedenen Stationspunkte unter einander mit einem Male klar werden. Auch dies wird durch Rechnung gefunden. Nimmt man das vorige Beispiel wieder zur Hand, so war von Station 0 bis Nr. 1. das Fallen des Terrains berechnet 1′ 1″ 9‴ d. h. der Punkt Nr. 1. liegt so viel niedriger, als Station 0.

Das Fallen von Nr. 1. bis Nr. 2. war 1′ 8″ 3‴. Liegt nun der Punkt Nr. 1. um 1′ 1″ 9‴ unter Nr. 0., so muß Nr. 2. um 1′ 1″ 9‴ + 1′ 8″ 3‴ = 2′ 10″ 0‴ unter dem Stationspunkte Nr. 0. liegen.

Von Nr. 2. nach 3. steigt das Terrain 2′ 3″ 8‴. Nach der eben ausgeführten Berechnung war Station 2 um 2′ 10″ 0‴ unter 0., folglich muß Nr. 3. um 2′ 10″ 0‴ — 2′ 3″ 8‴ = 0′ 6″ 4‴ unter dem Stationspunkt 0. liegen.

Von Nr. 3. nach 4. steige das Terrain noch um 2, 6″ 1‴, so liegt Nr. 4., da Station Nr. 3. um 0′ 6″ 4‴ unter 0 liegt, um 0′ 6″ 4‴ — 2′ 6″ 1‴ = — 1′ 11″ 9‴ unter 0. Da hier der Rest negativ, so liegt dieser Punkt nicht mehr unter, sondern so viel über 0. Von Nr. 4. bis 5. falle das Terrain wieder um 2′ 5″ 6‴, so ist, da Nr. 4. = — 1′ 11″ 9‴ unter 0. war Nr. 5. um — 1′ 11″ 9‴ + 2′ 5″ 6‴ = 0′ 5‴ 9‴ unter dem Stationspunkte Nr. 0.

Um diese Exempel und deren Resultate übersichtlich neben einander zu haben, werden sie in folgende Tabellen gebracht.

Nr. der Station.	Visirhöhe rück-wärts '	"	'''	vor-wärts '	"	'''	Das Terrain steigt '	"	'''	fällt '	"	'''	Höhe über dem Normalpunkt '	"	'''	unter dem Normalpunkt '	"	'''	Bemerkungen.
0—1	3	4	5	4	6	2	.	.	.	1	1	9	.	.	.	1	1	9	
1 2	2	8	0	4	4	3	.	.	.	1	8	3	.	.	.	2	10	0	
2—3	5	2	4	2	10	8	2	3	8	.	.	.	.	.	.	0	6	4	
3—4	4	0	1	1	6	0	2	6	1	.	.	.	1	11	9	.	.	.	
4—5	0	6	0	2	11	6	.	.	.	2	5	6	.	.	.	0	5	9	

Man kann bei der Berechnung der Tabellen auch einen Punkt, welcher 10,20 Fuß, oder in einer beliebigen Höhe über dem 0Punkt liegt, als Normalpunkt annehmen. Das ist in so fern oft angenehm, als dadurch alle Stationshöhen unter einer und derselben Horizontale liegen. Die Zeichnung des Nivellements wird dadurch leichter und übersichtlicher. Die obige Nivellements-Tabelle könnte also in nachstehender Art verändert werden:

Nr. der Station.	Visirhöhe rück-wärts '	"	'''	vor-wärts '	"	'''	Das Terrain steigt '	"	'''	fällt '	"	'''	Ordinate unter der Horizontale. '	"	'''	Bemerkungen.
0	.	.	.	.	.	.	.	.	.	.	.	.	10	.	.	
0-1	3	4	5	4	6	2	.	.	.	1	1	9	11	1	9	
1-2	2	8	0	4	4	3	.	.	.	1	8	3	12	10	0	
2—3	5	2	4	2	10	8	2	3	8	.	.	.	10	6	4	
3—4	4	0	1	1	6	0	2	0	1	.	.	.	8	0	3	
4 5	0	6	0	2	11	6	.	.	.	2	5	6	10	5	9	

Addirt man alles Steigen und Fallen, so giebt die Differenz zwischen beiden das Totalgefälle. Dies muß mit den Differenzen zwischen den Summen der Visirhöhen rück- und vorwärts, und mit der Höhe der letzten Station stimmen, und ist damit eine Probe für die richtige Berechnung der Tabellen gewonnen.

Eine zweite Art Brouillon zu führen ist die, daß die Visirhöhen gleich bei der Arbeit in eine der ersten gleiche Tabelle eingeschrieben werden, und die Berechnung sogleich draußen, während der Arbeitsmann mit der Tafel kommt und geht, gemacht wird. Es läßt sich dann in jedem Augenblicke übersehen, in welcher Höhe man sich befindet. Das Auge gewinnt Anhaltspunkte, und übersieht die Verhältnisse leichter und sicherer. Diese letztere Manier, mit Tabellen Brouillon zu führen, ist daher der ersteren bei weitem vorzuziehen. Als OPunkt beim ersten Nivellement zur Untersuchung der Berieselungs-Fähigkeit eines Terrains, nimmt man gern den höchsten zu Gebot stehenden Wasserspiegel an, weil sich dadurch schon während des ersten Nivellirens ohne weitere Rechnereien ziemlich genau übersehen läßt, wie weit die Anlage auszudehnen, welche Schwierigkeiten die Wasserleitungen zu überwinden, wo Anschlüsse an niedrigere Wasserspiegel zu nehmen sind u. s. w.

Abstecken horizontaler Linien.

§. 46.

Das Abstecken horizontaler Linien besteht in dem Aufsuchen vieler Punkte, welche unter einander überall gleiche Höhen haben.

Man läßt auf dem ersten Punkt a Taf. VI. Fig. 3., von wo aus eine Horizontale abgesteckt werden soll, von einem Arbeitsmann die Tafel aufstellen. Das Instrument wird dagegen nach einer Stelle z getragen, von wo aus man nicht nur a deutlich, sondern wahrscheinlich noch mehrere Punkte der Horizontale bequem übersehen zu können hoffen darf. Nach der horizontalen Visirlinie des Instruments wird die Tafel in eben der Art eingerichtet, wie beim Nivelliren, dann festgemacht, sobald sie die richtige Höhe hat, und auch nach dem Feststecken noch einmal revidirt. Nun kommt der Arbeitsmann in der Richtung, welche die horizontale Linie zu erhalten scheint, mit der Tafel dem Instrumente einige Ruthen näher, und stellt die Tafel an irgend einem beliebigen Punkte f auf. Hier wird die Tafel aber nicht losgemacht, sondern bleibt ganz fest. Der Techniker visirt dahin. Nur selten trifft die Visirlinie beim ersten Male die Mitte der Tafel, sondern bald ober-, bald unterhalb derselben. Im letzteren Falle liegt der Punkt zu hoch, da die Visirlinie vorwärts kleiner ist. Der Arbeitsmann muß mit der Tafel weiter herunter gehen nach c. Trifft die Visirlinie oberhalb des Mittels, so muß er weiter hinauf nach d und so fort, bis er einen Punkt e gefunden, an welchem die Mitte der Tafel ganz genau in die Visirlinie des Instruments hineintrifft. Dann wird dieser Punkt durch einen eingeschlagenen Pfahl, welcher, damit er schon von weitem sichtbar bleibt, noch einen Fuß über der Erde hervorreicht, bezeichnet, der Arbeitsmann geht mit der immer noch festbleibenden Tafel weiter. Dieselbe Operation wiederholt sich in derselben Weise, wie sie eben beschrieben, und so geht es so weit fort, wie man vom Instrument aus scharf und deutlich sehen kann, bis e. Wird endlich zum Visiren die Entfernung zu groß, so bleibt die Tafel auf diesem zuletzt gefundenen Punkte e ganz ruhig und stille stehen, das Instrument wird mit derselben Berücksichtigung der wahrscheinlichen Richtung der Horizontalen weiter gebracht und wieder aufgestellt in x. Nachdem es horizontal gestellt, wird die Tafel in e von Neuem losgemacht, nach der Visirlinie eingerichtet, und wenn alles wieder paßt, tüchtig festgesteckt. So hat man dieselbe Horizontale nach der neuen Instrumentenhöhe eingerichtet, und sucht nun in der vorgeschriebenen Art weiter. Gutes Augenmaaß erleichtert diese Arbeit ganz besonders und macht vieles Hin- und Herlaufen unnöthig.

Soll eine Horizontale in einer bestimmten Höhe über oder unter einem außer derselben belegenen Punkte gesucht und abgesteckt werden, so nivellirt man erst von diesem gegebenen Punkte auf- oder abwärts, bis man einen Punkt von der verlangten Höhe gefunden, und steckt dann von da ab die Horizontale weiter aus.

3. Messen der vorhandenen Wassermassen.

Bestimmung der Wassermasse aus Querprofil und Geschwindigkeit.

§. 47.

Eine eben so wichtige Vorarbeit zur Prüfung der Ausdehnung einer beabsichtigten Berieselungs-Anlage ist die Untersuchung der Qualität und Quantität des vorhandenen Wassers. Die Kennzeichen für die Qualität sind bereits in §. 3. angegeben worden. Es ist jetzt noch das Verfahren zu beschreiben, wie eine Uebersicht über die Quantität, welche der Bach, Fluß ꝛc. in einer gewissen Zeit (Sekunde) schüttet, zu gewinnen. Im ersten Augenblicke scheint es beinahe unmöglich, wenigstens ungemein schwierig, während einer wenige Stunden oder Tage dauernden Untersuchung ein richtiges Bild der Sachlage zu gewinnen. Es scheinen vielmehr längere Zeit hindurch fortgesetzte oder wiederholte Beobachtungen des Wasserflusses hierzu nothwendig, weil Regen und Dürre, überhaupt die stets wechselnde Witterung einen gar zu großen Einfluß darauf ausüben. Allein gerade weil der Zufluß einem beständigen Wechsel unterworfen ist, und sich darum niemals genau fassen läßt, und weil es bei der Bestimmung desselben nicht auf minutiöse Kleinlichkeit ankommt, wird es möglich, wenn nicht gerade außerordentliche Fluthen Alles vollständig verdunkeln, einen Ueberblick über die durchschnittlichen Verhältnisse zu gewinnen. Den wenigsten Täuschungen und Irrthümern ist man ausgesetzt, wenn man die Untersuchung bei schwachem Wasser und nicht bei Fluthen macht, und darum zweckmäßig, eine solche Zeit gleich dazu zu wählen.

Zunächst ist zu dem Ende das Flußbett und das Gefälle des Wassers zu untersuchen, und um für die weiteren Ermittelungen feste Anhaltspunkte zu behalten, der Wasserspiegel an mehreren Stellen durch eingeschlagene Pfähle fest zu bezeichnen. Durch Erkundigungen bei den in der Gegend aufgewachsenen Leuten wird dann leicht zu erfahren sein, ob das Wasser gewöhnlich höher oder niedriger steht, als zur Zeit, ob es bei anhaltender Trockenheit bedeutend und wie tief der Wasserstand sinkt, oder ob es ganz und gar versiegt, wie hoch die gewöhnlichen oder außerordentlichen Fluthen ansteigen und übertreten, und wie lange dieselben dauern. Durch eigene Anschauung der nächsten Umgebung oder der ganzen Gegend läßt sich ohne Schwierigkeit erkennen, ob der Bach ꝛc. vorzugsweise aus gleichmäßig und beständig fließenden Quellen entsteht, oder ob das aus einem weiten Gebiete zusammenströmende Wasser häufige Veränderungen des Wasserstandes erwarten läßt. Liegen Mühlen oder andere Triebwerke auf dem Bache ꝛc., so wird sich aus der Ausdehnung und Einrichtung der Wasserbauten, aus dem Umfange des Betriebes und der Freischleusen u. dergl. m. ein ziemlich sicherer Schluß darüber ziehen lassen, wie sich der augenblicklich vorhandene Zufluß zu dem durchschnittlich anzunehmenden, auf welchen die Berieselungs-Anlage zu basiren, verhält. Hat man auf diese Weise über diese Verhältnisse und über den durchschnittlichen oder mittleren Stand des Wassers eine bestimmte Ansicht gewonnen, so wird es nöthig, die eben vorhandene Wassermasse zu messen, und sie mit der mittleren zu vergleichen.

Die in einem Bache oder Flusse ꝛc. fließende Wassermasse ist ein Produkt aus den beiden Faktoren: Querprofil und Geschwindigkeit. In einem unregelmäßigen, d. h. in Serpentinen von verschiedener Breite und Tiefe sich hinschlängelnden Flusse oder größeren Bache, ist die Geschwindigkeit, also auch die Wassermenge nach den in §. 24. für die Berechnung der regelmäßigen Zuleitungsgräben gegebenen Formeln nicht zu berechnen, weil hierbei außer den dort angenommenen noch viele, zwar bekannte, aber in den einzelnen Fällen ihrem Werthe nach nicht genau genug zu bestimmende Momente in Rechnung kommen müßten. Es bleibt daher nur übrig, die beiden Faktoren unmittelbar und mit möglichster Genauigkeit wirklich zu messen. Diese Genauigkeit läßt sich aber nur erreichen, wenn dazu eine Strecke gewählt wird, wo das Bett gerade und ziemlich regelmäßig, d. h. überall gleich breit und gleich tief und fest ist, und wo die Strömung ziemlich in der Mitte geht.

Hier wird in einer auf die Richtung des Flusses senkrechten Ebene ein Querprofil Taf. V. Fig. 3. dergestalt gemessen, daß man von der Oberfläche AB in verschiedenen, unter sich jedoch gleichen Entfernungen AC, CD, DE, EF, FB die dazu gehörigen Tiefen AG, CH, DI, EK, FL, BM mit einem Fußstocke mißt. Nach diesen Abmessungen läßt sich der Flächeninhalt des Querprofils mit Leichtigkeit berechnen, indem man die sämmtlichen gefundenen Höhen zusammenaddirt, die Summe mit der Zahl der Summanden dividirt, und die dadurch gefundene durchschnittliche Tiefe mit der Breite des Flusses multiplizirt. Nimmt man auf diese Weise auf der zur Untersuchung bestimmten Strecke mehrere Querprofile auf, und berechnet aus dem Flächeninhalt derselben die durchschnittliche Größe eines Querprofils der Strecke, so kommt man der Wahrheit noch näher.

Die zweite Aufgabe ist demnächst die Ermitttelung der Geschwindigkeit des fließenden Wassers. Es giebt dazu eine Menge von Instrumenten. Für den vorliegenden Zweck genügt aber das einfachste, und dies besteht in einem schwimmenden Körper z. B. in einer 10 bis 15" im Durchmesser haltenden Kugel von weiß angestrichenem Blech, im Nothfall in einer gläsernen Flasche. Die Schwimmer müssen mit Schrot oder Wasser so weit angefüllt sein, daß sie fast ganz eintauchen und nur 2 bis 3 Zoll über dem Wasserspiegel hervorragen. Dieselben nehmen, in den Fluß geworfen, die Geschwindigkeit des Wassers an. Die Zeit kann nach einer Sekundenuhr bestimmt werden. In Ermangelung einer solchen läßt sich mit leichter Mühe ein Sekunden-Pendel dadurch herstellen, daß man eine bleierne Kugel an einem möglichst feinen Faden aufhängt. Die Länge des Pendels vom Aufhängungspunkt bis zur Mitte der Kugel muß genau 3 Fuß 2 Zoll betragen.

Nun wird auf der Strecke, innerhalb welcher die Querprofile aufgenommen worden sind, längs dem Flusse, und parallel mit der Richtung desselben, eine Linie von 10 bis 15 Ruthen abgemessen, und deren Endpunkte Taf. V. Fig. 4. A und B mit kleinen Stangen bezeichnet. Senkrecht auf die Richtung des Flusses, also auch auf diese Linie, stellt man etwas abwärts von jenen ersten zwei andere Stangen C und D, allenfalls auch noch in der Verlängerung von AC und BD, auf dem jenseitigen Ufer die Stangen E und F.

Die Beobachtungen dürfen nur bei ziemlich windstillem Wetter gemacht werden. Dabei stellt sich zuerst hinter C ein Beobachter auf. Der schwimmende Körper wird dann so weit oberhalb AE in das Wasser gesetzt, daß er die volle Geschwindigkeit des fließenden Wassers erlangt hat, wenn er diese Linie passirt. Von dem Augenblicke an, wo dies geschieht, werden die Sekunden oder Pendelschwingungen gezählt bis zu dem Moment, wo derselbe die zweite Visirlinie über DBF berührt. Diese Beobachtung muß recht oft, und da der Strom in verschiedenen Entfernungen vom Ufer eine verschiedene Geschwindigkeit hat, von verschiedenen Punkten a, c, e, g, i, l aus wiederholt werden. Geht die Kugel nicht in gerader Richtung stromabwärts, oder treibt sie an das Ufer, oder stößt sie sonst irgendwo an, so ist die Beobachtung ungültig. Die Entfernung der Linien AE und BF in Fußen, dividirt durch die beobachtete Zahl der Sekunden, giebt für die Linie ab, cd, ef, gh, ik, lm die Geschwindigkeit in einer Sekunde. Alle die auf diese Weise gefundenen verschiedenen Geschwindigkeiten werden zusammenaddirt, und mit der Zahl derselben dividirt, und geben dann die mittlere Geschwindigkeit des Querprofils. Wenn auch dieselbe nach der Tiefe zu immer mehr, und zwar bei stärkerem Gefälle auch wieder mehr, als bei schwächerem abnimmt, so ist diese Abnahme doch zu unbedeutend, und jene direkt gefundene für den vorliegenden Zweck ausreichend.

Die durchschnittliche Geschwindigkeit multiplizirt mit dem Flächeninhalt des durchschnittlichen Querprofils, giebt die Wassermasse, welche der Fluß in einer Sekunde führt.

Messung derselben bei Ueberfällen und Schützöffnungen.

§. 48.

Eine solche Messung, wie die eben angegebene, ist indessen in kleinen und namentlich in flachen Bächen nicht anwendbar, weil in diesen beständige Störungen im Gange der schwimmenden Körper unvermeidlich sind. Man muß sich in diesem Falle auf andere Weise helfen, und zwar gewöhnlich am leichtesten durch Herstellung eines vollkommenen Ueberfalls. Man läßt zu dem Ende ein Brettstück, 2 bis 4 Fuß länger als der Bach breit ist, in der Mitte mit einer rechtwinkligen, 3 bis 6 Zoll hohen, von oben herunter so eingeschnittenen Oeffnung versehen, daß neben derselben auf jeder Seite $1\frac{1}{2}$ bis 2 Fuß stehen bleiben, also ein Staubrett in etwas vergrößertem Maaßstabe, ähnlich dem Taf. XII. Fig. 7. gezeichneten. Die Höhe der Durchflußöffnung richtet man so ein, daß die ganze Wassermasse des Baches reichlich hindurch kann. Dieses Brett setzt man, nachdem in die Bachufer vorher ein Lager eingegraben, und an den Seiten der größeren Sicherheit halber noch ein Paar starke Pfähle vorgeschlagen worden sind, so ein, daß die Unterkante oder Oeffnung etwas höher oder wenigstens in derselben Höhe liegt, als der zeitige Wasserspiegel des ungestauten Baches. Der Raum neben der Oeffnung bis zu dem Ufer und darunter bis auf die Sohle des Baches wird demnächst mit vorher in der Nähe gestochenen oder schon herangeschafften Rasen ganz dicht verpackt, so daß das Wasser aufgestaut und gezwungen wird, durch die Oeffnung hindurch zu strömen. Breitet sich nach diesem Aufstauen das Wasser oberhalb des eingesetzten Brettes weiter aus, wird die Strömung im Bache dabei sehr geringe, und kann man den oberen Wasserspiegel als stillstehend annehmen, so gilt für die Berechnung der Wassermasse die Formel

$$M = \frac{2}{3} \alpha b h \sqrt{h}$$ (Eytelwein's Hydrostatik §. 103).

In dieser Formel bedeutet α den sogenannten Kontraktions-Koefficienten, welcher bei breiten Gerinnen, breiten Freischleusen mit Flügelwänden, schrägen Einbauten = 7,54
für schmale Gerinne, schmale Schützenöffnungen
mit Flügelwänden, steile Einbaue...... = 6,76
für Schützenöffnungen ohne Flügelwände.... = 5,00
winkelrechte Oeffnungen in dünnen Wänden.. = 4,89 ist.

Ferner ist

b die Breite des Ueberfalles,
h dessen Höhe,
M die Wassermenge.

Nachdem in der Entfernung von einigen Fußen oberhalb des Ueberfalles, da, wo der Wasserspiegel noch keine Kurve bildet, wie es in der Oeffnung selbst der Fall ist, zwei Pfähle mit ihren Köpfen ganz genau bis auf den gestauten Wasserspiegel eingeschlagen sind, so daß ein auf beide gelegtes Richtscheid bis in die Oeffnung hineinreicht, wird die Höhe h gemessen, indem man die senkrechte Entfernung von diesem Richtscheid bis zur Unterkante der Oeffnung bestimmt. Die Messung darf aber erst dann vorgenommen werden, wenn der Beharrungszustand eingetreten, d. h. wenn der Abfluß unterhalb des Staubrettes wieder so groß ist, wie vorher, und das Wasser oberhalb nicht mehr steigt. Die sämmtlichen Maaße sind als Fuß in Rechnung zu bringen. Ein ähnliches Verfahren nebst einer Formel wurde vor einigen Jahren unter dem Namen der Althoff'schen von dem Königl. Landes-Oeconomie-Kollegium zur Bestimmung der Wassermassen in kleinen Bächen empfohlen, nur wurde $\frac{2}{3}\alpha$ darin $= 3{,}4$ angegeben, während es nach Eytelwein nur 3,26 ist.

Beispiel. In einem Bache werde das Wasser durch ein Staubrett, dessen Oeffnung 6 Fuß breit ist, so aufgestaut, daß es, während der Oberwasserspiegel beinahe still steht, 3 Zoll hoch hindurchfließt; wie viel Wasser schüttet derselbe?

Hier ist $\frac{2}{3}\alpha$ also $= 3{,}26$, $b = 6$ Fuß, $h = \frac{1}{4}$ Fuß, also

$$M = 3{,}26 \times 6 \times \tfrac{1}{4} \sqrt{\tfrac{1}{4}} = 2{,}45 \text{ Kubikfuß.}$$

Da hierbei der obere Wasserspiegel als stillstehend angenommen, so wird die Berechnung nach dieser Formel da falsch, wo das Wasser schon mit einer beträchtlichen Geschwindigkeit vor dem Ueberfall ankommt, wo also die Geschwindigkeit des überfallenden Wassers durch jene noch bedeutend vermehrt wird. Nach Eytelwein §. 136 ist dann

$$M = \tfrac{2}{3}\alpha b\,(h + N)^{\frac{3}{2}}$$

Hierbei ist $N = \left(\dfrac{M}{\alpha B\,(h + k)}\right)^2$

B die Breite des Baches vor dem Ueberfall,
b die Breite des Ueberfalls,
k die Höhe der Unterkante der Oeffnung über dem Boden des Baches,
h die Höhe des Oberwasserspiegels über derselben,
$h + k$ also die Tiefe des gestauten Baches,
M die Wassermenge.

Bei der Berechnung setzt man in der Formel N zuerst $= 0$, und berechnet nun M. Den so gefundenen Werth substituirt man die der Formel für N, und berechnet nun daraus den Werth für N. Diesen Werth bringt man dann wieder in der ersten Formel in Ansatz, und berechnet nun die wirkliche Wassermenge.

Beispiel. Wie viel Wasser fließt über einen vollkommenen Ueberfall ohne Flügelwände, dessen Breite 6 Fuß, und dessen Höhe 1 Fuß, wenn der Oberwasserspiegel über dem Ueberfall 6 Zoll hoch und die Breite des Baches 8 Fuß ist?

Hier ist $B = 8$ Fuß, $b = 6$ Fuß, $k = 1$ Fuß, $h = \frac{1}{2}$ Fuß und $\alpha = 5$ Fuß, also wenn $N = 0$ angenommen, $M = \frac{2}{3} \times 5 \times 6 \times (\frac{1}{2})^{\frac{3}{2}} = 7{,}1$. Substituirt man diesen Werth in der Formel für N, so ist $N = \left(\frac{7{,}1}{5 \times 8\,(1 + 7\frac{1}{2})}\right)^2 = 0{,}014$, und hiernach $M = \frac{2}{3} \times 5 \times 6\,(0{,}5 + 0{,}014)^{\frac{3}{2}} = 7{,}4$ Kubikfuß.

Oft bieten auch oberhalb belegene Triebwerke eine sehr gute Gelegenheit dar, über den Zufluß in's Klare zu kommen. Sie sind in gewisser Beziehung dafür maaßgebend, indem sie namentlich, wenn Sammelteiche damit verbunden sind, über Zeit und Größe des Zuflusses disponiren. Ist das der Fall, so hat man sich über die Zahl der Werke, über die Art ihrer Benutzung und die Zeit ihres Betriebes, namentlich aber, ob sie den ganzen Tag und die Nacht hindurch, oder wie viel Stunden sie bei mittlerem Zufluß arbeiten, und wie viel Zeit das Wasser gebraucht, von der Mühle zur Wiese hinabzufließen, endlich über die zu ihrem Betriebe erforderliche Wassermenge Rechenschaft zu geben. Man muß daher dieses Betriebswasser messen. In diesem Falle läßt sich die Wassermenge am leichtesten und sichersten aus der Größe der Schleusenöffnung und der Druckhöhe des davorstehenden Wassers berechnen.

Dann ist $M = \alpha b e \sqrt{h - \frac{1}{2} e}$, wenn

h die Höhe des Wasserspiegels des Oberwassers über der Unterkante der Schützenöffnung,

e die Höhe dieser Schützenöffnung,

b die Breite derselben,

M die durchfließende Wassermenge.

Beispiel. Bei einer unterschlägtigen Mühle, deren Schützöffnung 4 Fuß breit ist, muß bei 2 Fuß Standwasser auf dem Fachbaume die Schütze für den gewöhnlichen Betrieb 4 Zoll geöffnet sein; wie viel Wasser braucht diese Mühle?

Hier ist $\alpha = 6{,}76$, $b = 4$, e, da Alles als Fuße in Rechnung gestellt werden muß, $= \frac{1}{3}$, $h = 2$ Fuß, also:

$$M = 6{,}76 \times 4 \times \tfrac{1}{3} \sqrt{2 - \tfrac{1}{3}} = 12{,}22 \text{ Kubikfuß.}$$

Nach einer dieser eben beschriebenen Arten wird sich mit Hinblick auf die vorangeschickten Bemerkungen überall eine genügende und sichere Uebersicht über die disponible Wassermasse gewinnen lassen.

4. Anfertigung des Planes.

Generelles Project.

§. 49.

Nachdem auf diese Weise die Vorarbeiten beendet, kann das Project der Anlage selbst entworfen werden. Zunächst ist also zu überlegen, in welcher Höhe die Ableitung aus dem Flusse oder Bache geschehen muß, um die entsprechende Fläche zu erreichen, und welche Stelle dazu am zweckmäßigsten und passendsten liegt. Wird dazu ein Aufstau nöthig, welcher oberhalb oder auf dem anderen Ufer über die eigenen Grenzen hinaus sich erstreckt, oder wird auch nur der Anschluß dieses Stauwerks an das gegenüberliegende fremde Ufer nöthig, oder wird durch die Anlage einem vor 1843 bereits existirenden, seitdem nicht erweiterten, also zum Widerspruch berechtigten Triebwerke ein Theil des zum Betriebe in dem bisherigen Umfange nothwendigen Wassers wirklich entzogen, so ist mit den betheiligten Interessenten deshalb Rücksprache zu nehmen, ihnen das Sachverhältniß zu erklären und der Versuch einer gütlichen Einigung, wenn solche auch nur mit einigen Opfern herbeizuführen, zu machen. Gelingt ein solcher Vergleich nicht, so ist nach dem schon früher erwähnten Gesetze vom 28. Februar 1843 über die Benutzung der Privatflüsse nach Einreichung einer Provokation, unter Beifügung einer Karte, eines Nivellements-Planes und Erläuterungs-Berichts bei dem Königlichen Landrath des Kreises und in Verfolg des vorgeschriebenen Verfahrens die Vermittelung der Landes-Polizei-Behörde in Anspruch zu nehmen, um die Einwilligung der Widerspruchs-Berechtigten, natürlich gegen volle Entschädigung, zu erzwingen.

Demnächst ist die Größe der nach dem Nivellement unter der angenommenen Stauhöhe liegenden Fläche zu berechnen, die Höhenlage derselben zu prüfen. Aus der Größe und Lage des vorhandenen Gefälles läßt sich ungefähr übersehen, wie oft das Wasser gebraucht und wieder benutzt werden kann, der wievielste Theil der Wiese also frisches Wasser erhalten müßte. Ist das Gefälle nicht gleichmäßig, ist dasselbe vielleicht an dem Rande herum größer, viel geringer aber längs dem Ufer des Flusses ꝛc., so wird dieser flache Theil vorzugsweise in's Auge gefaßt, seine Größe und nach dem Gefälle desselben sein Bedürfniß an frischem Wasser berechnet werden können. Mit diesem Theil der Wiesenfläche ist nun die disponible Wassermasse zu vergleichen. Hat diese Wassermasse ein Drittel so viel Kubikfuß, als die auf das frische Wasser angewiesene Fläche Morgen, kann also der dritte Theil der letzteren damit gleichzeitig, das Ganze mithin in drei Abtheilungen neben einander abwechselnd gerieselt werden, so liegen die Verhältnisse günstig. Ist dieselbe größer, so daß weniger Abtheilungen ausreichen, so ist das noch besser; ist dagegen die Wassermenge geringer, so ist von der Fläche so viel abzuschneiden, daß das zuerst angeführte Verhältniß hergestellt werde, das übrige aber einer anderen Kultur zu übergeben. Man hat in diesem Falle von diesem Theile nach der Berieselung nicht weniger, als von dem Ganzen zu erwarten, kann aber den abgeschnittenen Rest auf andere Weise nutzbar machen, und wird mindestens an Anlage und später an Werbe- und Unterhaltungskosten nicht unbedeutend sparen.

Hat also zum Beispiel eine Fläche von 160 Morgen am Rande herum zwar ein stärkeres Gefälle, ist sie am Flusse aber flacher, und enthält diese weniger geneigte Fläche vielleicht 120 Morgen mit 6 Fuß Gefälle, welches ziemlich gleichmäßig darauf vertheilt ist, so ist darauf eine siebenmalige Benutzung des Wassers wahrscheinlich durchzuführen. Der siebente Theil von 120 Morgen, also 17 Morgen würden frisches Wasser erhalten müssen, und zwar würde ihnen dasselbe abwechselnd gegeben werden können, wenn sie in drei Abtheilungen à $5\frac{2}{3}$ Morgen eingetheilt wären, von denen zur Zeit immer nur eine rieselte. Schaffte nun der dazu verwendbare Bach nur 4 Kubikfuß, so ist zu wenig Wasser vorhanden, die Fläche zu groß. Man thut in diesem Falle besser, der Fläche 30 Morgen abzunehmen und die übrigbleibenden 84 Morgen stärker zu bewässern. Wären aber 8 Kubikfuß pro Sekunde zur Disposition, so wird sich die Anlage auf der ganzen Fläche ausgezeichnet machen, und man kann des höchstmöglichsten Ertrages ganz sicher gewärtig sein.

Specieller Plan.

§. 50.

Ist auf diese Weise die Vorfrage erledigt, in welchem Umfange das Terrain berieselungsfähig ist, so werden zuerst die Hauptabtheilungen, welche abwechselnd das frische Wasser erhalten sollen, festgestellt. Es wird ferner bestimmt, ob eine Ableitung des Wassers aus dem Bache rc. genügt, ob der natürliche Wasserlauf für die Entwässerung benutzt werden kann und soll, und ob dann noch mehrere Schleusen darin erbaut werden müssen, um das in denselben zurückgeflossene Wasser von Neuem auf die Wiese hinauf zu leiten. Nachdem dann nach den oben gegebenen Regeln der Hauptzuleitungs- und die anderen Hauptgräben ausgesteckt sind, macht man sich in den einzelnen Abtheilungen an das Abstecken der kleineren Zuleitungs-Be- und Entwässerungsgräben, indem man zuerst im Terrain Horizontalen sucht. Die verschiedenen Höhen dieser Horizontalen richten sich nach dem Gefälle des Terrains.

Eignet sich dasselbe zum Hangbau, d. h. hat es $3\frac{1}{2}$ oder mehr Zoll Gefälle pro Ruthe, so genügt es, wenn die Horizontalen, je nach der Breite der anzulegenden Hänge, 6 bis 8 Ruthen von einander entfernt abgesteckt, wenn also hinter 4 Hängen ein Horizontalgraben zur Regulirung des Wassers angelegt wird. Es kommt hierbei vorläufig noch gar nicht auf den Unterschied in der Höhe dieser Horizontalen an, weil das Gefälle der einzelnen Hänge sehr verschieden sein kann, nur muß, wenn der Uebergang aus dem stark fallenden in ein weniger hängiges Terrain an einzelnen Stellen sich besonders markirt, ohne Rücksicht auf die Entfernung gerade durch diese, wenn man es so nennen darf, Ecke oder Brechpunkte eine Horizontale hindurchgelegt werden.

Wird das Gefälle des Terrains geringer, also schwächer als 3 Zoll pro Ruthe, geht es aber nicht unter 1 Zoll hinab, so legt man unbekümmert um die Entfernung der abzusteckenden Linien diese Horizontalen 9 bis 10 Zoll untereinander. Wird es noch schwächer, so wird der Höhenunterschied unter denselben nur 5 Zoll groß gemacht.

Um die mit dem Nivellir-Instrument gesuchten und mit Pfählen bezeichneten, zu einer und derselben Horizontale gehörigen Punkte nicht mit denen einer anderen Linie zu verwechseln, werden die zur ersten, dritten, fünften, siebenten u. s. w. gehörigen Linien senkrecht, die der zweiten, vierten, sechsten u. s. w. durch schräg eingesteckte Pfähle bezeichnet.

Durch diese Horizontalen gewinnt man nicht nur die klarste und deutlichste Uebersicht über die verschiedenen Höhenverhältnisse des Terrains, sondern man ist auch im Stande, die zu wählende Bauart für jede Quadratruthe zu bestimmen. Die nächste Arbeit ist nämlich, die Auswahl derjenigen von diesen Linien, welche Wässergräben werden sollen. Die dazu bestimmten werden dann noch specieller möglichst nahe der Pfahllinie so abgesteckt, daß sie eine hübsche und geschmackvolle Form erhalten. Wo aber zwei oder mehrere Pfahlreihen der Horizontalen zu nahe aneinander gekommen sind, da werden diejenigen wieder kassirt, welche am wenigsten passend liegen. Nach dem Gefälle des Terrains zwischen den Wässergräben und nach der Entfernung der letzteren wird dann die für jede Schicht sich passende Einrichtung und die Lage der Wässer- und Entwässerungsrinnen für die Hänge oder Rücken nach den in den §§. 34, 35, 38 bis incl. 40 gegebenen Regeln bestimmt. Aus der Beschaffenheit des Bodens und aus dem Gefälle ergiebt sich ferner die Nothwendigkeit der minder oder mehr in's Auge zu fassenden Entwässerung und damit die Entscheidung darüber, ob und welche Wässergräben Behufs der Fortschaffung des

Grundwassers breiter und tiefer zu machen, oder ob noch besondere Entwässerungsgräben dazu anzulegen sind. Aus der Lage der Wässergräben zu einander folgt die Lage der Zubringer, welche ihnen frisches Wasser zuführen sollen, und der Entwässerungsgräben, durch welche nach der Beendigung der Wässerung das Wasser abgelassen werden muß, die Lage der nöthigen Wege zur Abfuhr des Heues, und daraus wieder die Lage der kleinen Schleusen bestimmt. Endlich entscheidet die Größe der einzelnen Schichten und die Art der Zuleitung über die Breite der Wässergräben. Somit entwickelt sich der ganze Plan bis in die kleinsten Details hinein aus der Lage der Horizontalen. Er paßt sich deshalb immer am genausten der Form des Terrains an, und macht die möglichst geringsten Erdbewegungen nothwendig. Schließlich muß noch auf Eines aufmerksam gemacht werden. Es ist niemals gut, Entwässerungsgräben oder Entwässerungsrinnen direkt in dem Bachbette ausmünden zu lassen, wenn dessen Ufer nur einigermaßen, 1 Fuß oder mehr, über dem Wasserspiegel hoch liegen. Das Wasser stürzt daraus mit zu großer Heftigkeit hinab und reißt die Gräben oder Rinnen aus. In diesem Falle ist es immer zweckmäßig, das ganze Ufer zu einem Hange so einzurichten, daß dessen untere Kante nur einige Zoll über dem Spiegel des mittleren Wassers erhaben bleibt. Bis zu der Höhe dieses Hanges wird dann das abgerieselte Wasser noch einmal angestaut, um über denselben fort möglichst unschädlich in den Bach hinein zu gelangen. Bringen die Entwässerungsgräben mehr Wasser, als dieser Hang bedarf, und das ist in der Regel der Fall, so kann das Ueberflüssige an den Staupunkten, welche danach einzurichten, als Freiwasser weggelassen werden. Es sind dann doch nur gerade diese Stellen, statt sonst jede Rinne zu sichern. Die flach ansteigenden, zu Hängen eingerichteten Ufer schützen einestheils die Wiese bei Fluthen noch besonders, anderntheils können sie häufig als bequeme Wege zur Abfuhr des Heues benutzt werden.

Es ist nicht wohl möglich, für jeden einzelnen Fall noch speciellere Regeln zu geben, es muß vielmehr das Anpassen der gegebenen für die verschiedenen örtlichen Verhältnisse der Erfahrung, dem Ueberblick, Scharfsinn und Geschmack des Technikers überlassen bleiben. Eine Zusammenstellung der in den vorigen Paragraphen an verschiedenen Stellen aufgestellten und besonders zu berücksichtigenden Gesichtspunkte und Regeln und der Bedingungen, von deren Erfüllung das Gelingen des Werkes abhängt, mag hier nicht am unrechten Orte sein. Also

1) Ceterum censeo, es muß über die genügende Wasserquantität zu jeder Zeit zu verfügen sein.
2) Der Boden muß so trocken gelegt werden, als möglich.
3) Das ganze Graben- und Grippensystem muß so eingerichtet sein, daß dadurch jedem einzelnen Wiesenstücke der ihm zukommende Antheil von Wasser zugeführt werden kann.
4) Die überrieselten Flächen müssen die der Qualität des Wassers entsprechende Breite erhalten.
5) Sie müssen eben und geneigt sein, damit das Wasser überall gleichmäßig darüber fortfließe und nirgends stehen bleibe.
6) Das einmal benutzte Wasser darf, nachdem es eine, wenn auch nur sehr kurze Strecke in einer Rinne oder einem Graben geflossen, zum Rieseln einer niedriger liegenden Fläche wieder benutzt werden.
7) Den sämmtlichen Gräben muß frisches Wasser gegeben, und das Füllwasser derselben abgelassen werden können.
8) Die Größe der Schichten ist dem Zufluß des Wassers entsprechend einzurichten.
9) Höchstens 3 Abtheilungen dürfen neben einander auf frisches Wasser angewiesen werden.
10) Endlich ist darauf zu sehen, daß die Werbung und Abfuhr des Heues durch die Lage der Gräben und namentlich durch die Lage der, gleichzeitig die Brücken vertretenden Kastenschleusen auf alle Weise erleichtert werde. Bei größeren Anlagen wird es aus diesem Grunde nöthig, eigene Heuwege liegen zu lassen, damit nicht alles Heu abgetragen zu werden braucht. Geeignet liegende Hänge können, wenn sie nicht viel Gefälle haben, häufig statt der Heuwege dienen.
11) Daß es das Bestreben des Technikers sein muß, allen

diesen verschiedenen Anforderungen mit dem möglichst geringsten Kostenaufwande zu genügen, bedarf wohl kaum noch der Erwähnung.

Schließlich mag hier an einem Beispiele noch die Anwendung dieser Andeutungen nachgewiesen werden. Taf. VII. ist eine zusammenhängende Einrichtung einer etwas größeren Fläche gezeichnet. Das Wasser ist weiter oberhalb aus dem Flusse abgeleitet, und wird durch den Hauptzuleitungsgraben A B den Wiesen zugeführt. Bei A liegt derselbe schon $3\frac{1}{2}$ Fuß höher, als der Wasserspiegel des Flusses, welcher auf der gezeichneten Strecke noch 3 Fuß Gefälle hat. Das Totalgefälle von oben herunter sind also $6\frac{1}{2}$ Fuß. Dasselbe ist indeß hier sehr verschieden vertheilt. Das stärkste liegt vornan am Hauptzuleitungsgraben. Bei C ist eine kleine Höhe, welche aber vom Hauptzuleitungsgraben aus zu erreichen. Weiter unterhalb wird das Gefälle allmählig schwächer, bis es ganz unten in der Nähe des Flusses auf 3 Ruthen etwa noch 1 Zoll beträgt. Aus den beiden Profilen geht dasselbe genauer und deutlicher hervor.

Es sind zunächst die horizontalen Wässergräben abgesteckt, und zwar zuerst c d, hineinpassend in eine scharfe Biegung des Terrains, so daß oberhalb 2 Hänge, unterhalb noch eine Schicht Rücken angeordnet werden konnte. Demnächst e f, den Berg C einfassend, welcher zu einer Rückenschicht eingerichtet ist. Von f bis g fällt das Terrain sichtlich von dem Hauptzuleitungsgraben ab so sehr, daß mit der Ruthe die Breite des Hanges überall gleich groß abgesetzt und dadurch die Lage von f g bestimmt ist. Die Horizontale h n i liegt 9 Zoll niedriger, wie die vorige. Die Entfernung von f g ist 8 Ruthen. Die Schicht müßte also in der gezeichneten Weise zu Rücken eingerichtet werden. Von n bis i geht sie dem Hauptzuleitungsgraben parallel, und so weit davon entfernt, daß 2 Hänge angelegt sind. Die Verlängerung über h fort war, da sie e f zu nahe kam, zu kassiren. Die dritte Horizontale k l m o, wieder 9 Zoll niedriger, als h n i und c d, war von h i nur 4 bis 6 Ruthen entfernt. Dieser Wässergraben konnte also die Rücken direkt speisen. Auch konnte er das von den Rücken unterhalb c d abgerieselte Wasser wieder aufnehmen. Der Graben, welcher dies auffing, führte dasselbe nach k und gab selbst nur so viel ab, als zur Bewässerung des Hanges am Bachufer nöthig. Die letzte Strecke mo ist vom Hauptzuleitungsgraben so weit entfernt, daß 3 Hänge einzurichten. Die vierte Horizontale pqrs liegt 9 Zoll unter dem vorigen und vorn an 18 Ruthen von kl entfernt. Es müssen also in der gezeichneten Weise noch Wässer- und Entwässerungsgräben zwischengelegt werden; die Strecke qr war aber lmo so nahe, daß die Rücken unmittelbar daraus mit Wasser versehen werden konnten. Die letzte Strecke rs geht parallel dem Hauptzuleitungsgraben, und bleibt so weit davon entfernt, daß 4 Hänge einzurichten. Von pq aus wird das Gefälle noch geringer, so daß die Schichten nach Taf. V. Fig. 1 projektirt werden müßten. Um den Uebergang aus dem vorigen in diesen Bau zu vermitteln, mußte tu $6\frac{1}{2}$ Zoll niedriger gelegt werden, als pq; denn es wurde bei diesem Gefälle schon etwas Auftrag am Wässergraben tu nöthig. Von hier ab wurden aber die Horizontalen nur 5 Zoll unter einander gelegt. Der Wässergraben vw kommt also 1 Fuß 5 Zoll niedriger, als pq und dessen Fortsetzung rs. Es konnte also zwischen rs und dem Entwässerungsgraben vx noch eine Schicht Rücken eingeschoben werden. Am Bache herum war zuerst der Hang auf dem Ufer, und damit passend die Einrichtung der Entwässerungs- und Bewässerungsgräben nach der vorhandenen Bodenmasse zu fertigen.

Somit ist die specielle Planlage nach den verschiedenen Höhen entworfen. Es bleibt dabei nur noch auf eine bequeme Werbung zu rücksichtigen. Namentlich zur Abfuhr des Heues sind bei ln, mi, or Heuwege angelegt, welche sich theils an die Hänge am Hauptzuleitungs- und einigen Wässergräben, theils an die Hänge zwischen den Be- und Entwässerungsgräben anschließen.

Nun müssen die Grabenbreiten und Tiefen bestimmt werden Es gelten dabei die in den §§. 24 bis incl. 27 gegebenen Regeln. Sie sind im Plane eingeschrieben.

Endlich sind noch die Gräben und die Schleusen anzuordnen, welche die Kommunikation des frischen Wassers aus dem

Hauptzuleitungsgraben nach den entfernteren Wässergräben und die Entfernung des Füllwassers aus denselben vermitteln. Die dazu einzulegenden Kastenschleusen sind im Plane Taf. VII. mit Z bezeichnet.

Ueberhaupt dürfte daraus die ganze Einrichtung hinreichend deutlich hervorgehen. Die Wiesenbauer, welche die Ausführung zu überwachen haben, müssen einen solchen Plan bekommen, um danach zu arbeiten. Sie wissen sich, wenn sie erst darauf eingeübt sind, ohne alle weitere Instruktion daraus sehr gut zu vernehmen.

Schließlich mag noch die Bemerkung hier Platz finden, daß der am Rande herum quellige und nasse Boden eine Tiefe von 3 Fuß in denjenigen Wässergräben, bei welchen diese Tiefe beigeschrieben, nöthig machte. All' das Wasser, welches auf die Wiese hinaufkommt, muß vorwärts arbeiten bis an das Ende derselben, und nur der geringe Theil, der zur Berieselung des Hanges am Bache verwendet wird, geht vor der unteren Grenze erst wieder in das ursprüngliche Flußbett zurück.

Zuweilen können allerdings Umstände eintreten, und Verhältnisse vorkommen, welche Abweichungen von diesen Regeln nicht blos rechtfertigen, sondern sogar nöthig machen. Der umsichtige und erfahrene Techniker wird solche zu würdigen wissen. Der Ertrag solcher Wiesen wird zwar nie die Höhe erreichen, welche bei vollständiger Erfüllung aller der vorher auseinander gesetzten Bedingungen zu erwarten sind, allein das ist auch nicht jedesmal die Aufgabe. Dieselbe bleibt vielmehr die, die vorhandenen und darum gegebenen Verhältnisse möglichst auszunützen, und die darauf verwendete Mühe und Kosten möglichst hoch zu verzinsen. Darum wird bei Prüfung dieser Verhältnisse, welche Abweichungen von den gegebenen Regeln nothwendig machen, die Frage zu beantworten sein: sind die Vortheile, welche trotzdem zu erreichen sind, noch groß genug, die Nachtheile, welche die Vernachlässigung derselben oder die Unmöglichkeit, sie zu erfüllen, zur Folge haben, bedeutend zu überwiegen? Kann diese Frage entschieden bejaht werden, so sind die Ausnahmen von jenen Regeln gewiß gerechtfertigt.

5. Umbau der Wiesen.

Instrumente zu den Grabenarbeiten.

§. 51.

Der Instrumente zur Anfertigung der Grabenarbeiten geschieht hier nur der Vollständigkeit wegen in der Voraussetzung Erwähnung, daß dieselben theils bekannt, theils aus der Zeichnung deutlich sind. Dazu gehören:

a. Spaten.

Taf. VI. Fig. 4 der Pommersche Gräberspaten, 12 Zoll lang, 6 bis 7 Zoll breit, von Holz mit starkem Eisen beschlagen und verstahlt, vorzüglich brauchbar, wo Wurzeln im Boden vorkommen.

Taf. VI. Fig. 5 der Limburger Spaten, 11 Zoll lang, oben 8, unten 8½ Zoll breit, ganz eisern, eignet sich nicht besonders zur Anfertigung der Gräben, weil er etwas hohl ist.

Taf. VI. Fig. 6 der Brabanter Spaten (Schwerz' praktischer Ackerbau, Theil I. Seite 433), gleichfalls von Eisen, aber gerade, ist zu dergleichen Arbeiten besser, als der vorige.

b. Schippen.

Taf. VI. Fig. 7 die Pommersche Brettschippe, aus einem dünnen buchenen Brette mit aufgesetztem Stiele bestehend, 12 Zoll lang, 9 bis 12 Zoll breit, vorn mit Eisen beschlagen und verstahlt, zum Ausschippen der losen Erde beim Anfertigen der Gräben, ein ganz vorzügliches Instrument.

Taf. VI. Fig. 8 die Siegener Stechschippe, im Original zu klein, hier 12 Zoll lang, 7 Zoll breit, ganz von Eisen und gut verstahlt, zur Anfertigung und Räumung der Gräben und Grippen ganz gut.

Die Lüneburger Schippe, 8 Zoll lang und 9 Zoll breit, von Eisen, zum Graben und Schippen brauchbar, ist zu klein.

Der Schottische Brustpflug Taf. VI. Fig. 9a u. b, eine dünne eiserne, nach vorn zugespitzte Schippe, mit 5 bis 6 Fuß langem, breiten Stiel, woran oben ein 2 Fuß langes Querholz, zum Rasenschälen. An der einen Seite desselben ist die eine Ecke des Eisens x aufgebogen, und schneidet bei der Arbeit (dem Segg des Pfluges ähnlich) an der Seite, aber von unten, den Rasen ab. Es hält schwer, einen Schmidt zu finden, welcher einen guten Brustpflug machen kann, wenigstens arbeiten die Leute immer lieber und schneller mit den aus England direkt eingeführten. Die Arbeit damit ist schwer, aber fördert ganz ungemein.

c. Schneidende Instrumente.

Taf. VI. Fig. 10 das Siegener Wiesenbeil. Im Original ist es mit einer Hacke verbunden, und dient zum Abtheilen der Rasen, Behufs des Schälens und zum Hauen der Borten der Grippen. Es ist ein unnützer Kraftaufwand nöthig, um bei der Benutzung des Beils immer die dann unnöthige Hacke mitzuheben, und so umgekehrt; darum ist es besser, aus dem Wiesenbeil und der Hacke zwei besondere Instrumente zu machen. Damit die Arbeit rascher von Statten gehe, können beide dafür größer gemacht werden, als sie im Original sind. Das hier gezeichnete Beil ist 15 bis 16 Zoll lang. Zu den erwähnten Zwecken ist es in festem oder mit Wurzeln durchwachsenem Boden ganz vorzüglich.

Taf. VI. Fig. 11 das Lüneburger Wiesenmesser, auch etwas abweichend vom Original, 15 bis 16 Zoll lang in der Schneide, 3 bis 4 Zoll breit, gut verstahlt, zum Hauen und Schneiden, in weichem Boden dem Wiesenbeil der größeren Leichtigkeit wegen vorzuziehen; es ist das vorzüglichste Instrument zum Abschneiden der Borten beim Räumen der Rinnen, und zwar ganz besonders im Bruch- und Torfboden.

d. Die Hacken.

Taf. VI. Fig. 12 und 13 Plaggenhauen oder Palthacken, zum Schälen des Rasens nach Lüneburger Art.

Taf. VI. Fig. 14 die Siegener Hacke, wie schon erwähnt, im Original mit dem Beile verbunden, hier 12 Zoll lang, 5 bis 6 Zoll breit, im festen Boden brauchbar, zum Herausnehmen der Rasen aus den gehauenen und querüber abgetheilten Rinnen.

e. Zum Transport der Erde.

Taf. VI. Fig. 15 die Handkarre. Die Baumkarren, wie sie bei Chaussee- und Eisenbahnbauten sehr häufig angewandt werden, sind zu wenig dauerhaft. Sie müssen überall mit Eisen beschlagen werden, wenn sie haltbar werden sollen. Das macht sie jedoch schwer, und nebenbei auch theuer. Dennoch sind sie den sogenannten Kummkarren (aus Brettern zusammengesetzt) bei weitem vorzuziehen, weil sie, da bei ihnen die Last viel weiter nach vorne, nach dem Rade zu und hoch liegt, sich leichter karren und auch gar zu viel leichter ausschütten lassen.

Am besten, dauerhaftesten und dabei am leichtesten werden die Karren, wenn sie aus Brettern in der Fig. 15 gezeichneten Weise, d. h. wie die Kummkarren, zusammengesetzt werden, dabei aber eine den Baumkarren ähnliche Form erhalten. Die obere Länge des Kastens wird dann im Lichten 26½ Zoll, die untere 19½ Zoll; die obere Breite vorn beim Rade 19¼ Zoll, die untere 16¼ Zoll; die obere Breite hinten 21¼ Zoll, die untere 18¼ Zoll; die Höhe des Rades 18 bis 20 Zoll, die Länge von dem Unterstützungspunkte der Radachse bis zum Handgriffe ungefähr 6 Fuß. Eine solche Karre enthält, wenn der Kasten gestrichen voll ist, 3 Kubikfuß.

Muß man viel auf Dielen karren lassen, so werden dieselben bei feuchtem Wetter glatt, und die Karrenräder gleiten leicht herunter. Oefteres Streuen mit Sand ist gut dagegen, noch besser aber, wenn um hölzerne Karrenräder ein schmales eisernes Band gelegt wird, und sie dadurch eine kleine Rippe bekommen.

Im Siegener Lande bedient man sich zweirädiger Karren, deren Kasten 10 Zoll hoch, 3 Fuß 6 Zoll lang und 1 Fuß 10 Zoll breit ist. Sie enthalten 5 bis 6 Kubikfuß, können aber noch größer gemacht werden. Karrbretter werden auch bei Anwendung dieser Karren nöthig, doch passen sie für weiten Erdtransport. Zu ihrer Fortbewegung gehören 2 Mann.

f. Andere Werkzeuge.

Mistforken

zum Anfassen beim Zusammenwerfen der abgeschälten Rasen, beim Decken damit und bei den Rasenpackungen.

Rasenklatsche oder Klappe, Taf. VI. Fig. 16, bestehend in einem Plankenstück von 20 Zoll Länge mit schräg eingesetztem Stiel zum Festschlagen der aufgedeckten Rasen, und dadurch auch zur vollständigen Ebenung der Fläche.

Stampfer,

bestehend in einem Klotze von der Form eines abgestumpften Kegels mit aufrechtstehendem Stiel zum Feststampfen der Erde in den Verwallungen u. s. w.

Endlich noch kürzere Fußstöcke, Schnüre und kleine Pfähle zum Abstecken der Grabenlinien und Stangen zum Einrichten derselben.

Anfertigung der Gräben.

§. 52.

Die abgesteckten Horizontalen bezeichnen die untere Grabenborte. Die Breite des Grabens muß deshalb aufwärts, und zwar immer im rechten Winkel abgesetzt werden, und wird auch diese Seite durch eingesteckte Pfählchen bezeichnet. Nach diesen Pfählen wird das Schnur gespannt, so daß sich nirgends scharfe Ecken bilden. Dann setzen die Gräber auf der äußeren Seite in der Richtung der Böschung, die der Graben erhalten soll, ab Tab. V. Fig. 5, den Spaten an das Schnur heran und stechen oder treten ihn so weit hinein, als das Spateisen oder Holz lang ist, also beinahe einen Fuß. In der Richtung c d geschieht dasselbe auch auf der anderen Seite. Ist auf diese Weise die Borte gestochen, so wird das Schnur aus dem Wege oder weiter gebracht. Jetzt stechen die Arbeiter auf beiden Seiten, in der Richtung e b und d f, den Spaten ein, und nehmen in etwa 1 Fuß langen Stücken diese dreikantigen Rasen heraus. Dann drehen sie sich so, daß sie den Graben lang sehen, und graben den zwischen den Auskehlungen stehen gebliebenen Satz Rasen heraus, und werfen ihn nach derjenigen Seite des Grabens, auf welcher voraussichtlich die Erde untergebracht oder gebraucht werden soll. Ist so der erste Stich herausgenommen, so kommt der zweite an die Reihe. Bei diesem wird der Spaten zuerst etwas von der Borte entfernt eingesetzt, und gerade herunter gestochen, so daß die Stiche neben einander liegen, wie ghik, und erst wenn diese ausgeworfen sind, wird der bis dahin stehengebliebene Boden an der Borte xx herausgenommen. Eben so wird es beim dritten Stiche u. s. w. gemacht, bis der Graben die gehörige Tiefe hat. Dann erst werden von einem recht geschickten Grabenarbeiter die Böschungen und die Sohle recht genau und sauber mit einer flachen Schippe nachgeschippt. Es gehören zu dieser Art der Gräberei eingearbeitete Leute, welche Augenmaaß und Geschicklichkeit besitzen. Hat man solche, so thut man am besten, jedem Einzelnen seine Ruthe abzumessen.

Anfertigung der Gräben in unebenem Boden.

§. 53.

So lange das Terrain ziemlich eben ist, machen sich die Gräben in der eben beschriebenen Weise recht gut; sie gerathen aber niemals ganz gut, sobald das Terrain etwas uneben ist. Dann setzt man von der abgesteckten Pfahlreihe aufwärts erst die Breite der Dossirung in horizontaler Pr.jection, z. B. bei 3 Fuß Tiefe und ½füßiger Dossirung 1½ Fuß Taf. V. Fig. 6. ab, und dann die Breite der Grabensohle bc ab, so daß der abgesteckte Streifen gerade und lothrecht über dieser liegt. Diesen gräbt man dann senkrecht bis zu der gehörigen Tiefe hinunter, und gleicht dann die Sohle entweder nach einem Nivellir-Instrumente, oder durch Abtafeln, oder wo in feuchtem Untergrunde Wasser sich ansammelt, nach diesem aus. Sie muß überall die vorschriftsmäßige Breite haben und eine möglichst ebene Fläche bilden. Erst wenn dies erreicht ist, werden die Seitenwände des Grabens nach der verlangten Böschung ausgearbeitet und nachgeputzt.

Aber auch diese Weise paßt nicht überall hin. Sie läßt sich nur bei nicht sehr großer Tiefe ausführen. Würde der Graben sehr tief, so würden die senkrecht herunter gestochenen Wände sich nicht halten, sondern nachstürzen. Man muß also in solchen Fällen beim Ausheben des Grabens wieder anders verfahren. Die Aufgabe bleibt dieselbe, der Graben soll in der Sohle und im Wasserspiegel überall gleiche Breite, und das später darin fließende Wasser gleiche Tiefe erhalten, das Terrain, durch welches derselbe geführt wird, hat sehr verschiedene Höhe. Um nun die danach sich richtende Breite und Tiefe zu bestimmen, wird zuerst die Mittellinie des zu ziehenden Grabens festgestellt und nivellirt. Hierbei sind vorzugsweise die Unebenheiten des Grundes zu beachten, und die wechselnden Höhen durch Stationspunkte zu bezeichnen und festzulegen. Taf. VIII. Fig. 2. sind im Grundrisse die Stationspunkte der Mittellinie durch die laufenden Nummern 0 bis 7 bezeichnet. In Fig. 1. ist das Nivellementsprofil aufgetragen. In dies Längenprofil des Grabens wird die Linie der Grabensohle ab mit dem nöthigen Gefälle eingezeichnet. Der senkrechte Abstand dieser Linie von den einzelnen Stationspunkten cd, ef, gh u. s. w. giebt die künftige lothrechte Grabentiefe auf jedem Stationspunkte. Wird nach §. 23. diese Tiefe mit der Dossirung multiplicirt, das Produkt doppelt genommen und die vorher bestimmte Sohlenbreite dazu addirt, so erhält man die obere Breite des Grabens bei jedem Stationspunkte. Die mittlere Grabenbreite ergebe z. B. aus Wassermenge, Gefälle und Tiefe 9 Fuß für den mit Wasser gefüllten Theil des Grabens. Die Tiefe sei 9 Fuß, die Dossirung werde 1füßig, dann ist die Sohlenbreite 6 Fuß. Die Tiefe des ganzen Grabens bei Station 1. cd ist 5 Fuß, also $(5 \times 1 \times 2) + 6 = 16$ Fuß die obere Breite tu bei Station 1. Taf. VIII. Fig. 2. Die Tiefe gh ist bei Station 3. $= 3\frac{1}{4}$ Fuß, also $(3\frac{1}{4} \times 1 \times 2) + 6 = 12\frac{1}{2}$ Fuß die obere Breite vw bei dieser Station. Diese Breiten werden draußen in der Art abgesteckt, daß nach jeder Seite des die Station bezeichnenden Pfahles Nr. 1. die Hälfte der so gefundenen Breite 8 Fuß $= \frac{1}{2}$ tu, Nr. 3.

$= 6\frac{1}{4}$ Fuß $= \frac{1}{2}$ vw u. s. w. von der Mittellinie winkelrecht abgemessen und durch einen Pfahl bezeichnet wird.

Diese Berechnung wird in dem Falle richtig, wenn das Terrain, so weit die Grabenbreite trifft, horizontal und eben ist. Liegt der Boden aber in der Richtung quer über den Graben geneigt, so müssen besondere Querprofile nivellirt und aufgezeichnet werden. Taf. VIII. Fig 3. und 4. sind zwei solche Querprofile bei den Stationen 4. und 5. In diese wird dann ein Graben-Querprofil für die zur Station gehörige Tiefe eingezeichnet. Die obere Breite ist dabei von der Mittellinie nach jeder Seite zu messen, danach draußen abzustecken und durch Pfähle zu markiren.

Wird ein solcher Graben über 6 Fuß tief, so dürfen die Seiten keine ununterbrochene Ebene bilden, sondern müssen terrassirt werden. Sie erhalten zu dem Ende für jede 5—6 Fuß lothrechte Höhe einen Absatz, ein Banquet, von 1—2 Fuß Breite. Taf. VIII. Fig. 3. und 4. ik, ik, Fig. 2. lmno, pqrs. Ein Graben von 5—12 Fuß Tiefe erhält also ein, bei 10—18 Fuß Tiefe zwei Banquets u. s. w. Die Breite der Banquets ist natürlich bei Bestimmung der oberen Breite des Grabens der vorhergefundenen noch zuzusetzen.

In Taf. VIII. Fig. 2. bezeichnen die Linien xuwmlnoz und ytvpqsrz den Grundriß eines auf diese Weise festgestellten Grabens für das Fig. 1. aufgezeichnete Längenprofil des nivellirten Terrains. —

Gräben in fließendem Boden.

§. 54.

Zuweilen muß ein Graben durch einen sehr lockern und mit Wasser gesättigten moorigen Boden hindurchgeführt werden, dessen Ufer sich nicht zu halten vermögen, und immer wieder zusammenfließen. Bei'm Graben in so weichem Boden, der oft nicht einmal Menschen trägt, wo den Leuten Bretter untergelegt werden müssen, damit sie bei der Arbeit nicht versinken, ist gewöhnlich einige Geduld und Ausdauer nöthig.

Man wird sich, nachdem die Borten losgestochen, zuerst oft damit begnügen müssen, die obere Narbe mit Haken fort- und herauszuziehen. Indessen sobald nur gründliche Vorfluth geschafft ist, setzt sich der Boden doch einmal und wird fest, sowie nach und nach mit dem wiederholten Tieferlegen das Wasser allmälig absackt.

Viel schlimmer ist es, wenn man auf mächtige Schichten von Triebsand trifft, welcher durch vieles Quellwasser in der Spannung gehalten, stets von Neuem in den ausgehobenen Graben hineingetrieben wird. Da hilft, wenn das Quellwasser nicht in einiger Zeit ablaufen, und der Boden dadurch trocken werden und stehen sollte, die Ausdauer beim Auswerfen gewöhnlich nicht allein aus. Es müssen dann künstliche Mittel, die Ufer zu halten, angewendet werden, welche je nach der Tiefe, in welcher der Graben in den Triebsand einschneidet, nach der Mächtigkeit der Wasser führenden Schicht und nach der Höhe des Druckes, der auf dies Wasser darin wirkt, einerseits, und nach dem dazu disponiblen Material andererseits sehr verschieden sein können.

1) Ist der Graben nicht tief, oder der Druck auf das Wasser der Triebsandschicht nicht sehr groß, so reicht die Deckung durch eine Kopfrasenpackung zuweilen schon hin, die Grabenufer zu schützen. Bei einer solchen Packung wird zuerst eine Reihe ungefähr 1 Fuß im Quadrat groß gestochener Rasen Taf. III. Fig. 6. a a regelmäßig und fest so an einander gepackt, daß die Narbseite derselben unten und auf dem Boden aufliegt. Demnächst wird die obere Fläche dieser Schicht glatt gemacht, und wo die Rasenstücke verschieden stark ausfallen oder etwas ausgebrochen sind, mit etwas loser, krümlicher Erde ausgeglichen, so daß die Rasen der zweiten Schicht b b ebenfalls fest darauf ruhen; diese werden ebenso, wie die vorigen, mit der Grasseite nach unten und im Verbande, d. h. so, daß immer die Mitte eines Rasenstückes auf die Fuge zwischen den darunter liegenden trifft, fest zusammengepackt. Die vordere Kante der oberen wird dabei, soviel es die Dossirung nöthig macht, gegen die untere zurückgezogen. Die Rasenschicht darf

dabei keine nach dem Graben zu abschüssige Lage erhalten. Sie muß mindestens ganz horizontal gelegt und mit dem gewachsenen Boden durch schichtweis dahinter gestampfte Erde, in gute Verbindung gebracht werden. In dieser Weise wird mit der Packung fortgefahren, bis die Rasenwand die verlangte Höhe erreicht hat. Die oberste Rasenschicht kann wieder umgekehrt, d. h. mit der Rasenseite nach oben gelegt werden. Endlich werden noch die nach dem Graben zu vorstehenden Ecken und Kanten der Rasen mit einem scharfen Spaten abgestochen und die Böschung b c gehörig nachgearbeitet.

2) Bei stärkerem Wasserdruck genügt die Rasenpackung nicht mehr, da sie dem seitwärts andrängenden Wasser einen wenig durchdringlichen Wall, aber vermöge dessen Konstruktion nicht den genügenden Widerstand entgegenstellt Hier wird die Deckung des Ufers durch Faschinen nöthig. Taf. III. Fig. 7. Hinter die mit einer Handramme oder auch nur mit der Axt eingeschlagenen Pfähle a a, welche entweder aus stärkerem Holze gespalten, oder aus jüngerem runden gemacht sind, immer aber ganz roh bleiben können, werden die Faschinen b b gepackt, und in demselben Verhältniß, wie der Graben tiefer gemacht wird, möglichst heruntergebracht, so daß sie die Ufer bis hinab auf die Sohle festhalten. Da die Pfähle in dem losen Boden keinen recht festen Halt bekommen, also durch den Druck der hinter den Faschinen liegenden Erde leicht umgeschoben werden, so werden die einander gegenüberstehenden durch die Spreithölzer c c auseinander gehalten. Dadurch hebt sich der Erddruck von beiden Seiten auf.

Die Faschinen aus jungem Strauchholze haben jedoch in dieser feuchten, der Luft ausgesetzten Lage eine nur sehr geringe Dauer, darum ist es zweckmäßig, hinter denselben Elsen d d zu pflanzen, welche mit ihren Wurzeln späterhin, nachdem die Faschinen verfault sind, den Boden halten. Ist das im Boden streichende Wasser nur nicht gar zu schlecht, so pflegen die Elsen ganz freudig zu wachsen.

3) Statt dieser Faschinenpackung können endlich auch Flechtzäune Taf. III. Fig. 8. gefertigt werden. Nimmt man zu den

Pfählen aaa, welche übrigens, wie bei den Faschinen, auch durch Spreithölzer cc auseinander gehalten werden müssen, und zum Auszäunen grünes weidenes Holz, und läßt man die Zäune im Frühjahre machen, so wachsen dieselben mitunter aus, sind dann unverwüstlich und ersetzen vollständig das, was durch die Elsenpflanzung erstrebt wurde. Man hüte sich aber, dergleichen Gräben zu schmal zu machen. Die lebenden Wurzeln der Bäume oder des Strauches machen später eine Verbreitung des Grabens nicht allein sehr schwierig, sondern es wird sogar in der Regel die gänzliche Fortschaffung derselben nöthig, und damit fängt die erste Arbeit von vorne an.

Uebrigens halten sich solche Gräben, wenn erst die oberen Ufer benarbt sind, besser, und dies geschieht um so eher, je flacher ihre Dossirung ist.

4) Bollwerke. Taf. III. Fig. 9. Sie bestehen aus den Pfählen aa, welche in einer Entfernung von 4—5 Fuß von Mitte zu Mitte eingerammt werden. Hinter dieselben wird das Bollwerksholz bbbb, Halbholz oder besäumte Bohlen, gelegt. Die Pfähle werden durch aufgezapfte Holme cc in der Richtung der Grabenlinie, und die gegenüberstehenden Bollwerke durch die aufgekämmten Zangen dd auseinander gehalten, und vor dem Zusammensacken bewahrt. Man sieht sehr leicht ein, daß diese Konstruktion sehr kostbar ist, nicht allein der Arbeit, sondern häuptsächlich des Materials wegen, welches, wenn auch beim ersten Ankaufe nicht sehr theuer, seiner geringen Dauer in einer halb nassen, halb trocknen Lage wegen, doch häufige Reparaturen u. s. w. nöthig macht.

Man kann daher statt der Bollwerke auch Steinmauern von Feld- oder Bruchsteinen machen lassen. Auf steinreichen Feldern, wo das Abfahren der Steine an und für sich eine Melioration ist, wird sich das Setzen solcher Steinmauern verlohnen; ist der Transport aber weit, so werden auch sie sehr theuer. Uebrigens können sie bei hinreichender Stärke, um dem Eindruck zu widerstehen, ohne Mörtel in langem Wassermoos aufgesetzt werden.

Verwallte Gräben.

§. 55.

Endlich tritt zuweilen noch der Fall ein, daß das Wasser über ein niedrig liegendes Terrain fort nach einer höheren Stelle hingeleitet werden muß. Dies kann in hölzernen oder massiven Gerinnen oder in verwallten Gräben geschehen. Auf die ersteren Bauanlagen wird später zurückgekommen werden. Dieselben werden ihrer Kostbarkeit wegen sehr selten, und zwar in der Regel nur dann, wenn die Niederungen, über welche das Wasser geleitet werden soll, kurz und tief sind, Anwendung finden. Oefter kommen dagegen verwallte Gräben vor. Dieselben müssen aber ganz besonders gut gemacht werden, sonst bleiben sie immer gefährlich, weil Wasserratten, Maulwürfe u. s. w., welche darin, während die umliegenden Flächen gerieselt werden, eine Zuflucht finden, sie zu ihrem Lieblingsaufenthalte wählen, und durch ihr Wühlen Durchbrüche und bedeutenden Schaden verursachen können. Man darf darum, wenn die Leitung des Wassers auf einem Walle nicht zu vermeiden ist, die Kosten für eine sehr solide und tüchtige Ausführung dieser Schüttung niemals scheuen.

Bei geringer Höhe, von 1 — 2 Fuß, reichen zur Bildung des Grabens zwei Verwallungen Taf. IX. Fig. 5. A u. B aus. An der Stelle, wo diese Wälle liegen, wird zuerst der Rasen des gewachsenen Bodens, am zweckmäßigsten, um ihn nachher gebrauchen zu können, in Stücken von 1 Fuß im Quadrat, 3 — 5 Zoll stark abgehauen, auch alles etwa vorhandene Strauchwerk, Wurzeln u. dgl. sorgfältig fortgeräumt, weil Holz in den Wällen, vorzüglich quer hindurch reichendes Langholz, durchaus nachtheilig ist (§. 37. d.).

Demnächst werden die Grabenwände durch Kopfrasenpackungen, wie sie in §. 54. näher beschrieben, mit den an Ort und Stelle gehauenen, oder in Ermangelung dieser mit anderwärts her zu beschaffenden Rasen gebildet, der äußere Theil des Walles tüchtig festgestampft, der Graben da, wo das Terrain dazu hoch genug liegt, ausgegraben und die Grabensohle nach dem Gefälle ausgeglichen.

Um nun die Gefahr dieser erhöhten Ufer zu vermindern, erhält der Graben auf beiden Seiten zwei horizontale kleine, je nach der Größe desselben 3 — 4 Fuß breite und 4 — 6 Zoll über dem Wasser erhöhte Wälle, a a. Hinter jedem dieser Wälle wird eine Wässerrinne angelegt, b b, deren äußere Kante 1 Zoll niedriger liegt, als der Wasserspiegel im Graben. Endlich wird so viel Erde angekarrt, daß die äußere Böschung der Verwallungen als Hang gebaut werden kann. Das Gefälle dieses Hanges kann, um nicht unnöthige Kosten daran zu wenden, etwas stärker als das normale, selbst bis zu 1 — 2 Zoll pro Fuß Breite angenommen werden. Alles Ungeziefer wird dadurch, daß die Böschungen unter Wasser gehalten werden können, am sichersten fern gehalten, und ihr Dasein schon dann bemerkt, wenn der durch sie verursachte Schaden noch klein und leicht auszubessern ist. Es geht ferner bei der Berieselung kein Terrain verloren. Endlich erhalten die Wälle auf diese Weise eine die möglichste Sicherheit gewährende Stärke.

Die Krone steckt man entweder, nachdem die Grabenlinie nivellirt und die Höhen analog den Tiefen des Grabens §. 53. berechnet sind, mit dem Fußstock oder einfacher gleich an Ort und Stelle so ab, daß man die Köpfe einer in der Linie des Walles eingeschlagenen Reihe von Pfählen nach dem Nivellir-Instrumente horizontal abgleicht. Dies geschieht folgendermaßen. Die Tafel wird bei dem ersten, die Höhe des künftigen Wasserspiegels bestimmenden Punkte nach der Visirlinie des Instruments eingerichtet und tüchtig festgemacht. Darauf wird dieselbe oben auf dem ersten Pfahl aufgestellt. Trifft die Visirlinie hier die Tafel unter dem Mittel der Scheibe, so muß der Pfahl tiefer eingeklopft werden, bis Visirlinie und Tafel passen. Dann stellt der Arbeitsmann die festbleibende Tafel auf dem zweiten Pfahle ebenso auf, und läßt auch diesen wieder so tief einschlagen, oder nach Umständen auch so weit herausziehen, bis der Techniker beim Instrumente das Zeichen giebt, daß das Mittel der Tafel wieder in die Visirlinie fällt, und so fort.

Etwas anders wird die Arbeit ausgeführt, wenn der Graben in einer Dammschüttung, welche höher wird als die Tiefe des durchzuführenden Grabens, über die Niederung fortgeleitet werden muß. Nachdem die Höhe der Dammkrone festgestellt worden, werden zuerst an der Stelle, wo der Wall aufgeschüttet werden soll, die Rasen, aber nur flach, abgehauen und an die Seite und auf Haufen gebracht. Dann wird der Wall selbst aufgekarrt und schichtweise festgestampft. Taf. IX. Fig. 4. Zur Kronenbreite a b erhält derselbe die Breite des künftigen Grabens plus 6—8 Fuß. Beiläufig sei hierbei bemerkt, daß es viel zur Befestigung des Dammes beiträgt, wenn man nicht auf Dielen, sondern auf dem Boden karren läßt; die Arbeit wird dadurch zwar etwas schwerer, allein sie macht sich, wenn man nur gehörig vom Ende anfängt, doch leichter, als es zuerst scheint, und erspart viel Stampfen. Nachdem sich die Schüttung dann gesackt, wird der Graben mit 1füßiger Dossirung, wie in gewachsenem Boden, ausgehoben und die Erde nach beiden Seiten ausgeworfen.

Auch hier wird die äußere Böschung des Grabens sehr flach gehalten, und so viel Erde angekarrt, daß 2 Hänge eingerichtet werden können, welche ebenfalls ihre eigenen Wässerrinnen erhalten und durch gerade so wie im vorigen Falle construirte Wälle vom Graben getrennt sind.

Hat man kein anderes Material zur Hand, als Bruch- oder Torfboden, so kann man zwar die Wälle auch daraus fertigen lassen, doch müssen dieselben dann etwas größere Stärke, d. h. die daraus gebildeten Hänge etwas schwächeres Gefälle erhalten.

Verdeckte Gräben.

§. 56.

Wo die Anwendung verdeckter Gräben vortheilhaft, ja nothwendig wird, das ist in §. 19. schon angeführt. Es ist da auch schon der Vorzüge Erwähnung geschehen, welche Strauchdrains vor denen mit gebrannten Thonröhren haben. Sie verdienen jedoch den Vorzug nur dann, wenn sie sehr solide und

und gut gemacht sind. Wollte man nur losen Strauch in den offenen Graben hineinwerfen, wollte man denselben auch regelmäßig hineinlegen, oder auch gar wohl auf kreuzweis untergesteckte Pfähle packen, so daß der Raum darunter hohl bliebe, oder wollte man ihn sogar in Faschinen zusammenbinden und diese einzeln aneinander legen, so werden sich bei allen diesen verschiedenen Manipulationen, die in der Regel empfohlen werden, hohle Räume bilden, welche ein Nachstürzen der Erde und dadurch über kurz oder lang eine Verstopfung des verdeckten Grabens verursachen. Das Beste ist es daher, eine einzige feste Wurst von der Länge des ganzen Grabens zu binden und diese hineinzulegen. Das Verfahren dabei ist folgendes. Man macht aus etwa 5 Fuß langen und spitzen, kreuzweis in den Boden fest eingeschlagenen Pfählen, Taf. IX. Fig. 1A, 1B und 1C aa, zuerst eine Faschinenbank von etwa 2 Ruthen Länge vom Ende ab längs dem Graben. Die Pfahlkreuze erhalten 2—6 Fuß Entfernung von einander, je nachdem kurzer oder langer Strauch verarbeitet werden soll. Auch können die beiden zusammen ein Kreuz bildenden Pfähle am Kreuzungspunkt durch ein Band leicht verbunden werden. Diese Verbindung wird aber kaum nöthig, wenn die Pfähle einigermaßen fest eingeschlagen werden können. Von dem vorher gehauenen Strauch wird nun so viel auf die ersten Pfähle der Faschinenbank hinaufgelegt, als nöthig ist, eine Faschine von der verlangten Stärke, d. h. 9—18 Zoll Durchmesser, zu erhalten. Die Arbeiter müssen sich gewöhnen, die richtige Menge durch das Augenmaß zu erkennen. So packt man erst die erste Ruthe ganz voll und läßt die längeren Enden so weit vorstehen, als es eben geht. Der Strauch muß nun gebunden werden. Das geschieht mit weidenen Ruthen in der Entfernung von 1—2 Fuß, jenes bei kurzem, dies bei längerem Strauch. Damit aber diese weidenen Bänder fest umgelegt und der Strauch so zusammengepreßt werden könne, daß dadurch das Eindringen von Sand und Erde möglichst verhindert wird, und damit die gebundene Wurst, ohne zu zerreißen, bewegt werden könne, wird die Faschine erst an der zu bindenden Stelle gewürgt. Dazu dient eine Kette oder ein Strick von 3—5 Fuß Länge, an dessen Enden zwei $2\frac{1}{2}$ Fuß lange 2 Zoll starke Stöcke bb von hartem Holz befestigt sind. Die Kette wird von unten um die Faschine herumgelegt und die oberen Enden der Stöcke auseinander gedrückt. Fig. 1 B und 1 C. Diese Stöcke wirken dann als Hebel, ziehen die Kette möglichst straff an, und diese preßt wieder mit großer Kraft den Strauch zusammen Unmittelbar neben der Kette wird mit einer vorher tüchtig gedrehten Weidenruthe gebunden, die Kette dann losgelassen und abgenommen und an der nächsten Bindestelle angelegt. Ist man so mit dem ersten Ende der Faschine fertig, so werden die obersten Pfähle herausgezogen und weiter unterhalb hinter den früher schon hingestellten eingeschlagen. Fig. 1. cc. Das oberste Ende der Faschinen läßt man auf die Erde herabsinken, das untere mit den vorstehenden Strauchenden bleibt auf der Faschinenbank liegen. Hier wird nun der Strauch so weiter gepackt, daß die Wurst immer in gleicher Stärke und immer im Zusammenhange verlängert wird. In derselben Weise wird nach und nach fortgefahren, bis endlich eine einzige Wurst von der gewünschten Stärke und von der Länge des ganzen Grabens neben demselben liegt. Man faßt dieselbe nun am oberen Ende, wälzt zuerst dies, und so nach und nach die ganze Wurst in den Graben hinein, tritt sie darin fest, bedeckt sie nachher mit Rasen, deren Narbseite nach unten gelegt wird, und schüttet nun die vorher ausgegrabene Erde wieder darauf. Dieselbe muß fest eingestampft werden, wenn die Rieselung darüber fortgebaut werden soll, weil die große Masse der lockeren Erde sonst später zu stark zusammensinkt und eine Vertiefung bildet, in der das Rieselwasser sich zusammenzieht und senkrecht nach der Wurst hinabsackt.

Sicherung der Gräben mit zu starkem Gefälle.

§. 57.

Ist es nicht zu vermeiden, daß kleinere Zubringer oder auch nur Zuleitungsrinnen ein so starkes Gefälle bekommen, daß das darin reißend hinabfließende Wasser den Boden und die Seitenwände derselben angreift, Löcher auswühlt, die Ufer unterwäscht und herabstürzt, und unten alles versandet u. s. w., so müssen die dem Angriff ausgesetzten Stellen besonders geschützt werden. Nach dem zur Disposition stehenden Material, Holz oder Steine, nach der Größe der Wassermasse und nach dem Gefälle müssen die dazu nöthigen Einrichtungen verschieden ausfallen.

In sehr holzreichen Gegenden, aber auch nur da, kann man der leichten Arbeit wegen den Boden und die Seiten mit Brettern bekleiden. Wo dasselbe schon knapper ist, wendet man zu diesen und ähnlichen Arbeiten nur Strauch an, und verfährt dabei folgendermaßen

Man legt von unten anfangend zuerst den Strauch dicht neben einander, so breit wie der Graben ist, auf die Grabensohle, so daß die Zopfenden nach unten, die Stammenden nach oben hin liegen. Ueber diese erste Lage legt man dachziegelförmig, d. h. mit den Stammenden aufwärts weiter rückend wieder Strauch, dessen Zopfenden die Stammenden der ersten Lage bedecken, und fährt immer aufwärts gehend in derselben Weise fort, bis die Sohle durch den Strauch ganz dicht zugedeckt ist, Taf. VIII. Fig. 5. Damit das darüber fortlaufende Wasser diese Deckung nicht wegnehme, werden Stangen a a so lang, wie die Grabensohle breit ist, quer über dieselbe gelegt, und jede derselben mit hölzernen Pflöcken, welche oben einen, durch einen abgeschnittenen Zweig gebildeten Widerhaken haben b b, an den Boden so fest gemacht, daß der Widerhaken über die Stangen greift, und sie auf den unten liegenden Strauch festpreßt. Die Entfernung dieser Stangen wird je nach der Länge des Strauches 2 bis 4 Fuß. Außerdem werden dann noch die Ufer durch Flechtzäune c c, und dahinter durch Rasenpackungen gedeckt. Das Holzwerk ist aber hier sehr vergänglich, und wenn gleich dazwischen bald Gras und Kraut in die Höhe wächst, so werden daran doch in nicht allzu langen Zwischenräumen Reparaturen nöthig.

Dauerhaft werden daher diese Arbeiten nur, wenn sie aus Steinen gemacht werden können. Für kleinere Wassermassen kann man sie muldenförmig mit kubisch geschlagenen Feld- oder Bruchsteinen, wie man solche zum Pflastern der Wege gebraucht, pflastern, muß aber dabei auf möglichst dichte Fugen halten, damit das Wasser nicht in Menge unter die Steine komme, und so den Boden darunter fortspüle. Für größere Wassermassen muß man jedoch die Sohle mit größeren, lagerhaften Steinen treppenartig aufführen, und die beiden Borten durch feste Steinwände sichern Taf. IX. Fig. 6. Je größer die Wassermenge, desto größer und schwerer müssen die Steine sein, zu kleine und leichte werden weggerissen und fortgeschwemmt.

Anfertigung der Verwallungen und Deiche.

§. 58.

Die Regeln über die Dimensionen der Verwallungen oder Deiche sind bereits §. 37 besprochen. Auch ist dort schon eben so, wie bei Gelegenheit der verwallten Gräben in §. 55. manche Andeutung über die Anfertigung derselben gegeben. Hier braucht daher nur noch kurz das Fehlende nachgeholt zu werden.

Das beste Material zu den Verwallungen ist Thon- und Lehmboden, weil derselbe, wenn er einmal abgelagert und fest ist, kein Sickerwasser durchläßt. Weniger gut ist Sand, und am wenigsten gut Moor- und Bruchboden. Der letztere ist bei niedrigen Dämmen, welche keinen bedeutenden Wasserdruck auszuhalten haben, nur dann brauchbar, wenn er wenigstens ½ mal so stark gemacht wird, als die Regel es verlangt. Noch besser ist es, ihn mit Thon oder sonst einer dichtenden Erde einige Zoll hoch zu plattiren, um den Zutritt der Luft abzuhalten, und dadurch das Verwittern desselben wenigstens zu verlangsamen.

Einer besonderen Vorsicht bedarf die Verbindung des aufgeschütteten Deiches, mit dem darunter liegenden gewachsenen Boden. Durchaus unzulässig ist es, wenn dieser beraset, die Auffüllung auf den Rasen zu legen. Derselbe muß erst abgehauen, jeder Strauch und sämmtliche Wurzeln müssen entfernt werden, und unter hohen Dämmen erst der Länge nach ein Graben gemacht werden, um so die möglichste Sicherheit zu gewinnen, daß das Wasser sich nicht zwischen dem alten

Boden und dem neuen Damme hindurch drängen kann. Die Erde zum Damme wird schichtenweis aufgekarrt, und gut fest gestampft, und die Dossirung mit Flachrasen belegt. Zu dieser letzteren Arbeit ist endlich eine Jahreszeit zu wählen, in der keine bedeutende Fluth, wohl aber das Anwachsen der Rasen zu erwarten ist.

Manipulation bei der Ausführung des Baues.

§. 59.

Von den meisten Kunstwiesenbauern wird der Hauptaccent bei ihrer Arbeit auf eine gewisse Manier in den Handgriffen beim Abstecken und Ausführen der nöthigen Erdarbeiten gesucht. Jeder von ihnen glaubt, der Erfolg beruhe darauf. Darum findet man in den meisten Werken über den Wiesenbau, diese Handgriffe als das Hauptthema behandelt, und je nachdem der Verfasser der Siegener, oder der Süddeutschen, oder der Lüneburger Schule zugethan ist, die eine oder andere Manier besonders oder vielmehr allein empfohlen. Wenn nun gleich nach den vorstehenden Auseinandersetzungen, der Kern des Wiesenbaues, der ihn durchdringende Geist, in einer ganz anderen Sphäre, als in der äußeren Form gesucht werden muß, und gefunden ist, so ist doch nicht zu leugnen, daß auch eine gewisse Genauigkeit und Sauberkeit in der Ausführung bedeutenden Einfluß auf den Erfolg einer Berieselungs-Anlage habe. Diese Sauberkeit, welche sich eben in der Herstellung der besten Form ausspricht, darf daher keinesweges vernachlässigt werden. Sie verdient namentlich von Seiten der Techniker schon darum eine gewisse Berücksichtigung, weil die Menschen es einmal nicht lassen können, nach der äußeren Erscheinung auch den inneren Werth einer Sache zu beurtheilen.

Eben so wenig läßt es sich verkennen, es entspricht nur der, durch die dieser Manier beigelegte Wichtigkeit angeregten Erwartung, daß die zur Herstellung der verlangten Form erforderlichen Arbeiten von den Kunstwiesenbauern mit außerordentlichem Fleiß und Geschicklichkeit und mit großer Genauigkeit ausgeführt werden, so daß deren Verfahren vielfach beibehalten werden kann. Da aber die verschiedenen Schulen der Kunstwiesenbauer auch hierin sehr weit auseinandergehen, so wird bei der Beurtheilung der verschiedenen Manieren auf Gründe zurückgegangen, es wird eine jede einer genauen Prüfung unterworfen werden müssen, ehe der Vorzug der einen vor der andern zuerkannt und dieselbe als nachahmenswerth empfohlen werden kann. In dem Folgenden wird nach einer Beschreibung derselben die Kritik zu entscheiden haben, welche für den rationellen Wiesenbau beizubehalten, und welche zu verwerfen sei.

Das Rasenschälen.

§. 60.

Die erste Arbeit, welche. nachdem die größeren Gräben ausgehoben, der Anfertigung der kleineren noch vorangehen muß, ist das Abschälen des Rasens auf der zu bauenden Fläche.

Die Siegener machen diese Arbeit in zwiefacher Weise, sie schälen den Rasen entweder in quadratischen Stücken, oder in langen Streifen. Im ersteren Falle werden mit dem Wiesenbeile nach der Richtung ab, ab, Tab. IX Fig. 2 Streifen von 12 bis 14 Zoll Breite gehauen, demnächst querüber in der Richtung cd, cd, in eben so weiter Entfernung, und dadurch die quadratischen Stücken an den Seiten abgetheilt. Diese Stücken werden dann noch mit der Stechschippe unten losgestochen. Ist der Boden hart, so kann unten am Stiel der Schippe noch ein Strick befestigt werden, an welchem ein Mann zieht, während der andere hinten am Stiele schiebt. Die Schippe geht dabei unter den Graswurzeln. Nach der Stärke der Narbe richtet sich daher auch die Stärke der abgeschälten Rasen. Zuweilen werden sie auch mit einer Hacke losgehauen.

Beim Abschälen in längeren Streifen wird der Wiesengrund nur nach der Richtung ab, ab Tab. IX. Fig. 3 mit dem Beile in eben so breite Streifen, wie vorher abgetheilt, aber nur der erste davon cc in quadratischen Stücken herausgenommen. Sobald dadurch Platz gewonnen, wird mit der von dem zur Seite stehenden Arbeiter, rechtwinklich gegen den Hieb, also in der Richtung ef gehaltenen Schippe, der 2te und dann in eben der Weise die folgenden Streifen unten losgestochen. Ein anderer Arbeiter rollt den losgestochenen Streifen auf. Soll die Arbeit fördern, so gehört ein Mann zum Vorhauen, 2 Männer zum Losstechen und der 4te zum Aufrollen. Ist die Rolle für den Transport zu groß gerathen, kann ein Mann sie nicht fortschaffen, so wird in der Mitte ein runder glatter Stock gd hindurchgesteckt, an welchen zwei Männer anfassen.

Nur an sehr wenig Orten ist das Schälen mit dem Schottischen Brustpflug bekannt. Der Rasen wird damit von Einem Mann 1 Zoll stark in Streifen von beliebiger Länge beinahe in eben so kurzer Zeit, wie nach der eben beschriebenen Siegener Art von Dreien abgeschält. Der Arbeiter hängt sich zuerst ein Paar mit einander verbundene Hölzer so um den Hals, daß dieselben senkrecht herunterhängend auf beiden Seiten die Brust und den Unterleib decken, setzt dann den Brustpflug an, wobei der Handgriff desselben beinahe in der Magengegend an diese beiden Hölzer anliegt und stößt nun mit dem ganzen Leibe den Pflug vorwärts. Der schwerste Theil der Arbeit wird hierbei mit dem Kreuz und nicht mit den Armen ausgeübt, daher ist die Arbeit damit sehr schwer, und es gehört Gewohnheit dazu, sie dauernd und mit Geschick auszuführen. Andererseits geht aber das Schälen damit viel schneller, wie bei irgend einem anderen Verfahren.

Die Lüneburger benutzen wieder ein anderes Instrument, die Plaggenhaue oder Poßhacke dazu. Mit dieser Hacke werden die Rasen unten losgehauen und dann in ganz unregelmäßigen bald größeren, bald kleineren Stücken abgerissen. Sie werden in der Regel nur ein Zoll stark.

Geht man nun auf eine Kritik dieser verschiedenen Methoden ein, so hat zunächst der Quadrathieb gar manche Nachtheile. Dahin ist zuerst zu rechnen, daß die Rasen verschieden stark werden. Wo das Gras tief wurzelt, werden die gestochenen Sohden dick, wo dies flach wurzelt, dünn. Es ist aber gar nicht durchzuführen, daß schon beim Planiren hierauf

Rücksicht genommen werde. Die Höhe der gedeckten fertigen Flächen, welche gleich werden soll, wird dadurch wieder ganz ungleich. Zweitens wird es beim Auflegen dicker, und wie hier unvermeidlich fester Rasen durchaus nöthig, daß dieselben dicht an einander schließen, weil sonst das Wasser nicht über die Fläche überrieselt, sondern in den klaffenden Fugen zwischen den einzelnen Sohden abläuft, die lose Erde dazwischen und darunter fortwascht, und Unregelmäßigkeiten herbeiführt. Werden aber die Rasen, dies zu verhindern, fest aneinander gestoßen, so vermindert sich dadurch der Flächeninhalt derselben, und die gedeckte Fläche wird viel kleiner, als sie ursprünglich war. Für die übrige Fläche fehlen die Rasen. Man hat deren aber nie zuviel, weil außer dem Decken zu den kleinen Verwallungen der Gräben, zum Einpacken der Schleusen und zu vielen anderen Arbeiten noch eine Menge derselben verbraucht werden. Dieses Fehlen ist also doppelt empfindlich. Aus diesen Gründen ist vom Quadrathieb abzurathen, ganz abgesehen davon, daß der beim Bau nothwendige Transport von einer Stelle zur andern, durch das größere Gewicht dicker Rasen erschwert und vertheuert wird.

Besser ist deshalb schon das Aufrollen. Die Rasen recken sich bei diesem Verfahren. Beim Decken kommt man später aus, behält auch wohl etwas übrig. Allein auch hierbei bekommen die aufgerollten Streifen, bei verschiedener Narbe, verschiedene Dicke. Weil das Stechen mit der Stechschippe außerordentlich große Uebung und Geschicklichkeit erfordert, so gerathen die einzelnen Streifen auf einer Stelle oder Seite leicht stärker, als an einer andern, und bleiben trotz des Rollens oft noch recht hart. Es erschwert aber nichts die spätere Arbeit mehr, als Auflegen ungleich starker, großer und harter Rasen. Der Transport wird, wenn auch nicht ganz so, wie bei quadratischen Stücken durch das Gewicht der dickgeschälten Streifen ebenfalls unnöthigerweise vermehrt.

Auch beim Schälen mit dem Schottischen Brustpfluge, zu dessen richtiger Führung eine besondere Geschicklichkeit gehört, bleiben die geschälten Streifen sehr hart.

Dagegen werden die mit der Plaggenhaue abgehackten Rasen durch die Arbeit selbst (das Umdrehen zum zweiten Hiebe, und das Hin- und Herzerren beim Abreißen) mürber, als die mit der Stechschippe unten glatt abgestochenen, sie werden nicht sehr stark und sind deshalb leicht zu transportiren, und haben in dieser Beziehung vor allen andern den Vorzug.

Hierzu kommt, daß das dünne Schälen der Rasen überhaupt besser ist, und daß das Gras nach dem Auflegen dünner Rasen eher und kräftiger wächst. Betrachtet man sich die Narbe von Wiesen verschiedener Qualität genauer, so findet man dieselbe da, wo die besseren Gräser vorherrschen, nicht allzu stark, auch mürbe. Wo dagegen die Schnitt- oder Riedgräser (namentlich z. B. Carex acuta u. dgl.) vorherrschen, da gehen die Wurzeln tiefer in die Erde hinein, die Narbe ist zähe und hart.

Zwischen den vorherrschend schlechten Gräsern, wachsen im Moose zwar Klee, die bessern Gräser und andere gute Futtergewächse; allein alle diese Pflanzen kümmern und entgehen durch ihre Kleinheit der Aufmerksamkeit. Sie haben daher auch nur schwächliche Wurzeln, welche in der Oberfläche liegen. Werden nun diese Rasen dick abgestochen, und dann wieder aufgelegt, so bleiben die darauf stehenden Pflanzen, die schlechten sowohl wie die guten, zunächst unverändert, und es dauert längere Zeit, ehe jene so weit weichen, daß die besseren sie überwachsen. Beim flachen Abhauen des Rasens werden dagegen die Wurzelstöcke der schlechteren Gräser quer durchgehauen, so daß sie nach dem Aufdecken bald vergehen. Dagegen werden die Wurzeln der besseren Gräser, wenn sie auch in überwiegender Menge vorhanden sind, beim flachen Abhieb nur in den feineren Wurzelfasern verletzt. Dies Abhauen der jüngsten Faserspitzen schadet aber nicht, schneidet sie ja doch der Gärtner, wenn er Gewächse umpflanzt, absichtlich ab. Auf eine neue Stelle und in neuen Boden gebracht, wachsen sie bald wieder durch. Schadet aber das flache Abhauen nur den schlechten Gräsern, und nicht den bessern, bleiben dagegen jene noch lange Zeit in den dickeren Rasen erhalten, so paßt es für alle Verhältnisse besser, nur dünn zu schälen, und darum ist die Lüneburger Methode die bessere.

Ist zwischen der Grasnarbe viel Moos, so kann man die Rasen einige Zeit auf Haufen liegen lassen. Die besseren Pflanzen darin halten sich etwas länger, als das Moos. Dies Verfahren trägt daher zur schnelleren Unterdrückung des letzteren bei. Nur darf das nicht zu lange dauern, damit die Rasen nicht vollständig verstocken und auch die besseren Sachen darin absterben.

Hat der umzubauende Boden keine zusammenhängende Narbe, wie der Sandboden, auf welchem vorwiegend Bocksbart (Aira canescens), Ruhrkraut (Gnaphalium) u. dgl. wachsen, oder ist es Acker, der mit Gras oder Klee oder auch gar nicht angesät war, so muß anstatt des Schälens die obere Krume, welche doch immer einige Pflanzenwurzeln enthält, mit der Schippe abgenommen und auf kleine Haufen zusammengeworfen werden. Die feinen Wurzeln schlagen später wieder aus und helfen den losen Boden zusammenhalten.

Ist endlich die Oberfläche bültig, d. h. in weichem Zustande vom Vieh sehr zertreten, wie dies auf bruchigen Hütungen so oft der Fall ist, so ist ein zusammenhängender Rasen eben so wenig zu gewinnen. Man muß sich daher darauf beschränken, die Bülten abzuhauen und auf Haufen zu werfen, später aber, ehe etwas weiteres damit vorgenommen werden kann, sie durcharbeiten und ganz kurz hacken.

Anfertigung und Abgleichen der Wässer und Entwässerungs-Rinnen oder Grippen.

§. 61.

Nachdem bestimmt worden, welche Form jede einzelne Schicht erhalten, ob Rücken oder Hänge angelegt werden sollen, und nachdem die Gräben fertig sind, und der Rasen abgeschält und auf Haufen geworfen ist, müssen die Rinnen gemacht werden. Die Regeln über die Lage derselben sind schon oben in den §§. 34. und 35. entwickelt. Ihre Entfernung von einander wird mit der Ruthe abgemessen, ihre Linie durch kleine Pfähle bezeichnet. Bevor sie jedoch ausgehoben werden können, wird an denjenigen Stellen, an denen der Boden zu tief liegt, wo also Auftrag nothwendig wird, eine kleine Erhöhung in der Rinnenlinie etwas höher angekarrt, als der Wasserstand später sein wird. Allenfalls geben das Augenmaaß und das bekannte Gefälle der Schicht schon die ungefähre Höhe derselben an. Wo dies fehlt, wird mit einem Nivellir-Instrumente die ungefähre Höhe bestimmt. Die anzukarrende Erde wird da weggegraben, wo später doch Abtrag hinkommt, also in der Nähe der Entwässerungsrinne. Der angekarrte kleine Wall wird dann festgetreten oder festgestampft. Das ist deshalb besonders wichtig, weil je fester die Wässerrinnen gearbeitet sind, je weniger Wasser mithin durch die Wandungen derselben in den Boden eintritt, und je mehr die Pflanzen auf das von oben herunterfließende Wasser angewiesen sind, desto besser sich der Graswuchs macht. Erst nachdem dies geschehen, werden die Rinnen nach dem Schnur so angefertigt, daß von beiden Seiten tief Bort gestochen, und die Erde mit dem Spaten von dem seitwärts stehenden Arbeiter ausgehoben wird. Wollte man die Rinnen vor einem solchen Aufkarren in den gewachsenen ursprünglichen Boden einschneiden und die nothwendige Erhöhung nachher durch Anpacken der Ufer erzielen, so werden dadurch die Rinnen zu tief und zu breit, und zwar am unteren Ende, also da, wo sie schmaler und flacher werden könnten. Deshalb sehen solche Rinnen später auch durchaus schlecht und widersinnig aus. Die Entwässerungsrinnen werden in dem gewachsenen Boden ausgegraben, und die dabei gewonnene Erde, so weit es geht, gleich mit dem Spaten dahin geworfen, wo Auftrag nöthig wird. Es schadet gar nichts, wenn man allen neuen Rinnen nicht gleich bei der ersten Anlage die volle Breite und Tiefe giebt, welche sie später haben sollen, sondern erst nachdem die Grasnarbe vollständig zusammengewachsen ist durch Nachschneiden die verlangten Dimensionen herstellt. In losem Sandboden ist dies sogar nothwendig, weil sie sonst ganz unförmlich werden.

Da die gleichmäßige Vertheilung des Wassers, die erste Bedingung eines gleichmäßigen und darum hohen Ertrages vorzugsweise von der genauen Arbeit der Kanten der Wässerrinnen, über welche dasselbe überläuft und auf die Flächen hinabfließt, abhängig ist, so ist es einleuchtend, daß das Abgleichen dieser Kanten gar nicht sorgfältig genug gemacht werden kann. Die Siegener nivelliren daher jede Rinne, und schlagen alle Ruthe einen Pfahl ein, dessen Kopf genau in der Höhe des künftigen Wasserspiegels liegt. Da sie den Rinnen vielfach Gefälle geben, so haben sie für das richtige Maaß dieses Gefälles daran ihr Merkmal, daß sie bei dem Gebrauch ihrer Setzwage das Loth in einer gewissen Entfernung neben dem Strich anschlagen lassen. Ueber die Köpfe der eingeschlagenen Pfähle werden dann Schnüre recht stramm gespannt, und danach die Rinne abgeglichen. Die Arbeit des Abwiegens ist nicht allein unendlich mühsam, sondern wird auch nicht genau, da das dazu benutzte Instrument doch nur ein sehr unvollkommenes ist. Ueberdies wird das Abgleichen nach Schnüren, welche zwischen den Unterstützungspunkten sich sacken, oder durch berührende Erdstückchen oder andere Körper aus der Richtung geschoben werden, dem Wasser gegenüber ebenfalls nicht genau genug.

Die Lüneburger benutzen hierbei das Wasser selbst als Mittel zum Abwiegen auf eine höchst zweckmäßige Weise. Es wird zu dem Ende zunächst die Höhe des Wasserstandes im Vertheilungsgraben durch ein vergleichendes Nivellement der Schicht, und nach dem sich daraus ergebenden Ab- und Auftrag festgestellt, und diese Wasserhöhe durch den gerade und glatt abgeschnittenen Kopf eines in den Graben eingeschlagenen Pfahls bezeichnet. Dann wird das Wasser in denselben so weit hineingelassen, bis es die Höhe dieses Pfahlkopfes und damit seinen normalen Stand erreicht hat. In dieser Höhe wird es erhalten, und aus dem Graben in die Wässerrinnen hineingelassen. Sollten die Ränder der letzteren irgendwo zu niedrig sein, so muß schnell noch etwas Boden angepackt und das Wasser am Ueberlaufen verhindert werden. Jetzt wartet man die Zeit ab, bis überall das Wasser zur Ruhe gekommen ist, beobachtet aber und sorgt dafür, daß es im Wässergraben weder steigt noch fällt, und immer die genaue Höhe des Pfahlkopfes behält. Steht nun das Wasser still, mithin horizontal, so zeigt dessen Wasserspiegel ganz genau die Höhe der Kante an.

Mit scharfen Schippen oder Hacken werden daher nun die Ränder der Wässerrinnen für die Rücken auf beiden Seiten ganz scharf so weit herunter gearbeitet, bis sie mit dem Wasserspiegel genau in der nämlichen Höhe liegen. Es kann kein leichteres, bequemeres und dabei sichereres Verfahren geben, als das eben beschriebene. Sollte der Vertheilungsgraben etwas Gefälle bekommen, so braucht man nur in eine gewisse Zahl von Rinnen das Wasser gleichzeitig und in gleicher Höhe eintreten zu lassen, und mit der Höhe des Pfahlkopfes nur die ersten, abzurichten. Für eine gleiche Zahl der folgenden Rücken wird dann das Wasser entsprechend niedriger gehalten, und die Kanten derselben dann nach diesem niedriger liegenden Wasserspiegel des Grabens in der nämlichen Weise abgerichtet u. s. f.

Sind die Wässerrinnen der Rückenschicht abgeglichen, so läßt man, nachdem an einer passenden Stelle ein Stau in den Entwässerungsgraben gelegt worden, das Wasser in diesen hinein, und darin so weit ansteigen, bis es um die Höhe der Rücken (also für 2 Ruthen Breite 6 bis 8 Zoll) niedriger steht, als vorher im Wässergraben. Auch zur Bestimmung dieser Höhe ist die Anwendung eines besonderen Nivellir-Instruments nicht erforderlich. Man braucht nur eine Entwässerungs-Rinne nach oben zu bis dicht an den Wässergraben heran zu verlängern, die Bort des letzteren an dieser Stelle mit dem normalen Wasserspiegel in gleicher Höhe abzurichten, und nun von dieser Bort mit einem Zollstock senkrecht bis auf den im Entwässerungsgraben angestauten Wasserspiegel oder bis auf einen darin eingeschlagenen Pfahl herunter zu messen, oder aber von der abgeglichenen Kante der einen Wässerrinne bis zu der nächsten ein Schnur recht straff anhalten zu lassen und von diesem Schnur ab die verlangte Rückenhöhe abzusetzen. Der Wasserspiegel wird im Entwässerungsgraben ebenfalls durch einen Pfahl bezeichnet, während der Arbeit immer in gleicher Höhe erhalten, und danach die Kanten der Entwässerungsrinnen $\frac{1}{2}$ bis 1 Fuß breit genau abgestochen. Die Erde wird nach der Wässerrinne hin ausgeworfen. Auch bei dieser Arbeit ist mithin die Lüneburger Manier jeder andern bei weitem vorzuziehen.

Ganz in der nämlichen Weise werden die Rinnen für die Hänge, nur mit den dabei nöthigen Veränderungen abgeglichen. Die ersten Hänge längs dem Wässergraben werden, je nach dem schwächeren oder stärkeren Abfalle des Terrains $\frac{1}{2}$ bis 9 Zoll niedriger gelegt, als der Wasserspiegel in diesem. Mit dem Gefälle des Grabens müssen sie mindestens parallel gehen, und jeder folgende Hang etwas niedriger gelegt werden, als der vorherige. Niemals dürfen sie nach dem Ende zu, zu hoch gemacht werden, ein Fehler in den man leicht verfällt, wenn man nicht auf das zum Fließen nöthige Gefälle des Wassers im Graben Rücksicht nimmt, und der sich dadurch straft, daß das Wasser im Graben zu hoch angetrieben werden muß, oder daß die ganze Wässerung schlecht von Statten geht. Jeder Hang bildet übrigens ein Ganzes für sich. Daher brauchen mehrere Wässerrinnen auch nicht in gleicher Höhe zu liegen. Da aber nur die untere Kante derselben überrieselt, so wird auch nur diese mit dem Wasser gleich hoch abgerichtet. Auf der anderen Seite bleibt der kleine Wall, auf dessen Höhe es weniger ankommt. Die obere Seite der Wässerrinnen wird daher nach Augenmaaß 2 bis 3 Zoll über dem Wasser abgehauen. An der Entwässerungsrinne werden dagegen beide Kanten gleich hoch abgerichtet, damit beim Mähen später darüber fortgehauen werden kann. Die Hänge mit den Wällen erhalten daher die auf Taf. IV. Fig. 3. und 4. gezeichnete Form. Die Höhe des zum Abrichten zu benutzenden Wasserstandes richtet sich darnach, wie sich Auf- und Abtrag auf jedem Hange ausgleichen. Da, wo weder der eine noch der andere nöthig ist, ergiebt sich natürlicher Weise die Höhe des Terrains als solche.

Das Planiren.

§. 62.

Da die Rinnen am besten nach Lüneburger Manier abgeglichen werden, so ist an den Kanten derselben nach dem Abgleichen die Höhe des Auf- und Abtrages auf das allerdeutlichste zu erkennen. Da wo das Terrain zu hoch ist, muß nun der überflüssige Boden fortgenommen werden. Es ist hierbei aber nicht gut, ihn nur gerade bis zu der Tiefe wegzuschaffen, wie es zur Ebenung der Fläche nöthig ist, sondern besser, an kleinen Stellen mit dem Spaten zuerst tiefer zu greifen, und dann die so entstandenen kleinen Löcher von den Seiten her wieder zuzuplaniren. Der Untergrund wird dadurch gelockert und mit der oberen Krume gemischt, er würde sonst, wo die obere Erde nur ganz genau weggenommen ist, zu hart und fest bleiben. Die Wurzeln der später aufgelegten Rasen dringen aber besser in einen gelockerten Boden ein. Im Ganzen können bei rationeller Eintheilung die abzutragenden Erdmassen niemals von großer Bedeutung sein, da sie, wie oben bereits nachgewiesen, auf der ganzen Fläche durchschnittlich nur $1\frac{1}{4}$ Zoll Höhe und an den kleinen Stellen, wo die Köpfe der Rücken ganz durch Auftrag von den Entwässerungsrinnen her gebildet werden, nur 6 bis 8 Zoll als größte Höhe haben. Will man seine Sache recht gut machen, so läßt man an den Stellen des Abtrags die bessere Erde zurückwerfen, und sie nach dem Fortschaffen des zu vielen Bodens wieder überbreiten; da wo Auftrag hingekommen ist, wächst Alles sehr gut, wenn der Boden dazu auch von dem todten Untergrunde genommen war. Hier ist ein Obenaufbringen der bessern Erde nicht nöthig. Aus diesem Grunde muß man das Verfahren der Siegener, die sogenannte Bauerde, d. h. die bessere dicht unter dem Rasen liegende Krume auf der ganzen Fläche mehrere Zoll stark abzunehmen, an die Seite und erst nach dem Planiren wieder aufzubringen, für eine überflüssige, die Anlage unnöthiger Weise vertheuernde Operation halten. Mit Rücksicht auf diese Regeln wird der Boden überall zuerst ausgeglichen, so daß an jeder Stelle die nöthige Erde vorhanden ist, dann diese Erde gehörig gebreitet, die vorstehenden Klöße abgehackt, die kleineren Vertiefungen zugefüllt, und so planirt, daß überall die von den Wässer nach den Entwässerungsrinnen hingezogenen Linien gerade sind. Nichts ist fehlerhafter als der überrieselten Fläche eine gewölbte Form (Taf. IX. Fig. 7.) zu geben. Solche Flächen rieseln stets schlecht. Die Rücken werden später bei etwas mangelhafter Unterhaltung schon ganz von selbst, und viel zu früh so rund. Viel eher ist es zu erlauben, daß wenn an irgend einer Stelle der Boden einmal fehlt, die Rücken hohl gemacht werden Taf. IX. Fig. 8.

Bei einiger Uebung der Arbeitsleute geht das Planiren sehr gut nach dem Augenmaaß. Die abgeglichenen Ränder der Rinnen auf beiden Seiten der zu planirenden Flächen geben dem Auge dabei vollständig genügende Anhaltspunkte. Bei geringerer Uebung derselben, giebt das Auflegen eines Richtscheides, oder das Anhalten eines recht stramm angezogenen Schnures eine sehr gute Kontrole für die richtige Arbeit ab.

Beim Hangbau kommen zuweilen Flächen vor, welche schon in ihrer natürlichen Lage einen genügend starken und so regelmäßigen Abfall haben, daß mit der Einrichtung und dem Abgleichen der Rinnen die ganze Anlage fertig ist. Solche Flächen brauchten eigentlich weder abgeschält noch planirt zu werden. Eigenthümlich aber ist es, und beweist die in dem §. 59. ausgesprochene Ansicht, daß durch flaches Schälen der Rasen die nicht auf die Rieselwiesen gehörigen Pflanzen eher zerstört werden, daß solche unberührt gebliebenen Hänge gewöhnlich erst später die specifischen Rieselgräser und damit den vollen Grasertrag hervorbringen, als die umgebauten. Sind daher so gelegene Flächen nicht ganz eben, haben sie kleine Vertiefungen und Erhöhungen und nicht besonders guten Boden, namentlich keinen mürben, so ist es doch am besten, sie abzuhacken, umzugraben, und dann die kleinen Unebenheiten glatt zu planiren.

Im Lüneburgischen wurde früher viel geschwemmt, d. h. der Transport der Erde nach den niedrigeren Wiesentheilen, durch Zuleitung von fließendem Wasser besorgt. Im festeren Boden muß durch Hacken und Graben dabei geholfen werden, in losem Sandboden geht es dagegen sehr leicht, allein es treten dabei doch manche Uebelstände hervor. Der geschwemmte Boden legt sich nämlich sehr fest zusammen, und bringt gewöhnlich rauhen Duwock oder Heermus (Equisetum palustre) hervor, wenn er nicht wieder gelockert und gedeckt wird. Außerdem hat die Oberfläche der geschwemmten Flächen selten schon die gehörige Form, sie muß doch noch nachgearbeitet, der Boden auch wohl theilweise wieder auf eine andere Stelle gebracht werden. Darum ist das Schwemmen auf die Ausfüllung alter Bachbetten, oder tieferer Löcher zu beschränken. Der gewöhnliche Transport läßt sich mit der Handkarre eben so billig und besser bewirken, zumal beim rationellen Bau die Erdbewegung an jeder Stelle doch nur eine sehr geringe ist.

Das Decken mit Rasen.

§. 63.

Während des Planirens der einen Hälfte der Rücken oder eines Hanges waren die früher abgehackten Rasen auf der andern Hälfte oder auf einem anderen Hange auf Haufen zusammengeworfen. Nachdem diese fertig, werden sie von jenem wieder hinübergebracht, und nun der andere Theil der Fläche planirt. Ist auch diese Arbeit beendet, so werden die Rasen wieder aufgedeckt. Am schnellsten geht das Abdecken unstreitig, wenn die Narbe vorher aufgerollt war Die Rollen werden an der Wässerrinne erst zurechtgelegt Mit geringer Nachhülfe breiten sie sich bis zur Entwässerungsrinne hinab aus, und brauchen dann nur noch mit einer Forke aneinandergeschoben zu werden. Da aber die mancherlei mit diesem Schälen in Streifen verbundenen Nachtheile diese Methode weniger empfehlenswerth erscheinen lassen, als das Abhacken mit der Plaggenhaue, so wird auch nach Lüneburger Manier gedeckt werden müssen. Die unregelmäßigen Rasenstücke werden auf den geebneten Boden so aneinander gelegt, daß die kleineren, aber möglichst gleich starken die Wässerrinne einfassen, die größeren den Rand der Entwässerungsrinnen bilden. Taf. VIII. Fig. 7. Die anderen füllen den Raum zwischen beiden, je nachdem der Boden vorher eine dichte oder lockere Narbe hatte, mehr oder weniger aus. Sie werden so eingetheilt, daß sie überall gleichmäßig zu liegen kommen, und es ist nur darüber zu wachen, daß die Ränder der einzelnen Stücke nicht aufeinander gelegt werden, weil sie dann sich nicht gut hinunterschlagen lassen. Es schadet aber wenig, wenn zwischen denselben schmale Streifen des Bodens ganz unbedeckt bleiben, denn erstlich dehnen sich die Rasen beim Schlagen etwas auseinander, zweitens quillt der vorher erweichte Boden in diesen Zwischenräumen in die Höhe, so daß die Flächen ganz glatt werden, und drittens überziehen die Gräser mit kriechender Wurzel und mit Stolonen, wie z. B. Agrostis stolonifera, Alopecurus fulvus, Poa compressa, Glyceria fluitans u. a. m. diese Stellen sehr bald, und wachsen mit besonderer Ueppigkeit darauf an. Auch lassen sich Unregelmässigkeiten, welche durch die ungleiche Stärke der Rasen entstehen, sehr leicht dadurch wieder gut machen, daß man mit den dickeren etwas lockerer, d. h. weitläuftiger deckt, und dadurch dem in großer Masse in die Höhe gedrängten Boden in den weiteren Zwischenräumen zwischen den aufgelegten Sohden den erforderlichen Raum verschafft.

Ein großer Vortheil dieser Methode besteht außerdem noch darin, daß dabei so viel Rasen übrig bleiben können, als anderweitig zu einer Menge von Arbeiten gebraucht werden.

Sind die Deckrasen sehr knapp, so muß man sich schon damit begnügen, zunächst nur die Kanten der Wässer- und Entwässerungsrinnen einzufassen. Lassen sich jedoch aus der Nähe, wenn auch nicht gerade von der zu bauenden Fläche selbst, sondern vielleicht von einer anstoßenden Weide oder aus dem Walde Rasen, und wenn es nur Moospalten aus einem Kieferrnholze sein sollten, ohne allzu große Kosten herbeischaffen, so ist dies immer zweckmäßig, und verhilft am schnellsten zum Umarten der Wiese, zu deren vollem Ertrage. Wenn auch nur ganz locker damit hat gedeckt werden können, so wächst übergesäeter Grassaame u. s. w. dann um so besser an.

Sind gar keine Rasen vorhanden, und sind solche auch nicht herbeizuschaffen, so wird die vorher zusammengeschippte Krume wieder obenauf gebracht und stark angesäet. Hier gilt es, im Boden zuerst nur Wurzeln zu produciren, welche ihn zusammenhalten und das Rieseln ermöglichen. Da indeß im mageren Boden die Pflanzen nur kümmerlich wachsen, und daher keine starken Wurzeln bilden, so muß man schon durch die Menge derselben, also durch recht dicke Ansaat, diesen Zweck zu erreichen bemüht sein. Womit soll nun angesäet werden?

Das ist eine oft aufgeworfene Frage. Für alle Bodenarten, für den schlechtesten Sand-, wie für den Bruch- und Moorboden, passend ist das Honiggras (Holcus lanatus). Findet sich dasselbe auf schlechten Wiesen erst in der Nähe der Entwässerungsgräben von selbst ein, ohne angesäet zu sein, so ist das ein gutes Zeichen, und deutet darauf hin, daß die Wiesen bald ausgeglichen sein und viel Ertrag geben werden. Es ist in seinen Ansprüchen äußerst bescheiden und verträgt Trockenheit und Nässe gleich gut, sogar die Kälte des Bodens schadet ihm wenig. Es ist mit anderen Gräsern außerordentlich verträglich, und macht den besseren Arten später leicht Platz. Der Saame desselben ist leicht zu haben und billig. Diese Vorzüge machen das Honiggras zur Aussaat besonders geeignet, und obgleich es der Qualität nach nur zu den ziemlich guten Gräsern gehört, so thut man doch recht daran, davon die größte Quantität zu nehmen, und ihm andere Sämereien nur beizumischen. Das Thimotegras (Phleum pratense) wächst auf gutem Boden recht gut, kommt sogar als Uebersaat über Heideplaggen kräftig hervor, allein es taugt weder für mageren losen Sand, noch für sauren Humusboden, und kann kalten Boden gar nicht recht vertragen. Wenn es daraus auch zuerst wie eine Bürste hervorsprießt, und fingerlang scheinbar freudig emporwächst, so wird es nachher bald gelb und vergeht spurlos. Da, wo es vorherrscht, ist es mit anderen Gräsern unverträglich, und läßt sie nur sehr schwer aufkommen. Daher lohnt dessen Ansaat auf magerem Boden gar nicht, auf besserem kann man etwas davon unter das Honiggras mischen. Ferner ist für mageren Boden die Beimengung von etwas weißem Klee (Trifolium repens) und gelbem Klee (Medicago lupulina), für bessern auch von rothem Klee (Trifolium pratense) anzurathen. Auch kann man der Einsaat Hafer und Wicken beimischen. Es kommt in solchem Falle zuerst nur darauf an, den Boden so weit zu befestigen, daß er das Rieselwasser vertragen kann.

Das Anklappen.

§. 64.

Sind die Deckrasen wieder aufgelegt, so wird das Wasser angelassen und so lange, aber auch so schwach gerieselt, oder bei losem Sande auch nur so stark angefeuchtet, daß der Boden zwar erweicht, aber durch das überlaufende Wasser nicht weggespült wird Ist dieser Zweck erreicht, so wird das Wasser abgelassen, und nun die Oberfläche mit der Rasenklatsche tüchtig und glatt geschlagen, um dadurch die Rasen an den Boden fest anzutreiben, das Durchwachsen der Wurzeln zu befördern, und die kleinen durch das Decken entstandenen und in den Rasen selbst liegenden Unebenheiten auszugleichen. Eine besondere Vorsicht ist bei dieser Arbeit in der Nähe der Rinnen und namentlich der Wässerrinnen nöthig. Hier würde durch ungleichmäßiges Schlagen die vorher mühsam hergestellte Abgleichung zerstört, und durch zu starkes die Kante zu tief heruntergebracht werden, indem der Boden unter den Rasen hier besonders leicht ausweicht und in die Rinnen hineinfällt.

Nach dem Anklappen werden, wenn die Rasen erst an- und zusammengewachsen sind, die sämmtlichen Rinnen aufgeschnitten und mit dem erfolgenden Material die etwas gesackten oder vom Rieselwasser weggerissenen Stellen wieder ausgebessert.

Faktischer Erfolg.

§. 65.

Sind die Rieselwiesen nach den bisher angegebenen Regeln angelegt, so entspricht der Erfolg überall den davon gehofften Erwartungen. Ueberall, sogar auf den schlechtesten Bodenarten, auf dem kalten und sauren, dunkelbraunen eisenschüssigen und sandigen Haideboden, auf dem schlechtesten Moostorf, auf dem ärmsten Bruchboden wachsen bei sorgfältiger Unterhaltung und richtiger Behandlung die oben in §. 21. angeführten specifischen Rieselgräser in der gewünschten Masse.

Dieser Erfolg tritt mit einer solchen Sicherheit und in verhältnißmäßig so kurzer Zeit ein, daß der Wiesenbau jetzt eine der lohnendsten Meliorationen ist und das größte Vertrauen verdient. Wenn hier noch einmal darauf zurückgekommen wird, so geschieht dies nur darum, weil dadurch Gelegenheit gegeben wird, auf einzelne bei neuen Anlagen vorkommende Erscheinungen aufmerksam zu machen, und über manche derselben zu beruhigen. Dahin gehört das Auftreten der Binsen (Scirpus). Auf eisenreichem Sandboden kommen sie, zumal wenn er kalt ist, nicht selten vor, erscheinen aber auch nach dem Umbau oft in großer Menge. Man kann sie sogar auf manchem warmen Sande dadurch produciren, daß man die Wässergräben und Rinnen immer voll Wasser hält, und den Boden dadurch künstlich auskältet. Sie sind jedoch nur Uebergangspflanzen, welche in einigen Jahren spurlos verschwinden. Auch die kleine Krötenbinse (Juncus bufonius) wächst im ersten Jahre oft in großer Menge, und bis zur Höhe von einem Fuß. Sie vergeht indeß noch viel schneller, als die große. Ihr Erscheinen ist immer ein sicheres Zeichen, daß die Wiese sehr bald besser wird. Schon im zweiten Jahre ist der Ertrag gewöhnlich den Verhältnissen nach sehr zufriedenstellend.

Es wird oft gefragt, ob auch das Heermus, der rauhe Duwock (Equisetum palustre) durch das Rieseln zu vertreiben sei? Leider ist das nicht ganz der Fall. Die Bedingungen für das Wachsthum der besseren Gräser sind zwar gegeben; diese wachsen daher auch üppig und kräftig in die Höhe; allein zwischen ihnen bleibt das Heermus schmächtig und in seinem Wuchse beeinträchtigt, jedoch weicht es nicht ganz, und wenn es auch in manchen Jahren zu verschwinden scheint, so ist es doch und bleibt, wenn auch nur in sehr geringer Menge, vorhanden.

Von der Güte des Wassers und der aufgelegten Deckrasen hängt die Zeit bis zum vollen Ertrage der Wiese ab. Ist beides gut, sind namentlich durch vorhergegangene wilde Wässerungen oder durch frühere Ueberschwemmungen die entsprechenden Gräser schon vor dem Umbau vorhanden, so ist, von der im Frühjahr gebauten Wiese oft noch im Herbst ein guter, manchmal sind sogar noch zwei Schnitte zu nehmen. Unter weniger günstigen Verhältnissen vergehen oft mehrere (bis 6) Jahre, in denen der Ertrag nach und nach zunimmt, bis er zu der normalen Höhe hinaufgegangen ist. Die im Spätherbst aufgelegten vor Winter nicht angewachsenen Rasen frieren leicht auf, und bleiben, wenn auch nachher noch einmal angeklappt, im ersten Jahre zurück. Am schlimmsten ist in dieser Beziehung der arme Moor und Bruchboden.

Ist Wasser genug vorhanden, so können dadurch allein die Wiesen auf dem Höhepunkt des Ertrages erhalten werden, ohne daß ein neuer Umbau nöthig wird.

Dritter Abschnitt.

Stauapparate und Wasserbauten.

Allgemeine Bemerkungen.

§. 66.

Bei einer jeden Rieselanlage wird, sowohl um das Wasser zu der erforderlichen Höhe anzuspannen, als auch um dessen Zufluß zu reguliren, die Erbauung von Schleusen nöthig. Ihre Größe und Construction wird durch die davorliegende oder durchzulassende Wassermasse und deren Stauhöhe bedingt. In kleinen Rinnen genügt ein vorgelegtes Rasenstück, während große Flüsse oder tiefe Bassins starke und sehr kostbare Wasserbauten nöthig machen. Kenntniß der erfahrungsmäßig besten Konstructionen, so wie richtige Würdigung der Verhältnisse sind also die ersten Anforderungen an den Wiesenbaumeister. Er darf da, wo Sicherheit und Schutz großer Berieselungs-Anlagen nothwendig, wo bedeutendem Druck hoher Wasserstände, Widerstand zu leisten u. s. w., nur durchaus tüchtig bauen; die Kosten dürfen dann nicht gescheut, müssen dann schon auf die größere Fläche vertheilt werden. Eine unzeitige

Ersparung wird an solchen Orten häufig die aller größte Verschwendung. Wo dagegen nur kleine Wassermengen vollständig in seiner Gewalt sind, da kann und muß er leichter bauen, auch unnöthige Ausgaben zu vermeiden wissen.

Die aus dem Siegener-Lande und dort aus dem vorigen Jahrhundert sich herstammenden Schleusen-Konstructionen sind so schlecht, und stehen mit den Grundprinzipien der Wasserbaukunst in so schneidendem Widerspruch, daß sie ganz zu verwerfen sind. Daher können die in dem Folgenden zu gebenden Regeln mit den in den meisten anderen Werken über den Wiesenbau enthaltenen nicht übereinstimmen. Auch hierbei wird der rationelle Wiesenbauer sicherer und im Ganzen auch billiger arbeiten.

Die Nothwendigkeit, das Wasser zu gewissen Zeiten frei laufen zu lassen, oder die Möglichkeit, es beständig gestaut zu halten, bestimmen die Wahl des Stauapparats, die Anlage von Schleusen oder von Wehren.

Schleusen.

§. 67.

Die Schleusen dienen zum temporären Aufstauen des Wassers. Deshalb haben sie bewegliche Schutzbretter, welche eingesetzt, dem Wasser theilweise oder ganz den Durchgang versperren, herausgenommen aber, dessen freien Abfluß nicht behindern.

Hieraus folgt, daß Zu- und Abfluß durch mehr oder minderes Oeffnen nach Belieben regulirt werden können. Die Schleusen sind mithin da zu erbauen, wo die Anfstauung außergewöhnlicher Wasserzuflüsse das Bauwerk selbst gefährden würde, wo durch einen beständigen Stau, auch Grundstücke von Nachbarn, gleichviel ob immer oder nur zeitweise überschwemmt, und diese dadurch im Genuß ihres Besitzes gestört werden würden, also fast überall in Flüssen und Bächen mit nicht übermäßig großem Gefälle, und endlich da, wo durch dieselben der Zufluß für eine Berieselungs-Anlage regulirt und der Andrang zerstörender Fluthen oder ein unzeitiger Zufluß abgehalten werden soll, am Anfange eines Hauptzuleitungsgrabens. Die Schleusen gehören, wenn auch zu den sichersten, doch auch zu den kostbarsten Wasserbauten, daher ist deren Erbauung nur, wo die Nothwendigkeit es unabweisbar gebietet, anzuempfehlen. Nach dem Material, woraus sie erbaut werden, unterscheidet man hölzerne oder massive Schleusen.

Lage der Schleusen.

§. 68.

Bei der Auswahl der Baustelle für eine Schleuse hat man hauptsächlich sein Augenmerk darauf zu richten, daß der Stromstrich möglichst in der Mitte des Flusses, Baches u. s. w. liegend, senkrecht auf die Hauptspundwand falle und eben so das Gerinne verlasse, damit derselbe weder ober= noch unterhalb der Schleuse deren eine Seite und das Ufer besonders angreife, und dadurch Veranlassung werde, daß das Wasser um die Schleuse herum durchbreche. Man wird dieselbe daher im Flusse oder in einem Graben an der Stelle, wo das Bett eine ziemliche Strecke gerade ist und die stärkste Strömung in der Mitte geht, winkelrecht auf diese Richtung zu erbauen haben.

Ist man genöthigt in einem Flußbette selbst zu bauen, so sind ober= und unterhalb der Baustelle Fangdämme durch den Fluß zu legen, welche das Eindringen des Wassers in die Baugrube verhindern, während neben der Baustelle in einem interimistischen Graben für freien Abfluß des von oben her zufließenden Wassers gesorgt wird. Aus der Baustelle selbst wird das Wasser durch Eimer, Pumpen, Schnecken, Centrifugalmaschinen u. dgl. m. fortgeschafft.

Die Fangdämme construirt man nach der Höhe des davor liegenden Wassers verschieden, immer aber macht man sie etwas höher als den höchsten Wasserstand.

Bei geringer Wassertiefe von $1\frac{1}{2}$ bis 2 Fuß und bei geringer Breite des Baches 2c. genügt es, ein Stück Holz quer über zu legen Taf. VIII. Fig. 8. aa, und dessen Enden in den Ufern durch Eingraben oder davor geschlagene Pfähle zu befestigen. Auf der äußeren Seite werden Pfähle b in etwa

½ Fuß Entfernung von einander dahinter geschlagen und hinter diese eine Kopfrasenpackung c gemacht, welche durch etwas davor geworfene Erde d verstärkt wird.

Bei einer Wasserhöhe von 3 bis 4 Fuß muß man schon eine Reihe von Spitzpfählen in 4 bis 5 Fuß Entfernung von Mittel zu Mittel quer durch den Fluß hindurch schlagen Taf. VIII. Fig. 9. a, Zapfen an die Pfähle schneiden, einen Holm b darüber legen und nun außerhalb neben einander unten etwas geschärfte Bretter c schräg, ungefähr unter 45 Grad in den Boden einstoßen. Die Fugen zwischen denselben werden durch eine 2te Lage von darüber gelegten Brettern oder Schalen d gedeckt, und endlich um das Ganze vollkommen zu dichten und gegen das Durchsickern des Wassers zu schützen, etwas Erde e auf die letzteren geschüttet.

Bei noch größerer Wasserhöhe bis 8 Fuß werden zwei solche Reihen von Pfählen aa Taf. VIII. Fig. 10. quer über geschlagen. Die Entfernung der Reihen von einander wird so groß gemacht, als der Wasserdruck hoch ist. Beide werden dann verholmt und über die Holme bb Zangen cc gekämmt, auf der inneren Seite der Holme Plankenenden, welche geschärft, senkrecht in den Boden gestoßen, die Fugen zwischen denselben durch eine zweite Reihe von Planken, gedeckt und dann der innere Raum dazwischen mit Erde ausgefüllt und diese festgestampft.

Höhere Fangdämme kommen nur sehr selten vor, daher braucht hier nur auf Gilly's und Eytelwein's Wasserbaukunst hingewiesen zu werden, wenn etwas Mehreres darüber verlangt wird. Wird der Bach, Fluß ꝛc. durch Fangdämme abgesperrt, so muß neben der Baustelle ein Fluthgraben ausgehoben werden, in welchem während der Bauzeit das Wasser um dieselbe herumfließen kann.

Oft wird sich die Gelegenheit darbieten, die Erbauung solcher kostspieligen Fangdämme zu vermeiden. Hat der Fluß oder Bach bedeutende Serpentinen, so kann die Schleuse in einen neu zu fertigenden Durchstich gesetzt werden Taf. IV. Fig. 8. und zwar in der Art, daß zuerst die Baugrube abcd in der nöthigen Breite und Tiefe ausgegraben und erst nach

Beendigung des Baues der ganze Durchstich gefertigt wird. Die aus demselben gewonnene Erde ist dann zum Abstauen und Zufüllen eines Theils der Serpentine zu verwenden.

Erlaubt es das Gefälle, so ist die dadurch abgeschnittene Serpentine am unteren Ende, bei x, zu kupiren, weil durch das Abschwächen der Strömung in dem oberen offenen Theil bei Fluthen das Zuschlammen desselben befördert wird, während bei einer Kupirung am anderen Ende bei y die überstürzenden Fluthen nicht allein keinen Schlick darin absetzen, sondern ihn eher wegnehmen.

Dient die Schleuse dazu, das Wasser im Bach, Fluß 2c. aufzustauen, damit es in den Hauptzuleitungsgraben hineingehe, so wird sie am zweckmäßigsten einige Ruthen unterhalb der Einmündung des letzteren erbaut, damit der zwischen Graben und Bach stehen bleibende Block Erde Stärke genug behalte, um dem Druck des im Graben hochstehenden Wassers widerstehen zu können Taf. IV. Fig. 8. Auch die Schleuse im Hauptzuleitungsgraben zur Regulirung des Zuflusses für denselben und zum Abhalten des Fluthwassers muß aus demselben Grunde in einiger Entfernung vom Bache erbaut werden.

Construction hölzerner Schleusen.

§. 69.

Die hölzernen Schleusen bestehen aus folgenden 3 Haupttheilen:

1) der Hauptspundwand,
2) dem Gerinne, und
3) den Flügeln.

a) Die Hauptspundwand.

Die Hauptspundwand Taf. X. Fig. 1. und 2. AA besteht aus senkrecht dicht neben einander eingerammten, mit Feder und Nuth gespundeten Pfählen Fig 1., 2. und 4. aa. Diese werden bei größeren Schleusen von eichenem oder stark kiefernem Bauholz, 9 bis 11 Zoll stark (je harzreicher letzteres ist, desto dauerhafter), bei kleineren schwächer, von Halbholz, 5 bis 6 Zoll stark, gefertigt. Sie werden nach Fig. 5. nur von zwei Seiten und nur die beiden äußersten Pfähle der Spundwand bb Fig. 2. von drei Seiten geschärft, nicht wie Fig. 7. und 6. gespitzt oder von drei Seiten geschärft. Die Schärfung muß dreimal so lang gemacht werden, als der Spundpfahl stark ist. Die Pfähle erhalten auf einer Seite eine Feder, auf der anderen eine Nuth, in welche wieder die Feder des nächsten Pfahles eingreift, 2 bis 3 Zoll breit und stark, bei guter Arbeit nachgehubelt. Es können aber Feder und Nuth auch wegbleiben und die Pfähle ganz stumpf an einander gestellt werden. Die Kanten derselben müssen dann aber sehr glatt gehubelt, überhaupt die Arbeit sehr sauber gemacht sein, auch dürfen nicht viel Steine im Baugrunde das seitliche Ausgleiten der Pfähle veranlassen.

Die Länge der Spundpfähle richtet sich nach der Beschaffenheit des Baugrundes. Ist dieser fest, so brauchen sie nur 4 bis 6 Fuß unter die Sohle des Fluß- oder Bachbettes hinabzureichen. Als durchschnittliches Maaß ist bei festem Boden für gewöhnlich anzunehmen, daß sie unter der Sohle des Flusses, Baches rc. eben so lang werden, als sie über derselben in die Höhe stehen. Besteht der Boden dagegen aus Bruch oder Torf, so sollen sie der Sicherheit wegen bis in den darunter befindlichen festen Boden hineinreichen, weil bei hohem Wasserdruck oberhalb der Schleuse und bei der oft klüftigen und rissigen Beschaffenheit und dem geringen specifischen Gewicht des Humusbodens das Wasser leicht unter den Spundpfählen hindurch, machmal sogar große Stücke von mehreren Kubikfuß aus der Sohle des Flusses oder Grabens in die Höhe bricht und die Pfähle dann ausspült. Die Spundpfähle werden in einer Zwinge Fig. 9. xx bestehend in ein Paar Stücken Holz, welche etwas weiter als die Pfähle stark sind, mit einander verbunden werden, nach der Reihe aufgestellt und mit der Lauframme eingerammt.

Bei den Rammarbeiten rechnet man auf jeden Centner Gewicht 3 Mann, oder besser auf 3 Centner 10 Mann, außerdem einen Schwanzmeister, d. h. einen Zimmergesellen, der das Rammen dirigirt, bei großen Rammarbeiten auch noch einen zweiten Zimmermann, den Pfahlmeister, welcher dafür zu sorgen hat, daß der Pfahl senkrecht in die Erde hineingeht, nach keiner Seite abweicht und sich unter der Ramme nicht dreht.

Das Rammen der Spundwände wird an den Enden angefangen und damit nach der Mitte zu fortgefahren, auch wird nicht jeder Pfahl sogleich bis zur vollen Tiefe, sondern nach und nach eingerammt, indem zu wiederholten Malen von den Enden angefangen und nach der Mitte zu damit vorgegangen wird. Dadurch und durch die Schärfung der beiden äußersten Pfähle bb Fig. 2. keilen sich die Pfähle je tiefer, desto fester und dichter an einander. Ein Theil der Spundpfähle, nämlich diejenigen, welche unter dem Flußbette durchgehen Fig. 2. und 3. cc, sind kürzer. Um sie, wenn sie erst so tief eingerammt sind, als die Schwellen der Rammstube, mit dem Rammbär noch treffen zu können, wird während des Rammens ein hinreichend langes Pfahlende, eine Jungfer, aufgehalten. Ist auch zu allen übrigen Spundpfählen Halbholz angewendet, so müssen doch die beiden an den äußeren Seiten der Schützöffnung Taf. X. Fig. 1., 2. und 4. kk von Ganzholz gemacht werden.

Die Spundpfähle zusammen bilden die Hauptspundwand. Dieselbe reicht nicht allein über die ganze Breite des Flusses, sondern auch noch auf beiden Seiten in die Ufer hinein; wie weit — hängt nach Beschaffenheit des Bodens der Ufer, der Druckhöhe des Oberwassers u. s. w. hauptsächlich von dem Ermessen des Technikers ab. Gewöhnlich wird diese Länge zwischen 6 und 12 Fuß betragen.

Sind die Pfähle bis zur gehörigen Tiefe eingerammt, so werden zunächst an den niedriger stehenden, welche unter dem Flußbette hindurchgehen, Zapfen angestämmt und ein gefalztes, starkes 11—12 Zoll breites Stück Holz, der Grundbalken oder Fachbaum Fig. 1., 2., 3. und 4. d, darauf gelegt, verbohrt, auch wohl stromaufwärts mit eisernen Klammern an die Spundwand befestigt, damit er nicht aufkippen kann. Beim Einlegen des Fachbaums sind die Zimmerleute strenge zu kontroliren. Dabei ist besonders darauf aufzupassen, daß er gehörig tief gelegt werde, weil sie theils aus Bequemlichkeit, theils um nicht zu viel Wasser zu schöpfen, gar zu gern die Zapfen an den Spundpfählen zu hoch anschneiden. So manche Schleuse ist allein aus diesem Grunde die Veranlassung zur Versumpfung bedeutender Wiesenflächen geworden.

Parallel mit dem Fachbaum wird oben über die ganze Spundwand, nachdem auch an den andern oben hervorstehenden Pfählen Zapfen geschnitten, ein anderes langes und starkes Stück Holz gelegt und verbohrt; der Kopfbalken Fig. 1., 2. u. 3. e. Die oberen Kanten desselben werden, damit das Regenwasser schneller ablaufe, gewöhnlich gebrochen oder etwas abgerundet, abgewässert.

Die Oeffnung zwischen dem Kopfbalken und dem Fachbaum ist die Schützöffnung. Bei großer Breite wird sie durch ein, zwei oder mehrere senkrechte Stücken Holz, die Griessäulen Fig. 1. und 2. ff, welche unten in den Fachbaum eingezapft und oben in den Kopfbalken entweder auch eingezapft oder nur angeblattet sind, in mehrere Theile getheilt, vor welche dann, wenn die Schleuse geschlossen werden soll, Schützen gestellt werden. Die beste Breite der einzelnen Schützen Fig. 2. u. 3. gg, hh ist 3 Fuß, sie lassen sich dann noch mit der Hand ohne bedeutende Vorrichtungen wieder herausnehmen. Sie werden aus $\frac{5}{4}$ zölligen Dielen zusammengesetzt und daran die Schützenstiele befestigt, welche bis über den Kopfbalken in die Höhe reichen und einen Handgriff zum Herausnehmen bilden. Die Schützen werden bei einem Druckwasser von $2\frac{1}{2}$ Fuß und darüber auch in der Höhe getheilt, so daß die über den Grundschützen hh stehenden Oberschützen gg für sich herausgenommen werden können. Ihre Breite muß indeß, falls der Bach oder Fluß zum Holzflößen benutzt wird und es üblich ist, mehrere Stücken langes Bauholz zu einer Traft zu verbinden, größer werden. Sie richtet sich dann natürlich nach der üblichen Breite dieser Traften. Zur Schütze für eine so breite Oeffnung sind aber keine Dielen, sondern stärkere Planken zu nehmen. Auch ist zum Ziehen derselben eine Welle zwischen den Griessäulen anzubringen, über welche Ketten laufen, welche unten an der Schütze mittelst Haken befestigt sind. Die Welle wird durch hineingesteckte Hebel gedreht. Die Schützen schlagen in einer Falz an, welche an den inneren

Spundpfählen kk, dem Fachbaum und den Griessäulen ausgearbeitet ist. Ihre Oberkante muß bei mittlerem Wasser mit dem Spiegel des Flusses in der für die Berieselung nöthigen Höhe gleich hoch abgeschnitten sein, so daß unerwartet mehr zufließendes Wasser überfallen und nicht eine Ueberschwemmung entstehen kann, ehe Jemand die Schützen zu ziehen herankommt. Die Sicherheit der ganzen Anlage gewinnt durch diese Einrichtung bedeutend.

Mitunter kann es auch nöthig werden, die Schützen anzuschließen, um ein unbefugtes Herausnehmen oder Verstellen derselben zu verhüten. Ein sehr praktischer Verschluß zu diesem Behuf ist Taf. X. Fig. 8. gezeichnet. ab ist ein Schraubenbolzen, welcher an dem einen Ende a drei- oder viereckig ausgearbeitet, bei ii mit einer Platte versehen und genau so lang ist, als der Kopfbalken und Schützenstiel zusammen stark sind. Durch diese beiden ist für den Bolzen ein Loch gebohrt und von g bis i so viel erweitert, daß die Platte ii hineingeht. Bei a ist der Kopfbalken mit einer eisernen Platte gh beschlagen, worin ein rundes Loch = ii. In dieses hinein paßt der hohle Schlüssel k, ähnlich einem Uhrschlüssel, welcher auf den Bolzen aufgestreift wird. Auf der äußeren Seite des Schützenstiels ist die zum Bolzen gehörige Mutter ef eingelassen und befestigt. Soll nun die Schütze angeschlossen werden, so wird der Schraubenbolzen so weit hineingeschoben, daß das Ende b desselben mit der äußeren Seite der Schiene ef, der Kopf a mit der Platte gh bündig liegt.

Bei kleineren Schleusen läßt sich, um Holz zu ersparen, ein Theil der Spundpfähle durch Planken ersetzen. Dann erhalten jene Taf. XI. Fig. 1. und 3. aa auf beiden Seiten Nuthen, zwischen denen die letzteren bb eingeschoben werden. Da aber das dünne Holz der Planken sich da, wo es an der Oberfläche der Erde dem Wechsel der Nässe und Trockenheit ausgesetzt, nicht lange halten würde, so setzt man die Spundwand in dieser Art nur so weit zusammen, als sie beständig unter Wasser liegt. Der obere Theil derselben wird für sich aus Ganzholz aufgesetzt. Zu dem Ende läßt man den Fachbaum quer über die ganze Spundwand durchgehen, oder noch besser, man macht den Fachbaum und die beiden inneren Spundpfähle kk von Ganzholz in gewöhnlicher Art, legt aber auf der äußeren Seite der letzteren über die aus Pfählen und Planken gebaute Spundwand besondere Kopfbalken ll; auf diese wird dann der obere Theil der Spundwand cc für sich aus stärkerem Holze aufgesetzt und durch Streben an den Enden gegen das Umschieben durch den Druck des Wassers von oben her gesichert.

b) Das Gerinne.

Unterhalb der Spundwand soll das Gerinne das durch die Schützöffnungen mit gewaltiger Kraft hinabstürzende Wasser auffangen und verhindern, daß es den Boden auskolke, die Ufer unterwasche und einstürze und dadurch die Spundpfähle losspüle. Dieser Zweck wird durch Herstellung eines gehörig befestigten hölzernen Bodens, der dem Wasser widerstehen und ihm eine horizontale Fortbewegung anweisen muß, erreicht. Zu dem Ende werden zunächst in einer Entfernung von 4 bis 4½ Fuß von Mitte zu Mitte Taf. X. Fig. 1., 2. u. 3. Spitzpfähle mm eingerammt. Diese Spitzpfähle können zwar rund bleiben, doch muß deren Borke vorher abgeschält werden. Sie werden am Stammende Taf. X. Fig. 10. von 3 oder 4 Seiten geschärft. Die Spitzen werden 3mal so lang gemacht, als das Holz stark ist, und unten etwas abgestumpft, damit sie beim Einrammen sich nicht umlegen. Nachdem sie bis zur gehörigen Tiefe eingerammt, werden an diese Spitzpfähle Zapfen angeschnitten, und Holme Fig. 1., 2. und 3. nn parallel mit der Spundwand darauf gelegt. Die Löcher der Holme, welche auf die Zapfen der Spitzpfähle passen, müssen durchgehen und oben etwas schwalbenschwanzförmig erweitert sein. Die durchgehenden Zapfen werden dann durch zwei Keile oben in dem Zapfenloch auseinandergetrieben, um das Abheben der Holme unmöglich zu machen Taf. X. Fig. 11. Auf diese Holme werden in der Richtung der Ufer von den beiden Spundpfählen kk Schwellen Fig. 2. und 3. oo aufgekämmt und auf diese die Gerinnwände mit Ständern, Bändern pp und Rähmen qq aufgesetzt. Um das Zusammenfallen dieser Wände zu verhindern, werden über die Rähme noch die Zangen rr in der Richtung der Holme gekämmt, welche, sobald die Breite des Gerinnes größer als 16 Fuß, in der Mitte noch unterstützt werden müssen. Die oberen Kanten der Rähme und Zangen sind übrigens wie die der Kopfbalken zu brechen, abzuwässern.

Bei kleinen Schleusen läßt man auch wohl Taf. X. Fig. 2. p die äußersten Pfähle der unten eingerammten Pfahlreihen länger und so hoch hinaufgehen, daß sie zugleich die Seitenwände des Gerinnes bilden. Die Holme nn werden dann mit Jagezapfen darin eingelassen und nur nach der Länge des Gerinnes statt des Rahmes der Gerinnwand qq ein Holm y aufgelegt. Die Zangen rr bleiben dieselben.

Wird auf dem Flusse ꝛc. Flößerei betrieben, so muß der Theil des Gerinnes, durch welchen das Holz gehen soll, wenn nicht etwa die ganze Schleuse geöffnet werden soll, das Floßgerinne, noch besondere, eben so wie die vorhin beschriebenen Gerinnwände construirte Seitenwände erhalten.

Der Boden, welcher übrigens auf der Sohle des Baches, Grabens ꝛc. horizontal liegen muß, und die inneren Seitenwände des Gerinnes werden demnächst mit besäumten Dielen verkleidet und diese mit hölzernen oder eisernen Nägeln, welche in divergirender Richtung einzuschlagen, befestigt.

Ueber dem Boden der Floßgerinne für verbundenes Langholz ist es zweckmäßig, auf einer Strecke einen beweglichen und am Ende in die Höhe zu hebenden zweiten Boden anzubringen, welcher beim Durchflößen der Traften durch eigene Vorrichtungen so weit in die Höhe gehoben wird, daß die Hölzer beinahe darauf schleifen, während dessen anderes Ende am Grunde festgehalten bleibt. Es kann dadurch viel Wasser erspart werden, welches sonst unter dem Holze durch die Schützöffnung und das Gerinne hindurchgeht.

Die Breite des Gerinnes richtet sich nach der Schützöffnung, die Länge nimmt man gewöhnlich zu 12 Fuß (halbe Dielenlänge) an.

Bei größeren Schleusen ist die Länge des Gerinnes aber größer zu machen, und als Fortsetzung der Gerinnwände zum Schutze der Ufer, die hier durch die starken Widerströmungen beim Durchfließen des Wassers durch eine oder mehrere Schützen ganz besonders angegriffen werden, die Anlage von Bollwerken noch nöthig. Auch die Befestigung der Ufer durch angepflanzte Strauchweiden ist sehr zu empfehlen.

c) Die Flügel.

Um die Ufer oberhalb der Hauptspundwand vor dem Unterwaschen und Nachstürzen, welches durch das Kreiseln des Wassers vor dem Eintritt in die Schutzöffnung gar zu leicht stattfindet, werden dieselben durch die Flügel gedeckt. Diese bestehen bei größeren Schleusen gleichfalls aus Spundwänden Taf. X. Fig. 1. und 3. ss, oder bei kleineren aus liegenden Bollwerken Taf. XI. Fig. 2. yy. Zu den Spundpfählen der Flügel ss nimmt man in der Regel nur Halbholz. Die Verbindung der Flügel-Spundpfähle mit der Hauptspundwand ist auf Taf. X. Fig. 4. ersichtlich. Auch auf diese Flügelspundwände werden zur Erhaltung in grader Linie Kopfbalken Taf. X. Fig. 1. und 3. tt aufgezapft und verbohrt.

Werden bei kleineren Schleusen liegende Bollwerke gewählt, so bestehen diese aus Spitzpfählen Taf. XI. Fig. 1. dd, welche in einer Entfernung von 4 bis 4½ Fuß von Mitte zu Mitte eingerammt, hinter welche das Bollwerksholz ee, bestehend entweder aus halbem mittleren Bauholz oder aus Planken oder auch nur aus Schalen, hintergelegt wird. Letztere werden besäumt und nur die eine Kante der untersten Planke geschärft, damit sie unten in den Boden etwas eingestoßen werden kann Hinter dies Bollwerksholz wird reine Erde, am besten Lehm, fest hintergestampft. Steine, Spähne, Strauch u. dgl. sind sorgfältig aus der Füllerde zu entfernen. Auch an die Bollwerkspfähle werden Zapfen geschnitten und Holme ff darauf gelegt. Um die Bollwerke auseinanderzuhalten und den Erddruck dagegen gegenseitig aufzuheben, werden auch wohl noch Zangen darüber gekämmt.

Die Richtung der Flügel macht mit der der Hauptspundwand gewöhnlich einen Winkel von 45 bis 60 Grad.

Ihre Länge ist nicht unter 10 Fuß anzunehmen.

d) Das Vorgesenk.

Um bei größeren und wichtigeren Schleusen oberhalb der Hauptspundwand das Unterspülen der Spundpfähle noch besonders zu verhüten, wird auch da, ähnlich dem Gerinnboden, eine Bedielung angebracht, das Vorgesenk. Am Ende desselben wird dazu zwischen den Flügeln und parallel mit der Hauptspundwand Taf. X. Fig. 1. und 3. eine Bohlenspundwand u u eingerammt. Da aber bei der geringen Stärke der Planken Federn und Nuthen unter der Ramme zu leicht abspringen würden, so werden die Bohlen in der Taf. X. Fig. 12. gezeichneten Art verbunden. Auf die Plankenspundwand kommt ebenfalls ein Kopfbalken Fig 3. v. Der Raum zwischen diesem und dem Fachbaum wird bedielt. Da aber die Dielen, leichter als das Wasser, bei großer Länge von diesem gehoben und abgerissen werden könnten, so müssen sie in der Mitte noch mehr befestigt werden. Es wird daher auch hier, wie bei dem Gerinne, eine oder mehrere Reihen von Spitzpfählen w w eingerammt, 4 bis 4½ Fuß von Mitte zu Mitte Zapfen daran geschnitten, die Holme x x darauf gelegt, die Zapfen verkeilt und auf diese Holme der Dielenboden des Vorgesenks aufgenagelt. Der Fachbaum der Hauptspundwand erhält eine Falz y Fig. 4., worauf die Enden der Dielen ruhen und befestigt sind. Der Boden des Vorgesenks selbst steigt von der Bohlenspundwand bis zum Fachbaum ungefähr um 1 Fuß an.

Bei kleineren Schleusen kann das Vorgesenk ganz fehlen.

Massive Schleusen.

§. 70.

Massive Schleusen werden ihrer Kostbarkeit halber nur da erbaut, wo theure Holzpreise die Anwendung eines anderen Materials noch kostbarer machen. An der Stelle der Hauptspundwand, der Flügel und der Seitenwände des Gerinnes werden starke Mauern von gesprengten Bruch- oder Feldsteinen oder von gebrannten Ziegeln mit Kalk oder Cement aufgeführt. Im festen Baugrunde müssen dieselben hinreichend tief fundamentirt sein. Zur größeren Sicherheit werden die Fundamente der größeren Schleusen mit einer Spundwand, welche tiefer hinabreicht, rund umher umgeben, um das Mauerwerk gegen ein Unterwaschen zu schützen, bei kleineren genügt eine im Grunde vorgeschlagene Bohlenspundwand. Ist der Baugrund weich, so müssen die Mauern auf eine Pfahlrost gesetzt, dieser aber rund herum mit einer Spundwand von Planken gesichert werden. Der Fachbaum, die Griessäulen und der Kopfbalken werden von Holz gemacht. Zur Befestigung des Fachbaums nnd des Kopfbalkens werden eiserne Schraubenbolzen eingemauert, welche durch die Hölzer hindurchgehen und woran dieselben mit Schraube und Mutter angeschroben und festgehalten werden. Das Vorgesenk und der Gerinnboden können durch Anschüttungen von Steinen ersetzt werden, doch müssen diese ein solches Gewicht und Größe haben, daß sie vom Wasser nicht fortgerissen werden können.

Die Schützen werden ebenso construirt, wie bei den hölzernen Schleusen, auch gilt für die Größe derselben das dort bereits Mitgetheilte.

Wehre.

§. 71.

Die Wehre dienen, wie die Schleusen, zum Aufstau des Wassers in den Flüssen oder Bächen. Anstatt diese eine Veränderung der Durchflußöffnung gestatten und dadurch eine veränderliche Stauhöhe möglich machen, wird durch ein Wehr ein beständiger Stau bewirkt. Sie sind daher auch nur da zulässig und anwendbar, wo durch ein solches Heben des Wasserspiegels kein bestehendes Recht verletzt, keinem Nachbar durch Ueberstauung seiner Grundstücke, selbst wenn eine solche vortheilhaft wäre, zu nahe getreten wird u. s. w., kurz nur in solchen Gewässern, welche mit rapidem Gefälle zwischen hohen Ufern hinabstürzen. Sie kommen aus diesen Gründen im Ganzen viel seltener vor, als Schleusen.

Das Material, welches zum Bau der Wehre verwendet

wird, ist das verschiedenartigste: lose Feld- oder Bruchsteine, Mauersteine, Holz, ja selbst Faschinen, Strauch und Rasen. Nach ihrer Höhe muß sich ihre Stärke richten. Man macht sie gewöhnlich 5 mal so stark als hoch. Ihre Breite ist die des Flusses, auch legt man sie, um die Länge des Ueberfalls zu vergrößern, schräg über denselben. Besondere Aufmerksamkeit verdient die Gestalt ihrer Oberfläche. Diese muß der Figur, welche das durch eine Oeffnung überstürzende Wasser von selbst annimmt, entsprechen, damit nicht einzelne Theile vom überfließenden Wasser besonders angegriffen und zerstört werden. Auch muß dadurch das Wasser so geleitet werden, daß es das Wehr verlassend in horizontaler Richtung sich fortbewegt, und nicht grade herunterfallend und den Boden des Flußbettes auswaschend zur Zerstörung des Baues Veranlassung werde. Das Profil des Wehrs wird daher eine gekrümmte Linie bilden, deren unterer Theil in eine horizontale übergehen muß.

Die Construction dieser Linie ist Folgende:

Man theilt die Linie ab Taf. XI. Fig. 4. = der Stärke des Wehrs in 5 Theile. In dem dritten Theilungspunkte aufwärts in c errichtet man einen Perpendikel cd = $\frac{1}{5}$ der Grundlinie, also = der Höhe des Wehrs, und verbindet a und b durch eine grade Linie. Auch diese wird in 5 Theile getheilt. Drei dieser Theile = ae halbire man und errichte in diesem Halbirungspunkte f einen Perpendikel fg. Ein anderer auf ab in a errichteter Perpendikel durchschneidet jenen in g. Von g aus ziehe man durch e eine grade Linie gh. Diese schneidet die nach unten verlängerte Linie cd in h. g und h sind nun die Mittelpunkte, ga und hd die Halbmesser der Kreise, aus deren Bogen die Oberfläche des Wehrs zusammengesetzt ist. Endlich verbindet man noch den Punkt b durch eine Tangente bi mit dem Kreisbogen edi.

Der Bau größerer Wehre kommt nur ausnahmsweise vor. Die kleineren können nach dem Material, woraus sie gefertigt, auf so verschiedene Art construirt werden, daß deren Erläuterung hier zu weit führen würde, und deshalb schon auf Werke über Wasserbaukunst verwiesen werden muß. Der schwächste

Theil der Wehre ist immer deren Verbindung mit dem Boden und den Ufern. Es muß daher der Platz, worauf sie erbaut werden, hinreichend tief und bis auf den festen Grund ausgegraben werden, wenn diese Sicherung nicht durch hölzerne Spundwände bewirkt werden soll.

Siele.

§. 72.

Siele sind verdeckte Schleusen, welche zur Aufstauung von Bassins oder zum Abhalten der Fluthen unter bedeutenden Wallschüttungen und Deichen hindurchgehen. Gewöhnlich werden sie nur von Holz nach denselben Prinzipien construirt und verbunden, wie die hölzernen Schleusen. Sie bestehen auf beiden Seiten des Walles aus einer Spundwand und den Flügeln, welche durch eine verdeckte Röhre verbunden sind, über welche der Wall ohne Unterbrechung fortgeht. Auf die Befestigung des Bodens und der durch Langholz gebildeten Seitenwände der Röhre kommt es wesentlich an, weil dies die schwächsten Stellen des Baues sind. Der Verschluß wird durch Schützen, oder zur Abwehr von Fluthen durch Thüren bewirkt, welche sich von selbst schließen, sobald das außerhalb höhere Wasser hineinzufließen beginnt, sich aber wieder öffnen, wenn der Wasserspiegel innerhalb höher steht als draußen. Taf. XI. Fig. 6. ist ein halbes Siel im Profil und Fig. 7. im Grundriß gezeichnet.

AA ist die Hauptspundwand,
aa die Spundpfähle,
b der Fachbaum,
c eine Griessäule zur Abtheilung der Schützöffnung,
d der Kopfbalken,
ee Spitzpfähle der liegenden Flügelbollwerke,
ff das Bollwerksholz,
gg Holme des liegenden Bollwerks,
hh Spitzpfähle unter dem Boden der Röhre,
ii Holme darüber,
kk Schwellen der Seitenwände der Röhre,

l eine Schwelle zur Unterstützung des Bodenbelags,
m Ständer der Seitenwände der Röhre,
n n Halbholz zur Schalung hinter den Seitenwänden,
o o Belag des Bodens der Röhre,
p eine Schwelle darüber in der Mitte,
q q die darauf stehenden Unterzugständer,
r r ein Unterzug zur Unterstützung der Decke gegen den darauf lastenden Erddruck,
s s Zangen zum Zusammenhalten der Seitenwände der Röhre,
t t endlich die Decke, aus Planken oder Halbholz.

Kastenschleusen oder Durchlässe.

§. 73.

Kastenschleusen sind viereckige aus Dielen, oder besser aus Planken zusammengesetzte hölzerne Röhren, welche in Verbindung mit einer Erdpackung (ähnlich den Sielen) zum temporären Stauen kleiner Wassermassen bei nicht zu hohem Drucke da dienen, wo man den Wasserzufluß vollständig beherrscht. Taf. XII. Fig. 1. bis incl. 4. sind Kastenschleusen von verschiedener Größe im Profil und Grundriß und mit der vorderen Ansicht gezeichnet.

Taf. XII. Fig. 1. A u. B ist eine Kastenschleuse 1 Fuß breit, 1 Fuß hoch und 12 Fuß lang. Auf die Seitenstücken a a ist die Decke b und der Boden c, gleich jenen aus einem Plankenstücke bestehend, aufgenagelt. Decke und Seiten sind an dem oberen Ende recht genau und winkelrecht abgeschnitten. Die Schütze liegt hier stumpf vor. Um derselben auch unten Anschlag zu geben, ist die einige Zoll vorstehende Bodenplanke bei d halb eingeschnitten und die Hälfte des Vorsprunges abgehauen. Am oberen Ende sind ferner zwei 3 bis 4 Zoll breite, 2 bis 3 Fuß hohe Plankenstücken e e so angenagelt, daß sie vor den Seitenplanken bei f um 1 bis 2 Zoll vorstehen und so die Schütze vor der Oeffnung halten. Oben sind dieselben durch ein Querholz g verbunden, an welchem der Schützenstiel anliegt. Zweck desselben ist, einen Anhalt zu haben, um, nachdem ausprobirt worden, wie weit die Schütze aufgezogen werden muß, damit die nöthige Wassermasse hindurchfließen könne, die Schützen selbst in dieser Höhe durch einen eingesteckten hölzernen Nagel festhalten zu können.

Taf. XII. Fig. 2. ist eine Kastenschleuse 1 Fuß hoch, 3 Fuß breit. Bei den mehr als 1 Fuß breiten Kastenschleusen ist die Decke und der Boden von querüber gehenden besäumten und dicht aneinander geschobenen Plankenstücken bb und cc zu machen. Allenfalls können zur Decke auch starke Schalen verwendet werden. Sonst ist die Construction ganz die vorige.

Bei dem Zuschneiden der querüber liegenden Planken der Decke ist besonders darauf zu sehen, daß dieselben über die Außenseite der Seitenplanken nicht hinüberstehen, wie Taf. XII. Fig. 5., weil sich beim Einpacken des Durchlasses die bei a entstehende Ecke niemals dicht machen läßt, das Wasser sich sehr bald einen Weg hier hindurch bahnt, den Durchlaß umgeht und einen Durchbruch veranlaßt.

Taf. XII. ist ein Durchlaß von 3 Fuß Breite und 2 Fuß Höhe. Würden hier die Seiten nur aus leicht aufeinandergesetzten Planken gemacht, so würde der von außen dagegen wirkende Erddruck sie nach innen zusammenschieben. Sie müssen daher noch besonders gehalten werden. Dazu dienen die aufrecht stehenden, 4 Fuß von Mitte zu Mitte entfernten und bei ii nach oben und unten durchgezapften Plankenstücken hhh, an welche die Seitenplanken außerhalb angenagelt werden. Die Construction der Decke und des Bodens zwischen den zuerst zusammengesetzten Lehren ist ganz die vorige.

Taf. XII. Fig. 4. ist eine Kastenschleuse von 6 Fuß Breite und 2 Fuß Höhe. Bei dieser Breite ist die Decke gegen den darauf lastenden Erddruck noch besonders zu unterstützen. Dazu dient der Unterzug kk von 4 bis 5 zölligem Holz, welcher durch die kleinen Ständer ll, die unten in den Bodenplanken eingezapft sind, getragen wird. Durch einen der letzteren ist auch die Schutzöffnung in 2 Theile getheilt, zwischen denen die angenagelte Leiste m den Anschlag für die beiden Schützen bildet.

Die Größe der Schützenöffnung, und damit der Höhe und Breite des Durchlasses, richtet sich nach der durchzulassenden Wassermenge. Die gegebenen Momente zur Bestimmung derselben können aber so unendlich mannigfaltig sein, daß es sehr schwer, beinahe unmöglich wird, die bei verschiedenen Querprofilen der Kastenschleusen und Druckhöhen des Oberwassers durchfließenden Wassermassen in einer Tabelle zusammenzustellen. Dennoch habe ich die Tabellen B. und C. berechnet, dabei sind aber nur die beiden Fälle vorgesehen, daß die Ausflußöffnung des Durchlasses ganz unter Wasser liegt, und daß dieselbe ganz frei von rückstauendem Wasser ist. Zwar sind für den ersten Fall die durchfließenden Wassermassen etwas zu klein oder die dazugehörigen Schützöffnungen zu groß berechnet, doch können sie demungeachtet der Bestimmung der Größe für die letzteren zu Grunde gelegt werden, weil es zu Zeiten, wenn bedeutender Zufluß vorhanden, äußerst angenehm und vortheilhaft ist, der Wiese noch mehr als das normale Wasser geben zu können. Darum ist es im Allgemeinen immer anzurathen, sie etwas größer zu machen, als gerade nothwendig. Für knappere Zeiten muß dann durch mehr oder minderes Zusetzen der Schleusen der Zufluß regulirt und gleichmäßig vertheilt werden. In diesem Falle gewährt das Querstück des am oberen Ende befestigten Joches die Bequemlichkeit, nach diesem festen Punkte die Höhe der für die verschiedenen Zuflüsse ausprobirten Oeffnung am Schützenstiel ein- für allemal zeichnen und feststellen zu können.

Die Kastenschleusen größer zu machen, als zu 12 □Fuß Schützenöffnung, d. h. 6 Fuß breit und 2 Fuß hoch, ist nicht zweckmäßig.

Die Durchlässe werden in die Erde gepackt und dienen bei der Abfuhr des Heues gleichzeitig anstatt der Brücken. In diesem Falle müssen sie mindestens 12 Fuß lang sein und mit dem oberen Ende 6 bis 8 Fuß von dem Graben zurückgelegt werden, woraus sie das Wasser erhalten, damit die Räder der überfahrenden Wagen weder diesem noch den Kanten der Erdpackung zu nahe kommen und dadurch das Abbrechen der Ufer veranlassen. Dienen sie nur zum Stauen des Wassers und nicht zum Ueberfahren, so genügen 6 Fuß Länge, wenn sie keine große Schützöffnung haben und nicht über 3 Fuß hoch Wasser dagegen drückt.

Endlich ist es auch vortheilhaft, die Kastenschleusen recht tief einzulegen, so daß der Boden derselben mindestens $2\frac{1}{2}$ bis 3 Fuß unter dem Wasserspiegel des gestauten Oberwassers liegt. Es schadet dabei gar nichts, wenn sie auch tiefer liegen, als an der Stelle eigentlich die Grabensohle sein sollte. Dieselbe muß nur eine Strecke davor und dahinter gehörig aufgenommen sein. Gründe dafür sind: 1) es geht, wenn die Ein- und Ausflußöffnungen der Kastenschleuse ganz unter Wasser liegen, verhälnißmäßig am meisten Wasser hindurch, weil bei freiliegender Ausflußöffnung eine sehr starke Contraction des durchfließenden Wasserstrahls stattfindet; 2) das Holz hält sich in der Kastenschleuse um so länger, je tiefer dieselbe gelegt ist, weil es bei tiefer Lage dem Wechsel der Nässe und Trockenheit bei weitem weniger ausgesetzt ist, als bei flacher; 3) Frost und Dürre können nicht so leicht und tief eindringen, das Erdreich über dem Holze heben und die Verbindung zwischen dem Durchlasse und der Erdpackung lose machen; 4) die Schleusen liegen durch das größere Gewicht der belastenden stärkeren Erdmassen fester; 5) greift das ausströmende und gleichsam zum Steigen gezwungene Wasser den Boden und die Seitenwände der Gräben unterhalb der Durchlässe weniger an, als wenn dasselbe aus einer freien Oeffnung herunterfällt, und 6) endlich das Ungezieser, wie Maulwürfe, Mäuse u. dgl., wird dem Durchlasse weniger schädlich.

Eigentlich ist die Construction der Kastenschleusen, welche ohne Spundwand und nur aus Langholz bestehend dyrch einen stauenden Erddamm hindurchgehen, gegen alle Regeln der Wasserbaukunst. Auch hat die Erfahrung schon oft die Gefährlichkeit des Baues (doch nicht in höherem Grade, als bei den gewöhnlichen schlecht verbundenen kleinen Schleusen) bewiesen. Trotzdem sind sie ihrer Billigkeit und des doppelten Nutzens wegen, den sie als Stau und Brücke gewähren, besonders zu empfehlen. Auch halten sie sich, sobald sie zuerst gut eingelegt worden, hinreichend lange Zeit. Es giebt z. B. Durchlässe, die bereits 12 Jahre gelegen haben und noch immer brauchbar sind. Endlich kann durch große Vorsicht und Akkuratesse beim Einlegen ein bedeutender Theil der Gefährlichkeit beseitigt werden.

Das beste Verfahren beim Einlegen ist folgendes. Nachdem der Platz im Graben, welchen die Kastenschleuse einnehmen soll, 2 bis 3 Fuß breiter als diese, und gehörig tief aufgenommen, und nachdem der Boden da recht glatt und gerade geschippt worden ist, wird eine Schicht Rasen, mit der Grasseite nach unten, eben neben einander (ja nicht mit den Kanten auf einander) gelegt, mürbe gestampft und mit etwas loser Erde ganz genau abgeglichen. Auf dies Lager wird die Kastenschleuse mit dem Schützende nach oben, d. h. nach der Seite, wo das Wasser hoch gehalten werden soll, so hinaufgelegt, daß ihre Mittellinie genau in die Mitte des Grabens fällt, damit das heftig ausströmende Wasser nicht, auf die eine oder andere Seite gerichtet, die Grabenufer unterwasche und hinabstürze. In neuen Gräben von Bruch- und Torfboden kann man die Unterlage von Rasen allenfalls entbehren, doch ist alles Holz, Wurzeln, Steine u. dgl. von dem Boden sorgfältig zu entfernen. Die Kastenschleuse wird demnächst durch Hinauf- und Hin- und Hertreten der Arbeitsleute und Abrammen der Kanten möglichst fest an die Grabensohle (denn das ist immer die schwächste Stelle) angedrückt. Noch besser gelingt dies, wenn die untergelegte Rasenschicht oder der Boden etwas naß sind, weil sich dann das Holz um so fester ansaugt. Hierauf wird an beiden Enden der Zwischenraum zwischen den Seitenwänden der Kastenschleuse und den Grabenufern mit verkehrt gelegten Rasenstücken Taf. XII. Fig. 6. A und B a a von einigen Zoll Höhe ausgelegt und reine Erde ohne Holz und Rasenstücke zur Ausfüllung des Raums längs den beiden Seiten des Durchlasses zwischen diesen Kopfrasen hingeworfen, in der Höhe der Rasen glatt gezogen und fest getreten oder fest gestampft. Auf die erste wird die zweite Schicht Kopfrasen b b am vorderen und hinteren Ende aufgelegt und der Raum dazwischen wieder mit Erde ausgeglichen. Beim Festmachen dieser Füllerde ist immer darauf zu sehen, daß dieselbe vorzugsweise an die Seiten der Kastenschleuse dicht und fest herangebracht werde. Das muß aber auf beiden Seiten gleichzeitig geschehen, weil der Durchlaß, nach der andern Seite übergeschoben, wohl auch vom Boden wieder losgedrängt werden würde, wenn die Packung nur auf der einen Seite geschähe und der Raum auf der andern zu lange leer bliebe. In dieser Art wird fortgefahren, bis die Packung die Höhe der Kastenschleuse erreicht hat. Dann werden die Rasen an den Enden cc über die Decke der Schleuse fortgelegt, die Erde darüber fortgeworfen, festgestampft und diese Arbeit so lange wiederholt, bis der Graben zugefüllt ist, die Erdschüttung die erforderliche Höhe erreicht hat und das Wasser für die Berieselung hoch genug zu halten vermag. Wird dann die oberste Schicht der bloßen Erde noch mit Flachrasen abgedeckt, so wird sie desto eher das Hinüberfahren zulassen. Die Kopfrasenpackungen dd an beiden Enden Taf. XII. Fig. 6. B erhalten $\frac{1}{4}$füßige Differenz. Sie werden nach Beendigung der Arbeit mit einem scharfen Spaten entweder winkelrecht auf die Grabenrichtung oder etwas schräg, ähnlich den Flügeln der Schleusen, oder nach dem Rande hin etwas abgerundet glatt abgestochen.

Mönche.

§. 74.

Bei einem sehr abhängigen Boden ist, wenn das Wasser 2 oder mehrere Fuß tief von dem Zuleitungsgraben nach dem zu speisenden Vertheilungsgraben hinunterfallen muß, statt der Kastenschleusen die Anwendung sogenannter Mönche vortheilhaft.

Dies sind einfache Kastenschleusen, welche aber statt des Joches am oberen Ende mit einer aufrecht stehenden Röhre, in welcher das Wasser zuerst senkrecht hinabfällt, verbunden sind. Taf. XI. Fig. 5. A und B ist ein Längen- und ein Querprofil eines solchen Mönches gezeichnet. a ist die ganz nach Art der Kastenschleusen construirte, unten und horizontal liegende Röhre. An diese sind am obern Ende die aufrecht stehenden Seitenstücken ff unten angenagelt. Diese werden hinten bis oben hinauf durch die querübergehenden Brett- oder Plankenstücken bb, welche an den Seiten am besten eingelassen werden, verbunden. In eben der Art ist die vordere Seite durch querüber befestigte Stücke cc geschlossen, welche so weit hinaufgehen, daß die Schütze d aufsteht. Oben wird die auf diese Art fest verbundene Röhre noch durch ein Deckstück e, welches auf die Seitenbretter aufgezapft ist, mehr zusammengehalten.

Wird nun die Schütze d gezogen, so fällt das Wasser in der senkrecht stehenden Röhre zwischen den hölzernen Wänden gerade herunter und fließt in der horizontalen ab.

Die Gefahr des Durchreißens ist bei der Anwendung der Mönche noch größer, wie bei der der Kastenschleusen, weil ein höherer Wasserdruck davorliegt. Sie müssen daher mit der allergrößten Sorgfalt eingelegt werden, namentlich ist die stehende Röhre und der zunächst daranstoßende Theil der horizontalen ganz mit Rasen zu umgeben, und der Boden rund herum auf das Gründlichste festzustampfen.

Staubretter.

§. 75.

Die Staubretter dienen zum Durchlassen ganz kleiner Wassermassen, hauptsächlich zur Regulirung des Zuflusses in den Zuleitungsrinnen des Hangbaues. Sie bilden kleine Ueberfälle und bestehen Taf. XII. Fig. 7. A und B aus einem 3 bis 3½ Fuß langen, 1 Fuß breiten Brettstück, worin die Schützöffnung 3 bis 8 Zoll tief eingeschnitten ist. Die Größe derselben richtet sich natürlch nach der durchzulassenden Wassermenge, ihre Form ist rechtwinklig, doch sind ihre Seiten unter einem Winkel von 45 Grad schräg auszuschneiden Taf. XII. Fig. 7. A, so daß sich also die Oeffnung oberhalb etwas erweitert. Das ausgeschnittene Brettstück kann nöthigenfalls als Schütze darin dienen, indem es davorgesetzt von dem davorliegenden Wasser in die Oeffnung hineingedrückt und festgehalten wird. Die schräge Form der Seiten wird der Oeffnung der Contraction des durchfließenden Wasserstrahls wegen gegeben.

Die durchfließende Wassermenge richtet sich, da die Staubretter einen Ueberfall bilden, zwar nach der Durchflußöffnung, doch kommt es darauf an, ob der Ueberfall vollkommen oder ein unvollkommener ist, sie wird eine andere, wenn das Oberwasser als stillstehendes zu betrachten, als wenn es von oben her schon mit einer gewissen Geschwindigkeit vor dem Ueberfall ankommt. Die Berechnung dieser Wassermassen nach den Formeln ist für manche Fälle etwas umständlich. Deshalb sind dieselben für die kleineren Schützöffnungen, wie sie beim Hangbau vorkommen, in den Tabellen D., E. und F. ausgeführt. Von diesen enthalten die Tabellen D. und E. die Berechnung für den Fall, daß der Ueberfall vollkommen ist, d. h. daß der Wasserspiegel unterhalb entweder mit der Unterkante der Schützöffnung gleich oder noch darunter steht. Die Tabelle F. gilt für unvollkommene Ueberfälle, d. h. solche, bei denen das Unterwasser höher steht, als die Unterkante der Oeffnung, in dieselbe also noch hineinstaut. Die Tiefe der Schützöffnung wird nach der Tiefe der Wässerrinnen, welche nach dem Abstellen trocken ablaufen sollen, und ihre Breite dann nach einer der Tabellen bestimmt.

Es sei z. B. für 9 Hänge von $1\frac{1}{2}$ Ruthen Breite und 10 Ruthen Länge, welche alle frisches Wasser erhalten sollen, dasselbe zu vertheilen, so bedarf jeder Hang

$=15$ □ Ruth. an Wassermasse $\frac{15 \times \frac{2}{3}}{180} = \frac{1}{18} = 0{,}055$ Kbkf. p. Sec

Die Zuleitungsrinne muß also oben an ihrem Anfange $9 \times 0{,}055 = 0{,}495$ Kubikfuß enthalten, der ersten Wässerrinne 0,055 abgeben und 0,440 weiter führen, bei der zweiten Wässergrippe wieder 0,055 abgeben und 0,385 weiter führen u. s. f. Die Wässerrinnen sind 4 Zoll tief, auch liegen die Hänge 5 Zoll unter einander, so daß die Ueberfälle bei 4 Zoll Höhe vollkommene sind. Die Oeffnung in den Staubrettern wird also, damit die Wässerrinnen beim Trockenlegen noch ablaufen können, mindestens 4 Zoll hoch werden müssen. Bei dieser Höhe der Durchflußöffnung ergiebt sich nach Tabelle D., da der obere Wasserspiegel im Graben fast stillsteht, die Breite der obersten Schütze mit $9\frac{1}{3}$ Zoll. Die zweite wird, weil das Wasser davor mit einer gewissen Geschwindigkeit ankommt, nach Tabelle E. nur 8 Zoll breit und jede folgende aus demselben Grunde 1 Zoll schmaler werden müssen.

Bei dem Einsetzen der Staubretter und schon vorher bei Bestimmung der Höhe der Durchflußöffnung ist darauf zu sehen, daß deren obere Kante etwas über dem mittleren Wasserspiegel des Vertheilungsgrabens erhöht bleiben muß, damit, wenn in wasserreicheren Zeiten ein stärkeres Rieseln wünschenswerth erscheint und durch bedeutenden Zufluß der Wasserspiegel in den Gräben steigt, das stärkere Wasser noch möglichst proportional durch die Oeffnungen hindurchgehen und gleichmäßig in die Rinnen vertheilt werden kann, ohne noch besondere Vorrichtungen nöthig zu machen. Man muß deshalb die Oeffnungen 1 bis 2 Zoll höher, machen, als die Berechnung ergiebt, die Oberkante der Staubretter aber beim Einsetzen so viel über dem mittleren Wasserstande des Grabens hervorragen lassen.

Das Einsetzen selbst ist sehr einfach und bequem. Die untere Kante des Staubrettes ist etwas zu schärfen. Nachdem der Bau beendet, wird da, wo das Brett stehen soll, mit dem Spaten quer über die Zuleitungsrinne 1 Fuß oder etwas tiefer, und so lang als das Brett in den Boden hineingestochen, in diesen Stich das Staubrett hineingesetzt, und nun mit einer Axt so tief in die Erde hineingetrieben, als nöthig. Bei diesem Eintreiben muß man indeß vorsichtig sein, weil die Stücken neben den Oeffnungen bei zu starkem oder schiefem Daraufhauen sehr leicht abspalten. Schließlich braucht nur noch der Rasen an den Seiten des Brettes scharf angetreten und oberhalb vor der Oeffnung ein Rasenstück auf den Boden der Zuleitungsrinne fest eingelegt zu werden, damit das Wasser nicht um das Brett herum oder darunter sich hindurchfrißt. Unterhalb desselben bricht ein eingelegter breiter Stein die Kraft des herabstürzenden Wassers und verhütet auf diese Weise das Auskolken des Bodens der Rinne.

Rückstau.

§. 76.

Es scheint hier, nachdem die verschiedenen Stauwerke selbst durchgenommen, der Ort zu sein, einige Worte über den dadurch veranlaßten Rückstau einzuschalten, weil gerade hierdurch so oft Rechtsverletzungen entstehen, welche zu langwierigen Prozessen, wohl gar zur Aufhebung der ganzen oder eines Theils der Berieselungsanlage oder wenigstens zu bedeutenden Entschädigungen Veranlassung werden.

Setzt man
die Stauweite Taf. IX. Fig. 9. $AK = A$,
die Stauhöhe $KE = H$,
die ursprüngliche Tiefe AB oder HJ oder $EF = h$,
die ursprüngliche Breite des Flusses $= b$,
seine Wassermenge $= M$,
so ist nach Eytelwein's Hydraulik §. 141.

$$A = \frac{15700\, H b^3 h^3 (H+h)^3}{M^2 \left[(b+2h)(H+h)^3 - (b+2(H+h))h^3\right]}$$

Beispiel. Ein Graben, dessen mittlere Breite 4 Fuß und dessen Tiefe 3 Fuß ist, welcher dabei eine Geschwindigkeit von 2 Fuß in der Sekunde hat, mithin 24 Kubikfuß Wasser führt, werde 2 Fuß hoch angestaut, wie weit erstreckt sich hier der Rückstau?

Hier ist $M=24$, $b=4$, $h=3$, und $H=2$ Fuß, folglich

$$A = \frac{15700 \times 2 \times 64 \times 27 \times 125}{576\,[10 \times 125 - (4+10) \times 27]} = 13503 \text{ Fuß}$$
$$= 1125\tfrac{1}{4} \text{ Ruthen.}$$

Natürlicherweise gilt diese Berechnung nur für den Fall, daß der aufgestaute Wasserspiegel noch innerhalb der Ufer bleibt. Würde sich durch den Stau oberhalb der Schleuse rc. ein Teich bilden, so ist die Stauhöhe da zu messen, wo die alten Flußufer an diesen Teich anstoßen und nur für die dort gefundene Stauhöhe H die Stauweite A zu berechnen.

Diese Berechnung gilt ferner nur für grade Wasserläufe mit gleichem Querprofil und stetigem Gefälle. Sie genügt aber keineswegs für unregelmäßige Bäche und Flüsse.

Annähernd und für die Praxis ausreichend kann hier folgendes Verfahren gelten: Man nivellirt und trägt den ursprünglichen Wasserspiegel des Flußes AD auf, zeichnet die Stauhöhe EK in dies Nivellements-Profil ein und zieht dann durch die Stauhöhe K eine Horizontale, bis sie den ungestauten Wasserspiegel des Flusses in O schneidet. Wird nun diese Entfernung KO doppelt genommen, so giebt dies annähernd die Stauweite. Dieselbe wird auf diese Weise zwar etwas zu geringe gefunden werden, und zwar um so mehr, je größer das Gefälle, doch ist die Differenz zwischen dem gestauten und natürlichen Wasserspiegel auf diese Entfernung schon so unbedeutend, daß der Unterschied für gewöhnlich nicht zu beachten. Wenn jedoch eine ganz besondere Genauigkeit z. B. eines oberhalb liegenden Triebwerks wegen nöthig wird, so ist die ganz genaue Stauweite durch Versuche für den vorliegenden Fall festzustellen. Man schlägt zu dem Ende in gleichen Entfernungen Pfähle ein, deren Kopf mit dem gestauten Wasserspiegel in genau gleicher Höhe liegt, räumt dann den Stau fort, so daß das Wasser in seiner gewöhnlichen Höhe abfließt, und kann dann an jedem Pfahle, dessen Kopf nun aus dem Wasser hervorragt, die Höhe des Staues an jedem Punkte und die Weite des Rückstaues ganz genau erkennen. Daß während dieser Beobachtung darauf geachtet werden müsse, daß der Zufluß von oben her unverändert derselbe bleibe, darf wohl kaum noch erwähnt werden.

Röhren oder Gerinne?

§. 77.

Gerinne und Röhren haben nicht mehr die Bestimmung, das Wasser zu stauen. Sie dienen vielmehr nur dazu, dasselbe in verschiedener Höhe über- oder untereinander wegzuleiten. Die ersteren Bauwerke sind oben offen, liegen frei und in ihnen wird das obere Wasser über dem unteren, die letzteren sind von 4 Seiten geschlossen, ganz mit Erde verpackt und in ihnen wird das untere Wasser unter dem oberen fortgeleitet. Ehe eine Entscheidung in der Wahl des Bauwerks, ob Gerinne oder Röhren, getroffen wird, ist Folgendes zu berücksichtigen. Gewöhnlich werden diese Bauten sowohl wegen der geringeren ersten Anlagekosten, als auch der leichteren Construction halber von Holz ausgeführt. Der besseren Erhaltung wegen ist dasselbe so wenig als möglich dem Wechsel der Nässe und der Trockenheit auszusetzen. Darum muß die Anlage so gemacht werden, daß sämmtliche Verbandstücke, wenn es irgend so einzurichten ist, beständig unter Wasser liegen. Schon aus diesem Grunde sind die tief liegenden Röhren vorzuziehen. Dazu kommt, daß Sonnenhitze, Trockenheit und Frost die Verbindung der Holzbauten mit der anstoßenden Erd- und Rasenpackung stets locker und dadurch immer wiederkehrende Reparaturen nöthig machen. Auch solche Einflüsse wirken weniger nachtheilig auf die tief unter der Erde eingepackten Röhren, als auf die obenauf und freiliegenden Gerinne. Endlich sind auch Maulwürfe, Ratten u. s. w, welche mehr an der Oberfläche der Erde als in bedeutender Tiefe ihre Gänge machen, den Röhren weniger gefährlich. Hieraus folgt, daß unter übrigens gleichen Verhältnissen die Röhren den Gerinnen vorzuziehen sind.

Außerdem wird aber auf diese Entscheidung von wesentlichem Einflusse sein, welches Wasser, ob das obere oder das untere, das bedeutendere ist, oder ob und wo außergewöhnliche Zuflüsse zu erwarten sind. Ist nämlich das obere Wasser bedeutend kleiner als das untere, so sind Gerinne einzulegen, sind in dem unteren Wasser Fluthen oder auch nur bedeutende Zuflüsse, welche nicht geregelt oder abgeleitet werden können, zu erwarten, so sind auch in diesem Falle Gerinne zu erbauen, wären diese Zuflüsse dagegen in dem oberen Wasserlauf, so würden Röhren besser sein. Ueberhaupt ist vorher zu rechnen, Anlage- und Unterhaltungskosten für Gerinne und Röhren sind mit einander zu vergleichen, denn diese Kosten bleiben neben den vorerwähnten Rücksichten entscheidend.

Röhren.

§. 78.

Was nun die Construction der Röhren anbelangt, so ist dieselbe nach ihrer Größe verschieden. Für kleinere Wassermassen, selbst bis zu einer Breite von 6 Fuß und 2 Fuß Höhe, werden sie ganz in derselben Art von Planken zusammengesetzt wie die Kastenschleusen. Es fehlen diesen dann nur die Schütze und das Joch am oberen Ende. Auch bei dem Einpacken solcher Röhren ist in eben der Art zu verfahren, wie bei den Kastenschleusen beschrieben worden. Für größere Wassermengen, besonders aber wenn loser Boden zum Einlegen genommen werden mußte, muß sicherer gebaut werden. Im letzteren Falle ist es gewöhnlich besser und billiger, gute lehmige Erde zum Einpacken, selbst aus bedeutender Entfernung, anzufahren. Kommen aber größere Wassermassen ins Spiel, geht z. B. die Röhre unter einem Flusse hindurch, so daß Gefahr entstehen könnte, wenn dieser, seine Ufer durchbrechend, in den tiefen Graben, worin die Röhre liegt, sich ergösse, so ist entweder die Röhre selbst durch Spundwände zu bilden oder wenigstens deren Ein- und Ausflußöffnung durch solche einzufassen. In diesem Falle wird ihre Construction der der vorher im §. 72. beschriebenen Siele ähnlich. Ueberhaupt läßt sich ein tüchtiger Verband für die Röhren nach den oben bei den Schleusen gegebenen Regeln leicht entwerfen.

Die Länge der Röhren ergiebt sich aus der Sohlenbreite der darüber fortzuleitenden Wallschüttung und auf diese hat die Breite und Tiefe des darüber fortzuleitenden Grabens, die Höhe der nöthigen Verwallung und die Tiefe des Grabens, worin die Röhre liegt, Einfluß. Auf Taf. IX. Fig. 4. sei z. B. der über die Röhre fortzuleitende Graben cd 4 Fuß breit, 2 Fuß tief und die Höhe ce betrage 3 Fuß.

Sie wird hiernach folgendermaßen berechnet:

Die Breite des Grabens beträgt	4 Fuß.
Auf jeder Seite desselben ein Wall ac u. db, à 3 Fuß	6 „
Dahinter eine Wässerrinne 1 Fuß	2 „
Die Breite der beiden zu Hängen abplattirten Böschungen des Walles à 12 Fuß .	24 „
Die Böschung der Kopfrasenpackung im Graben über den Enden der Röhren bei xx	2 „
Summa . .	38 Fuß.

Hätte die Schüttung höher gemacht werden müssen, so würden statt des einen Hanges an jeder Seite deren zwei anzulegen gewesen sein. Die Röhre hätte dann 26 bis 34 Fuß länger werden müssen.

Die Weite der Röhren ergiebt sich aus der durchfließenden Wassermenge. Dieselben müssen daher, wenn der Graben, in welchem sie liegen, ein nur unbedeutendes Gefälle hat, zur Breite die mittlere Breite desselben, zur Höhe dessen Wassertiefe erhalten. Sie werden dagegen bedeutend kleiner werden können, wenn derselbe viel Gefälle hat und wenn ein kleiner Aufstau und dadurch die Bildung von Druckwasser oberhalb der Röhre nicht nachtheilig wird. Aus der Tabelle B. für die Kastenschleusen werden sich auch für diesen Fall die Dimensionen der Röhren sehr leicht entnehmen lassen.

Gerinne.

§. 79.

Die Construction kleiner Gerinne für geringe Wassermassen ist ebenfalls sehr einfach.

Taf. XII. Fig. 7. A und B sind aa die Seitenplanken eines 1 Fuß breiten, 1 Fuß hohen Gerinnes, zwischen denen unten die den Boden bildende Planke bb mit Nägeln befestigt ist, und welche oben durch die Spannhölzer cc in ihrer Lage und steif gehalten werden. Taf. XII. Fig. 8. ist ein Gerinne von 3 Fuß Breite und 2 Fuß Höhe. Sie werden durch Zwingen zusammengehalten, bestehend aus den Querhölzern unter dem Boden aa, den Seitenstücken bb und den Spannhölzern cc. Durch jene Quer- und Spannhölzer werden die Seitenstücken durchgezapft und verkeilt. An dieselben werden die Seitenplanken dd auf der inneren Seite angenagelt. Auf diese Weise tragen diese die Unterlagen des Bodens aa. Auf dem letzteren liegen die Bodenbretter ee nach der Länge des Gerinnes. Die Entfernung der Zwingen von einander beträgt 4 Fuß von Mitte zu Mitte. Dieselben umfassen das Gerinne außerhalb, damit der von innen wirkende Druck des Wassers den Boden und die Seitenplanken an diese Zwingen hinandrängt und nicht die Nägel allein denselben anszuhalten haben.

Diese kleineren Gerinne werden an den Enden in die Gräben, deren Verbindung sie herstellen sollen, 4 bis 6 Fuß hineinreichen müssen. Der Boden des Grabens wird an diesen Stellen mit einer Schicht Rasen, wie zur Einkegung der

Kastenschleusen, belegt, diese ordentlich gestampft und recht grade abgeglichen, darauf das Gerinne aufgelegt und, so weit es auf beiden Enden in den Graben hineinreicht, auf den Seiten mit Kopfrasen und Erde tüchtig festgepackt.

Bei Anlage solcher kleinen Gerinne ist ferner noch zu beachten, daß sie durch das durchfließende Wasser außerordentlich, und zwar pro □Fuß Grundfläche mit ½ bis 1½ Centner belastet werden. Da nur die Seitenplanken derselben die Träger sind, so leuchtet ein, daß sie nicht zu weit frei liegen dürfen. Werden sie daher länger als 8 Fuß zwischen den Unterstützungspunkten, so müssen sie entweder durch der Länge nach untergelegtes stärkeres Bauholz oder durch eingerammte und aus verholmten Pfählen bestehende Joche noch besonders unterstützt und dadurch vor dem Durchbiegen und Zerbrechen gesichert werden.

Für größere Wassermassen reicht aber eine so einfache Construction nicht aus. Die Auflager an den Enden des Gerimnes müssen dann mehr versichert und durch Spundwände unterstützt und eingefaßt werden.

Die Construction eines solchen größeren Gerinnes ist Taf. IX. Fig. 6. im Grundriß A, im Längenprofil B und im Querprofil C gezeichnet.

aa sind die Pfähle, welche das Gerinne tragen, höchstens 15 Fuß von einander entfernt,

bb die Kopfbänder,

cc Holme über den Pfahlreihen,

dd die darüber gekämmten Unterlagen des Gerinnbodens,

ee die Ständer der Gerinnwände,

ff die Rähme derselben,

gg Zangen darüber, um dieselben auseinanderzuhalten,

hh die Bedielung des Gerinnbodens,

ii die Verkleidung der inneren Seite der Gerinnwände,

kk Bollwerke an den Enden des Gerinnes, um eine möglichst feste Verbindung mit der anliegenden Erdpackung zu ermöglichen.

Die Anlage von Sprengwerken zum Tragen der Gerinne ist nicht rathsam, weil dabei die ganze Last auf den Zapfen koncentrirt wird, hier aber die Zerstörung durch die Witterung am ersten vor sich geht und dadurch die ganze Anlage sehr bald wandelbar wird. Die Fugen zwischen der Ausschalung des Bodens und den Seitenwänden sind mit Werch und Pech zu dichten.

Zur Breite der Gerinne wird die durchschnittliche Breite der Gräben, deren Verbindung sie bewirken sollen, angenommen, weil das schnelle Fließen des Wassers darin, welches an dem unteren Ende den Boden und die Seitenwände des Grabens angreifen würde, nicht gerade zu wünschen ist. Die Gerinne sind deshalb auch im Boden ganz horizontal zu legen. Eben so richtet sich ihre Tiefe nach der Wassertiefe des Grabens. Die oberen Kanten der Seitenwände brauchen nur einige Zoll über dessen Spiegel hervorzuragen.

Vierter Abschnitt.

Kosten der verschiedenen Arbeiten beim Wiesenbau.

Allgemeine Bemerkungen.

§. 80.

Bei allen Kostenberechnungen der Erdarbeiten u. s. w. beim Wiesenbau kommt es zunächst auf den denselben zu Grunde gelegten Tagelohnsatz an. Derselbe ist hier zu 10 Sgr. angenommen. Bei den Akkordarbeiten wird, weil die Leute sowohl früher zur Arbeit gehen, als auch fleißiger arbeiten, mehr, und zwar mindestens 15 Sgr. pro Tag verdient werden können.

Nur da, wo die sämmtlichen Leute mit den beim Wiesenbau vorkommenden Arbeiten vollkommen vertraut sind, wird man den ganzen Bau in Akkord ausführen lassen können. Und auch dann wird noch besondere Aufsicht dabei nothwendig werden, damit nirgends gepfuscht, sondern Alles tüchtig und gut gearbeitet werde. Da aber solche Leute nur in einzelnen Gegenden zu Hause sind, und man sich fast immer der Arbeiter aus der Nähe wird bedienen müssen, so sind gewöhnlich auch nur einzelne, allgemeiner bekannte Arbeiten, wie das Grabenmachen, Rasenschälen u. dgl., in Akkord zu geben, die anderen, weniger übersichtlichen und mehr Akkuratesse erfordernden dagegen, wie das Planiren, Einpacken der Kastenschleusen u. s. w., unter tüchtiger Leitung in Tagelohn machen zu lassen.

Akkordarbeiten.

§. 81.

Es werden also in Akkord zu fertigen sein:

a) Die Grabenarbeiten.

Der Preis der Gräben richtet sich natürlich nach dem Kubikinhalt der auszuwerfenden Erdmasse. Derselbe wird verschieden sein müssen

1) je nachdem der Erdboden locker oder fest, rein oder mit Wurzeln durchwachsen oder mit Steinen vermengt ist,
2) oder je nachdem er mit einem Male ausgeworfen oder aus der Tiefe zwei- oder mehrmals abgesetzt werden muß.

Der kubische Inhalt wird nach Schachtruthen à 144 Kubikfuß berechnet. Er wird gefunden, wenn das Produkt aus der mittleren Breite (die Summe der obern + untern Breite, dividirt mit 2) und der Tiefe mit der Länge einer Ruthe = 12 Fuß multiplicirt und mit 144 dividirt wird.

Eine Schachtruthe bis zu 6 Fuß Tiefe von einem losen Boden der keine besonderen Schwierigkeiten bietet, wie Bruch-, Torf- oder weicher Sandboden, auszuwerfen und die Grabenerde zu planiren, kostet 4 Sgr.

Je nachdem der Boden fester wird, weniger oder mehr Wurzeln darin vorkommen ꝛc., steigt der Preis pro Schachtruthe bis zu 5 Sgr.

Hat der Graben eine so bedeutende Tiefe, daß die Erde zwei oder mehrere Male geworfen werden muß, so sind den vorstehenden Preisen pro Schachtruthe für jedes wiederholte Werfen 2 Sgr zuzurechnen.

Die Preise für die gewöhnlich vorkommenden Gräben sind demzufolge für 1 Ruthe Graben:

Bei 1füßiger Böschung:

3' ob. Breite,	1' Tiefe,	1' Sohle	— sgr.	8 pf.	bis — sgr.	10 pf.
4' =	1' =	2' =	1 =	— =	= 1 =	3 =
5' =	1' =	3' =	1 =	4 =	= 1 =	8 =
5' =	2' =	1' =	2 =	— =	= 2 =	6 =
6' =	1' =	4' =	1 =	8 =	= 2 =	1 =
6' =	2' =	2' =	2 =	8 =	= 3 =	4 =
7' =	1' =	5' =	2 =	— =	= 2 =	6 =
7' =	2' =	3' =	3 =	4 =	= 4 =	2 =
7' =	3' =	1' =	4 =	— =	= 5 =	— =
8' =	1' =	6' =	2 =	4 =	= 2 =	11 =
8' =	2' =	4' =	4 =	— =	= 5 =	— =
8' =	3' =	2' =	5 =	— =	= 6 =	3 =
9' =	1' =	7' =	2 =	8 =	= 3 =	4 =
9' =	2' =	5' =	4 =	8 =	= 5 =	10 =
9' =	3' =	3' =	6 =	— =	= 7 =	6 =
9' =	4' =	1' =	6 =	8 =	= 8 =	4 =
10' =	1' =	8' =	3 =	— =	= 3 =	9 =
10' =	2' =	6' =	5 =	4 =	= 6 =	8 =
10' =	3' =	4' =	7 =	— =	= 8 =	9 =
10' =	4' =	2' =	8 =	— =	= 10 =	— =
11' =	1' =	9' =	3 =	4 =	= 4 =	2 =
11' =	2' =	7' =	6 =	— =	= 7 =	6 =
11' =	3' =	5' =	8 =	— =	= 10 =	— =
11' =	4' =	3' =	9 =	4 =	= 11 =	8 =
11' =	5' =	1' =	10 =	— =	= 12 =	6 =
12' =	1' =	10' =	3 =	8 =	= 4 =	7 =
12' =	2' =	8' =	6 =	8 =	= 8 =	4 =
12' =	3' =	6' =	9 =	— =	= 11 =	3 =
12' =	4' =	4' =	10 =	8 =	= 13 =	4 =
12' =	5' =	2' =	11 =	8 =	= 14 =	7 =

Mit ¾füßiger Böschung:

3′ ob. Breite,	1′ Tiefe,	1½′ Sohle	— sgr.	9 pf.	bis — sgr.	11¼ pf.
4′	1′	2½′	1	1½	1	4¼
4′	2′	1′	1	5	2	1
5′	1′	3½′	1	5	1	9¼
5′	2′	2′	2	4	2	11
6′	1′	4½′	1	9	2	2¼
6′	2′	3′	2	8	3	4
6′	3′	1½′	3	9	4	5¾
7′	1′	5½′	2	1	2	7¼
7′	2′	4′	3	8	4	7
7′	3′	2½′	4	9	5	11¼
7′	4′	1′	5	4	6	8
8′	1′	6½′	2	5	3	¼
8′	2′	5′	4	4	5	5
8′	3′	3½′	5	9	7	2¼
8′	4′	2′	6	8	8	4
9′	1′	7½′	2	9	3	5¼
9′	2′	6′	5	—	6	3
9′	3′	4½′	6	9	8	5¼
9′	4′	3′	8	—	10	—
9′	5′	1½′	8	9	10	11¼
10′	1′	8½′	3	1	3	10¼
10′	2′	7′	5	8	7	1
10′	3′	5⅓′	7	9	9	8¼
10′	4′	4′	9	4	11	9
10′	5′	2½′	10	5	13	¼
10′	6′	1′	11	—	13	9
11′	1′	9½′	3	5	4	3¼
11′	2′	8′	6	4	7	11
11′	3′	6½′	8	9	10	11¼
11′	4′	5′	10	8	13	4
11′	5′	3½′	12	1	15	1¼
11′	6′	2′	13	—	16	3
12′	1′	10½′	3	9	4	8¼
12′	2′	9′	7	—	8	9
12′	3′	7½′	9	9	12	2¼

12' ob. Breite,	4' Tiefe,	6' Sohle'	12 sgr.	— pf.	bis 15 sgr.	— pf.
12' =	5' =	4½' =	13 =	9 =	= 17 =	2¼ =
12' =	6' =	3' =	15 =	— =	= 18 =	9 =
12' =	7' =	1½' =	15 =	9 =	= 19 =	8¼ =

Bei ½füßiger Böschung.

2' ob. Breite,	1' Tiefe,	1' Sohle,	— sgr.	6 pf.	bis — sgr.	7½ pf.
3' =	1' =	2' =	— =	10 =	= 1 =	½ =
3' =	2' =	1' =	1 =	4 =	= 1 =	8 =
4' =	2' =	2' =	2 =	— =	= 2 =	6 =
4' =	3' =	1' =	2 =	6 =	= 3 =	1½ =
5' =	2' =	3' =	2 =	8 =	= 3 =	4 =
5' =	3' =	2' =	3 =	6 =	= 4 =	4½ =
5' =	4' =	1' =	4 =	— =	= 5 =	— =
6' =	2' =	4' =	3 =	4 =	= 4 =	2 =
6' =	3' =	3' =	4 =	6 =	= 5 =	7½ =
6' =	4' =	2' =	5 =	4 =	= 6 =	8 =
6' =	5' =	1' =	5 =	10 =	= 7 =	3½ =
7' =	2' =	5' =	4 =	— =	= 5 =	— =
7' =	3' =	4' =	5 =	6 =	= 6 =	10½ =
7' =	4' =	3' =	6 =	8 =	= 8 =	4 =
7' =	5' =	2' =	7 =	6 =	= 9 =	4½ =
7' =	6' =	1' =	8 =	— =	= 10 =	— =
8' =	2' =	6' =	4 =	8 =	= 5 =	10 =
8' =	3' =	5' =	6 =	6 =	= 8 =	1½ =
8' =	4' =	4' =	8 =	— =	= 10 =	— =
8' =	5' =	3' =	9 =	2 =	= 11 =	5½ =
8' =	6' =	2' =	10 =	— =	= 12 =	6 =
8' =	7' =	1' =	10 =	6 =	= 13 =	1⅓ =
9' =	2' =	7' =	5 =	4 =	= 6 =	8 =
9' =	3' =	6' =	7 =	6 =	= 9 =	4½ =
9' =	4' =	5' =	9 =	4 =	= 11 =	8 =
9' =	5' =	4' =	10 =	10 =	= 13 =	6½ =
9' =	6' =	3' =	12 =	— =	= 15 =	— =
10' =	2' =	8' =	6 =	— =	= 7 =	6 =
10' =	3' =	7' =	8 =	6 =	= 10 =	7½ =
10' =	4' =	6' =	10 =	8 =	= 13 =	4 =

10' ob. Breite,	5' Tiefe,	5' Sohle,	12 sgr.	6 pf.	bis	15 sgr.	7½ pf.
10' „	6' „	4' „	14 „	— „	„	17 „	6 „
10' „	7' „	3' „	15 „	2 „	„	18 „	11½ „
10' „	8' „	2' „	16 „	— „	„	20 „	— „
11' „	2' „	9' „	6 „	8 „	„	8 „	4 „
11' „	3' „	8' „	9 „	6 „	„	11 „	10½ „
11' „	4' „	7' „	12 „	— „	„	15 „	— „
11' „	5' „	6' „	14 „	2 „	„	17 „	8½ „
11' „	6' „	5' „	16 „	— „	„	20 „	— „
11' „	7' „	4' „	17 „	6 „	„	21 „	10½ „
11' „	8' „	3' „	18 „	8 „	„	23 „	4 „
11' „	9' „	2' „	19 „	6 „	„	24 „	4½ „
12' „	2' „	10' „	7 „	4 „	„	9 „	2 „
12' „	3' „	9' „	10 „	6 „	„	13 „	1½ „
12' „	4' „	8' „	13 „	4 „	„	16 „	8 „
12' „	5' „	7' „	15 „	10 „	„	19 „	9½ „
12' „	6' „	6' „	18 „	— „	„	22 „	6 „
12' „	7' „	5' „	19 „	10 „	„	24 „	9½ „
12' „	8' „	4' „	21 „	4 „	„	26 „	8 „
12' „	9' „	3' „	22 „	6 „	„	28 „	1½ „
12' „	10' „	2' „	23 „	4 „	„	29 „	2 „

Bei generellen Veranschlagungen kann man in Pausch und Bogen die Kosten für die nöthigen Grabenarbeiten nach Umständen (excl. des Hauptzuleitungsgrabens) pro Morgen mit 1 Thlr. 15 Sgr. bis 2 Thlr. berechnen.

b. Anfertigung der Rinnen.

60 Ruthen 1 Fuß breite, 6 bis 8 Zoll tiefe Rinnen zu hauen, und die Rasen herauszunehmen, sind ein Tagewerk, mithin kostet die Ruthe 2 Pf.

Für das regelmäßige Anpacken der Rasen an die Wässerrinnen, wo es nöthig ist, und das einen Spatenstich tiefe Ausgraben der Entwässerungsrinnen ist eben so viel zu bewilligen, für die Ruthe 2 Pf.

Hiernach kosten die sämmtlichen Rinnen pro Morgen bei

2 Ruthen breiten Rücken ungefähr	1 Thlr.	20 Sgr.
3 „ „ „ „	1 „	5 „

1 Ruthe breite Hänge	2	Thlr.	20	Sgr.
$1\frac{1}{2}$ " "	" 1	"	28	"
2 " "	" 1	"	15	"

c. Transpot der Erde mittelst Handkarren.

Auch bei dem Transport der Erde mittelst der Handkarren ist die Schachtruthe à 144 Kubikfuß als das übliche Maaß allgemein angenommen. Die Kosten dieses Transports richten sich nach der größeren oder geringeren Schwierigkeit, den festen Erdboden zum Einladen loszumachen, und nach der Entfernung.

Die §. 24. beschriebenen Karren enthalten gestrichen gemessen 3 Kubikfuß. Um eine Schachtruthe lose Erde fortzuschaffen, sind also 48 Karren abzufahren. Wird aber eine Schachtruthe im gewachsenen Boden abgemessen, so gehören 60 bis 70 Karren dazu, weil die feste Erde beim Einladen gelockert um $\frac{1}{4}$ und darüber an Volumen zunimmt. Es wird daher auch bei der Bestimmung des Preises für den Transport einer Schachtruthe außer der Entfernung noch zu unterscheiden sein, ob feste Erde, also die Grube, woraus die Erde fortgekarrt, oder ob lose Erde, wie bei den Wallschüttungen, gemessen wird.

Eine Schachtruthe feste Erde = 60 bis 70 Karren auf 5 Ruthen fortzukarren, kostet, wenn der Boden zwar fest, doch mit dem Spaten gegraben werden kann, 5 Sgr.; muß der Boden erst mit der Hacke losgehauen werden, so kann der Preis steigen bis $7\frac{1}{2}$ Sgr.

Eine Schachtruthe gewachsenen Boden auf 10 Ruthen zu verkarren kostet $6\frac{1}{4}$—$8\frac{3}{4}$ Sgr., auf 15 Ruthen $7\frac{1}{2}$—10 Sgr. und auf 20 Ruthen $8\frac{3}{4}$—$11\frac{1}{4}$ Sgr.; dagegen kostet die Schachtruthe lose Erde = 48 Karren, wenn der gekarrte Boden gemessen wird, auf 5 Ruthen Entfernung zu verkarren nur bis 4 Sgr., desgl. auf 10 Ruthen Entfernung nur bis 5 Sgr., desgl. auf 15 Ruthen Entfernung nur bis 6 Sgr. und auf 20 Ruthen Entfernung nur bis 7 Sgr.

d. Die Kosten des Rasenschälens.

Die Kosten des Rasenschälens sind gleichfalls nach der Schwierigkeit verschieden, welche die Zähigkeit oder der mürbe Boden erzeugen. Beim Abschälen nach Siegener Art im Quadrathieb oder in Rollen ist das Tagewerk für einen Mann, wenn die Arbeit gehörig vertheilt ist, so daß nicht Einer auf den Andern zu warten braucht, 10 bis 20 Quadratruthen, mithin kostet eine Quadratruthe nach dieser Art abzuschälen und die Rasen bei Seite zu bringen 6 Pf. bis 1 Sgr., oder pro Morgen 3 bis 6 Thlr.

Das Abschälen nach Lüneburger Art ist viel leichter und geht schneller, daher kann ein Mann recht gut 15 bis 30 Quadratruthen in einem Tage abhacken, es kostet also eine Quadratruthe nur 4 bis 6 Pf., oder pro Morgen 2 bis 3 Thlr.

Noch mehr fördert das Schälen mit dem Schottischen Brustpflug. Es ist die Quadratruthe für 2 bis 3 Pf. zu machen. Danach kostet der Morgen 1 bis $1\frac{1}{2}$ Thlr.

e. Kosten des Eindeckens.

Auch hierbei stellen sich die Preise ungemein verschieden. Es kommt darauf an, ob viel oder wenig Rasen ein dichtes oder lockeres Decken erheischen. Sind deren so viele vorhanden, daß sich die Fläche dicht damit belegen läßt., und liegen sie so nahe, daß sie von dem Haufen unmittelbar mit der Forke fortgenommen werden können, oder nur eine ganz kurze Strecke transportirt zu werden brauchen, so kann man für das Decken der planirten Flächen, das Tagewerk im Durchschnitt zu 15 Quadratruthen angenommen, für eine Quadratruthe durchschnittlich 6 Pf. berechnen oder pro Morgen 3 Thlr.

Im Verhältniß, wie die Rasen lockerer gelegt werden müssen, wenn daran Mangel, ermäßigt sich auch der Preis.

Umgekehrt erhöht er sich auch wieder, wenn die Plaggen von einer andern Fläche also weiter heran transportirt werden sollen.

Kosten der Wasserwerke und Stauwerke.

§. 82.

Das Arbeitslohn für die kleineren Kastenschleusen, Gerinne und Röhren ist nach laufenden Fuß zu berechnen und kostet, wenn sie nur einen Fuß hoch werden, pro Fuß excl. Holz und Nägel 2 Sgr., bei 2 Fuß Höhe pro laufenden Fuß 3 Sgr. bis 6 Sgr.

Die größeren Wasserbauten müssen speciell veranschlagt werden, weil die Kosten derselben von der Construction, von der Lokalität und von anderen Umständen zu sehr abhängen; auch sind die Preise in den verschiedenen Gegenden von einander abweichend. Der nachfolgende Kostenanschlag einer Schleuse soll daher mehr die Art der Veranschlagung deutlich machen, als in seinen verschiedenen Positionen maaßgebend sein.

Kostenanschlag zum Bau einer hölzernen Stauschleuse.

Dieselbe wird nach der auf Taf. X. Fig. 1., 2,, 3. beigefügten Zeichnung 30 Fuß lang in der Spundwand, erhält $12\frac{1}{2}$ Fuß lange Spundpfähle unter dem Kopfbalken, $13\frac{1}{2}$ Fuß Schützöffnung, ein 12 Fuß langes Gerinne, 10 Fuß lange Flügelspundwände und ein Vorgesenk.

Das dazu Erforderliche ergiebt sich aus dem Anschlage.

	thlr.	sgr.	pf.	thlr.	sgr.	pf.
I. An Holz.						
162 □Fuß $\frac{3}{4}$zöllige Dielen zum Gerinnboden $(13\frac{1}{2} \times 12)$						
72 □Fuß zur Verkleidung der inneren Seiten der Gerinnwände $(2 \times 12 \times 3)$						
140 □Fuß zum Boden des Vorgesenks $\left(\frac{21\frac{1}{2} + 13\frac{1}{2}}{2} \times 8\right)$						
80 □Fuß zu den 8 Schützen incl. Verleistung und Handgriff à 10 □Fuß,						
454 □Fuß oder $22\frac{1}{2}$ Stück $\frac{5}{4}$zöllige Dielen à 20 Fuß, dazu:						

		thlr.	sgr.	pf.	thlr.	sgr.	pf.
2⅚	Sägeblöcke, 24 Fuß lang, 17 Zoll stark im mittleren Durchmesser, aus dem Block 8 Stück 5/4 zöllige Dielen berechnet,						
	97 □Fuß 4zöllige Planken zur Spundwand des Vorgesenks ($21\frac{1}{2} \times 4\frac{1}{2}$),						
	72 □Fuß dito zur Schälung auf der äußern Seite der Gerinnwände ($2 \times 12 \times 3$),						
	169 □Fuß oder 8 Stück 4zöllige Planken à 20 □Fuß, dazu:						
2⅔	Sägeblöcke dito pro Block 3 Stück 4zöllige Planken berechnet,						
5½	Sägeblöcke 24 Fuß lang, 17 Zall stark im mittleren Durchmesser, das Stück enthält 38 Kubikfuß, sind $5\frac{1}{2} \times 38 = 209$ Kubikfuß à 3 Sgr.	20	27	—			
25	Fuß starkes Bauholz zu den beiden Spundpfählen kk an den Seiten der Schützöffnung à 12½ Fuß,						
112½	Fuß zu 225 Kubikfuß Holz zu den anderen 18 Stück Spundpfählen unter den Kopfbalken à 12½ Fuß,						
58½	Fuß zu 117 laufenden Fuß Halbholz zu 18 Spundpfählen unter dem Fachbaum à 6½ Fuß,						
32	Fuß zum Kopfbalken,						
14	Fuß zum Fachbaum,						
147	Fuß zu 294 lauf. Fuß Halbholz zu 28 Spundpfählen der beiden Flügelwände à 10½ Fuß,						
4½	Fuß zu 6 Ständern der Gerinnwände à 3 Fuß von Kreuzholz,						
4	Fuß zu 4 Bändern der Gerinnwände à 4 Fuß von Kreuzholz,						
12	Fuß zum Verschnitt 3 Prozent,						
409½	Fuß, dazu:						
10¼	Stück starkes Bauholz 40 Fuß lang, 16 Zoll stark im mittleren Durchmesser, das Stück enthält 56 Kubikfuß, sind $10\frac{1}{4} \times 56 = 574$ Kubikfuß à 3½ Sgr.	66	29	—			
18	Fuß Mittelbauholz zu den 3 Griessäulen à 6 Fuß,						
90	Fuß zu 15 Spitzpfählen unter dem Gerinne à 6 Fuß,						
108	Fuß Mittelbauholz. Latus	87	26	—			

	thlr.	sgr.	pf.	thlr.	sgr.	pf.
108 Fuß Mittelbauholz, Transport	00	00	00			
49½ Fuß zu 3 Holmen darüber à 16½ Fuß,						
24 Fuß zu 2 Schwellen der Gerinnwände à 12 Fuß,						
24 Fuß zu 2 Rähmen derselben à 12 Fuß,						
33 Fuß zu 2 Zangen darüber à 16½ Fuß,						
22½ Fuß zu 5 Spitzpfählen unter dem Vorgesenk à 4½ Fuß,						
18 Fuß zum Holm darüber,						
22 Fuß zum Holm der Bohlenspundwand,						
22 Fuß zu 2 Holme der Flügelspundwände à 11 Fuß,						
9 Fuß zum Verschnitt 3 Prozent,						
332 Fuß, dazu:						
9¼ Stück Mittelbauholz, 36 Fuß lang, 12 Zoll stark im mittleren Durchmesser. Das Stück enthält 28¼ Kubikfuß, sind 9¼ × 28¼ = 261 Kubikfuß à 2 Sgr. 6 Pf.	21	22	6			
Holzwerth				109	18	6

II. An Arbeitslohn.

Dem Zimmermann und Holzschneider.

	thlr.	sgr.	pf.	thlr.	sgr.	pf.
5½ Stück Sägeblöcke zu stämmen, zöpfen und bewaldrechten à 5 Sgr.	—	27	6			
Diese mit der Hand zu Dielen und Planken zu schneiden sind 868 laufende Fuß Schnitt, pro 100 Fuß incl. Auf- und Abbringen 20 Sgr. .	5	23	7			
10½ Stück starkes Bauholz zu stämmen und zu beschlagen à 10 Sgr.	3	15	—			
Davon 330 Fuß. incl. Verschnitt, mit der Hand zu Halbholz zu schneiden incl. Auf- und Abbringen, à 4 Sgr.	3	20	—			
8 Fuß desgleichen zu Kreuzholz, dito 8 Pf. . . .	—	5	4			
9¼ Stück Mittelbauholz zu stämmen und beschlagen à 8 Sgr.	2	14	—			
375 □Fuß Hauptspundwand zuzulegen, die Spundpfähle mit Feder und Nuth zu spunden, sie auch gehörig zu schärfen, den Fachbaum und die Griessäulen zuzurichten und einzulegen, à 1 Sgr.	12	15	—			
Latus	29	—	5	109	18	6

	thlr.	sgr.	pf.	thlr.	sgr.	pf.
Transport	29	—	5	109	18	6
20 Stück Spundpfähle unter dem Kopfbalken der Hauptspundwand unter die Lauframme zu bringen und nach der Zeichnung gehörig tief einzurammen incl. Halten der zum Rammen gehörigen Mannschaft, Schmiere u. s. w. (pro laufenden Fuß Pfahl 1½ Sgr.) à 19 Sgr.	12	20	—			
18 Stück Spundpfähle unter dem Fachbaum desgl. à 10 Sgr.	6	—	—			
32 laufende Fuß den Kopfbalken zuzurichten und abzuwässern, Zapfen an die Spundpfähle zu schneiden, den Kopfbalken aufzulegen und zu befestigen, à 2 Sgr.	2	4	—			
15 Stück Spitzpfähle unter dem Gerinne zuzurichten, zuzuspitzen und mit der Lauframme nach der Zeichnung einzurammen, incl. Halten der Mannschaft u. s. w. (pro Fuß 1 Sgr.) à 6 Sgr. . .	3	—	—			
49½ laufende Fuß Holme darüber zuzuschneiden, durchzulochen und, nachdem Zapfen an die Pfähle gestämmt, aufzulegen und zu verkeilen, à 9 Pf. .	1	7	2			
115 laufende F. Holz, die Schwellen der Gerinnwände über die Holme zu kämmen, die Gerinnwände selbst aus Schwellen, Ständern, Bändern, Rähmen und Zangen zu verbinden und aufzustellen, à 6 Pf.	1	27	6			
210 □Fuß, die Flügelspundwände zuzurichten und die Spundpfähle mit Feder und Nuth zuspunden, dieselben auch zu schärfen, à 1 Sgr. . . .	7	—	—			
28 Stück Spundpfähle derselben unter die Lauframme zu bringen und vorschriftsmäßig einzurammen incl. Halten der Mannschaft, à 15 Sgr.	14	—	—			
22 Fuß Holme darüber zuzurichten und zu falzen, Zapfen an die Spundpfähle zu schneiden, die Holme aufzulegen und zu befestigen à 1 Sgr. 6 Pf.	1	3	—			
97 □Fuß Bohlenspundwand zum Vorgesenk gefalzt zuzulegen, zu schärfen à 9 Pf.	1	12	9			
24 Stück Bohlenspundpfähle unter die Ramme zu bringen und einzurammen, desgl. à 7 Sgr. . .	5	18	—			
21½ Fuß Grundbalken darüber zu falzen, aufzulegen und zu befestigen, à 1 Sgr.	—	21	6			
5 Stück Spitzpfähle unter dem Vorgesenk zuzurichten, zuzuspitzen, unter die Lauframme zu bringen und einzurammen, desgl. à 5 Sgr.	—	25	6			
Latus	86	19	4	109	18	6

	thlr.	sgr.	pf.	thlr.	sgr.	pf.
18 Fuß Holme darüber zuzuschneiden, durchzulochen und nach dem Zapfen an die Pfähle geschnitten, aufzulegen und zu verkeilen, à 9 Pf.	—	13	6			
374 □Fuß, den Boden des Vorgesenks und des Gerinnes, so wie die inneren Seitenflächen der Wände des letztern mit ¾zölligen rauh besäumten Dielen zu verkleiden, à 3 Pf.	3	3	6			
72 □Fuß, die äußeren Seiten der Gerinnwände mit Planken zu verkleiden und tüchtig zu hinterfüllen, à 3 Pf.	—	18	—			
Für Anfertigung der 8 Grund- und Oberschützen incl. Verleistung und Handgriff, à 7½ Sgr.	2	—	—			
7½ Schock Lattnägel à 8 Sgr. (pro □Fuß Dielenarbeit 1 Nagel)	1	22	6			
Für Haltung der Ramme, Taue und Kloben	10	—	—			
				104	16	10
III. Insgemein.						
Für sonst noch vorfallende, nicht vorherzusehende und im Anschlage nicht bemerkte kleine Ausgaben, Aufgraben der Baustelle, Hinterfüllen der Bollwerke u. s. w. zur speciellen Berechnung 10 Prozent der Anschlagssumme	—	—	—	20	—	—
Summa excl. Fuhrlohn	—	—	—	234	5	4

Genereller Ueberschlag der Kosten für die verschiedenen Arten des Wiesenbaues.

§. 83.

a. Kosten der Kunstwiesen.

Am höchsten sind stets die Kosten, welche durch den Kunstbau veranlaßt werden, weil bei diesem der Boden dem Projekte angepaßt wird. Sie differiren aber, je nachdem der Bau nach der Siegener oder Lüneburger Art ausgeführt wird und größere oder geringere Schwierigkeiten dabei vorkommen, sehr bedeutend.

Einen Magd. Morgen nach Siegener Art zur Kunstwiese umzuschaffen, kostet, wenn der Boden fest, steinig oder mit Busch bewachsen ist, bis 90 Thlr. Als Mittelpreis dafür sind 50 bis 70 Thlr. anzunehmen und der niedrigste Satz dürfte pro Morgen 40 Thlr. sein.

Im Lüneburgischen sind einige Wiesen zwar bedeutend theurer geworden, und mancher Morgen hat 100 bis 120 Thlr. gekostet; doch ist dieser Preis nur darum so hoch geworden, weil, eigentlich aus Liebhaberei, die Wiesenfläche durch Abtragen bedeutender Sandhöhen vergrößert werden sollte, oder weil bedeutende Erhöhung nöthig war, um die Wiese in ein vorher generell entworfenes Projekt hineinzupassen.

Der mittlere Satz für einen Morgen nach Lüneburger Art gebauter Kunstwiesen ist 40 bis 50 Thlr. Unter 25 Thlr. pro Morgen dürften sie nicht leicht herzustellen sein.

b. Kosten rationell gebauter Wiesen.

Der rationelle Wiesenbau paßt das Projekt dem Boden an. Es werden darum besonders die Erdkarrungen, und dem entsprechend die Kosten bedeutend geringer, als beim Kunstbau.

Als ein hoher, aber auch nur seltener Preis unter erschwerenden Umständen sind pro Morgen 40 bis 50 Thlr. anzunehmen.

Der gewöhnliche Mittelsatz ist nur 25 bis 30 Thlr. und der niedrigste da, wo ein guter milder Boden von Natur bereits ein normales Gefälle hat, und eben ist, so daß der Umbau überflüssig erscheiut, pro Morgen 5 bis 10 Thlr.

Fünfter Abschnitt.

Unterhaltung und Pflege der Wiesen.

Nothwendigkeit einer aufmerksamen Behandlung.

§. 84.

„In der ganzen Oekonomie, sagt Pogge, giebt es kein Geschäft, welches mehr Aufsicht erfordert und mehr durch eigne

Thätigkeit betrieben werden muß, als die Berieselnng, indem man so äußerst selten Menschen findet, welche richtige Begriffe davon besitzen. Die meisten wollen immer nur stauen, und nicht dem Wasser einen zweckmäßigen Lauf lassen. Sie begnügen sich damit, wenn die Wiesen nur naß sind. Bei jeder anderen Arbeit kann man hingehen oder reiten, hier aber, wenn die Wiese von Bedeutung ist, muß ich solche bis über die Aenkel im Wasser sehr oft durchwaten, und wem das kein Vergnügen macht, der giebt sich gewiß nicht damit ab. Ich kann nicht läugnen, daß dies bei der ganzen Wirthschaft mein Steckenpferd ist, und daß bei offenem Wetter bejnahe kein Tag vergeht, wo ich nicht wenigstens meine Berieselung besehe. Aber was für eine Belohnung habe ich nicht dafür, wenn ich nachher hinter den Mähern stehe, und sie nicht durchkommen können und sagen, hier muß man sich die Seele aus dem Leibe ziehen! und dann die Streuer hinterher keinen Raum für das Gras haben."

Pogge hat vollkommen Recht: eine gut unterhaltene und gepflegte Rieselwiese ist ein wahres Treibhaus für den Graswuchs, vernachlässigt dagegen — verschlingt sie nicht allein die aufgewendeten Meliorationskosten, sondern fast immer ist auch das Kapital selbst verloren, ja die Wiese wird nachher wohl gar noch schlechter, als sie früher war.

Sie ist eine Maschine zum Transport und zum regelmäßigen Verbreiten herrenlosen, nichts kostenden, ungenutzt weglaufenden Düngers. Möge doch ein Jeder dies bedenken, ehe er sich zur Anlage von Rieselwiesen entschließt, möge er aber auch, wenn er im Besitze derselben ist, nicht vergessen, daß diese, wie jede andere Maschine nur nützlich werden kann, wenn sie richtig gebraucht und gehörig in Ordnung gehalten wird. Bei dem wandelbaren Material, woraus die Rieselwiesen gebaut sind, Rasen und Erde, bei der Menge von Feinden, wie Maulwürfe, Mäuse, Wasserratten u. s. w., welche überall Veranlassung zur Unordnung werden, und bei den beständig zerstörend wirkenden Kräften, wie Frost, und überfließendes Wasser, ist die größte Aufmerksamkeit und Sorgfalt nöthig, das theure Werk zu erhalten.

Mit der ersten Anlage ist es allein nicht abgemacht. Es gehören alle Jahre bedeutende Arbeitskräfte zur Ausführung von Reparaturen, welche dem Rieselmeister noch außer seinen gewöhnlichen Verrichtungen, der Vertheilung des Wassers 2c. obliegen. Doch belohnt sich auch jede aufgewandte Mühe sehr reichlich. Wäre es am Ende nicht ein gänzliches Verkennen des eigenen Vortheils, wenn man für eine Wiese, welche höhere, wenigstens eben so hohe Erträge liefert, wie der beste Acker, gar nichts thun wollte, während diesem so bedeutende Mittel und Kräfte zugewandt werden, weil man daran gewöhnt ist, von einer Wiese nur zu nehmen, ohne ihr Ersatz dafür zu gewähren?

Die nothwendige Pflege besteht

1) in der richtigen Behandlung bei der Heuwerbung,
2) in der Erhaltung der Gräben und Grippen und des richtigen Niveaus derselben und
3) in Art und Zeit des Berieselns.

Das Mähen und Heuen.

§. 85.

Die Pflege der Wiesen beginnt bei der Heuwerbung, schon bei dem Mähen des Grases. Dasselbe muß kurz aber gleichmäßig abgehauen werden. Es darf dabei mit der Sense an einzelnen Stellen nicht zu tief gefaßt werden, weil dadurch das Herz der Graspflanzen beschädigt wird, und der Nachwuchs leidet, während an anderen Stellen, namentlich auf den Schwadbalken zu hohe Stoppeln stehen bleiben. Diese Schwadbalken werden, weil sie, sobald immer nach einer und derselben Richtung gemäht wird, der entsprechenden Breite der Rücken- oder Hangflächen wegen stets auf dieselbe Stelle treffen, leicht Veranlassung, daß die mit so vielen Kosten und mit so großer Mühe hergestellte Ebenung dieser Flächen, gestört und eine nachtheilige Erhöhung in der Mitte derselben hervorgebracht wird. Solch ungleichmäßiges Mähen findet man vorzugsweise häufig da, wo lange Sensen gebräuchlich sind. Man möchte deshalb beinahe glauben, daß die anderwärts üblichen kurzen Sensen eine bessere Arbeit leichter machen. Wie aber auch das Handwerkszeug sei, die Besitzer wollen doch berücksichtigen, daß das größere Futterquantum, welches in den dichten langen Stoppeln der Schwadbalken verloren geht, die Mehrarbeit des besseren Mähens reichlich bezahlt und deshalb auf sorgfältige Arbeit recht strenge halten, selbst wenn diese etwas langsamer von Statten geht! Die Nachtheile des ungleichmäßigen Mähens können übrigens einigermaßen dadurch gemildert werden, daß Vor- und Nachmaht nach verschiedenen Richtungen gemäht werden.

Beim Streuen und Einharken des Heues hat man dann noch darauf zu sehen, daß dasselbe nach und nach solchen Stellen immer näher gebracht wird, von denen die Absuhre desselben ohne zu große Beschädigung der Wiese geschehen kann. Auch die Anwendung breiter Puffräder an den Heuwagen ist zu empfehlen. Weniger Rücksicht braucht hierauf bei Wiesen mit sandigem, festen Boden genommen zu werden, als bei Bruch- oder Moorwiesen, weil hier die Räder immer tiefer einschneiden. Auf Zähigkeit der Grasnarbe, wie solche auf Wiesen, welche vorzugsweise Schnittgräser (Carices) tragen, sich vorfindet, ist hier nicht zu rechnen. Die Narbe der Rieselwiesen muß stets mürbe und weich sein und bleiben. Sogleich nach dem Abfahren des Heues müssen die Wagenspuren, welche etwa geblieben sind, wenigstens an den Wässerrinnen zugepackt werden, weil, wenn dies unterbleibt, eine Vertheilung des Rieselwassers nicht mehr möglich ist, dasselbe vielmehr durch die eingeschnittenen Spuren ungenutzt in die Entwässerungsrinnen hinein- und fortläuft.

Das Räumen der Gräben und Grippen.

§. 86.

Zur guten Pflege der Wiesen gehört ferner die Erhaltung der Gräben und Grippen, also auch deren rechtzeitige Räumung. Während des Wässerns treibt das Wasser Laub, Holz, Erde u. dgl. m. in die Gräben, von den Seiten ziehen sich Graswurzeln und Ausläufer hinein und wachsen fest, abgefallene und herbeigeschwemmte Samen keimen, kurz Gräben und Rinnen verwachsen bald, und zwar um so eher und um so stärker, je besser das Wasser, je kräftiger der Boden, je vollkommener also die Bedingungen einer reichen Production vorhanden sind. Dadurch wird aber das Profil der Gräben verengt, der Wasserfluß gehemmt, die Vertheilung unregelmäßig. Es wird ferner unmöglich, einem jeden Wiesentheile das nöthige Quantum Wasser zuzuleiten. Die Entwässerung geräth ins Stocken, der Boden wird künstlich ausgekältet, die ganze Berieselung geht schlecht; die besseren Gräser verschwinden, der Ertrag wird geringer, das Moos fängt an, mit einer besonderen Ueppigkeit zu wachsen u. s. w., mit einem Worte, die Berieselung verfällt und verfehlt ihren Zweck. Daß diese Gründe die Nothwendigkeit der Offenhaltung der Gräben genügend beweisen, liegt auf der Hand. Es kommt deshalb zuerst auf die Bestimmung der rechten, der besten Zeit zu diesem Räumen, und demnächst auf die Art der Ausführung desselben an. Die beste Zeit dazu ist der Herbst, sobald die Nachmaht gewonnen, also Ausgangs September und Anfangs Oktober. Die beiden vorzugsweise düngenden Wässerungen gehen dann gut von Statten, im Herbst, weil eben erst Alles gereinigt und in Ordnung gebracht, und im Frühjahr, weil bis dahin noch nichts wieder verwachsen ist. Erst später, sobald die Witterung wieder warm wird, wachsen die Rinnen von neuem zu. In dieser Zeit soll jedoch der Boden nur angefeuchtet, sollen die Pflanzen nur begossen werden. Das geschieht aber selten, und einige Unregelmäßigkeiten sind weniger nachtheilig, es schadet daher das Verwachsen zu dieser Zeit am wenigsten.

Beim Räumen der Grippen werden gewöhnlich die Seitenwände derselben mit dem Wiesenmesser nachgeschnitten oder mit dem Wiesenbeile frisch aufgehauen, und dann die Abschnitzel, welche in die Rinnen hineingefallen sind, herausgenommen.

Die Rinnen brauchen jedoch nicht über 1 Fuß breit zu werden. Haben sie durch wiederholtes Räumen daher schon diese Breite erreicht, so kann das Abschneiden der Seiten unterbleiben. Es reicht dann zu deren Räumung vollständig hin, wenn die hineinhängenden Grashalme nur ausgemäht, die

Sohle aber mit einer schmalen Stechschippe scharf ausgeschippt wird.

Das durch das Räumen gewonnene Material wird gleich beim Ausschippen in kleine Häufchen zusammengeworfen und später zur Herstellung des richtigen Niveaus der Rieselrinnen und zum Aufhöhen etwa gesackter Stellen gebraucht. Diese Arbeit darf aber nicht eher gemacht werden, als bis das Wasser zum Rieseln angelassen ist. Man kann einer trocken liegenden Wiese wohl ansehen, wo das Wasser beim Rieseln zu stark übergelaufen, wo also der Rand der Wässerrinne zu niedrig gewesen ist, es läßt sich aber ohne Wasser niemals beurtheilen, wie viel er zu niedrig war, wie hoch mithin die Anpackung geschehen muß, damit das Wasser überall wieder gleichmäßig überlaufe. Darauf kommt es aber ganz wesentlich an.

Erst wenn das Wasser die zum Rieseln nöthige Höhe hat, kann diese Arbeit in der nöthigen Vollkommenheit ausgeführt wergen. Es darf ferner im Herbst nicht das sämmtliche, durch das Räumen gewonnene Material wieder verstreut werden, man muß sich vielmehr einige der kleinen Häufchen für das Frühjahr aufheben, um auch dann noch zur Ausbesserung kleiner im Winter vorkommender Schäden etwas zur Hand zu behalten.

Dies ist für Wirthschaften, welche einen ausgedehnten Hackfruchtbau treiben, allerdings eine böse Zeit! allein es hilft einmal nichts! Wer beides will, Kartoffeln oder Rüben bauen und Wiesen rieseln, darf niemals dem einen auf Kosten des anderen den Vorzug gewähren, er muß die nöthigen Kräfte für beides besorgen.

Rieselzeit und Weise.

§. 87.

Zum Hervorbringen und Erhalten einer guten Grasnarbe gehört endlich auch ein rechtzeitiges und zweckmäßiges Aufbringen des Wassers. Specielle Recepte lassen sich dafür allerdings nicht geben, es gehört Aufmerksamkeit und Beobachtung der Witterung dazu. Doch lassen sich recht gut allgemeine Regeln feststellen, deren Anwendung auf die speciellen Fälle einem Jeden überlassen bleibt. Von vorn herein läßt sich übersehen, daß nach den verschiedenen Wirkungen, welche durch das Rieseln hervorgebracht werden sollen, das Wässern zu verschiedenen Zeiten auch in verschiedener Art besorgt werden müsse, wobei nicht zu übersehen, daß das Wasser keinesweges zu allen Zeiten nützlich, sondern bei unrechter Benutzung den Wiesen auch nachtheilig werden kann, und daß es deshalb nicht immer an der Anlage liegt, wenn Rieselwiesen nicht den gewünschten Einschnitt, oder Heu von geringem Futterwerthe liefern. Auf einer neu angelegten Wiese etwas zu schaffen, ist oft viel leichter, als auf den älteren das einmal vorhandene gute Gras zu erhalten, und alle Jahre zu erneuern.

Da die vorzüglichste Wirkung des Rieselwassers in dem Düngen der Wiesen, in der Zuführung von Pflanzennahrung, als Ersatz für das fortgenommene Heu, besteht, so müssen die düngenden Wässerungen unsere Aufmerksamkeit ganz besonders in Anspruch nehmen. Eine düngende Wässerung kann aber zu jeder Zeit gegeben werden, wenn das Wetter kühl, oder gar kalt, und das Wasser wärmer ist, als die Luft. Fast immer ist dies im Herbst der Fall. Daher ist die Herbstrieselung so außerordentlich wichtig. Dazu kommt noch, daß zu dieser Zeit häufige Regen eine außerordentliche Menge von Düngungsmitteln von den Feldern herbeiführen, daß die auf der Wiese abgefallenen, verstreuten und angeschwemmten Sämereien ankeimen und kräftig anwachsen, die Wurzeln, namentlich der edleren Grasarten, sich bestocken. Alles vereinigt sich, die Grasnarbe vor Eintritt des Winters zu verdichten und zu kräftigen. Daher beginnt, nachdem Alles in Ordnung gebracht, das Rieseljahr im Herbst. Den Wiesen kann das Aufbringen des Wassers vor Winter niemals schaden, und es ist ganz unverantwortlich, in dieser Zeit auch nur einen Tropfen ungenutzt weglaufen zu lassen.

Alle Wiesenwirthe sind über den Nutzen der Herbstrieselung einverstanden. Man riesele deshalb vom Anfange des Oktober ab, wenn auch die Räumung der Gräben und Rinnen noch nicht beendet, erst einen Theil, während ein anderer in Ordnung gebracht wird. Dann läßt sich später, nachdem dieser fertig, das Wasser umstellen, und die Regulirung des ersten nachholen. Man riesele aber so stark, daß die Oberfläche schwarz wird, und so lange, bis der Boden unter den Füßen des darüber fort Gehenden sich weich anfühlt. Erst, wenn der Grund so mürbe ist, wachsen die besseren Gräser, welche das Charakteristische der Rieselwiesen ausmachen, üppig. Ist das Wasser in trocknen Herbsten knapp, so nehme man zur Zeit kleinere Flächen vor, wie gerade die vorhandene Quantität es gestattet, halte aber am starken und kräftigen Rieseln fest, und stelle das Wasser lieber einmal öfter um. Auf Flächen, welche ein sehr starkes Gefälle haben, wird indessen zuweilen zu stark gerieselt. Die große Geschwindigkeit des Wassers täuscht und läßt die Masse desselben unterschätzen. Das zu starke Wässern aber verzehrt gleichsam das Gras an den Stellen, an welchen das Wasser am stärksten rieselt. Es wachsen da wenig schlechte Blattpflanzen, und es dauert längere Zeit, die Wunde auszuheilen. Wässert man dagegen in dieser Zeit nur schwach, aber zu lange auf einer und derselben Stelle, so wachsen manche Grasarten, z. B. Agrostis stolonifera. Poapratensis, Holcus lanatus u. s. w. wieder so in die Höhe, daß sie vollständig mähbar werden. Es ist aber so spät keine Aussicht, das Gras noch zu Heu machen zu können. Es ließe sich allenfalls grün verfüttern; doch haben die ganz jungen grünen Blätter nur einen geringen Futterwerth. Durch solch spätes Mähen würde jedenfalls die Wiese leiden, wenn kurz nachher Frostwetter einträte, es bleibt eine solche Operation immer ein gewagter Versuch. Man läßt dasselbe aus diesem Grunde gewöhnlich stehen, führt aber dadurch die Gefahr herbei, daß bei ungünstiger Witterung, bei wechselndem Frost und Thauwetter und bei Schnee das Gras sich umlegt, die Fläche mit einem dichten Filz überzieht, wie eine im Herbst zu üppige Saat ausfault, und daß der Ertrag der Wiese auf diese Weise auf mehrere Jahre vernichtet wird. Und doch kann man bei ausnahmsweise geringem Zufluß, wenn das Wetter im Spätherbst kalt ist, auf den nicht mehr rieselnden Wiesentheilen das Füllwasser sogar mit Vortheil in den Gräben und Rinnen stehrn lassen und dieselben voll erhalten. Der Vortheil wird in diesem Falle größer als die Gefahr des Auskältens. Man braucht dasselbe nur von Zeit zu Zeit abzulassen und die Wiesen trocken zu legen. Ist auf die vorher angegebene Art die ganze Wiesenfläche nach und nach durchgerieselt, so fängt man wieder von vorne an, und fährt in derselben Weise fort, bis das Wasser einfriert. Leichte Fröste, wie sie im Oktober, November und Anfang Dezember so häufig vorkommen, brauchen keine Unterbrechung herbeizuführen. Erst, wenn anhaltendes Frostwetter eintritt, stelle man auf Wiesen mit festem Boden das Wasser ab, riesele dagegen auf Bruch- und Moorwiesen auch dann noch, und zwar so lange fort, bis es sich von selbst verbietet, d. h. bis das Wasser in den Gräben und Rinnen so stark eingefroren ist, daß es über die Flächen nicht mehr übertritt. Dadurch wird das unangenehme Auffrieren des Humusbodens, wenn auch nicht ganz, doch so viel als möglich verhindert. Tritt dann nach einer solchen Frostperiode wieder anhaltend weiches Wetter ein, und verschwindet in Folge dessen der Frost aus dem Boden, so kann man auch im Winter wiederholt die Wässerung beginnen. So lange jedoch jener Frost noch darin steckt und neues Frostwetter zu erwarten steht, ehe der erste durch das überrieselnde Wasser gänzlich entfernt ist, darf gar nicht gerieselt werden, weil dann der obere gefrorne Boden sich hebt und die Grasnarbe eben so ausfriert, wie das beim Raps, rothen Klee, der Winterung u. s. w. allgemein bekannt ist. Ist der Frost daher erst einmal tief in den Boden eingedrungen, so ist es in der Regel mit dem Rieseln vorbei, und am besten die Wiese dem Winterschlaf zu übergeben, sie bis zum Frückjahr trocken liegen und das Wasser aus allen Gräben ablaufen zu lassen. Wenn dann auch noch so düngerreiche Fluthen im Januar und Februar zum Rieseln verleiten sollten, so sind die Schleusen nicht zu öffnen. Man muß der Versuchung widerstehen.

Daher stammt auch das Sprichwort: wer rieselt im Januar und Mai, hat Wiesen, aber kein Heu.

Eben so entscheidend ist die Witterung über den Anfang und die Art der Frühjahrsrieselung. Ganz ähnliche Rücksichten sind auch in dieser Zeit maßgebend. So lange eine Schneedecke die ganze Wiesenfläche überzieht, kann von dem Beginn der Berieselung noch keine Rede sein. Sie ist sogar auch dann noch nicht nöthig, wenn dieser Schnee bei trübem Himmel mit lauem Wind und Regen weggeht. Scheint aber im ersten Frühjahr am Tage die Sonne recht warm, so daß sie an einzelnen Stellen den Schnee wegleckt und die Pflanzen antreibt, giebt es Nachts darauf dann wieder Frost, so sind einem Jeden die nachtheiligen Folgen einer solchen Witterung bekannt. Unsere Saaten werden dadurch leider nur zu oft verdünnt. Dem jungen Grase geht es, wenn nichts geschieht, nicht besser. Wenn also der Schnee bei heiterem Wetter stellenweis wegschmilzt, so daß die Wiesen ganz ungleichmäßig davon frei werden, da riesele man bei hellem Wetter so tüchtig los, als nur möglich, und scheue selbst die Arbeit des Schneeausschippens nicht, wenn einzelne Hauptgräben davon voll getrieben sein sollten, um ihn mit dem Wasser schnell und überall fortzutreiben. Ist aber Blachfrost gewesen, und der Boden tief eingefroren, so darf man erst dann anfangen zu rieseln, wenn der Frost aus dem Boden verschwunden, oder der vorgerückten Jahreszeit halber Aussicht vorhanden ist, ihn mit dem Rieselwasser wegzuschaffen. Die Vegetationsperiode beginnt dadurch früher. In hoch aufgefrornen Bruch- und Moorwiesen kann, so lange sie gefroren sind, nichts geschehen, man muß schon das Aufthauen abwarten, nur tritt dieser Zeitpunkt leider oft erst sehr spät ein, und stehen darum die Moorwiesen denen im festen Boden etwas nach. Es beginnt dann im ersten Frühjahr im März oder April die zweite düngende Wässerung. So lange das Wetter kalt, regnig und stürmisch ist, riesele man stark, wenn auch etwas schwächer, als im Herbst, und eben so anhaltend. Zu starkes Rieseln auf Flächen mit vielem Gefälle ist noch nachtheiliger, aber es wird im Frühjahr auch bei flacheren Lagen in ganz ähnlicher Weise schädlich. In den ausgelaufenen Rinnen wachsen Cardamine amara und andere schlechte Blattgewächse, aber kein Gras. Auch in dieser Zeit muß der Boden erweicht sein, ehe das Wasser fortgenommen und einem anderen Wiesentheile zugeführt werden darf. Das Gras darf indeß dadurch nicht zu früh hervorgelockt werden, wenn es später nicht auch geschützt werden kann. Ueberhaupt erfordert keine Wässerung mehr Vorsicht, als die Frühjahrs-Rieselung. Das Wasser ist kalt, die Witterung wird wärmer und die Sonne fängt an zu treiben. Zu seltenes Rieseln und Wässerungen von zu kurzer Dauer vermindern die Quantität des Heues, wenn auch dessen Qualität darum nicht geringer wird.

Wenn daher der rothe Klee die ersten neuen Herzblätter treibt, fange man an, vorsichtiger zu rieseln, lasse an hellen, sonnigen, warmen Tagen abstellen, damit der Boden sich erwärme, bei kühlem Wetter aber, es mag trocken oder naß sein, mäßig stark und nicht zu schwach, das Wasser überlaufen, und suche dabei noch immer den Boden weich zu erhalten. In möglichster Ausdehnung aber stelle man das Wasser auf, wenn ein Nachtfrost droht. Hat ein solcher Frost jedoch die Wiese während des Trockenliegens überrascht, oder haben einzelne Wiesentheile trocken liegen müssen, weil zur gleichzeitigen Berieselung der ganzen Fläche das Wasser nicht ausreichte, so muß am frühen Morgen, so zeitig, als möglich das Wasser umgestellt werden. Dies wird um so nöthiger, je heller der darauf folgende Tag zu werden verspricht. Sonst geschieht das Umstellen gewöhnlich am besten gegen Abend.

Es genügt dabei aber nicht, daß das Rieselwasser, wie im Spätherbst, nach einem anderen Wiesentheile hingeleitet werde, es muß vielmehr der Theil, von welchem es weggenommen worden ist, sogleich vollständig trocken gelegt, und dazu auch das sämmtliche zur Füllung der Wässergräben und Grippen gebrauchte Wasser rein abgelassen werden. Die Wiesen werden, so lange dies nicht geschieht, niemals vollkommen trokken, und der Boden desto mehr ausgekältet, je wärmer die Luft, und je stärker die Verdunstung ist. Das von den hochgelegenen Wässergrippen ꝛc. durch den Boden durchsackende Wasser nimmt die Natur des Grundwassers an, und schadet entschieden so, daß in der Nähe der Entwässerungsrinnen der Graswuchs viel schwächer wird, als auf der oberen Hälfte der berieselten Fläche, das Moos üppig wächst und das Gras verdrängt. Wenn hier auf diesen Nachtheil noch einmal aufmerksam gemacht wird, so geschieht es nur, weil gerade dieser Fehler von den Wiesenwärtern, welche durch dies Naßhalten die Maulwürfe u. s. w. von der Wiese abhalten wollen, sehr häufig begangen wird. Die Maulwürfe müssen weggefangen werden.

Besondere Vorsicht ist in dieser Jahreszeit noch nöthig, wenn in der Periode, wo die ersten Grasspitzen aus dem Rieselwasser hervorsprießen, die Konservenbildung beginnt. In dem Wasser findet sich dann, es mag so schnell oder so langsam überfließen, wie es will, ein grüner (seltener, und nur in magerem Wasser ein bräunlicher) Schleim zuweilen massenhaft an, und überwächst die feinen Grasspitzen, sobald das Wasser längere Zeit nicht umgestellt wird. Wird danach trocken gelegt, so bilden diese Konserven eine weiße, dichte, dem Papier ähnliche Haut, unter der das Gras erstickt, und der Ertrag für mehrere Jahre verloren geht. Man stelle daher, sobald man die Bildung der Konserven bemerkt, öfter um, und riesele niemals stark und längere Zeit auf der nämlichen Stelle. Ist aber einmal darauf nicht Achtung gegeben, und haben sie sich schon in Menge gebildet, so lege man ja nicht ganz trocken. Dadurch würde der Nachtheil nur vergrößert werden. Man muß dann schon beständig, jedoch nur so schwach fortrieseln, daß die einmal vorhandenen Konserven feucht bleiben, bis das junge Gras durchgewachsen ist und sie beschattet. Dann erst darf man trocken legen. Später vergehen die Konserven zwischen dem längeren Grase von selbst, sie düngen dann noch.

Schlagen die Eichen erst aus, so ist es mit den düngenden Wässerungen ziemlich zu Ende. Sie bleiben dann auf die etwa noch einfallenden kälteren Tage beschränkt. Das fernere Wässern soll nur noch die früher angesammelten Nahrungsmittel auflösen und den Pflanzen zugänglich machen, allenfalls auch gegen nachtheilige Witterungseinflüsse schützen. Das Rieseln ist dann analog dem Begießen des Gärtners. Es wird nur nöthig, wenn der Boden einen gewissen Grad von Trockenheit erlangt hat, also von Zeit zu Zeit, etwa jeden fünften bis achten Tag, je nach der wasserhaltenden Kraft des Bodens. Mäßiges Rieseln zwischen dem langen Grase schadet nicht, weil das Wasser auf den planirten und geneigten Flächen nie so hoch ansteigen und das Gras verunreinigen kann, daß die beschlammten Theile noch von der Sense gefaßt würden. Das Wasser kann darum auch im Sommer immer über den Boden überlaufen, wenn einmal gerieselt werden soll. Es ist das sogar besser, als das bloße Anfeuchten durch Vollhalten der Gräben und Rinnen, als das bloße Hindurchsickern des Wassers unter der Erde. Man giebt hiermit dem Wiesenwärter nur eine Entschuldigung für seine Faulheit an die Hand, und producirt dadurch zuletzt nur hartes Schnittgras. Wird nicht gerieselt, so muß die Wiese ganz trocken gelegt werden. Wässert man bei warmer Witterung auf einer Stelle zu lange fort, so fängt das Wasser an zu faulen. Dadurch bekommt das Gras einen moorigen Beigeschmack und wird dem Vieh unangenehm, vielleicht auch weniger gesund. Wässert man zu stark, so legt das schnell fließende Wasser das lange Gras um. Dasselbe wird beschlammt und dadurch dem Viehe entschieden nachtheilig.

8 bis 14 Tage vor dem Mähen muß das Rieseln aufhören und der Boden Zeit erhalten, abzusacken und sich fest zu legen, damit beim Abfahren des Heues nicht zu tiefe Geleise entstehen, und leicht zu vermeidende Reparaturen erforderlich werden. Es ist jedoch recht gut, wenn in der Nacht vor dem Mähen noch einmal Wasser gegeben wird. Das Gras läßt sich dann nicht allein besser abhauen, sondern die Anfeuchtung hat hauptsächlich einen günstigen Einfluß auf den Nachwuchs.

Nach dem Mähen bleibt die Wiese 10 bis 14 Tage trokken liegen, damit die abgehauenen Blätter und Stengel oben betrocknen und erst so weit in die Höhe wachsen, daß das Rieselwasser nicht mehr von oben hineinlaufen kann. Während dieser Zeit hat der Wiesenwärter die bei der Heuernte beschädigten Stellen auszubessern. Demnächst wird das Wasser einige Tage hinter einander aufgelassen, um den Boden wieder gehörig zu tränken, und dann in der nämlichen Weise mit dem Rieseln vorgegangen, wie in den letzten Wochen vor dem ersten Schnitt, d. h. ab und zu bei warmem, anhaltend und stärker bei kühlem Wetter, selbst wenn es dabei regnet. So geht es fort, bis 14 Tage vor dem zweiten Schnitt, dann wird das Wasser ganz abgestellt.

Einen dritten Schnitt zu nehmen, lohnt bei unserm Klima nur in Ausnahmefällen der Mühe, wird er aber noch lohnend, so wird nach dem zweiten eben so gerieselt, wie früher nach dem ersten.

Das ist im Allgemeinen das Verfahren bei älteren Rieselwiesen. Bei ganz neuen Wiesen wird die Wässerung meistentheils eine ganz andere. Es kommt dann darauf an, wie die Wiese früher beschaffen war, und wie sie gebaut ist.

Loser Sandboden, welcher keine Deckrasen bekommen, sondern nur angesäet werden konnte, darf nur von Zeit zu Zeit angefeuchtet werden, damit die Grassämereien aufgehen, anwachsen und nicht vertrocknen. Es dürfen aber die Gräben und Rinnen nicht beständig voll Wasser gehalten werden, weil dann das schon aufgegangene Gras gar leicht gelb wird, und wieder vergeht. Am empfindlichsten ist in dieser Beziehung das Thimothegras. Erst wenn dasselbe so weit gediehen ist, daß die Wurzeln den Boden einigermaßen festhalten, kann bei kühlem Wetter von Zeit zu Zeit schwach übergerieselt werden. Durch künstliches Auskälten erzeugt ein solcher Boden häufig Binsen.

Eben so ist zu verfahren, wenn mit Haidekrautplaggen nur weitläuftig und locker gedeckt wurde, und Grassamen darüber angesäet ist.

Hat man aber sehr reichliche Heidekrautplaggen oder Rasen von sauern, sehr schlechten Wiesen, genügt die Deckung, den Boden gegen Abspülungen zu schützen, braucht man also keine Einsaat, so rieselt man gleich kräftig und ohne Unterbrechung. Das Wasser soll hier zunächst die schlechten Pflanzen zerstören, denn von guten Wiesengräsern sind noch kaum Spuren vorhanden, und den Boden erst fett machen. Je mehr hier gewässert wird, desto schneller artet die Narbe um, je mehr der Boden erweicht wird, desto eher finden sich die besseren Gräser ein. Auch ist aus solchem Boden häufig etwas auszuwaschen, z. B. den Pflanzen nachtheilige Eisenverbindungen u. dgl. m.

Ist endlich eine Grasnarbe, in welcher die auf den Rieselwiesen gewöhnlichen Grasarten schon vorhanden sind, aufgelegt, ist diese Narbe vielleicht gar schon an eine Wässerung oder Ueberfluthung gewöhnt gewesen, so behandelt man die Wiese in eben der Art, wie eine schon ältere Rieselwiese. Wird mit derartigem Material schnell genug gearbeitet, und sind die abgehackten Plaggen bis zum Wiederaufdecken nicht vertrocknet, so veranlaßt der Umbau kaum eine Störung im Graswuchs, und die im ersten Frühjahre umgebauten Wiesen geben in dem nämlichen Jahre gewöhnlich noch mehr Futter, als früher vor der Berieselung.

A.

Tabelle

der Wassermassen, welche in Einer Secunde in einem 2 bis 20 Fuß breiten Graben, bei einem Gefälle vou 1 bis 6 Zoll auf 100 Ruthen, fließen.

Mittlere Breite des Grabens.	Tiefe	Inhalt des Querprofils.	Der Graben führt, wenn das Gefälle auf 100 Ruthen =					
			1 Zoll	2 Zoll	3 Zoll	4 Zoll	5 Zoll	6 Zoll
Fuß.	Fuß.	Q.-Fuß.	Cubikfuß.	Cubikfuß.	Cubikfuß.	Cubikfuß.	Cubikfuß.	Cubikfuß.
2	1	2	1,07	1,51	1,85	2,14	2,39	2,62
	1	3	1,74	2,50	3,07	3,53	3,94	4,31
3	2	6	4,21	5,95	7,29	8,42	9,49	10,31
4	1	4	2,47	3,50	4,28	4,95	5,53	6,06
	2	8	6,06	8,50	10,50	12,12	13,55	14,84
	3	12	9,96	14,08	17,21	19,92	22,27	24,39
5	1	5	3,20	4,53	5,55	6,39	7,15	7,85
	2	10	7,99	11,22	13,83	15,97	17,85	19,56
	3	15	13,27	18,76	22,98	26,54	29,66	32,50
6	1	6	3,94	5,56	6,82	7,87	8,79	9,65
	2	12	9,96	14,08	17,25	19,92	22,27	24,39
	3	18	16,70	23,62	28,92	33,40	37,34	40,91
	4	24	23,84	33,66	41,12	47,61	53,23	58,31
7	1	7	4,68	6,61	8,10	9,36	10,45	11,46
	2	14	11,96	16,95	20,73	23,94	26,76	29,31
	3	21	20,22	28,59	35,02	40,44	45,21	49,53
	4	28	28,98	40,98	50,11	57,96	64,80	70,98
8	1	8	5,42	7,67	9,39	10,85	12,12	13,28
	2	16	13,99	19,83	24,24	28,00	31,30	34,29
	3	24	23,80	33,66	41,23	47,61	53,23	58,31
	4	32	34,28	48,48	59,32	68,56	76,65	83,97
9	1	9	6,26	8,73	10,68	12,34	13,79	15,11
	2	18	16,04	22,72	27,78	32,09	35,88	39,31
	3	27	27,43	38,80	47,53	54,88	61,37	67,21
	4	36	39,68	56,12	68,70	79,37	88,74	97,21
10	1	10	6,91	9,79	11,97	13,84	15,46	16,95
	2	20	18,13	25,62	31,35	36,21	40,49	44,36
	3	30	31,11	44,00	53,90	62,23	69,58	76,21
	4	40	45,17	63,88	78,23	90,34	101,00	110,64
11	1	11	7,66	10,85	13,26	15,34	17,13	18,89
	2	22	20,19	28,53	34,94	40,36	45,13	49,44
	3	33	34,83	49,25	60,33	69,65	77,87	85,30
	4	44	50,73	71,73	87,87	101,44	113,41	124,23

Mittlere Breite des Grabens.	Tiefe	Inhalt des Querprofils.	Der Graben führt, wenn das Gefälle auf 100 Ruthen =					
			1 Zoll	2 Zoll	3 Zoll	4 Zoll	5 Zoll	6 Zoll
Fuß.	Fuß.	Q.-Fuß.	Cubikfuß.	Cubikfuß.	Cubikfuß.	Cubikfuß.	Cubikfuß.	Cubikfuß.
12	1	12	8,41	11,91	14,56	16,85	18,91	20,63
	2	24	22,28	31,45	38,56	44,53	49,79	54,54
	3	36	38,58	54,54	66,81	77,13	86,23	94,47
	4	48	56,34	79,65	97,69	112,66	125,95	137,96
13	1	13	9,16	12,97	15,86	18,36	20,59	22,48
	2	26	24,38	34,38	42,19	48,71	54,47	59,66
	3	39	42,35	59,86	73,33	84,66	94,65	103,69
	4	52	61,99	87,61	107,40	123,98	138,60	151,81
14	1	14	9,92	14,04	17,17	19,87	22,27	24,33
	2	28	26,49	37,32	45,83	52,90	59,16	64,80
	3	42	46,13	65,20	79,88	92,23	103,12	112,96
	4	56	67,68	95,70	117,26	135,38	151,34	165,77
15	1	15	10,68	15,11	18,47	21,39	23,95	26,18
	2	30	28,61	40,28	49,47	57,11	63,87	69,95
	3	45	49,92	70,56	86,45	99,83	111,63	122,27
	4	60	73,41	103,82	127,17	146,84	164,15	179,81
16	1	16	11,44	16,18	19,78	22,91	25,64	28,03
	2	32	30,72	43,26	53,11	61,32	68,57	75,11
	3	48	53,72	75,94	93,04	107,45	120,17	131,61
	4	64	79,17	111,96	137,13	158,34	177,02	193,93
17	1	17	12,20	17,26	21,09	24,43	27,33	29,88
	2	34	32,83	46,26	56,76	65,53	73,27	80,22
	3	51	57,53	81,34	99,65	115,09	128,73	140,97
	4	68	84,96	120,12	147,14	169,88	189,95	208,11
18	1	18	12,97	18,34	22,40	25,95	29,02	31,74
	2	36	34,95	49,28	60,41	69,73	77,97	85,45
	3	54	61,35	86,76	106,28	122,75	137,30	150,35
	4	72	90,77	128,30	157,19	181,55	202,94	222,33
19	1	19	13,74	19,42	23,71	27,48	30,71	33,60
	2	38	37,07	52,32	64,06	73,93	82,66	90,64
	3	57	65,18	92,20	112,93	130,42	145,87	159,73
	4	76	96,60	136,50	167,28	193,15	215,97	236,59
20	1	20	14,51	20,50	25,01	29,01	32,41	35,46
	2	40	39,10	55,38	67,71	78,13	87,37	95,82
	3	60	69,02	97,65	119,59	138,10	154,44	169,12
	4	80	102,45	144,72	177,41	204,78	229,05	250,89

B.

Tabelle

der Wassermassen, welche in Einer Secunde durch eine Kastenschleuse fließen, deren Ein- und Ausfluß-Oeffnung ganz unter Wasser liegen.

Differenz zwischen d. Ober- und Unterwasserspiegel.	Höhe der Schützöffnung.	Breite der Schützöffnung.					
		1 Fuß	2 Fuß	3 Fuß	4 Fuß	5 Fuß	6 Fuß
Zoll.	Zoll.	Cubikfuß.	Cubikfuß.	Cubikfuß.	Cubikfuß.	Cubikfuß.	Cubikfuß.
1	1	0,2	0,3	0,5	0,7	0,8	1,0
	2	0,3	0,7	1,0	1,3	1,6	2,0
	3	0,5	1,0	1,5	2,0	2,4	2,9
	6	1,0	2,0	2,9	3,9	4,9	5,9
	9	1,5	2,9	4,4	5,9	7,3	8,8
	12	2,0	3,9	5,9	7,8	9,8	11,7
	15	2,4	4,9	7,3	9,8	12,2	14,6
	18	2,9	5,9	8,8	11,7	14,6	17,6
	21	3,4	6,8	10,2	13,7	17,1	20,5
	24	3,9	7,8	11,7	15,6	19,5	23,4
2	1	0,2	0,5	0,7	0,9	1,2	1,4
	2	0,5	0,9	1,4	1,8	2,3	2,8
	3	0,7	1,4	2,1	2,8	3,5	4,1
	6	1,4	2,8	4,1	5,5	6,9	8,3
	9	2,1	4,1	6,2	8,3	10,3	12,4
	12	2,8	5,5	8,3	11,0	13,8	16,6
	15	3,5	6,9	10,3	13,8	17,2	20,7
	18	4,1	8,3	12,4	16,5	20,7	24,8
	21	4,8	9,7	14,5	19,3	24,1	29,0
	24	5,5	11,0	16,6	22,1	27,6	33,1
3	1	0,3	0,6	0,9	1,1	1,4	1,7
	2	0,6	1,2	1,8	2,3	2,8	3,4
	3	0,8	1,7	2,5	3,4	4,2	5,1
	6	1,7	3,4	5,1	6,8	8,4	10,1
	9	2,5	5,0	7,5	10,1	12,6	15,2
	12	3,4	6,8	10,2	13,5	16,8	20,3
	15	4,2	8,4	12,6	16,9	21,0	25,4
	18	5,1	10,2	15,3	20,3	25,2	30,4
	21	5,9	11,8	17,7	23,7	29,4	35,5
	24	6,8	13,6	20,4	27,0	33,6	40,6
6	1	0,4	0,8	1,2	1,6	2,0	2,4
	2	0,8	1,6	2,4	3,2	4,0	4,8
	3	1,2	2,4	3,5	4,8	6,0	7,2

Differenz zwischen d. Ober- und Unterwasserspiegel.	Höhe der Schützöffnung.	Breite der Schützöffnung.					
		1 Fuß	2 Fuß	3 Fuß	4 Fuß	5 Fuß	6 Fuß
Zoll.	Zoll.	Cubikfuß.	Cubikfuß.	Cubikfuß.	Cubikfuß.	Cubikfuß.	Cubikfuß.
6	6	2,4	4,8	7,1	9,6	12,0	14,3
	9	3,6	7,2	10,7	14,4	18,0	21,4
	12	4,8	9,6	14,3	19,2	24,0	28,6
	15	6,0	12,0	17,9	23,8	30,0	35,8
	18	7,2	14,3	21,5	28,7	35,9	43,0
	21	8,4	16,7	25,1	33,5	41,9	50,3
	24	9,6	19,1	28,7	38,3	47,8	57,5
9	1	0,5	1,0	1,4	1,9	2,4	2,9
	2	1,0	2,0	2,9	3,9	4,9	5,9
	3	1,5	2,9	4,4	5,7	7,3	8,8
	6	2,9	5,9	8,8	11,7	14,6	17,6
	9	4,4	8,8	13,2	17,6	22,0	26,3
	12	5,9	11,8	17,6	23,4	29,3	35,1
	15	7,3	14,7	22.0	29,3	36,6	43,8
	18	8,8	17,6	26,4	35,2	43,9	52,6
	21	10,2	20,5	30,8	41,0	51,2	61,4
	24	11,7	23,4	35,2	46,8	58,5	70,2
12	1	0,6	1,1	1,7	2,3	2,8	3,4
	2	1,1	2,3	3,4	4,5	4,5	6,8
	3	1,7	3,4	5,1	6,8	8,5	10,1
	6	3,4	6,8	10,1	13,5	16,9	20,3
	9	5,1	10,1	15,2	20,3	25,4	30,4
	12	6,8	13,5	20,3	27,0	33,8	40,6
	15	8,5	16,9	25,4	33,8	42,3	50,7
	18	10,1	20,3	30,4	40,6	50,7	60,8
	21	11,8	23,7	35,5	47,3	59,2	71,0
	24	13,5	26,0	40,6	54,1	67,6	81,1
15	1	0,6	1,3	1,9	2,5	3,1	3,7
	2	1,3	2,5	3,8	5,0	6,3	7,6
	3	1,9	3,8	5,7	7,6	9,5	11,4
	6	3,8	7,6	11,3	15,1	18,9	22,7
	9	5,7	11,3	17,0	22,7	28,4	34,1
	12	7,6	15,1	22,7	30,2	37,8	45,4
	15	9,4	18,9	28,3	37,8	47,2	56,6
	18	11,3	22,7	34,0	45,3	56,6	67,9
	21	13,2	26,5	39,7	52,9	66,1	79,3
	24	15,1	30,2	45,3	60,4	75,5	90,6
18	1	0,7	1,4	2,1	2,8	3,4	4,1
	2	1,4	2,8	4,1	5,5	6,9	8,3
	3	2,1	4,1	6,2	8,3	10,3	12,4
	6	4,1	8,3	12,4	16,6	20,7	24,8
	9	6,2	12,4	18,6	24,8	31,0	37,2
	12	8,3	16,6	24,8	33,1	41,4	49,7
	15	10,3	20,7	31,0	41,4	51,7	62,1
	18	12,4	24,8	37,2	49,7	62,1	74,5
	21	14,5	29,0	43.5	58,0	72,5	87,0
	24	16,6	33,1	49,7	66,2	82,8	99,4

C.

Tabelle

der Wassermassen, welche in Einer Secunde durch eine Kastenschleuse fließen, deren Ausflußöffnung ganz frei liegt.

Höhe des Wasserspiegels üb. der Oberkante der Schützöffn.	Höhe der Schützöffnung.	Breite der Schützöffnung.					
		1 Fuß	2 Fuß	3 Fuß	4 Fuß	5 Fuß	6 Fuß
Zoll.	Zoll.	Cubikfuß.	Cubikfuß.	Cubikfuß.	Cubikfuß.	Cubikfns.	Cubikfuß.
1	1	0,2	0,4	0,6	0,8	1,0	1,2
	2	0,5	0,9	1,4	1,8	2,3	2,8
	3	1,0	1,9	2,9	3,9	4,9	5,8
	6	2,0	3,9	5,9	7,8	9,8	11,7
	9	3,4	6,9	10,3	13,7	17,2	20,6
	12	5,1	10,3	15,5	20,6	25,8	31,0
	15	7,1	14,2	21,3	28,4	35,6	42,7
	18	9,3	18,5	27,8	37,0	46,3	55,5
	21	11,6	23,2	34,7	46,3	57,9	69,5
	24	14,1	28,1	42,2	56,3	70,4	84,4
2	1	0,3	0,5	0,8	1,0	1,3	1,5
	2	0,6	1,1	1,7	2,3	2,8	3,4
	3	1,1	2,3	3,5	4,6	5,8	6,9
	6	2,2	4,4	6,5	8,7	10,9	13,1
	9	3,7	7,5	11,2	14,9	18,7	22,4
	12	5,5	11,0	16,6	22,1	27,6	33,1
	15	7,5	15,0	22,6	30,1	37,6	45,1
	18	9,7	19,4	29,1	38,8	48,5	58,2
	21	12,1	24,1	36,2	48,3	60,4	72,4
	24	14,6	29,2	43,8	58,4	73,0	87,6
3	1	0,3	0,6	0,8	1,1	1,4	1,7
	2	0,7	1,3	2,0	2,6	3,3	3,9
	3	1,3	2,6	3,9	5,2	6,5	7,8
	6	2,4	4,8	7,2	9,6	12,0	14,4
	9	4,0	8,0	12,0	16,0	20,0	24,0
	12	5,8	11,7	17,5	23,4	29,2	35,1
	15	7,9	15,8	23,7	31,6	39,5	47,4
	18	10,1	20,3	30,4	40,6	50,7	60,8
	21	12,5	25,1	37,6	50,2	62,7	75,3
	24	15,1	30,2	45,3	60,5	75,6	90,7
6	1	0,4	0,8	1,2	1,7	2,1	2,5
	2	0,9	1,7	2,6	3,4	4,3	5,2
	3	1,7	3,4	5,0	6,7	8,4	10,1
	6	2,9	5,9	8,8	11,7	14,6	17,6

Höhe des Wasserspiegels üb. der Oberkante der Schützöffn.	Höhe der Schützöffnung.	Breite der Schützöffnung.					
		1 Fuß	2 Fuß	3 Fuß	4 Fuß	5 Fuß	6 Fuß
Zoll.	Zoll.	Cubikfuß.	Cubikfuß.	Cubikfuß.	Cubikfuß.	Cubikfuß.	Cubikfuß.
6	9	4,7	9,5	14,2	19,0	23,7	28,5
	12	6,8	13,5	20,3	27,0	33,8	40,6
	15	9,0	18,0	26,9	35,8	44,8	53,8
	18	11,3	22,7	34,0	45,3	56,7	68,0
	21	13,9	27,7	41,6	55,5	69,4	83,3
	24	16,6	33,1	49,7	66,2	82,8	99,3
9	1	0,5	1,0	1,5	2,0	2,5	3,0
	2	1,0	2,1	3,1	4,1	5,1	6,2
	3	1,7	3,3	5,0	6,6	8,3	9,9
	6	3,4	6,8	10,1	13,5	16,9	20,3
	9	5,4	10,8	16,1	21,5	26,9	32,3
	12	7,6	15,1	22,7	30,2	37,8	45,3
	15	9,9	19,8	29,7	39,6	49,5	59,4
	18	12,4	24,8	37,3	49,7	62,1	74,5
	21	15,1	30,2	45,2	60,3	75,4	90,5
	24	17,9	35,8	53,7	71,6	89,5	107,4
12	1	0,6	1,2	1,7	2,3	2,9	3,5
	2	1,2	2,3	3,5	4,7	5,9	7,0
	3	1,9	3,8	5,6	7,4	9,2	11,1
	6	3,8	7,6	11,3	15,1	18,9	22,7
	9	5,9	11,9	17,8	23,8	29,7	35,7
	12	8,3	16,6	24,8	33,1	41,4	49,6
	15	10,8	21,6	32,2	43,0	53,8	64,6
	18	13,4	26,8	40,2	53,7	67,1	80,5
	21	16,2	32,4	48,6	64,8	81,0	97,2
	24	19,1	38,2	57,4	76,5	95,6	114,7
15	1	0,6	1,3	1,9	2,5	3,1	3,8
	2	1,3	2,5	3,8	5,0	6,3	7,5
	3	2,0	4,0	6,0	8,0	10,0	12,0
	6	4,1	8,3	12,4	16,6	20,7	24,9
	9	6,5	12,9	19,4	25,8	32,3	38,7
	12	8,9	17,9	26,8	35,7	44,7	53,6
	15	11,5	23,1	34,6	46,2	57,7	69,3
	18	14,3	28,7	43,0	57,3	71,7	86,0
	21	17,2	34,4	51,6	68,8	86,0	103,2
	24	20,3	40,6	60,9	81,2	101,5	121,8
18	1	0,7	1,4	2,1	2,8	3,5	4,2
	2	1,4	2,8	4,1	5,5	6,9	8,3
	3	2,2	4,3	6,5	8,6	10,8	12,9
	6	4,5	8,9	13,4	17,8	22,3	26,7
	9	6,9	13,9	20,8	27,8	34,7	41,7
	12	9,5	19,1	28,6	38,2	47,7	57,3
	15	12,3	24,6	37,0	49,3	61,6	73,9
	18	15,2	30,4	45,6	60,8	76,0	91,2
	21	18,2	36,5	54,7	72,9	91,2	109,5
	24	21,4	42,8	64,1	85,5	106,9	128,3

D.

Tabelle

der Wassermassen, welche durch kleine, rechtwinkliche und oben offene Seitenöffnungen in den Staubrettern in Einer Secunde durchfließen, wenn der Ueberfall vollkommen, und der obere Wasserspiegel als stillstehend anzunehmen ist.

Breite der Durchfluß-öffnung.		Höhe der Durchflußöffnung.							
		1 Zoll	2 Zoll	3 Zoll	4 Zoll	5 Zoll	6 Zoll	7 Zoll	8 Zoll
Zoll	Lin.	Cbkfuß.	Cbkfuß.	Cbkfuß.	Cbkfuß.	Cbkfuß.	Cbkfuß.	Cbkfuß.	Cbkfuß.
	2	0,001	0,003	0,006	0,009	0,011	0,016	0,020	0,025
	4	0,002	0,006	0,012	0,018	0,023	0,032	0,041	0,050
	6	0,003	0,009	0,017	0,027	0,036	0,049	0,062	0,075
	8	0,004	0,012	0,023	0,036	0,048	0,065	0,082	0,100
	10	0,005	0,016	0,029	0,045	0,061	0,081	0,103	0,125
1	—	0,006	0,019	0,035	0,054	0,073	0,098	0,124	0,151
	2	0,007	0,022	0,041	0,063	0,086	0,114	0,144	0,177
	4	0,008	0,025	0,047	0,072	0,098	0,130	0,165	0,202
	6	0,010	0,028	0,052	0,080	0,111	0,147	0,186	0,227
	8	0,011	0,031	0,058	0,089	0,123	0,163	0,206	0,252
	10	0,012	0,035	0,064	0,098	0,136	0,179	0,227	0,277
2	—	0,013	0,038	0,070	0,107	0,148	0,196	0,248	0,302
	2	0,014	0,041	0,076	0,116	0,161	0,212	0,268	0,328
	4	0,015	0,044	0,082	0,125	0,173	0,229	0,289	0,358
	6	0,016	0,047	0,087	0,134	0,186	0,245	0,310	0,378
	8	0,017	0,051	0,093	0,143	0,198	0,261	0,330	0,403
	10	0,018	0,054	0,099	0,152	0,211	0,278	0,351	0,428
3	—	0,020	0,057	0,105	0,160	0,223	0,294	0,372	0,453
	2	0,021	0,060	0,111	0,169	0,236	0,310	0,392	0,479
	4	0,022	0,063	0,117	0,178	0,248	0,327	0,413	0,504
	6	0,023	0,066	0,122	0,187	0,261	0,343	0,434	0,529
	8	0,024	0,069	0,128	0,196	0,273	0,359	8,454	0,554
	10	0,025	0,072	0,134	0,205	0,286	0,376	0,475	0,579
4	—	0,026	0,076	0,140	0,214	0,298	0,392	0,496	0,605
	2	0,027	0,079	0,146	0,223	0,311	0,409	0,516	0,630
	4	0,028	0,082	0,152	0,232	0,323	0,425	0,537	0,655
	6	0,030	0,085	0,157	0,240	0,336	0,441	0,558	0,680
	8	0,031	0,088	0,163	0,249	0,348	0,458	0,578	0,705
	10	0,032	0,091	0,169	0,258	0,361	0,474	0,599	0,731
5	—	0,033	0,095	0,175	0,267	0,373	0,490	0,620	0,757
	2	0,034	0,098	0,181	0,276	0,386	0,507	0,640	0,782
	4	0,035	0,101	0,187	0,285	0,398	0,523	0,661	0,807

Breite der Durchflußöffnung. Zoll	Lin.	Höhe der Durchflußöffnung. 1 Zoll	2 Zoll	3 Zoll	4 Zoll	5 Zoll	6 Zoll	7 Zoll	8 Zoll
		Cbkfuß.	Cbkfuß.	Cbkfuß.	Cbkfuß.	Cbkfuß.	Cbkfuß.	Cbkfuß.	Cbkfuß.
5	6	0,036	0,104	0,192	0,294	0,411	0,539	0,682	0,832
	8	0,037	0,107	0,198	0,303	0,423	0,556	0,702	0,857
	10	0,038	0,111	0,204	0,312	0,436	0,572	0,723	0,882
6	—	0,040	0,114	0,210	0,320	0,448	0,589	0,744	0,908
	2	0,041	0,116	0,216	0,329	0,461	0,605	0,764	0,923
	4	0,042	0,119	0,222	0,338	0,473	0,621	0,785	0,958
	6	0,043	0,123	0,227	0,347	0,486	0,638	0,806	0,983
	8	0,044	0,126	0,233	0,356	0,498	0,654	0,826	1,008
	10	0,045	0,129	0,239	0,365	0,511	0,670	0,847	1,033
7	—	0,046	0,132	0,245	0,374	0,523	0,687	0,868	1,059
	2	0,047	0,135	0,251	0,383	0,536	0,703	0,888	1,084
	4	0,048	0,138	0,257	0,392	0,548	0,719	0,909	1,109
	6	0,050	0,142	0,262	0,400	0,561	0,736	0,930	1,134
	8	0,051	0,145	0,268	0,409	0,573	0,752	0,950	1,159
	10	0,052	0,148	0,274	0,418	0,586	0,769	0,971	1,185
8	—	0,053	0,151	0,280	0,427	0,598	0,785	0,992	1,210
	2	0,054	0,154	0,286	0,436	0,611	0,801	1,012	1,235
	4	0,055	0,157	0,292	0,445	0,623	0,818	1,033	1,260
	6	0,056	0,161	0,297	0,454	0,636	0,834	1,054	1,285
	8	0,057	0,164	0,303	0,463	0,648	0,850	1,074	1,311
	10	0,058	0,167	0,309	0,472	0,661	0,867	1,095	1,337
9	—	0,060	0,170	0,315	0,480	0,673	0,883	1,116	1,362
	2	0,061	0,173	0,321	0,489	0,686	0,899	1,136	1,387
	4	0,062	0,176	0,327	0,498	0,698	0,916	1,157	1,412
	6	0,063	0,180	0,332	0,507	0,711	0,932	1,178	1,437
	8	0,064	0,183	0,338	0,516	0,723	0,949	1,198	1,462
	10	0,065	0,186	0,344	0,525	0,736	0,965	1,219	1,488
10	—	0,066	0,189	0,350	0,534	0,748	0,981	1,240	1,513
	2	0,067	0,192	0,356	0,543	0,761	0,998	1,260	1,538
	4	0,068	0,195	0,362	0,552	0,773	1,014	1,281	1,563
	6	0,070	0,199	0,367	0,560	0,786	1,030	1,302	1,588
	8	0,071	0,202	0,373	0,569	0,798	1,047	1,322	1,613
	10	0,072	0,205	0,379	0,578	0,811	1,063	1,343	3,639
11	—	0,073	0,208	0,385	0,587	0,823	1,079	1,364	1,664
	2	0,074	0,211	0,391	0,596	0,836	1,096	1,384	1,689
	4	0,075	0,214	0,397	0,605	0,848	1,112	1,405	1,714
	6	0,076	0,218	0,402	0,614	0,861	1,129	1,426	1,739
	8	0,077	0,221	0,408	0,623	0,873	1,145	1,446	1,765
	10	0,078	0,224	0,414	0,632	0,886	1,161	1,467	1,790
12	—	0,080	0,227	0,420	0,640	0,898	1,178	1,488	1,815
	2	0,081	0,230	0,426	0,649	0,911	1,194	1,508	1,840
	4	0,082	0,233	0,432	0,658	0,923	1,210	1,529	1,865
	6	0,083	0,237	0,437	0,667	0,936	1,227	1,550	1,891
	8	0,084	0,240	0,443	0,676	0,948	1,243	1,570	1,917
	10	0,085	0,243	0,449	0,685	0,961	1,259	1,591	1,942
13	—	0,086	0,246	0,455	0,694	0,973	1,276	1,612	1,967
	2	0,087	0,249	0,461	0,703	0,986	1,292	1,632	1,992
	4	0,088	0,252	0,467	0,712	0,998	1,309	1,653	2,017
	6	0,089	0,256	0,472	0,720	1,011	1,325	1,674	2,042

Breite der Durchfluß-öffnung.		Höhe der Durchflußöffnung.							
		1 Zoll	2 Zoll	3 Zoll	4 Zoll	5 Zoll	6 Zoll	7 Zoll	8 Zoll
Zoll	Lin.	Cbkfuß.	Cbkfuß.	Cbkfuß.	Cbkfuß.	Cbkfuß.	Cbkfuß.	Cbkfuß.	Cbkfuß.
13	8	0,091	0,259	0,478	0,729	1,023	1,341	1,694	2,068
	10	0,092	0,262	0,484	0,738	1,036	1,358	1,715	2,093
14	—	0,093	0,265	0,490	0,747	1,048	1,374	1,736	2,118
	2	0,094	0,268	0,496	0,756	1,061	1,390	1,756	2,143
	4	0,095	0,271	0,502	0,765	1,073	1,407	1,777	2,168
	6	0,096	0,274	0,507	0,774	1,086	1,423	1,798	2,193
	8	0,097	0,278	0,513	0,783	1,098	1,439	1,818	2,219
	10	0,098	0,281	0,519	0,792	1,111	1,456	1,839	2,244
15	—	0,100	0,284	0,525	0,800	1,123	1,472	1,860	2,269
	2	0,101	0,287	0,531	0,809	1,136	1,489	1,880	2,294
	4	0,102	0,290	0,537	0,818	1,148	1,505	1,901	2,319
	6	0,103	0,293	0,542	0,827	1,161	1,521	1,922	2,345
	8	0,104	0,297	0,548	0,836	1,173	1,538	1,942	2,370
	10	0,105	0,300	0,554	0,845	1,186	1,554	1,963	2,395
16	—	0,106	0,303	0,560	0,854	1,198	1,570	1,984	2,420
	2	0,107	0,306	0,566	0,863	1,211	1,587	2,004	2,445
	4	0,108	0,309	0,572	0,872	1,223	1,603	2,025	2,471
	6	0,110	0,312	0,577	0,880	1,236	1,619	2,046	2,497
	8	0,111	0,316	0,583	0,889	1,248	1,636	2,066	2,522
	10	0,112	0,319	0,589	0,898	1,261	1,652	2,087	2,547
17	—	0,113	0,322	0,595	0,907	1,273	1,669	2,108	2,572
	2	0,114	0,325	0,601	0,916	1,286	1,685	2,128	2,597
	4	0,115	0,328	0,607	0,925	1,298	1,701	2,149	2,622
	6	0,116	0,331	0,612	0,934	1,311	1,718	2,170	2,648
	8	0,117	0,334	0,618	0,943	1,323	1,734	2,190	2,673
	10	0,118	0,338	0,624	0,952	1,336	1,750	2,211	2,698
18	—	0,120	0,341	0,630	0,960	1,348	1,767	2,232	2,723
	2	0,121	0,344	0,636	0,969	1,361	1,783	2,252	2,748
	4	0,122	0,347	0,642	0,978	1,373	1,799	2,273	2,773
	6	0,123	0,350	0,647	0,987	1,386	1,816	2,294	2,799
	8	0,124	0,353	0,653	0,996	1,398	1,832	2,314	2,824
	10	0,125	0,357	0,659	1,005	1,411	1,849	2,335	2,849
19	—	0,126	0,360	0,665	1,014	1,423	1,865	2,356	2,874
	2	0,127	0,363	0,671	1,023	1,436	1,881	2,376	2,899
	4	0,128	0,366	0,677	1,032	1,448	1,898	2,397	2,925
	6	0,130	0,369	0,682	1,040	1,461	1,914	2,418	2,950
	8	0,131	0,372	0,688	1,049	1,473	1,930	2,438	2,975
	10	0,132	0,376	0,694	1,058	1,486	1,947	2,459	3,000
20	—	0,133	0,379	0,700	1,067	1,498	1,963	2,480	3,025
	2	0,134	0,382	0,706	1,076	1,511	1,979	2,500	3,051
	4	0,135	0,385	0,712	1,085	1,523	1,996	2,521	3,077
	6	0,136	0,388	0,717	1,094	1,536	2,012	2,542	3,102
	8	0,137	0,391	0,723	1,103	1,548	2,029	2,562	3,127
	10	0,138	0,394	0,729	1,112	1,561	2,045	2,583	3,152
21	—	0,140	0,398	0,735	1,120	1,573	2,061	2,604	3,177
	2	0,141	0,401	0,741	1,129	1,586	2,078	2,624	3,202
	4	0,142	0,404	0,747	1,138	1,598	2,094	2,645	3,228
	6	0,143	0,407	0,752	1,147	1,611	2,110	2,666	3,253
	8	0,144	0,410	0,758	1,156	1,623	2,127	2,686	3,278

Breite der Durchfluß-öffnung.		Höhe der Durchflußöffnung.							
		1 Zoll	2 Zoll	3 Zoll	4 Zoll	5 Zoll	6 Zoll	7 Zoll	8 Zoll
Zoll	Lin.	Cbkfuß.	Cbkfuß.	Cbkfuß.	Cbkfuß.	Cbkfuß.	Cbkfuß.	Cbkfuß.	Cbkfuß.
21	10	0,145	0,413	0,764	1,165	1,636	2,143	2,707	3,303
22	—	0,146	0,417	0,770	1,174	1,648	2,159	2,728	3,328
	2	0,147	0,420	0,776	1,183	1,661	2,176	2,748	3,353
	4	0,148	0,423	0,782	1,192	1,673	2,192	2,769	3,379
	6	0,150	0,426	0,787	1,200	1,686	2,209	2,790	3,404
	8	0,151	0,429	0,793	1,209	1,698	2,225	2,810	3,429
	10	0,152	0,432	0,799	1,218	1,711	2,241	2,831	3,454
23	—	0,153	0,436	0,805	1,227	1,723	2,258	2,852	3,479
	2	0,154	0,439	0,811	1,236	1,736	2,274	2,872	3,505
	4	0,155	0,442	0,817	1,245	1,748	2,290	2,893	3,530
	6	0,156	0,445	0,822	1,254	1,761	2,307	2,914	3,555
	8	0,157	0,448	0,828	1,263	1,773	2,323	2,934	3,580
	10	0,158	0,451	0,834	1,272	1,786	2,339	2,955	3,605
24	—	0,160	0,454	0,840	1,280	1,798	2,356	2,976	3,631

E.

Tabelle

der Wassermassen, welche durch kleine rechtwinkliche und oben offene Seitenöffnungen in den Staubrettern in Einer Secunde durchfließen, wenn der Ueberfall vollkommen ist, das Wasser dagegen mit einer dem Gefälle entsprechenden Geschwindigkeit davor ankommt.

Breite der Durchflußöffnung.		Höhe der Durchflußöffnung.							
		1 Zoll	2 Zoll	3 Zoll	4 Zoll	5 Zoll	6 Zoll	7 Zoll	8 Zoll
Zoll	Lin.	Cbkfuß.	Cbkfuß.	Cbkfuß.	Cbkfuß.	Cbkfuß.	Cbkfuß.	Cbkfuß.	Cbkfuß.
	2	0,001	0,003	0,006	0,009	0,012	0,016	0,020	0,025
	4	0,002	0,006	0,012	0,018	0,024	0,032	0,041	0,050
	6	0,003	0,009	0,017	0,027	0,037	0,049	0,062	0,076
	8	0,004	0,012	0,023	0,036	0,049	0,065	0,083	0,101
	10	0,005	0,016	0,029	0,045	0,062	0,081	0,103	0,126
1	—	0,006	0,019	0,035	0,054	0,075	0,098	0,124	0,152
	2	0,007	0,022	0,041	0,063	0,087	0,114	0,144	0,177
	4	0,008	0,025	0,047	0,072	0,100	0,130	0,165	0,202
	6	0,010	0,028	0,052	0,080	0,112	0,147	0,186	0,228
	8	0,011	0,031	0,058	0,089	0,124	0,163	0,207	0,253
	10	0,012	0,035	0,064	0,098	0,137	0,180	0,228	0,279
2	—	0,013	0,038	0,070	0,107	0,150	0,197	0,249	0,305
	2	0,014	0,041	0,076	0,116	0,162	0,213	0,270	0,331
	4	0,015	0,044	0,082	0,125	0,175	0,230	0,291	0,357
	6	0,016	0,047	0,087	0,134	0,188	0,247	0,312	0,383
	8	0,017	0,051	0,093	0,143	0,200	0,264	0,333	0,409
	10	0,018	0,054	0,099	0,152	0,213	0,281	0,354	0,435
3	—	0,020	0,057	0,105	0,161	0,226	0,298	0,376	0,462
	2	0,021	0,060	0,111	0,170	0,238	0,315	0,397	0,489
	4	0,022	0,063	0,117	0,179	0,251	0,332	0,419	0,516
	6	0,023	0,066	0,122	0,188	0,264	0,349	0,441	0,543
	8	0,024	0,069	0,128	0,197	0,277	0,366	0,463	0,570
	10	0,025	0,072	0,134	0,206	0,290	0,383	0,485	0,597
4	—	0,026	0,076	0,140	0,216	0,303	0,400	0,507	0,625
	2	0,027	0,079	0,146	0,225	0,316	0,417	0,529	0,653
	4	0,028	0,082	0,152	0,234	0,329	0,434	0,551	0,681
	6	0,030	0,085	0,157	0,243	0,342	0,452	0,574	0,409
	8	0,031	0,088	0,163	0,252	0,355	0,469	0,597	0,437
	10	0,032	0,091	0,169	0,261	0,368	0,487	0,620	0,466
5	—	0,033	0,095	0,175	0,271	0,381	0,505	0,643	0,495

Breite der Durchflußöffnung. Zoll	Lin.	Höhe der Durchflußöffnung. 1 Zoll	2 Zoll	3 Zoll	4 Zoll	5 Zoll	6 Zoll	7 Zoll	8 Zoll
		Cbkfuß.	Cbkfuß.	Cbkfuß.	Cbkfuß.	Cbkfuß.	Cbkfuß.	Cbkfuß.	Cbkfuß.
5	2	0,034	0,098	0,181	0,280	0,394	0,523	0,666	0,824
	4	0,035	0,101	0,187	0,289	0,407	0,541	0,689	0,854
	6	0,036	0,104	0,193	0,299	0,421	0,559	0,713	0,884
	8	0,037	0,107	0,199	0,308	0,434	0,577	0,737	0,914
	10	0,038	0,111	0,205	0,317	0,447	0,595	0,761	0,944
6	—	0,040	0,114	0,211	0,327	0,461	0,614	0,785	0,975
	2	0,041	0,116	0,217	0,336	0,474	0,632	0,809	1,006
	4	0,042	0,119	0,223	0,345	0,488	0,651	0,834	1,037
	6	0,043	0,123	0,229	0,355	0,502	0,670	0,859	1,069
	8	0,044	0,126	0,235	0,364	0,516	0,689	0,884	1,101
	10	0,045	0,129	0,241	0,374	0,530	0,708	0,909	1,134
7	—	0,046	0,132	0,247	0,384	0,544	0,727	0,934	1,167
	2	0,047	0,135	0,253	0,393	0,558	0,746	0,959	1,200
	4	0,048	0,138	0,259	0,403	0,572	0,765	0,985	1,234
	5	0,050	0,142	0,265	0,413	0,586	0,785	1,011	1,268
	8	0,051	0,145	0,271	0,423	0,600	0,805	1,037	1,302
	10	0,052	0,148	0,277	0,433	0,614	0,825	1,064	1,337
8	—	0,053	0,152	0,283	0,443	0,629	0,845	1,091	1,372
	2	0,054	0,155	0,289	0,453	0,643	0,865	1,118	1,408
	4	0,055	0,158	0,295	0,463	0,658	0,885	1,146	1,444
	6	0,056	0,162	0,301	0,473	0,673	0,906	1,174	1,480
	8	0,057	0,165	0,307	0,483	0,687	0,926	1,202	1,517
	10	0,058	0,168	0,313	0,493	0,702	0,947	1,230	1,555
9	—	0,060	0,172	0,320	0,503	0,717	0,968	1,259	1,593
	2	0,061	0,175	0,326	0,513	0,732	0,989	1,288	1,632
	4	0,062	0,178	0,332	0,523	0,747	1,010	1,317	1,671
	6	0,063	0,181	0,339	0,533	0,762	1,032	1,347	1,711
	8	0,064	0,184	0,345	0,543	0,777	1,054	1,377	1,751
	10	0,065	0,187	0,351	0,553	0,792	1,076	1,407	1,792
10	—	0,065	0,191	0,358	0,564	0,808	1,098	1,438	1,834
	2	0,067	0,194	0,364	0,574	0,823	1,120	1,469	1,876
	4	0,068	0,197	0,370	0,584	0,839	1,143	1,500	1,919
	6	0,070	0,201	0,377	0,595	0,855	1,166	1,532	1,962
	8	0,071	0,204	0,383	0,605	0,871	1,189	1,564	2,015
	10	0,072	0,207	0,389	0,615	0,887	1,212	1,596	2,060
11	—	0,073	0,211	0,396	0,626	0,903	1,235	1,629	2,095
	2	0,074	0,214	0,402	0,636	0,919	1,258	1,662	2,141
	4	0,075	0,217	0,408	0,647	0,935	1,282	1,696	2,197
	6	0,076	0,221	0,415	0,658	0,952	1,306	1,730	2,234
	8	0,077	0,224	0,421	0,669	0,968	1,330	1,765	2,282
	10	0,078	0,227	0,428	0,679	0,985	1,355	1,800	2,330
12	—	0,080	0,231	0,435	0,690	1,002	1,380	1,835	2,378
	2	0,081	0,234	0,441	0,700	1,019	1,405	1,871	2,428
	4	0,082	0,237	0,448	0,711	1,036	1,430	1,907	2,478
	6	0,083	0,241	0,455	0,722	1,054	1,456	1,944	2,529
	8	0,084	0,244	0,461	0,733	1,071	1,482	1,981	2,581
	10	0,085	0,247	0,468	0,744	1,088	1,508	2,019	2,634
13	—	0,086	0,251	0,475	0,756	1,106	1,534	2,057	2,687
	2	0,087	0,254	0,481	0,767	1,124	1,560	2,096	2,741

Breite der Durchflußöffnung. Zoll	Lin.	Höhe der Durchflußöffnung. 1 Zoll	2 Zoll	3 Zoll	4 Zoll	5 Zoll	6 Zoll	7 Zoll	8 Zoll
		Cbkfuß.	Cbkfuß.	Cbkfuß.	Cbkfuß.	Cbkfuß.	Cbkfuß.	Cbkfuß.	Cbkfuß.
13	4	0,088	0,257	0,488	0,778	1,142	1,587	2,135	2,796
	6	0,090	0,261	0,495	0,790	1,160	1,614	2,174	2,853
	8	0,091	0,264	0,501	0,801	1,178	1,641	2,214	2,910
	10	0,092	0,267	0,508	0,813	1,196	1,669	2,254	2,968
14	—	0,093	0,271	0,515	0,825	1,215	1,697	2,295	3,026
	2	0,094	0,274	0,522	0,837	1,234	1,725	2,337	3,085
	4	0,095	0,277	0,529	0,849	1,253	1,754	2,379	3,145
	6	0,096	0,281	0,536	0,861	1,272	1,783	2,421	3,206
	8	0,097	0,284	0,543	0,873	1,291	1,812	2,464	3,268
	10	0,098	0,288	0,550	0,885	1,310	1,842	2,508	3,331
15	—	0,100	0,292	0,557	0,897	1,330	1,872	2,552	3,395
	2	0,101	0,295	0,564	0,909	1,350	1,902	2,597	3,460
	4	0,102	0,298	0,571	0,921	1,370	1,933	2,642	3,526
	6	0,103	0,302	0,578	0,934	1,390	1,964	2,688	3,593
	8	0,104	0,305	0,585	0,946	1,410	1,995	2,735	3,661
	10	0,105	0,308	0,592	0,958	1,430	2,027	2,782	3,730
16	—	0,106	0,312	0,599	0,971	1,451	2,059	2,830	3,800
	2	0,107	0,315	0,606	0,983	1,471	2,091	2,879	3,872
	4	0,108	0,318	0,613	0,996	1,492	2,124	2,928	3,944
	6	0,110	0,322	0,620	1,009	1,513	2,157	2,978	4,016
	8	0,111	0,325	0,627	1,022	1,534	2,190	3,029	4,090
	10	0,112	0,329	0,634	1,035	1,555	2,224	3,080	4,165
17	—	0,113	0,333	0,642	1,048	1,576	2,258	3,131	4,241
	2	0,114	0,336	0,649	1,061	1,597	2,293	3,183	4,318
	4	0,115	0,339	0,656	1,074	1,619	2,328	3,236	4,396
	6	0,116	0,343	0,664	1,087	1,641	2,363	3,290	4,475
	8	0,117	0,346	0,671	1,100	1,663	2,399	3,345	4,555
	10	0,118	0,350	0,678	1,113	1,685	2,435	3,400	4,636
18	—	0,120	0,354	0,686	1,127	1,708	2,471	3,455	4,719
	2	0,121	0,357	0,693	1,140	1,731	2,508	3,511	4,803
	4	0,122	0,360	0,701	1,153	1,754	2,545	3,568	4,887
	6	0,123	0,364	0,709	1,167	1,777	2,582	3,626	4,972
	8	0,124	0,367	0,716	1,180	1,800	2,620	3,685	5,050
	10	0,125	0,371	0,723	1,194	1,824	2,658	3,744	5,146
19	—	0,126	0,375	0,731	1,208	1,848	2,696	3,803	5,235
	2	0,127	0,378	0,738	1,221	1,872	2,735	3,863	5,325
	4	0,128	0,381	0,746	1,235	1,896	2,774	3,924	5,416
	6	0,130	0,385	0,753	1,249	1,921	2,813	3,986	5,508
	8	0,131	0,389	0,760	1,263	1,946	2,853	4,049	5,601
	10	0,132	0,392	0,768	1,277	1,971	2,893	4,102	5,695
20	—	0,133	0,396	0,776	1,291	1,996	2,933	4,175	5,791
	2	0,134	0,400	0,783	1,305	2,022	2,974	4,239	5,888
	4	0,135	0,403	0,791	1,319	2,048	3,015	4,304	5,986
	6	0,136	0,406	0,799	1,334	2,074	3,057	4,370	6,084
	8	0,137	0,409	0,806	1,348	2,101	3,099	4,437	6,183
	10	0,138	0,413	0,814	1,362	2,128	3,142	4,504	6,285
21	—	0,140	0,417	0,822	1,377	2,155	3,185	4,571	6,388
	2	0,141	0,420	0,830	1,391	2,183	3,229	4,639	6,492
	4	0,142	0,424	0,838	1,406	2,211	3,273	4,708	6,597

Breite der Durchflußöffnung.		Höhe der Durchflußöffnung.							
		1 Zoll	2 Zoll	3 Zoll	4 Zoll	5 Zoll	6 Zoll	7 Zoll	8 Zoll
Zoll	Lin.	Cbkfuß.	Cbkfuß.	Cbkfuß.	Cbkfuß.	Cbkfuß.	Cbkfuß.	Cbkfuß.	Cbkfuß.
21	6	0,143	0,428	0,846	1,421	2,239	3,317	4,779	6,703
	8	0,144	0,431	0,854	1,436	2,268	3,362	4,850	6,810
	10	0,145	0,435	0,862	1,451	2,297	3,407	4,922	6,919
22	—	0,146	0,439	0,870	1,466	2,326	3,453	4,994	7,029
	2	0,147	0,442	0,878	1,481	2,356	3,499	5,067	7,140
	4	0,148	0,446	0,886	1,496	2,386	3,546	5,141	7,253
	6	0,150	0,450	0,894	1,512	2,416	3,593	5,216	7,367
	8	0,151	0,453	0,902	1,527	2,447	3,641	5,292	7,482
	10	0,152	0,457	0,910	1,543	2,478	3,689	5,368	7,599
23	—	0,153	0,461	0,918	1,559	2,509	3,737	5,445	7,717
	2	0,154	0,465	0,926	1,575	2,541	3,786	5,523	7,836
	4	0,155	0,469	0,934	1,591	2,573	3,835	5,602	7,957
	6	0,156	0,473	0,943	1,607	2,605	3,885	5,681	8,080
	8	0,157	0,477	0,951	1,623	2,638	3,035	5,767	8,204
	10	0,158	0,481	0,959	1,639	2,671	3,985	5,842	8,329
24	—	0,160	0,484	0,968	1,656	2,705	4,038	5,924	8,456

Ta

der Wassermengen, welche durch kleine, rechtwinkliche und oben gehen, wenn der Ueberfall unvollkommen ist, und

Breite der Durchfluß-öffnung.		Höhe der Durch						
		2 Zoll	3 Zoll		4 Zoll			5
		bei 1 Zoll	bei 2 Zoll	bei 1 Zoll	bei 3 Zoll	bei 2 Zoll	bei 1 Zoll	bei 1 Zoll
		Gegendruck des						
Zoll.	Lin.	Cubikfuß.	Cubikfuß.	Cubikfuß.	Cubikfuß.	Cubikfuß.	Cubikfuß.	Cubikfuß.
	2	0,002	0,004	0,006	0,006	0,008	0,009	0,008
	4	0,005	0,008	0,011	0,012	0,016	0,018	0,016
	6	0,008	0,013	0,017	0,018	0,023	0,026	0,023
	8	0,011	0,017	0,022	0,024	0,031	0,035	0,031
	10	0,014	0,021	0,027	0,030	0,039	0,044	0,039
1	—	0,017	0,026	0,033	0,037	0,047	0,052	0,047
	2	0,019	0,030	0,038	0,043	0,055	0,061	0,055
	4	0,022	0,034	0,043	0,049	0,063	0,070	0,063
	6	0,025	0,039	0,049	0,055	0,070	0,078	0,070
	8	0,028	0,043	0,055	0,061	0,078	0,087	0,078
	10	0,031	0,048	0,060	0,067	0,086	0,096	0,086
2	—	0,033	0,053	0,066	0,074	0,094	0,104	0,094
	2	0,036	0,057	0,071	0,080	0,102	0,113	0,102
	4	0,039	0,061	0,076	0,086	0,110	0,122	0,110
	6	0,041	0,066	0,082	0,092	0,117	0,130	0,117
	8	0,044	0,070	0,087	0,098	0,125	0,139	0,125
	10	0,047	0,075	0,093	0,104	0,133	0,148	0,133
3	—	0,050	0,080	0,099	0,111	0,141	0,156	0,141
	2	0,053	0,084	0,104	0,117	0,149	0,165	0,149
	4	0,056	0,088	0,109	0,123	0,157	0,174	0,157
	6	0,058	0,093	0,115	0,129	0,164	0,182	0,164
	8	0,061	0,097	0,120	0,135	0,172	0,191	0,172
	10	0,064	0,102	0,126	0,141	0,180	0,200	0,180
4	—	0,067	0,107	0,132	0,148	0,188	0,208	0,188
	2	0,070	0,111	0,137	0,154	0,196	0,217	0,196
	4	0,073	0,115	0,142	0,160	0,204	0,226	0,204
	6	0,075	0,120	0,148	0,166	0,212	0,234	0,211
	8	0,078	0,124	0,153	0,172	0,220	0,243	0,219
	10	0,081	0,128	0,159	0,179	0,228	0,252	0,227
5	—	0,084	0,133	0,165	0,185	0,236	0,260	0,235
	2	0,087	0,137	0,170	0,191	0,244	0,269	0,243
	4	0,090	0,141	0,175	0,197	0,252	0,278	0,251

F.

belle

offene Seitenöffnungen der Staubretter in Einer Secunde durch-
das Oberwasser als stillstehend betrachtet werden kann.

flußöffnung.

Zoll			6 Zoll				
bei 3 Zoll	bei 2 Zoll	bei 1 Zoll	bei 5 Zoll	bei 4 Zoll	bei 3 Zoll	bei 2 Zoll	bei 1 Zoll
Unterwassers.							
Cubikfuß.	Cubikfuß.	Cubikfuß.	Cubikfuß.	Cubikfuß.	Cubikfuß.	Cubikfuß.	Cubikfuß.
0,010	0,012	0,012	0,009	0,013	0,014	0,015	0,016
0,020	0,024	0,025	0,018	0,026	0,028	0,031	0,032
0,031	0,035	0,037	0,028	0,038	0,043	0,047	0,049
0,041	0,047	0,049	0,037	0,051	0,057	0,063	0,065
0,051	0,058	0,061	0,047	0,064	0,072	0,079	0,081
0,061	0,069	0,073	0,057	0,076	0,087	0,094	0,097
0,071	0,081	0,085	0,066	0,089	0,101	0,110	0,113
0,081	0,093	0,097	0,075	0,101	0,115	0,125	0,129
0,092	0,104	0,110	0,085	0,113	0,130	0,140	0,145
0,102	0,116	0,122	0,094	0,126	0,144	0,156	0,161
0,112	0,127	0,134	0,103	0,138	0,159	0,172	0,177
0,122	0,138	0,147	0,113	0,151	0,174	0,187	0,194
0,132	0,150	0,159	0,122	0,164	0,188	0,203	0,210
0,142	0,161	0,171	0,131	0,176	0,202	0,218	0,226
0,153	0,173	0,183	0,141	0,189	0,217	0,233	0,242
0,163	0,185	0,195	0,150	0,201	0,231	0,249	0,258
0,173	0,197	0,207	0,160	0,214	0,245	0,265	0,274
0,183	0,208	0,220	0,170	0,227	0,260	0,280	0,291
0,193	0,220	0,232	0,179	0,240	0,274	0,296	0,307
0,203	0,231	0,244	0,188	0,253	0,288	0,312	0,323
0,214	0,242	0,257	0,198	0,265	0,303	0,327	0,339
0,224	0,254	0,269	0,207	0,278	0,317	0,343	0,355
0,234	0,266	0,281	0,217	0,290	0,332	0,359	0,371
0,245	0,277	0,294	0,227	0,302	0,347	0,374	0,388
0,255	0,289	0,306	0,236	0,315	0,361	0,390	0,404
0,265	0,301	0,318	0,245	0,328	0,375	0,405	0,420
0,276	0,312	0,330	0,255	0,340	0,390	0,420	0,436
0,286	0,324	0,342	0,264	0,353	0,404	0,436	0,452
0,296	0,336	0,354	0,274	0,366	0,419	0,452	0,468
0,306	0,347	0,367	0,284	0,378	0,434	0,467	0,485
0,316	0,359	0,379	0,293	0,391	0,448	0,483	0,501
0,326	0,370	0,391	0,302	0,404	0,462	0,499	0,517

Breite der Durchflußöffnung.		Höhe der Durch						
		2 Zoll	3 Zoll		4 Zoll			5
		bei 1 Zoll	bei 2 Zoll	bei 1 Zoll	bei 3 Zoll	bei 2 Zoll	bei 1 Zoll	bei 4 Zoll
		Gegendruck des						
Zoll.	Lin.	Cubikfuß.	Cubikfuß.	Cubikfuß.	Cubikfuß.	Cubikfuß.	Cubikfuß.	Cubikfuß.
5	6	0,092	0,146	0,181	0,203	0,259	0,286	0,258
	8	0,095	0,150	0,186	0,209	0,267	0,295	0,266
	10	0,098	0,155	0,192	0,215	0,275	0,304	0,274
6	—	0,100	0,160	0,198	0,222	0,283	0,312	0,282
	2	0,103	0,164	0,203	0,228	0,291	0,321	0,290
	4	0,106	0,168	0,208	0,234	0,299	0,330	0,289
	6	0,108	0,173	0,214	0,240	0,306	0,338	0,305
	8	0,111	0,177	0,219	0,246	0,314	0,347	0,313
	10	0,114	0,182	0,225	0,252	0,322	0,356	0,321
7	—	0,117	0,187	0,231	0,259	0,330	0,364	0,329
	2	0,120	0,191	0,236	0,265	0,338	0,373	0,337
	4	0,123	0,195	0,241	0,271	0,346	0,382	0,345
	6	0,125	0,200	0,247	0,277	0,354	0,390	0,352
	8	0,128	0,204	0,252	0,283	0,362	0,399	0,360
	10	0,131	0,209	0,258	0,289	0,370	0,408	0,368
8	—	0,134	0,214	0,264	0,296	0,378	0,416	0,375
	2	0,137	0,218	0,269	0,302	0,386	0,425	0,383
	4	0,140	0,222	0,274	0,308	0,394	0,434	0,391
	6	0,142	0,227	0,280	0,314	0,401	0,442	0,398
	8	0,145	0,231	0,285	0,320	0,409	0,451	0,406
	10	0,148	0,236	0,291	0,326	0,417	0,460	0,414
9	—	0,150	0,241	0,297	0,332	0,425	0,468	0,421
	2	0,153	0,245	0,302	0,338	0,433	0,477	0,429
	4	0,156	0,249	0,306	0,344	0,441	0,486	0,437
	6	0,158	0,254	0,314	0,350	0,449	0,494	0,444
	8	0,161	0,258	0,319	0,356	0,457	0,503	0,452
	10	0,164	0,262	0,325	0,362	0,465	0,512	0,460
10	—	0,167	0,267	0,331	0,368	0,473	0,521	0,468
	2	0,170	0,271	0,336	0,374	0,481	0,530	0,476
	4	0,173	0,275	0,341	0,380	0,489	0,539	0,484
	6	0,175	0,280	0,347	0,386	0,496	0,547	0,491
	8	0,178	0,284	0,352	0,392	0,504	0,556	0,499
	10	0,181	0,289	0,358	0,398	0,512	0,565	0,507
11	—	0,184	0,294	0,364	0,405	0,520	0,573	0,515
	2	0,187	0,298	0,369	0,411	0,528	0,582	0,523
	4	0,190	0,302	0,374	0,417	0,536	0,591	0,531
	6	0,192	0,307	0,380	0,423	0,543	0,599	0,538
	8	0,195	0,311	0,385	0,429	0,551	0,608	0,546
	10	0,198	0,316	0,391	0,435	0,559	0,617	0,554
12	-	0,200	0,321	0,397	0,442	0,567	0,625	0,561
	2	0,208	0,325	0,402	0,448	0,575	0,634	0,569
	4	0,206	0,329	0,407	0,454	0,583	0,643	0,577
	6	0,208	0,334	0,413	0,460	0,590	0,651	0,585
	8	0,211	0,338	0,418	0,466	0,598	0,660	0,593
	10	0,214	0,343	0,424	0,472	0,606	0,669	0,601
13	—	0,217	0,348	0,430	0,479	0,614	0,677	0,608

Flußöffnung.

Zoll			6 Zoll				
bei 3 Zoll	bei 2 Zoll	bei 1 Zoll	bei 5 Zoll	bei 4 Zoll	bei 3 Zoll	bei 2 Zoll	bei 1 Zoll
Unterwassers.							
Cubikfuß.	Cubikfuß.	Cubikfuß.	Cubikfuß.	Cubikfuß.	Cubikfuß.	Cubikfuß.	Cubikfu
0,337	0,381	0,404	0,312	0,416	0,477	0,514	0,533
0,347	0,393	0,416	0,321	0,429	0,491	0,530	0,549
0,357	0,405	0,428	0,331	0,142	0,506	0,546	0,565
0,367	0,416	0,440	0,341	0,454	0,521	0,561	0,582
0,377	0,428	0,452	0,351	0,467	0,535	0,575	0,598
0,387	0,440	0,464	0,360	0,480	0,549	0,591	0,614
0,398	0,451	0,477	0,369	0,492	0,564	0,607	0,630
0,408	0,463	0,489	0,379	0,505	0,578	0,623	0,646
0,418	0,475	0,501	0,389	0,517	0,593	0,639	0,662
0,429	0,486	0,514	0,398	0,529	0,608	0,654	0,679
0,439	0,498	0,526	0,408	0,542	0,622	0,670	0,695
0,449	0,509	0,538	0,417	0,555	0,636	0,686	0,711
0,459	0,520	0,551	0,426	0,567	0,651	0,701	0,727
0,469	0,532	0,563	0,436	0,580	0,665	0,717	0,743
0,479	0,544	0,575	0,445	0,593	0,679	0,733	0,759
0,490	0,555	0,588	0,454	0,605	0,694	0,748	0,776
0,500	0,567	0,600	0,464	0,618	0,708	0,764	0,792
0,510	0,578	0,612	0,474	0,631	0,722	0,779	0,808
0,521	0,589	0,624	0,483	0,643	0,737	0,794	0,824
0,531	0,601	0,636	0,493	0,656	0,751	0,810	0,840
0,541	0,613	0,648	0,502	0,668	0,766	0,826	0,856
0,552	0,624	0,661	0,511	0,680	0,781	0,841	0,873
0,562	0,636	0,673	0,521	0,693	0,795	0,857	0,889
0,572	0,648	0,685	0,530	0,706	0,809	0,873	0,905
0,593	0,659	0,698	0,539	0,718	0,824	0,888	0,922
0,583	0,671	0,710	0,549	0,731	0,838	0,904	0,938
0,603	0,683	0,722	0,559	0,744	0,853	0,920	0,954
0,614	0,694	0,735	0,568	0,756	0,868	0,935	6,971
0,624	0,706	0,747	0,578	0,769	0,882	0,951	0,987
0,634	0,717	0,759	0,587	0,782	0,896	0,966	1,003
0,644	0,728	0,771	0,596	0,794	0,911	0,981	1,019
0,654	0,740	0,783	0,606	0,807	0,925	0,997	1,035
0,664	0,752	0,795	0,616	0,820	0,940	1,013	1,051
0,675	0,763	0,808	0,625	0,832	0,955	1,028	1,068
0,685	0,775	0,820	0,635	0,845	0,969	1,044	1,084
0,695	0,786	0,832	0,644	0,858	0,983	1,060	1,100
0,706	0,797	0,845	0,653	0,870	0,998	1,075	1,116
0,716	0,809	0,857	0,663	0,883	1,012	1,091	1,132
0,726	0,811	0,869	0,673	0,895	1,027	1,107	1,148
0,736	0,832	0,882	0,682	0,907	1,042	1,122	1,165
0,746	0,844	0,894	0,692	0,920	1,056	1,138	1,181
0,756	0,856	0,906	0,701	0,933	1,070	1,153	1,197
0,767	0,867	0,918	0,710	0,945	1,085	1,168	1,213
0,777	0,879	0,930	0,720	0,958	1,099	1,184	1,229
0,787	0,890	0,942	0,730	0,971	1,113	1,200	1,245
0,798	0,901	0,955	0,739	0,983	1,128	1,215	1,260

Breite der Durchflußöffnung.		Höhe der Durch						
		2 Zoll	3 Zoll		4 Zoll			5
		bei 1 Zoll	bei 2 Zoll	bei 1 Zoll	bei 3 Zoll	bei 2 Zoll	bei 1 Zoll	bei 4 Zoll
		Gegendruck des						
Zoll.	Lin.	Cubikfuß.	Cubikfuß.	Cubikfuß.	Cubikfuß.	Cubikfuß.	Cubikfuß.	Cubikfuß.
13	2	0,220	0,352	0,435	0,485	0,622	0,686	0,616
	4	0,223	0,356	0,440	0,491	0,630	0,695	0,624
	6	0,225	0,361	0,446	0,498	0,638	0,703	0,632
	8	0,228	0,365	0,451	0,504	0,646	0,712	0,640
	10	0,231	0,369	0,457	0,510	0,654	0,721	0,648
14	—	0,234	0,375	0,463	0,517	0,662	0,729	0,655
	2	0,237	0,379	0,468	0,523	0,670	0,738	0,663
	4	0,240	0,383	0,473	0,529	0,678	0,747	0,671
	6	0,242	0,388	0,479	0,535	0,685	0,755	0,678
	8	0,245	0,393	0,484	0,541	0,693	0,764	0,686
	10	0,248	0,397	0,490	0,547	0,701	0,773	0,694
15	—	0,251	0,402	0,496	0,554	0,709	0,781	0,702
	2	0,254	0,406	0,501	0,560	0,717	0,790	0,710
	4	0,257	0,410	0,506	0,566	0,725	0,799	0,718
	6	0,259	0,415	0,512	0,572	0,732	0,807	0,725
	8	0,262	0,419	0,517	0,578	0,740	0,816	0,733
	10	0,265	0,423	0,523	0,584	0,748	0,825	0,741
16	—	0,267	0,428	0,529	0,591	0,756	0,833	0,749
	2	0,270	0,431	0,534	0,597	0,764	0,842	0,757
	4	0,273	0,436	0,539	0,603	0,772	0,851	0,765
	6	0,275	0,441	0,545	0,609	0,780	0,859	0,772
	8	0,378	0,445	0,550	0,615	0,788	0,868	0,780
	10	0,281	0,450	0,556	0,621	0,796	0,877	0,788
17	—	0,284	0,455	0,562	0,628	0,803	0,885	0,795
	2	0,287	0,459	0,567	0,634	0,811	0,894	0,803
	4	0,290	0,463	0,572	0,640	0,819	0,903	0,811
	6	0,293	0,468	0,578	0,646	0,827	0,911	0,819
	8	0,296	0,472	0,583	0,652	0,835	0,920	0,827
	10	0,299	0,476	0,589	0,658	0,843	0,929	0,835
18	—	0,301	0,481	0,595	0,664	0,851	0,938	0,843
	2	0,304	0,485	0,600	0,670	0,859	0,946	0,851
	4	0,307	0,490	0,605	0,676	0,867	0,955	0,859
	6	0,309	0,495	0,611	0,683	0,874	0,963	0,866
	8	0,312	0,499	0,616	0,689	0,882	0,972	0,874
	10	0,315	0,503	0,622	0,695	0,890	0,981	0,882
19	—	0,317	0,508	0,628	0,702	0,898	0,989	0,890
	2	0,320	0,512	0,633	0,708	0,906	0,998	0,898
	4	0,323	0,516	0,638	0,714	0,914	1,007	0,906
	6	0,325	0,521	0,644	0,720	0,922	1,015	0,913
	8	0,328	0,525	0,649	0,726	0,930	1,024	0,921
	10	0,331	0,530	0,655	0,732	0,938	1,033	0,929
20	—	0,334	0,535	0,661	0,739	0,946	1,041	0,937
	2	0,337	0,539	0,666	0,745	0,954	1,050	0,945
	4	0,340	0,543	0,671	0,751	0,962	1,059	0,953
	6	0,343	0,548	0,677	0,757	0,969	1,068	0,960
	8	0,346	0,552	0,682	0,763	0,977	1,077	0,968

flußöffnung.

Zoll			6 Zoll				
bei 3 Zoll	bei 2 Zoll	bei 1 Zoll	bei 5 Zoll	bei 4 Zoll	bei 3 Zoll	bei 2 Zoll	bei 1 Zoll
Unterwassers.							
Cubikfuß.	Cubikfuß.	Cubikfuß.	Cubikfuß.	Cubikfuß.	Cubikfuß.	Cubikfuß.	Cubikfuß.
0,808	0,913	0,967	0,749	0,996	1,142	1,231	1,278
0,818	0,925	0,979	0,758	1,009	1,156	1,247	1,294
0,828	0,936	0,992	0,767	1,021	1,171	1,262	1,310
0,838	0,948	1,004	0,777	1,034	1,185	1,278	1,326
0,848	0,959	1,016	0,787	1,046	1,200	1,294	1,342
0,-59	0,970	1,029	0,796	1,058	1,215	1,309	1,359
0,869	0,982	1,041	0,806	1,071	1,229	1,325	1,375
0,879	0,994	1,053	0,815	1,084	1,243	1,340	1,391
0,890	1,005	1,065	0,824	1,096	1,258	1,355	1,407
0,900	1,017	1,077	0,834	1,109	1,272	1,371	1,423
0,910	1,029	1,089	0,844	1,121	1,287	1,387	1,439
0,920	1,040	1,102	0,853	1,133	1,302	1,402	1,456
0,930	1,052	1,114	0,863	1,146	1,316	1,418	1,472
0,940	1,064	1,126	0,872	1,159	1,330	1,434	1,488
0,951	1,075	1,139	0,881	1,171	1,345	1,449	1,504
0,961	1,087	1,151	0,891	1,184	1,359	1,465	1,520
0,971	1,099	1,163	0,901	1,197	1,374	1,481	1,536
0,981	1,110	1,176	0,910	1,209	1,389	1,496	1,553
0,991	1,122	1,188	0,920	1,222	1,403	1,512	1,569
1,001	1,133	1,200	0,929	1,235	1,417	1,527	1,585
1,012	1,144	1,212	0,938	1,247	1,432	1,542	1,601
1,022	1,256	1,224	0,948	1,260	1,446	1,558	1,617
1,032	1,168	1,236	0,958	1,273	1,461	1,574	1,633
1,042	1,179	1,249	0,967	1,285	1,476	1,589	1,650
1,052	1,191	1,261	0,977	1,298	1,490	1,605	1,666
1,062	1,203	1,273	0,986	1,311	1,504	1,621	1,682
1,073	1,214	1,286	0,995	1,323	1,519	1,636	1,699
1,683	1,226	1,298	1,005	1,336	1,533	1,652	1,715
1,093	1,238	1,310	1,014	1,349	1,547	1,668	1,731
1,104	1,249	1,323	1,023	1,361	1,562	1,683	1,748
1,114	1,261	1,335	1,033	1,374	1,576	1,699	1,764
1,124	1,272	1,347	1,042	1,387	1,591	1,714	1,780
1,134	1,283	1,360	1,051	1,399	1,606	1,729	1,796
1,144	1,295	1,372	1,061	1,412	1,620	1,745	1,812
1,154	1,306	1,384	1,071	1,425	1,634	1,761	1,828
1,165	1,317	1,396	1,080	1,437	1,649	1,776	1,845
1,175	1,329	1,408	1,090	1,450	1,663	1,792	1,861
1,185	1,341	1,420	1,099	1,463	1,678	1,807	1,877
1,195	1,352	1,433	1,108	1,475	1,693	1,822	1,893
1,205	1,364	1,445	1,118	1,489	1,707	1,838	1,909
1,215	1,376	1,457	1,128	1,501	1,721	1,854	1,925
1,226	1,387	1,470	1,137	1,513	1,736	1,869	1,942
1,236	1,399	1,482	1,147	1,526	1,750	1,885	1,958
1,246	1,410	1,494	1,156	1,538	1,765	1,900	1,974
1,257	1,421	1,506	1,165	1,550	1,780	1,915	1,990
1,267	1,433	1,518	1,175	1,563	1,794	1,931	2,006

Breite der Durchfluß-öffnung.		Höhe der Durch						
		2 Zoll	3 Zoll		4 Zoll			5
		bei 1 Zoll	bei 2 Zoll	bei 1 Zoll	bei 3 Zoll	bei 2 Zoll	bei 1 Zoll	bei 4 Zoll
		Gegendruck des						
Zoll.	Lin.	Cubikfuß.	Cubikfuß.	Cubikfuß.	Cubikfuß.	Cubikfuß.	Cubikfuß.	Cubikfuß.
20	10	0,349	0,556	0,688	0,769	0,985	1,085	0,978
21	—	0,351	0,561	0,694	0,776	0,993	1,093	0,984
	2	0,354	0,565	0,699	0,782	1,001	1,102	0,992
	4	0,357	0,570	0,704	0,788	1,009	1,111	1,000
	6	0,359	0,575	0,710	0,794	1,016	1,119	1,007
	8	0,362	0,579	0,715	0,800	1,024	1,128	1,015
	10	0,365	0,583	0,721	0,806	1,032	1,137	1,023
22	—	0,367	0,588	0,727	0,812	1,040	1,145	1,031
	2	0,370	0,592	0,732	0,818	1,048	1,154	1,039
	4	0,373	0,596	0,738	0,824	1,056	1,163	1,047
	6	0,375	0,601	0,744	0,830	1,064	1,171	1,054
	8	0,378	0,605	0,749	0,836	1,072	1,180	1,062
	10	0,381	0,610	0,755	0,842	1,080	1,189	1,070
23	—	0,384	0,615	0,761	0,848	1,088	1,198	1,077
	2	0,387	0,619	0,766	0,854	1,096	1,207	1,085
	4	6,390	0,623	0,771	0,860	1,104	1,215	1,093
	6	0,393	0,628	0,777	0,866	1,111	1,223	1,100
	8	0,396	0,632	0,782	0,872	1,119	1,232	1,108
	10	0,399	0,636	0,788	0,878	1,127	1,241	1,115
24	—	0,401	0,641	0,794	0,884	1,134	1,250	1,122

flußöffnung.

Zoll			6 Zoll				
bei 3 Zoll	bei 2 Zoll	bei 1 Zoll	bei 5 Zoll	bei 4 Zoll	bei 3 Zoll	bei 2 Zoll	bei 1 Zoll
Unterwassers.							
Cubikfuß.	Cubikfuß.	Cubikfuß.	Cubikfuß.	Cubikfuß.	Cubikfuß.	Cubikfuß.	Cubikfuß.
1,277	1,445	1,530	1,185	1,576	1,808	1,947	2,022
1,287	1,456	1,543	1,194	1,588	1,823	1,962	2,039
1,297	1,468	1,555	1,204	1,601	1,837	1,978	2,055
1,307	1,479	1,567	1,214	1,614	1,852	1,994	2,071
1,318	1,490	1,580	1,223	1,626	1,867	2,009	2,087
1,328	1,502	1,592	1,233	1,639	1,881	2,025	2,103
1,338	1,514	1,604	1,242	1,651	1,895	2,040	2,119
1,349	1,525	1,616	1,251	1,663	1,910	2,055	2,136
1,359	1,537	1,628	1,261	1,676	1,924	2,071	2,152
1,369	1,549	1,640	1,271	1,689	1,939	2,087	2,168
1,380	1,560	1,653	1,280	1,701	1,954	2,102	2,184
1,390	1,572	1,665	1,290	1,714	1,968	2,118	2,200
1,400	1,584	1,677	1,299	1,727	1,982	2,134	2,216
1,411	1,595	1,690	1,308	1,739	1,997	2,149	2,233
1,421	1,607	1,702	1,318	1,752	2,011	2,165	2,249
1,431	1,619	1,714	1,327	1,765	2,026	2,181	2,265
1,441	1,630	1,727	1,336	1,777	2,041	2,196	2,281
1,451	1,642	1,739	1,346	1,790	2,055	2,312	2,297
1,461	1,653	1,751	1,355	1,802	2,070	2,228	2,313
1,472	1,664	1,764	1,364	1,814	2,084	2,244	2,330

Wenn zur Berieselung von 1 Magd. Morgen in Einer Secunde 1 Cubikfuß Wasserzufluß erforderlich ist, so werden verbraucht für

Q.-R.	Cubikfuß.	Q.-R.	Cubikfuß.	Q.-R.	Cubikfuß.	Q.-R.	Cubikfuß.	Q.-R.	Cubikfuß.
1	0,005	37	0,205	73	0,405	109	0,605	145	0,805
2	0,011	38	0,211	74	0,411	110	0,611	146	0,811
3	0,017	39	0,217	75	0,417	111	0,617	147	0,817
4	0,022	40	0,222	76	0,422	112	0,622	148	0,822
5	0,028	41	0,228	77	0,428	113	0,628	149	0,828
6	0,033	42	0,233	78	0,433	114	0,633	150	0,833
7	0,039	43	0,239	79	0,439	115	0,639	151	0,839
8	0,044	44	0,244	80	0,444	116	0,644	152	0,844
9	0,050	45	0,250	81	0,450	117	0,650	153	0,850
10	0,056	46	0,256	82	0,456	118	0,656	154	0,856
11	0,061	47	0,261	83	0,461	119	0,661	155	0,861
12	0,067	48	0,267	84	0,467	120	0,667	156	0,867
13	0,072	49	0,272	85	0,462	121	0,677	157	0,872
14	0,078	50	0,278	86	0,478	122	0,678	158	0,878
15	0,083	51	0,283	87	0,483	123	0,683	159	0,883
16	0,089	52	0,289	88	0,489	124	0,689	160	0,889
17	0,094	53	0,294	89	0,494	125	0,694	161	0,894
18	0,100	54	0,300	90	0,500	126	0,700	162	0,900
19	0,105	55	0,305	91	0,505	127	0,705	163	0,905
20	0,111	56	0,311	92	0,511	128	0,711	164	0,911
21	0,117	57	0,317	93	0,517	129	0,717	165	0,917
22	0,122	58	0,322	94	0,522	130	0,722	166	0,922
23	0,128	59	0,328	95	0,528	131	0,728	167	0,928
24	0,133	60	0,333	96	0,533	132	0,733	168	0,933
25	0,139	61	0,339	97	0,539	133	0,739	169	0,939
26	0,144	62	0,344	98	0,544	134	0,744	170	0,944
27	0,150	63	0,350	99	0,550	135	0,750	171	0,950
28	0,156	64	0,356	100	0,556	136	0,756	172	0,956
29	0,161	65	0,361	101	0,561	137	0,761	173	0,961
30	0,167	66	0,367	102	0,567	138	0,767	174	0,967
31	0,172	67	0,372	103	0,572	139	0,772	175	0,972
32	0,178	68	0,378	104	0,578	140	0,778	176	0,978
33	0,183	69	0,383	105	0,583	141	0,783	177	0,983
34	0,189	70	0,389	106	0,589	142	0,789	178	0,989
35	0,194	71	0,394	107	0,594	143	0,794	179	0,994
36	0,200	72	0,400	108	0,600	144	0,800	180	1,000

Gedruckt bei Julius Sittenfeld in Berlin.

Tab. I.

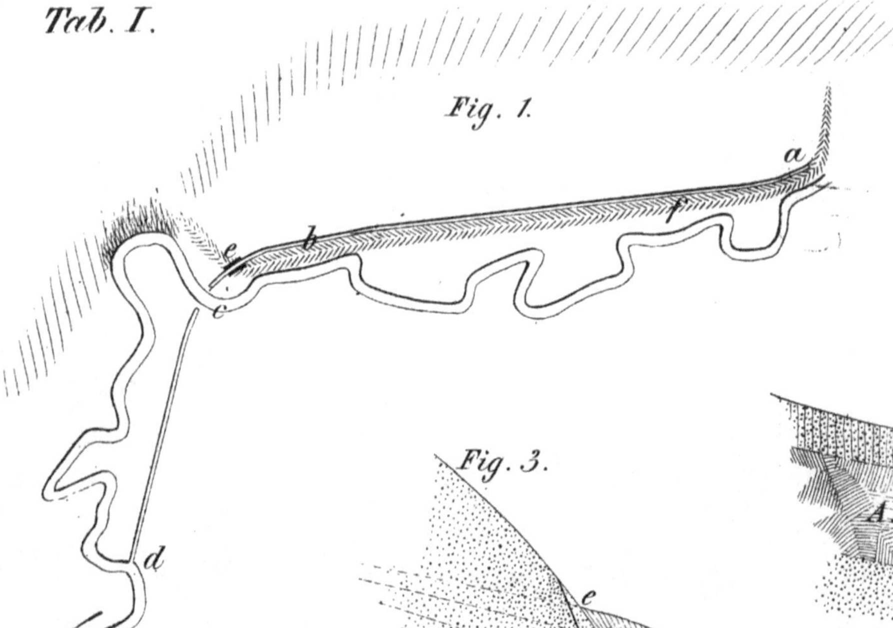

Fig. 1.

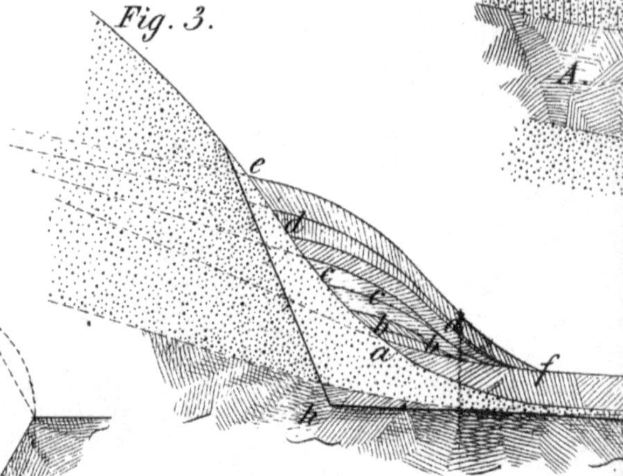

Fig. 3.

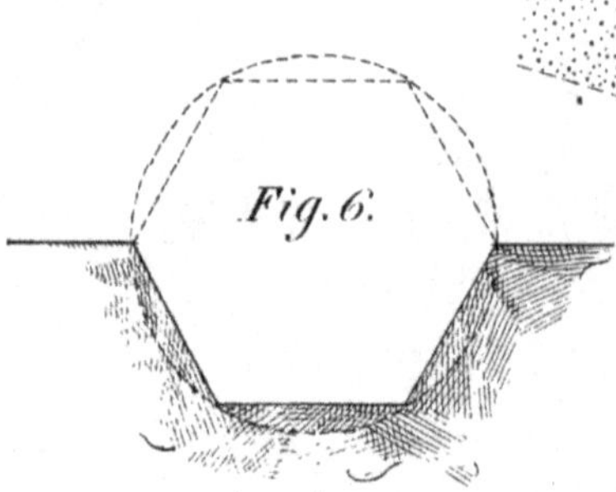

Fig. 6.

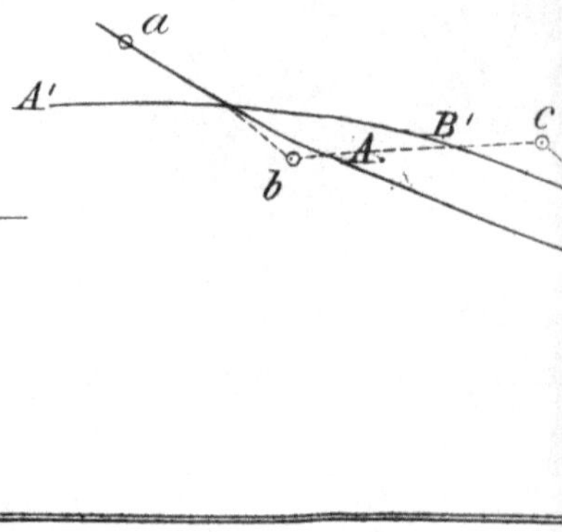

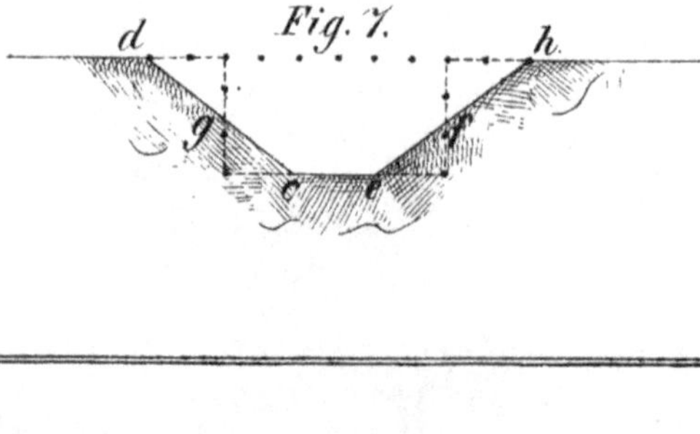

Fig. 7.

Fig. 2.

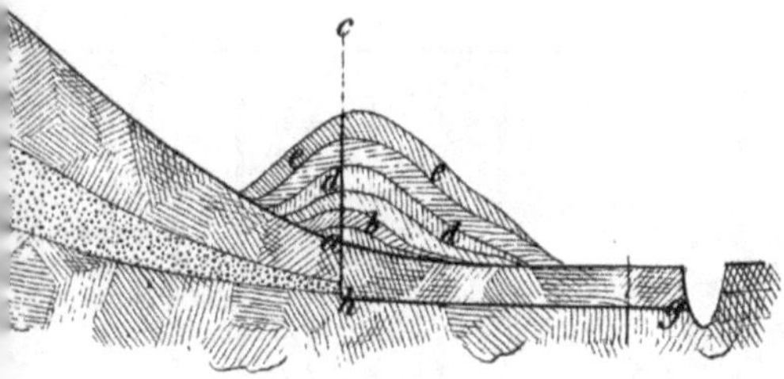

Fig. 4.

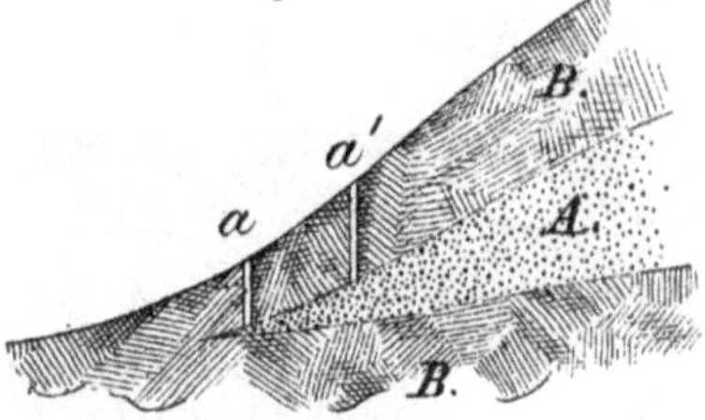

5.

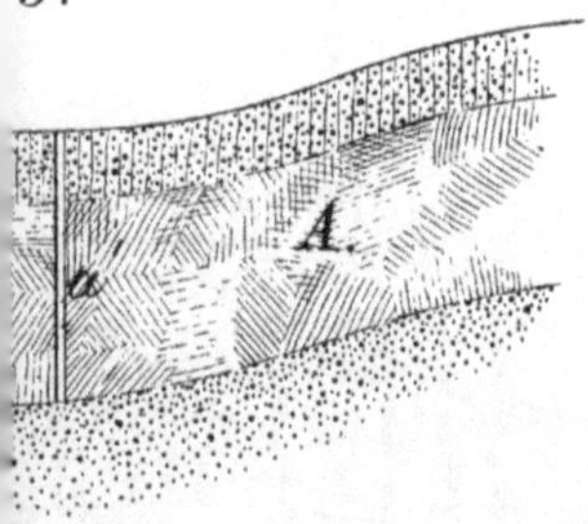

Fig. 8.

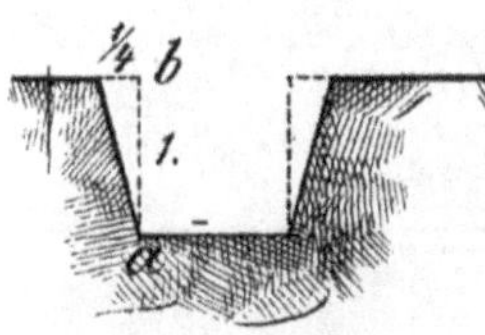

Fig. 9.

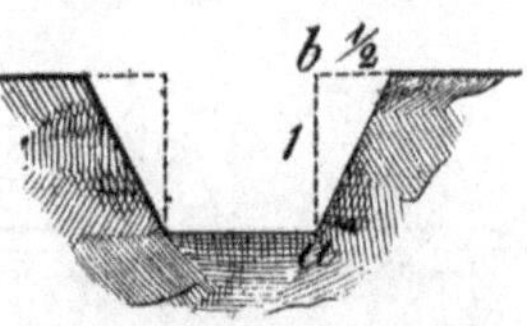

Fig. 10.

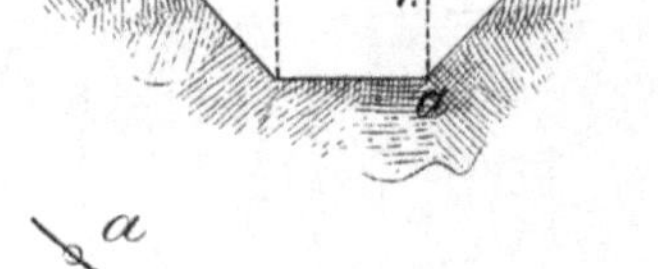

Fig. 11

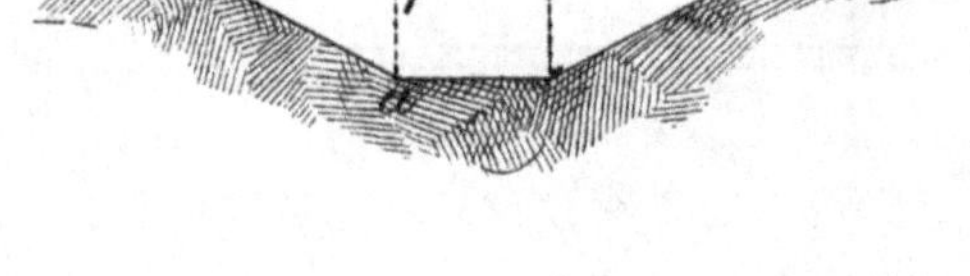

.12.

Fig. 13.

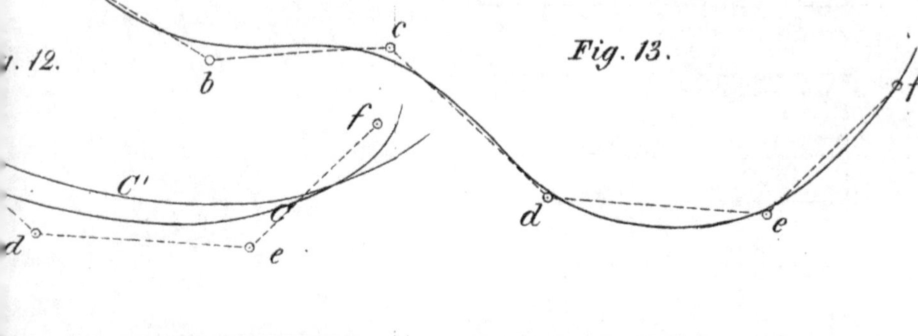

Tab. II.

Fig. 1. a.

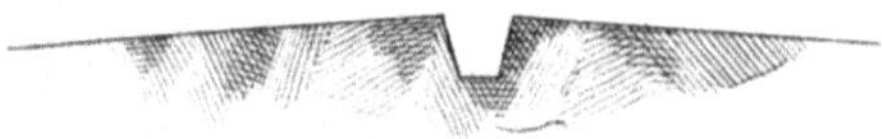

Fig. 1. b.

Fig. 2.

Fig. 3.

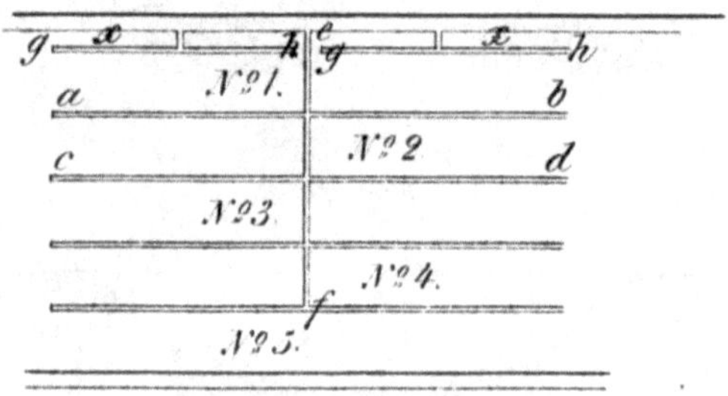

Fig. 4.

Fig. 5.

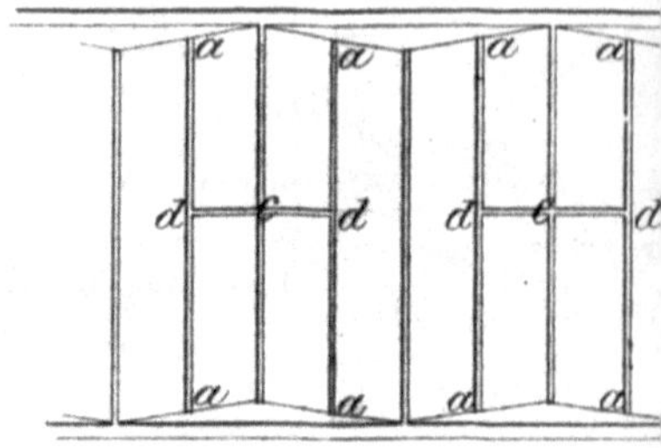

Fig. 6.

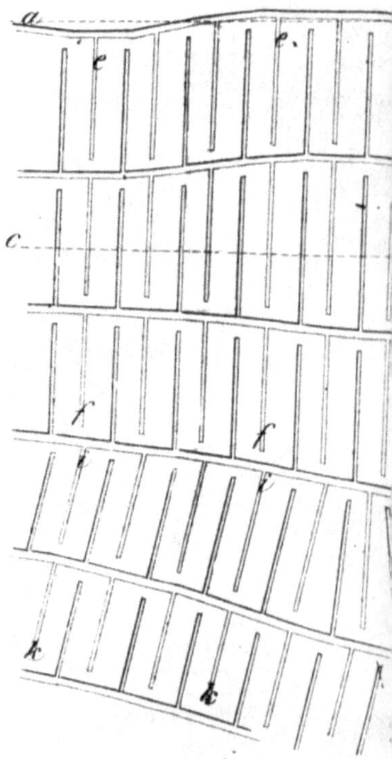

Fig. 7.

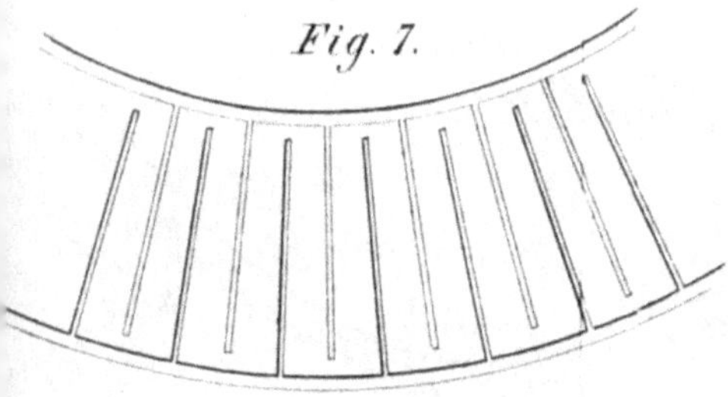

Fig. 9

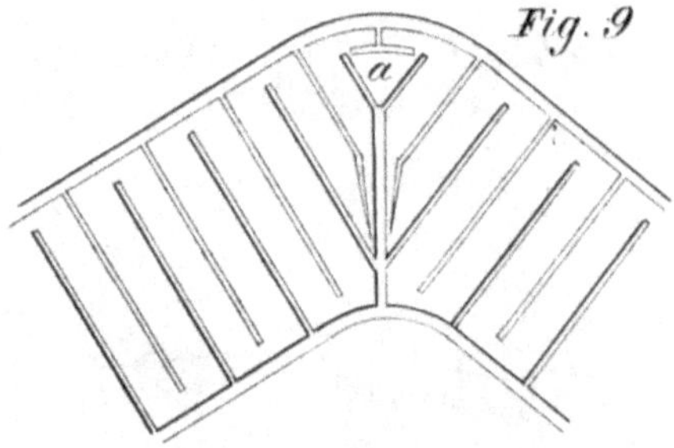

Fig. 11.

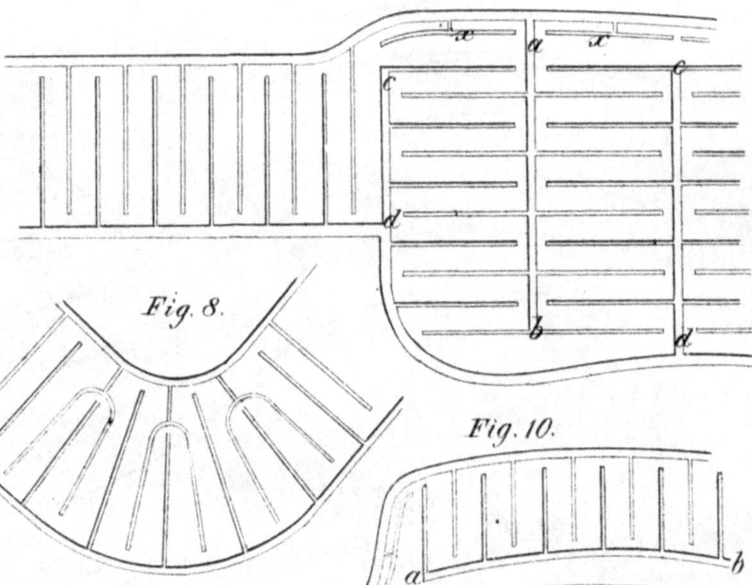

Fig. 8.

Fig. 10.

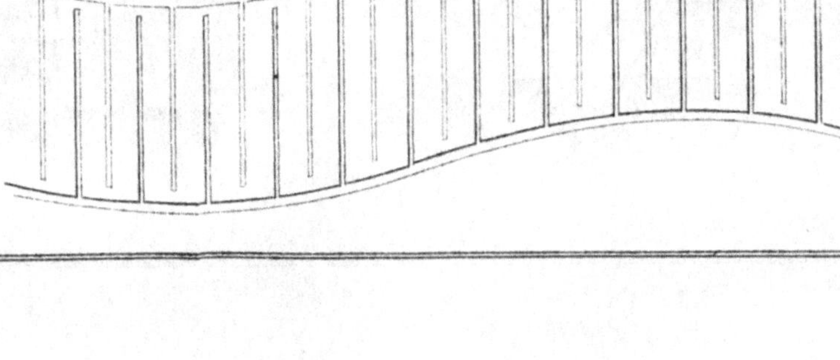

Tab. III.

Fig. 1.

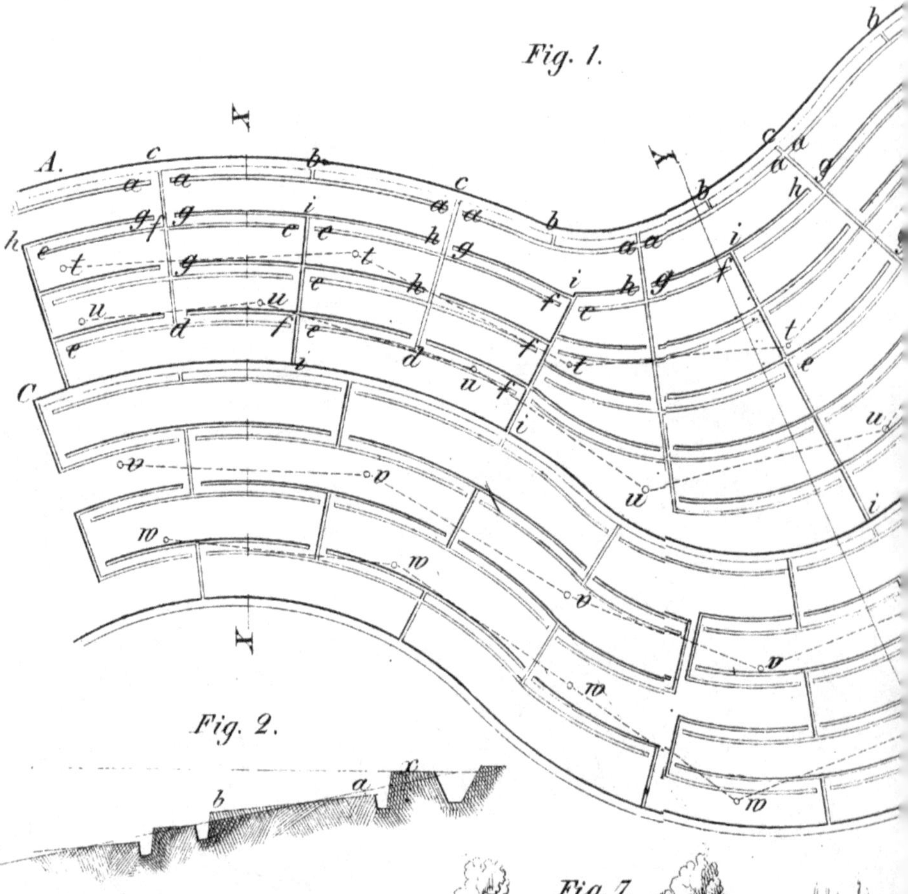

Fig. 2.

Fig. 6.

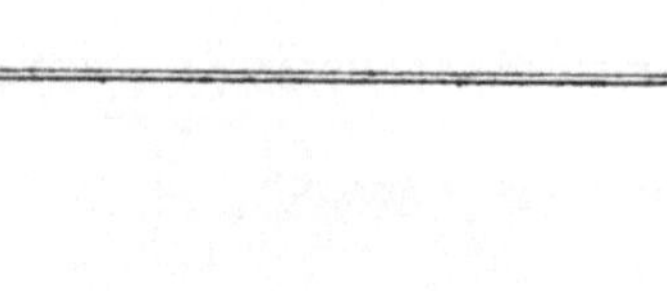

Fig. 7.

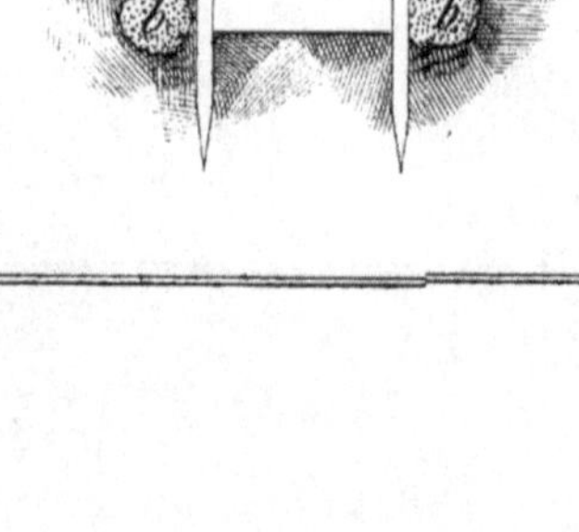

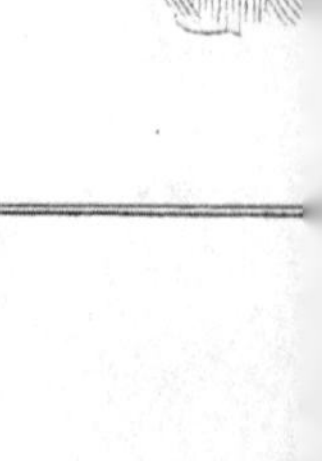

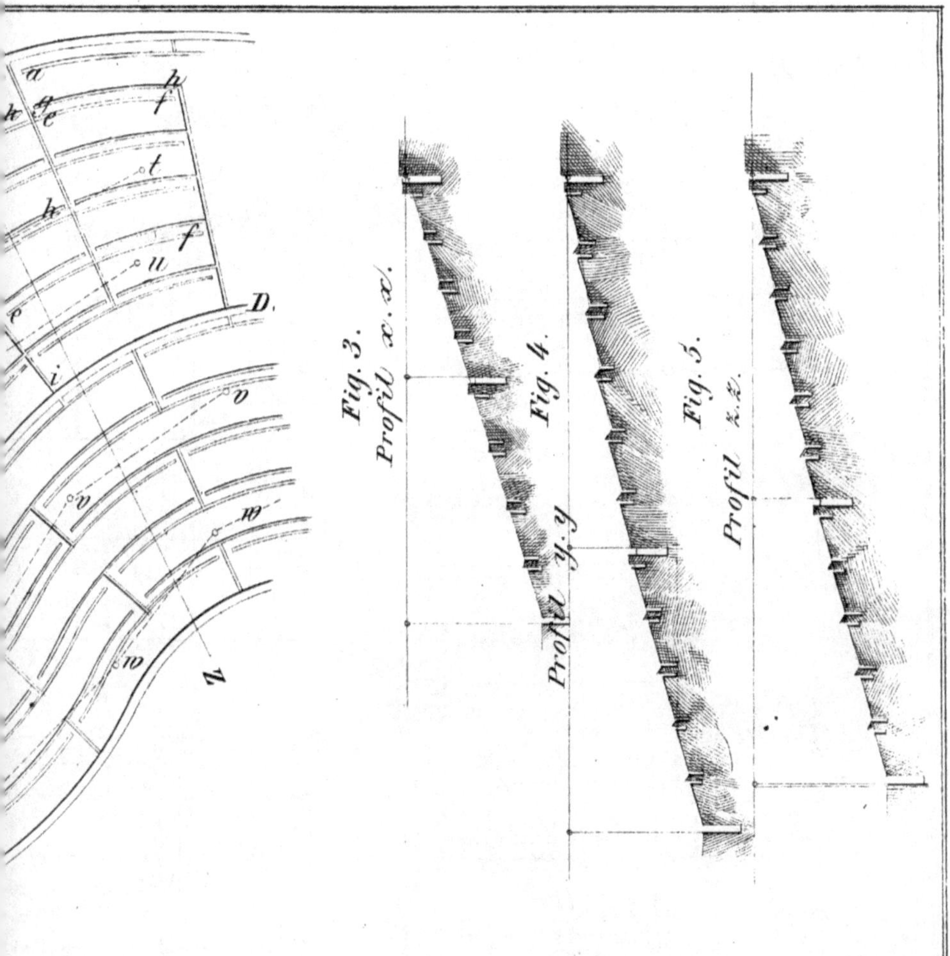

Fig. 8.

Fig. 9.

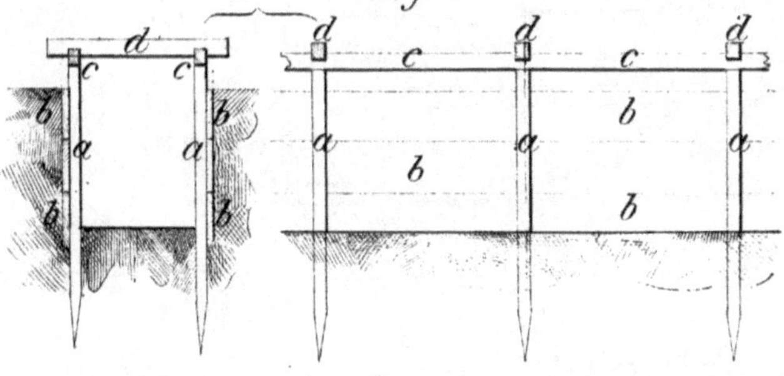

Tab. IV.

Fig. 1.

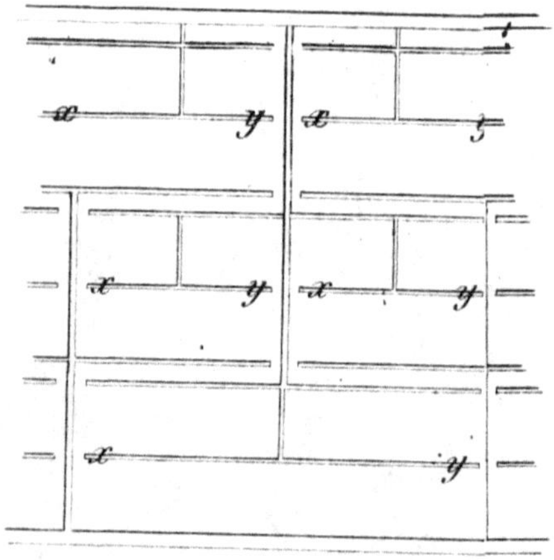

Fig. 2.

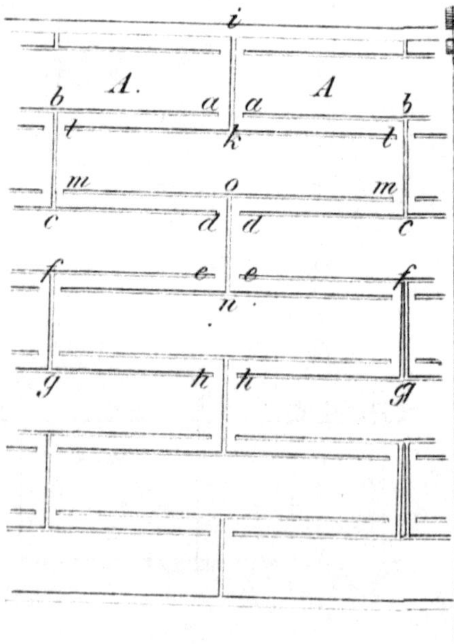

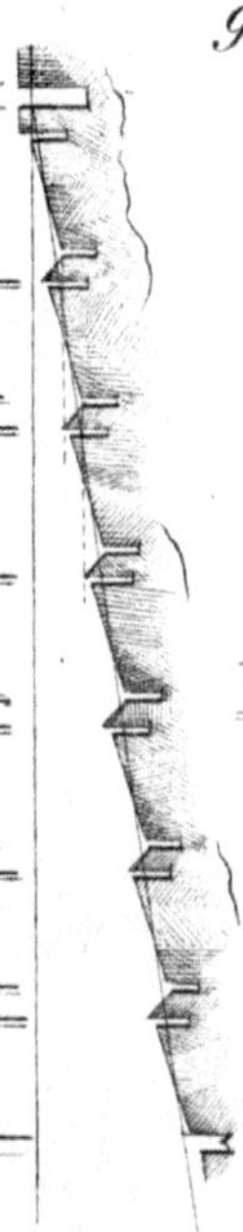

Fig. 3.

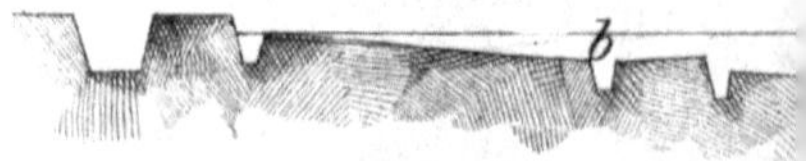

Fig. 4.

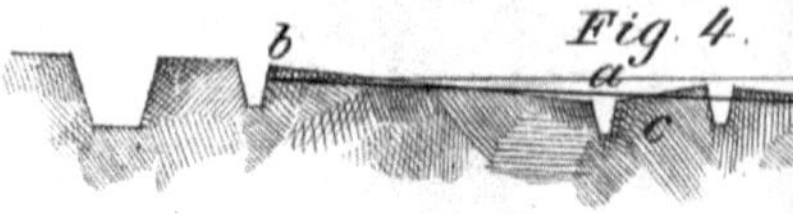

Fig. 5.

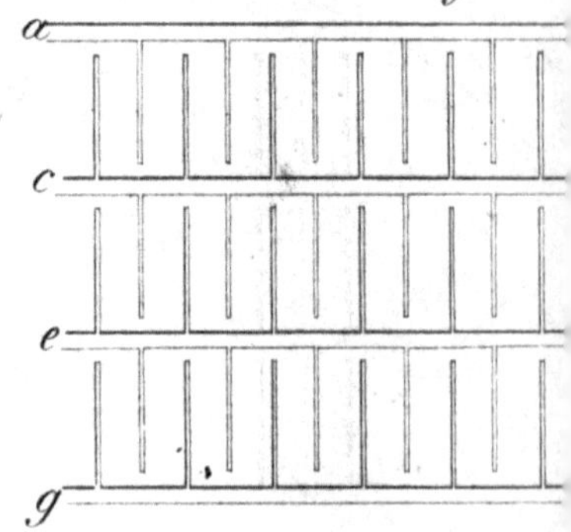

Fig. 6.

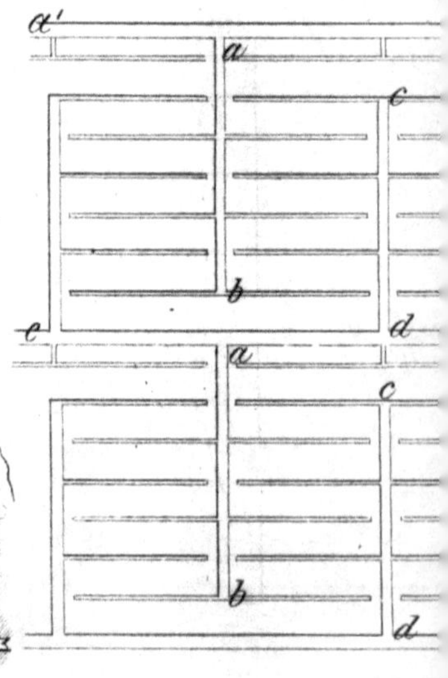

Fig. 7.

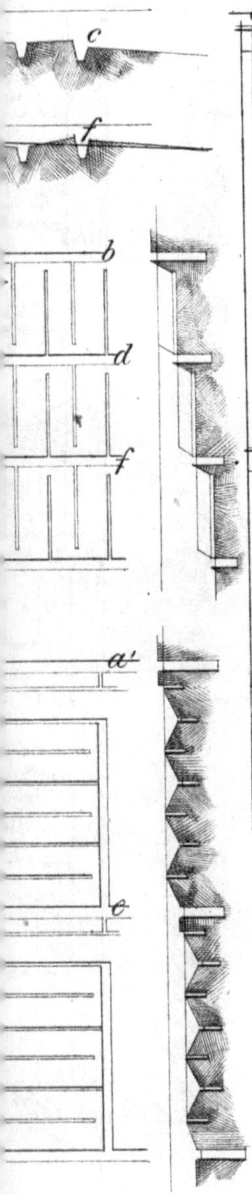

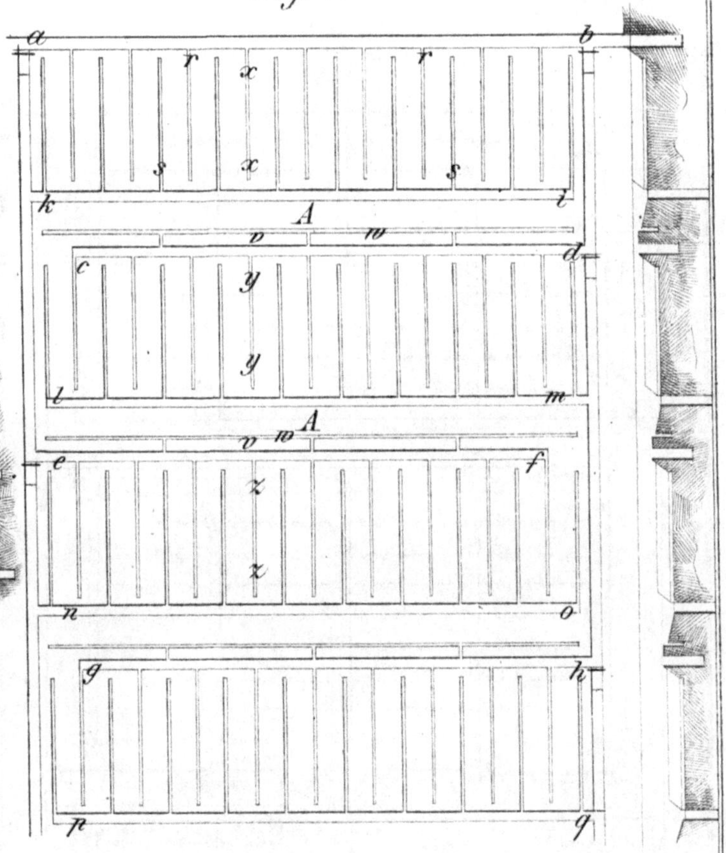

Fig. 8.

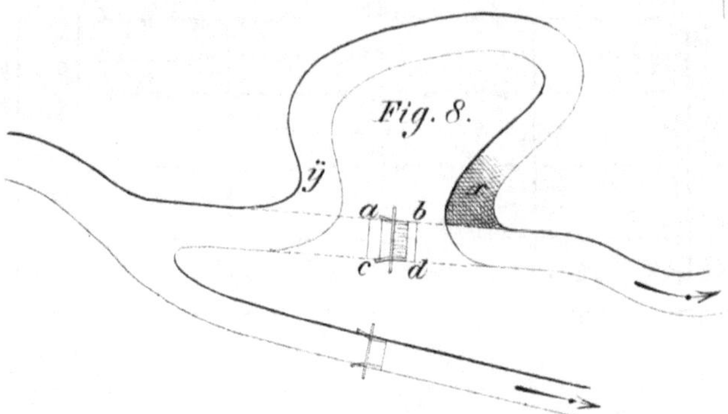

Tab. V.

Fig. 1.

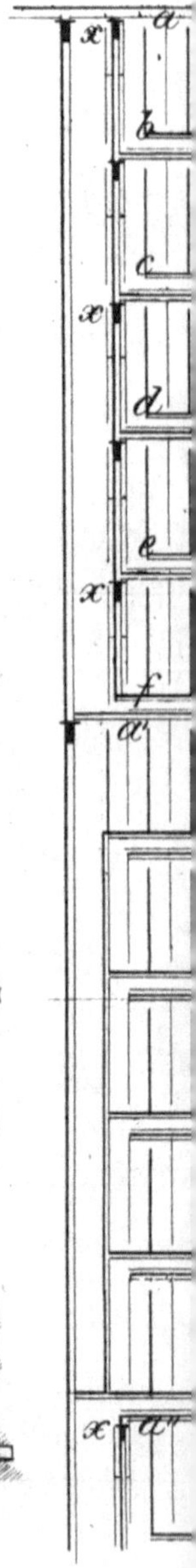

Fig. 2.

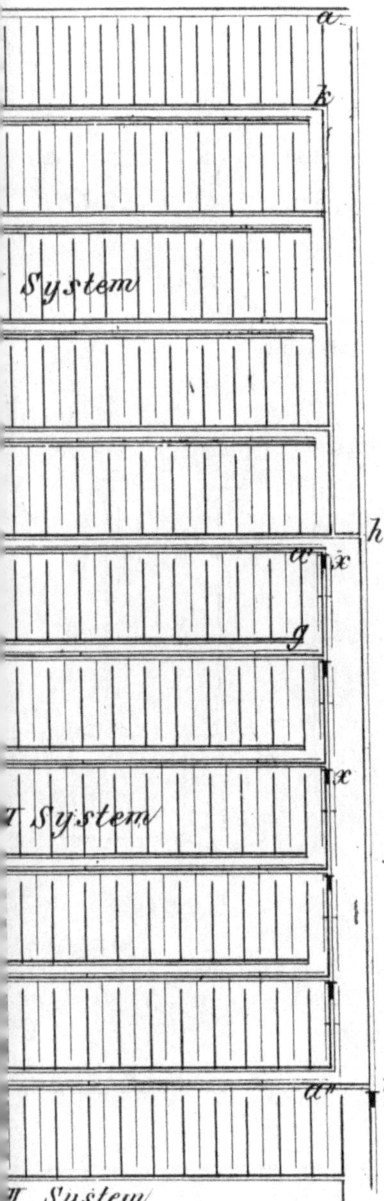

Fig. 3.

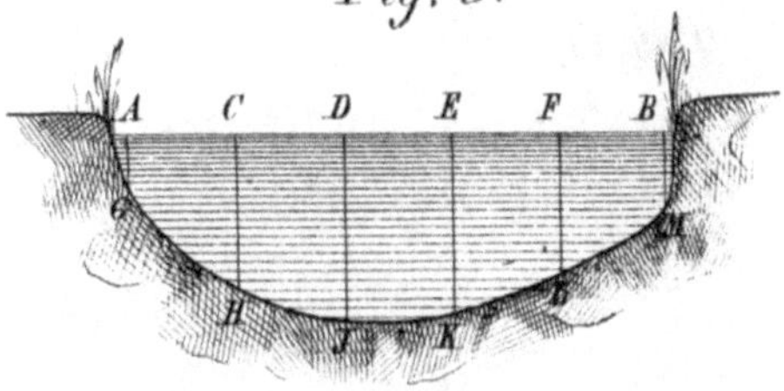

Fig. 4.

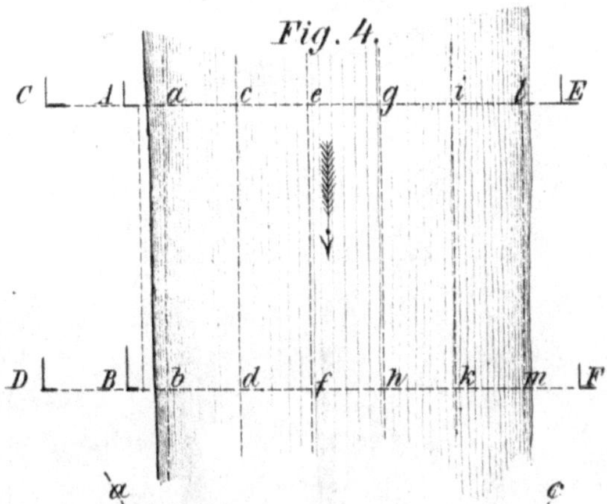

Fig. 5.

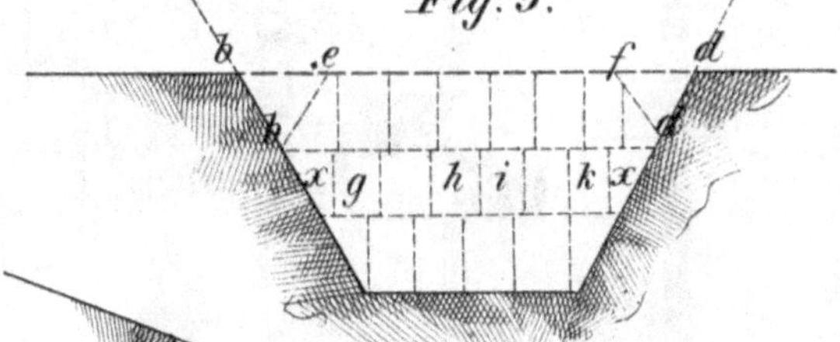

Fig. 6.

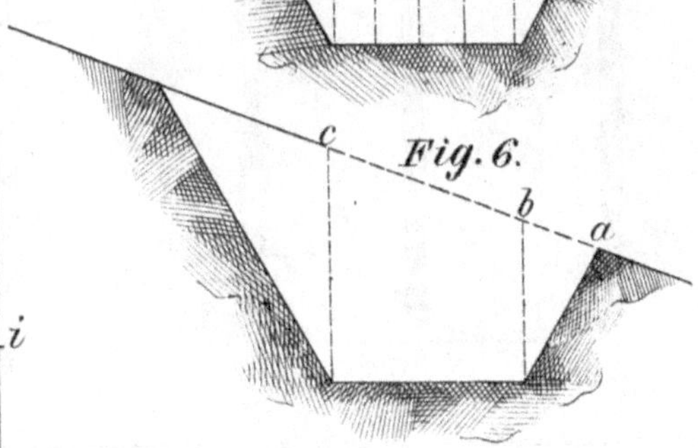

Tab. VI.

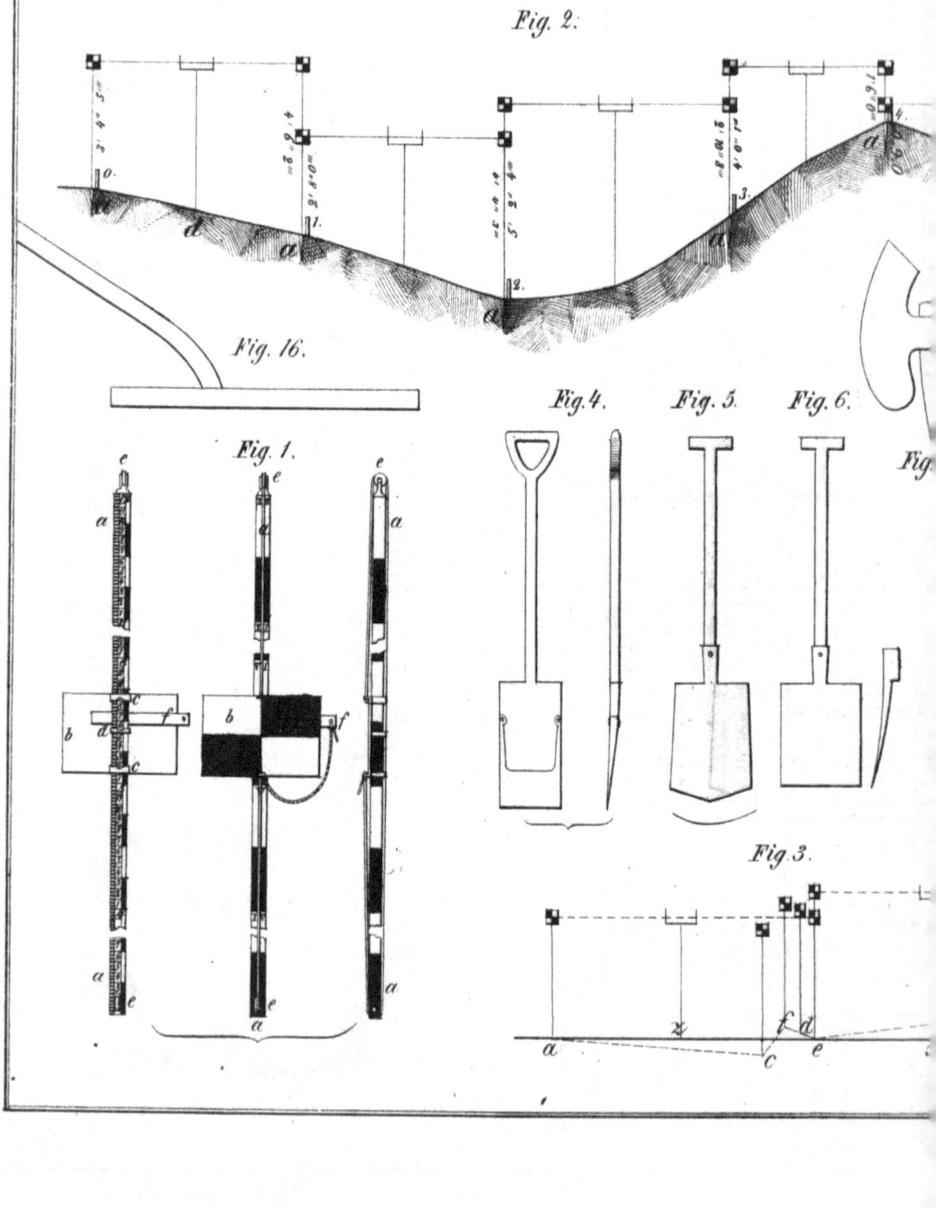

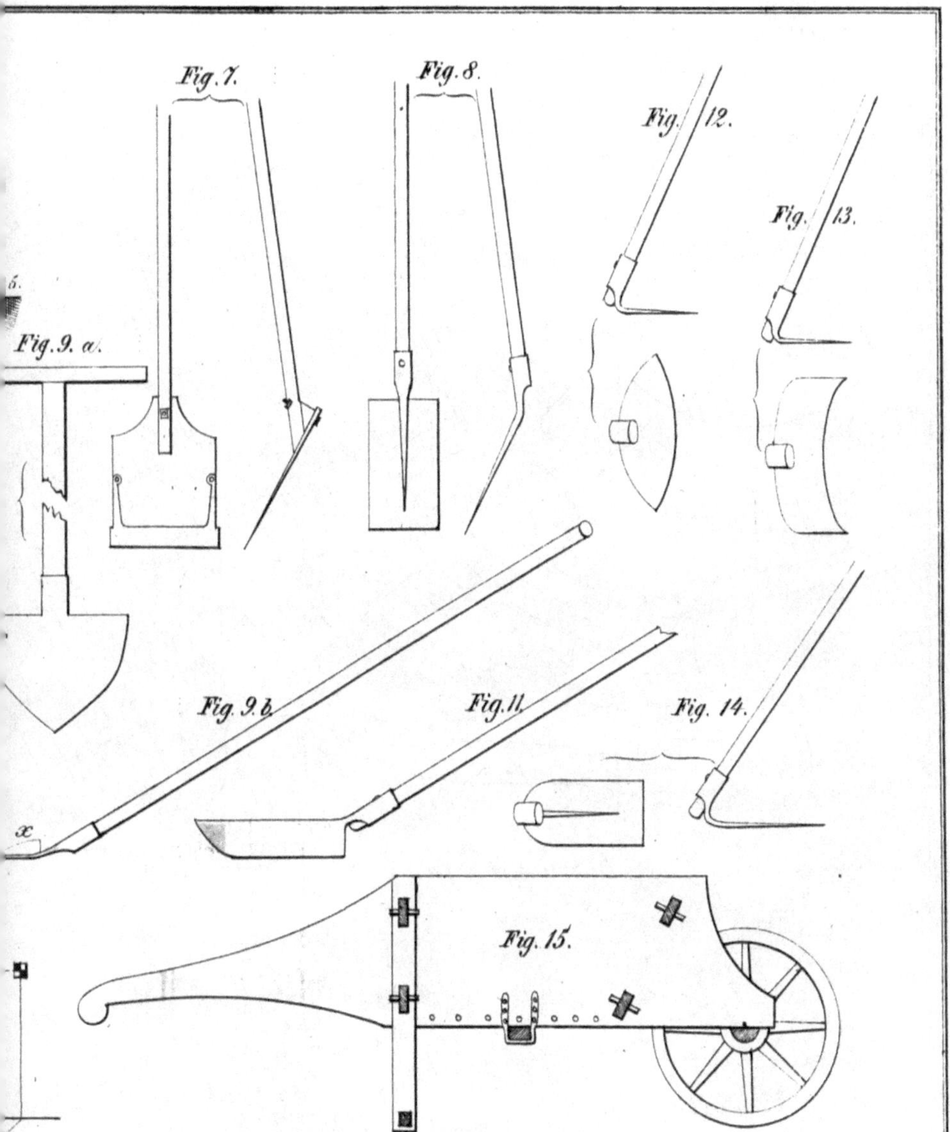
Fig. 7.
Fig. 8.
Fig. 12.
Fig. 13.
Fig. 9. a.
Fig. 9. b.
Fig. 11.
Fig. 14.
Fig. 15.

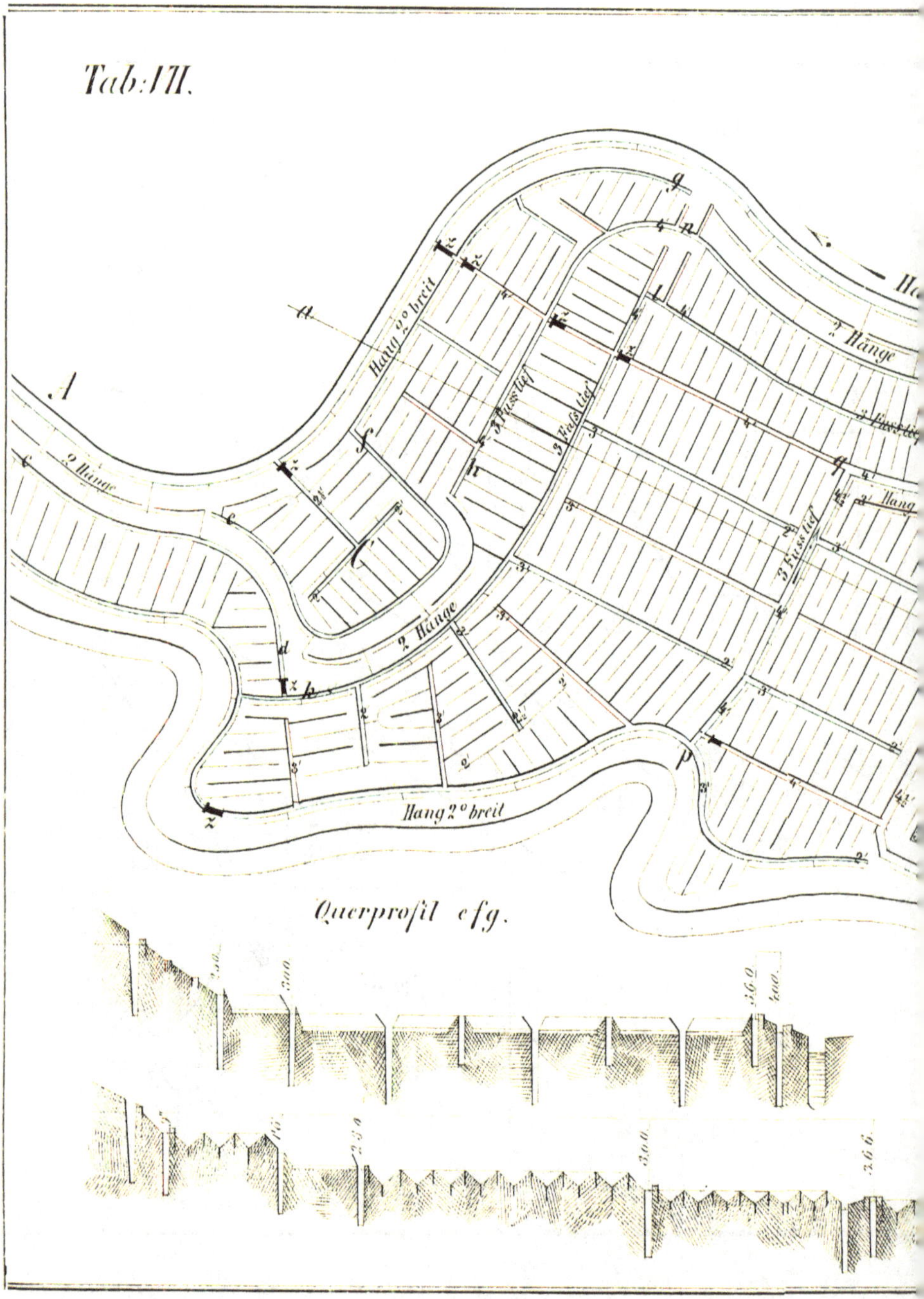

Tab: VII.
Hang 2° breit
2 Hänge
3 Fuss tief
3 Fuss tief
2 Hänge
Hang 2° breit
Querprofil efg.

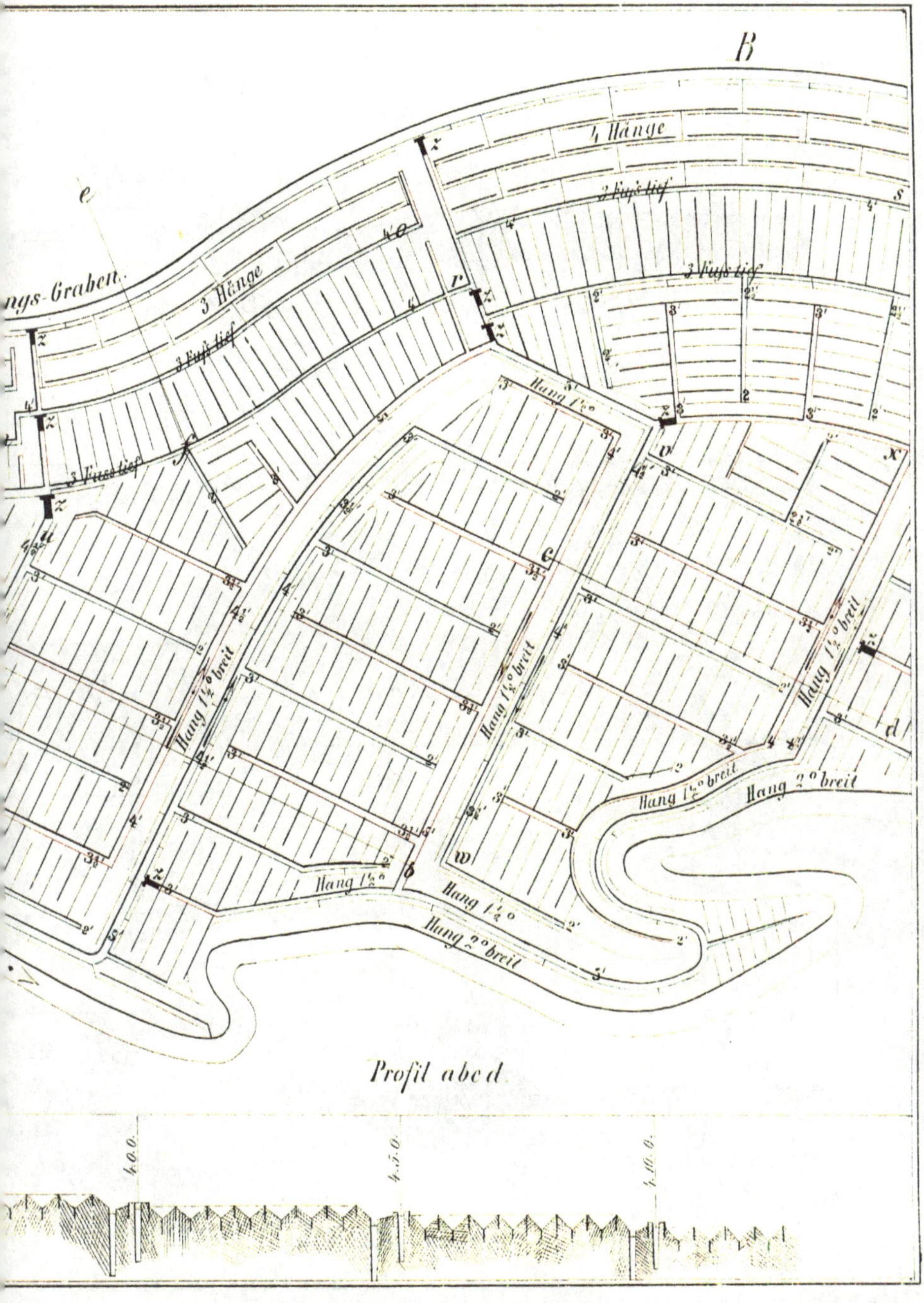

B
4 Hänge
3 Fuss tief
3 Hänge
ngs-Graben.
Hang 1½°
Hang 1½° breit
Hang 2° breit
Profil abcd
4.0.0.
4.5.0.
4.10.0.

Tab. VIII.

Fig. 1.

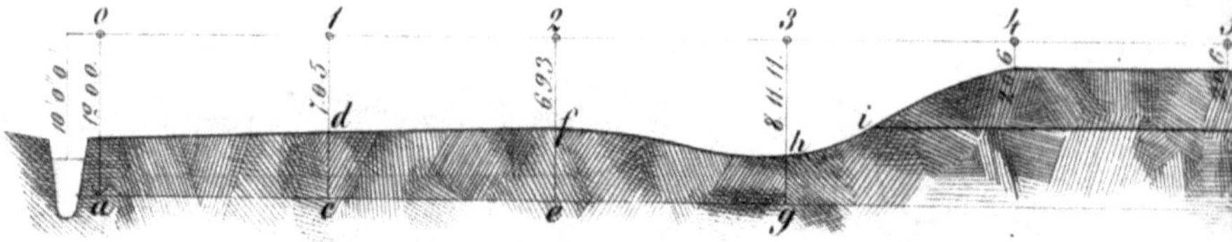

Fig. 2.

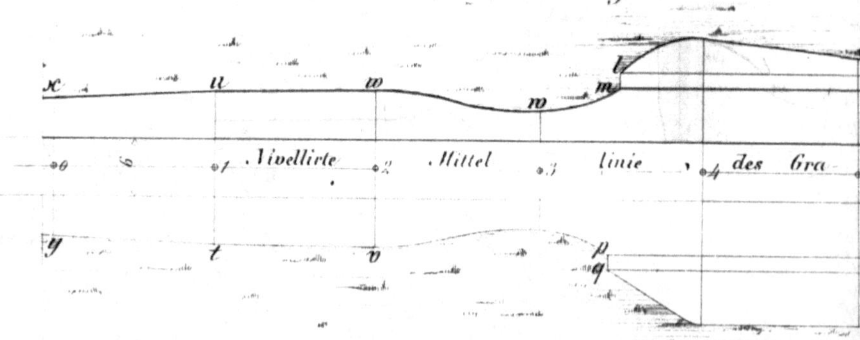

Fig. 8.

Fig. 9.

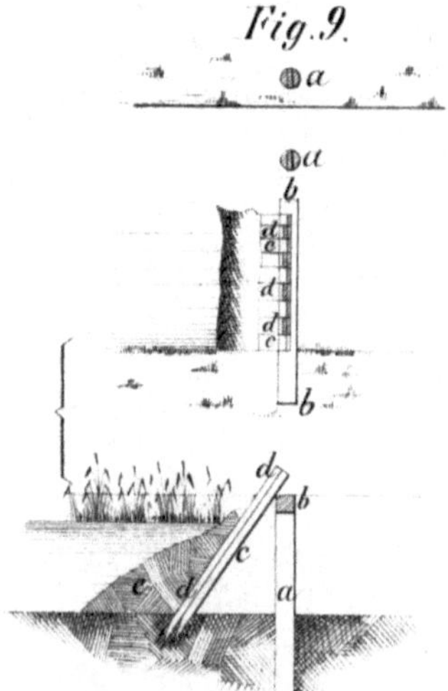

Fig. 10.

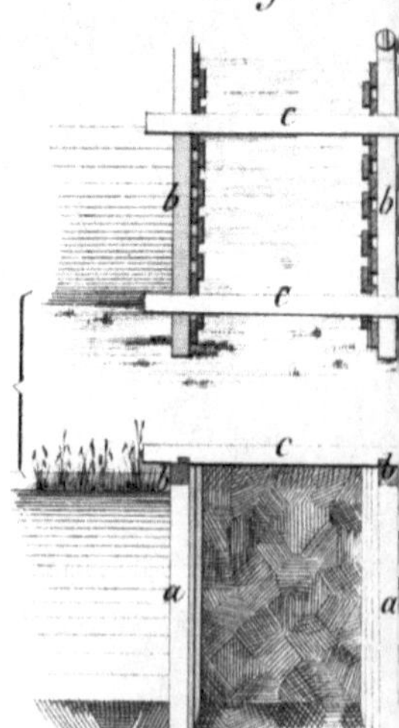

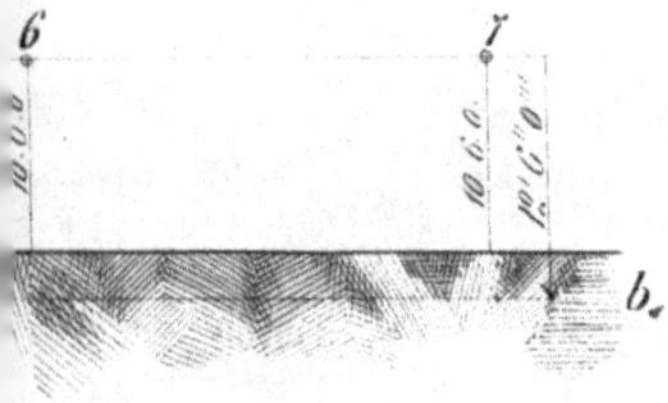

Fig. 3.

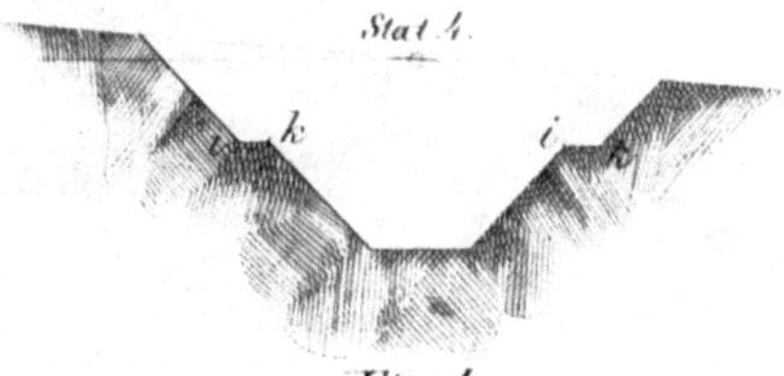

Fig. 4.

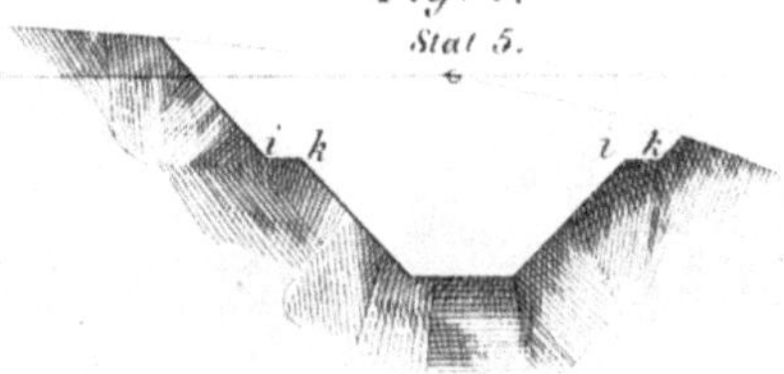

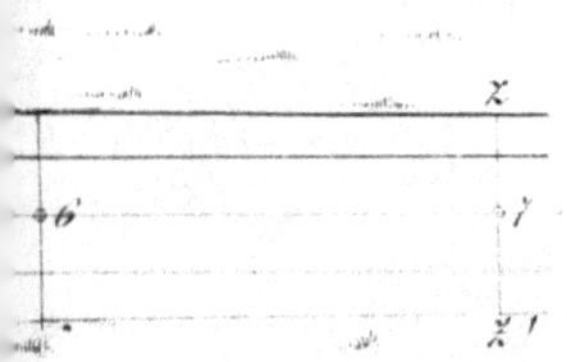

Fig. 5.

Fig. 6.

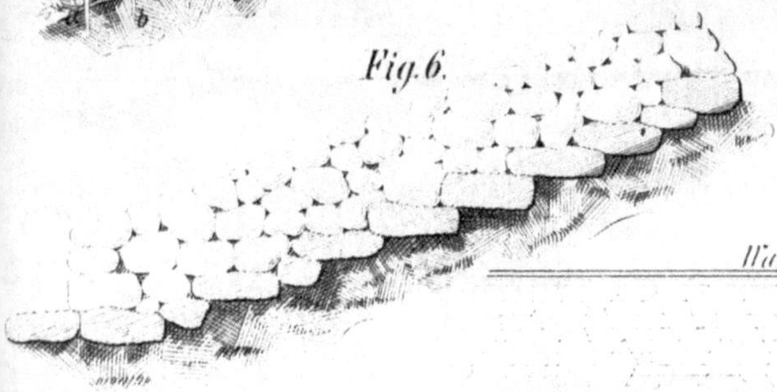

Fig. 7.

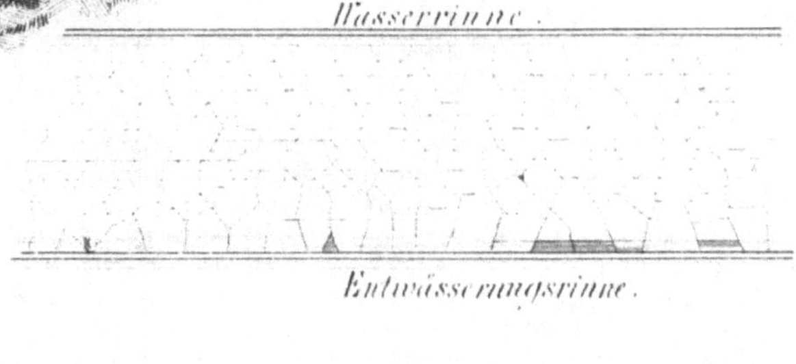

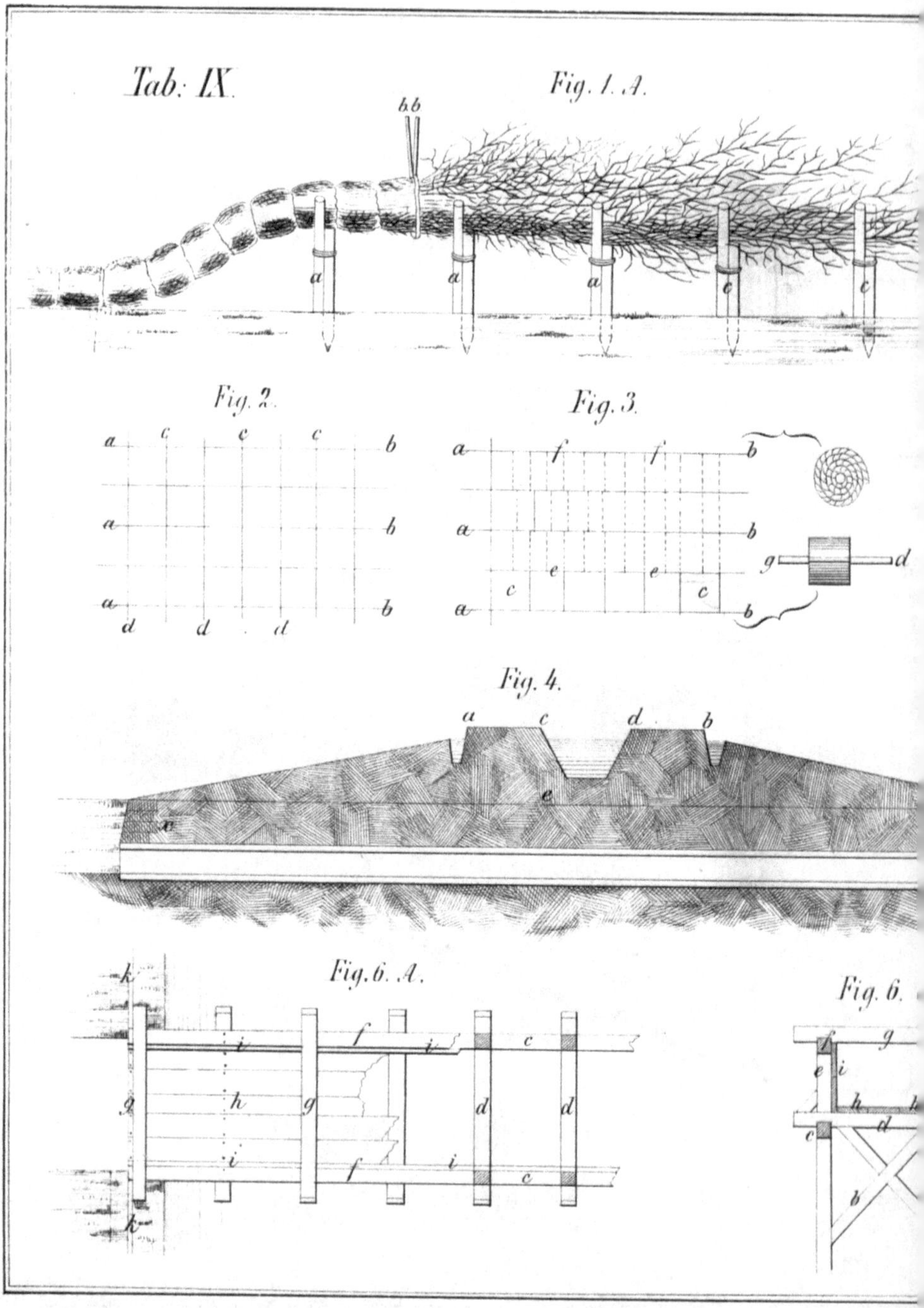
Tab: IX.
Fig. 1. A.
b b
a
a
a
c
c
Fig. 2.
a
c
e
c
b
a
b
a
b
d
d
d
Fig. 3.
a
f
f
b
a
b
e
e
c
c
a
b
g
d
Fig. 4.
a
c
d
b
e
x
Fig. 6. A.
k
i
f
i
c
g
h
g
d
d
i
f
i
c
k
Fig. 6.
f
g
e
i
h
c
d
b

ig. 1. B.

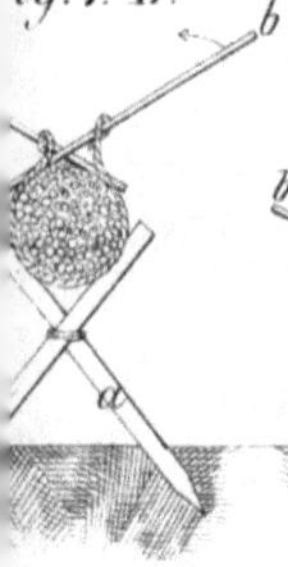

Fig. 1 C.

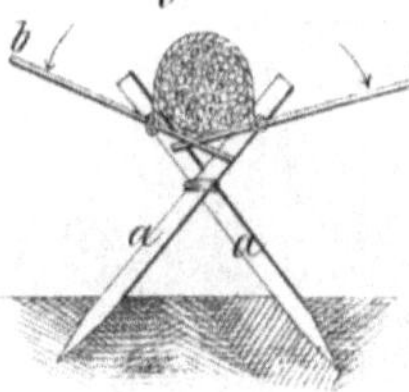

Fig. 7.

Fig. 8.

Fig. 9.

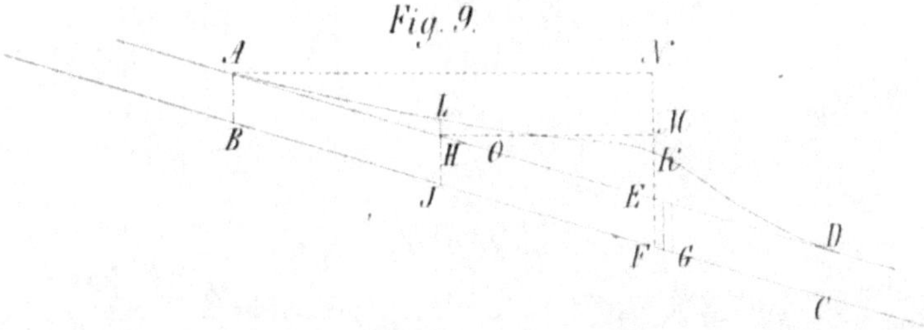

Fig. 5

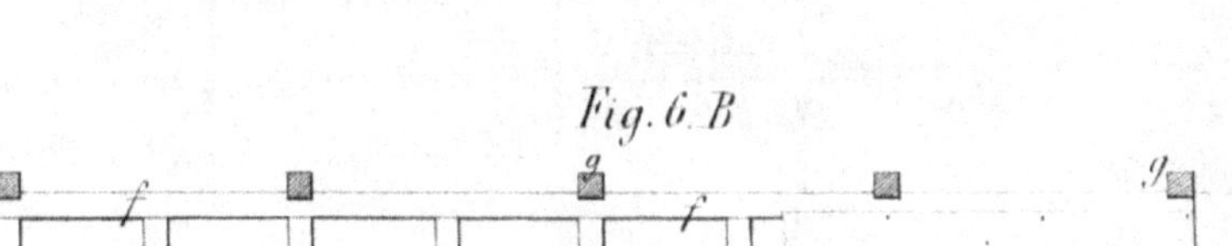

Fig. 6. B

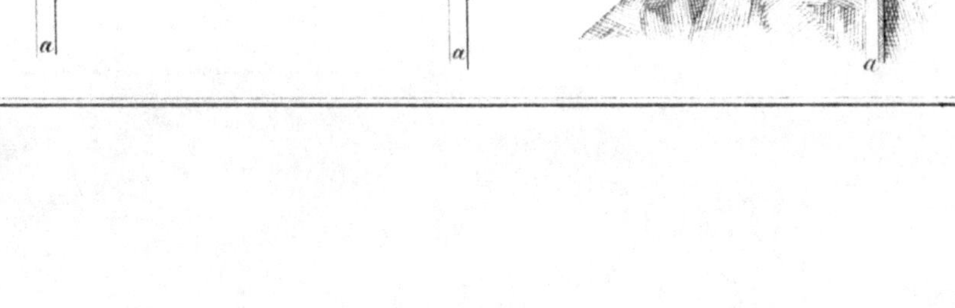

Tab. X.

Fig. 2.

Querprofil nach CD.

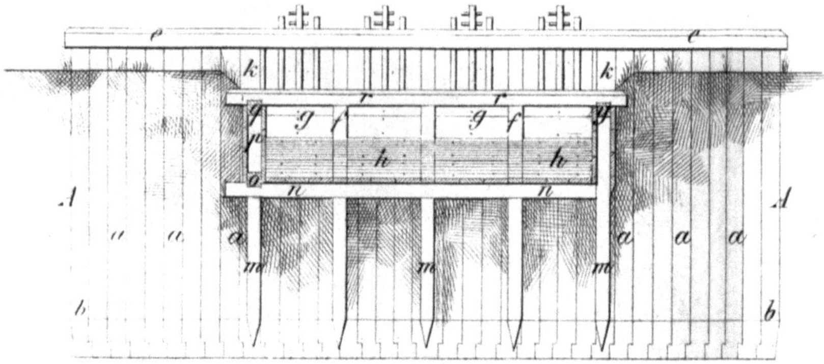

Fig. 1.

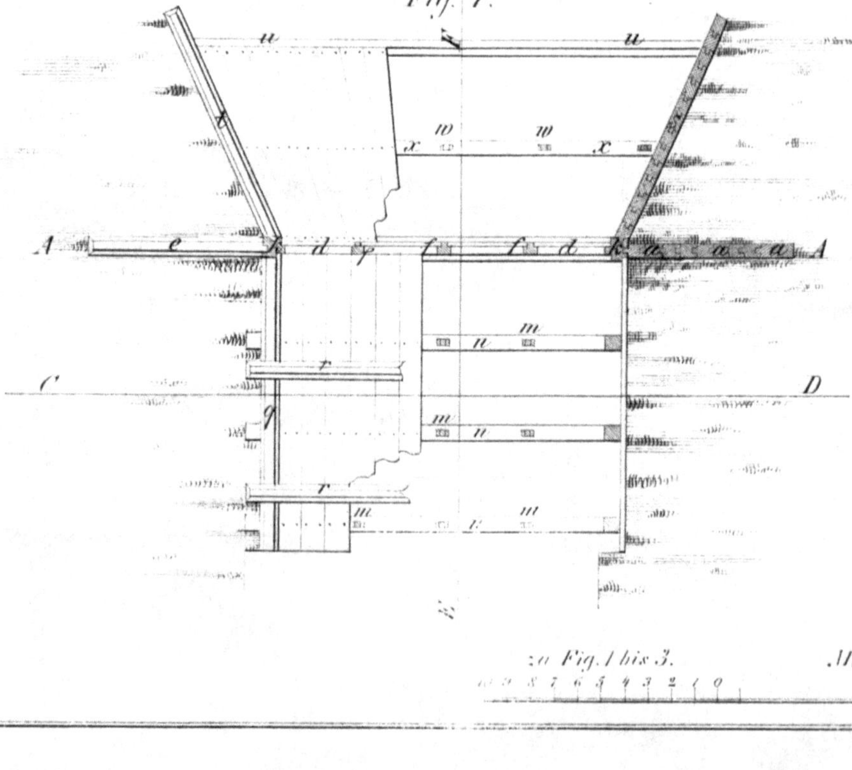

zu Fig. 1 bis 3. Maa

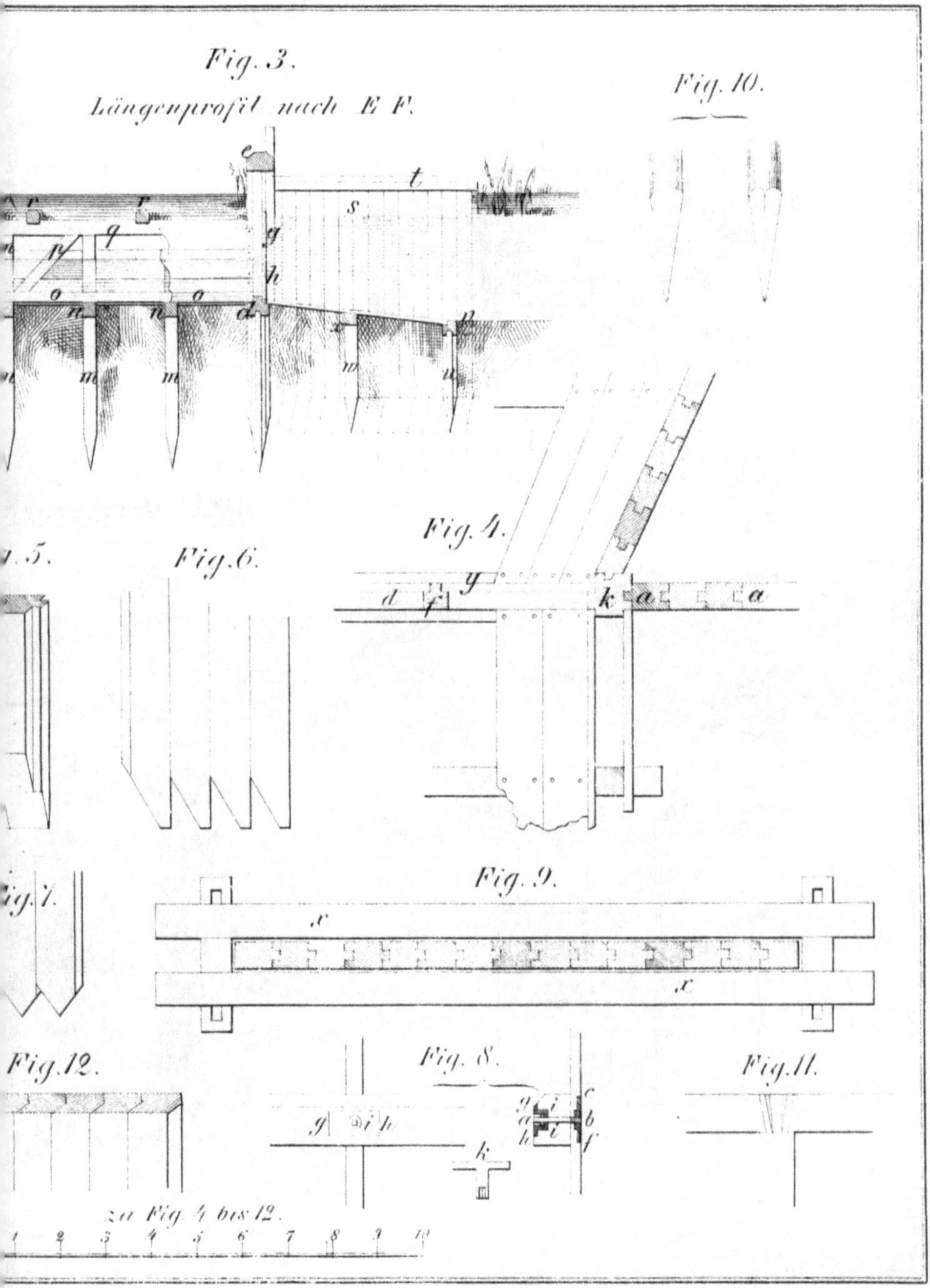
Fig. 3.
Längenprofil nach E F.
Fig. 10.
Fig. 4.
ı. 5.
Fig. 6.
ig. 7.
Fig. 9.
Fig. 12.
Fig. 8.
Fig. 11.
zu Fig. 4 bis 12.
1 2 3 4 5 6 7 8 9 10

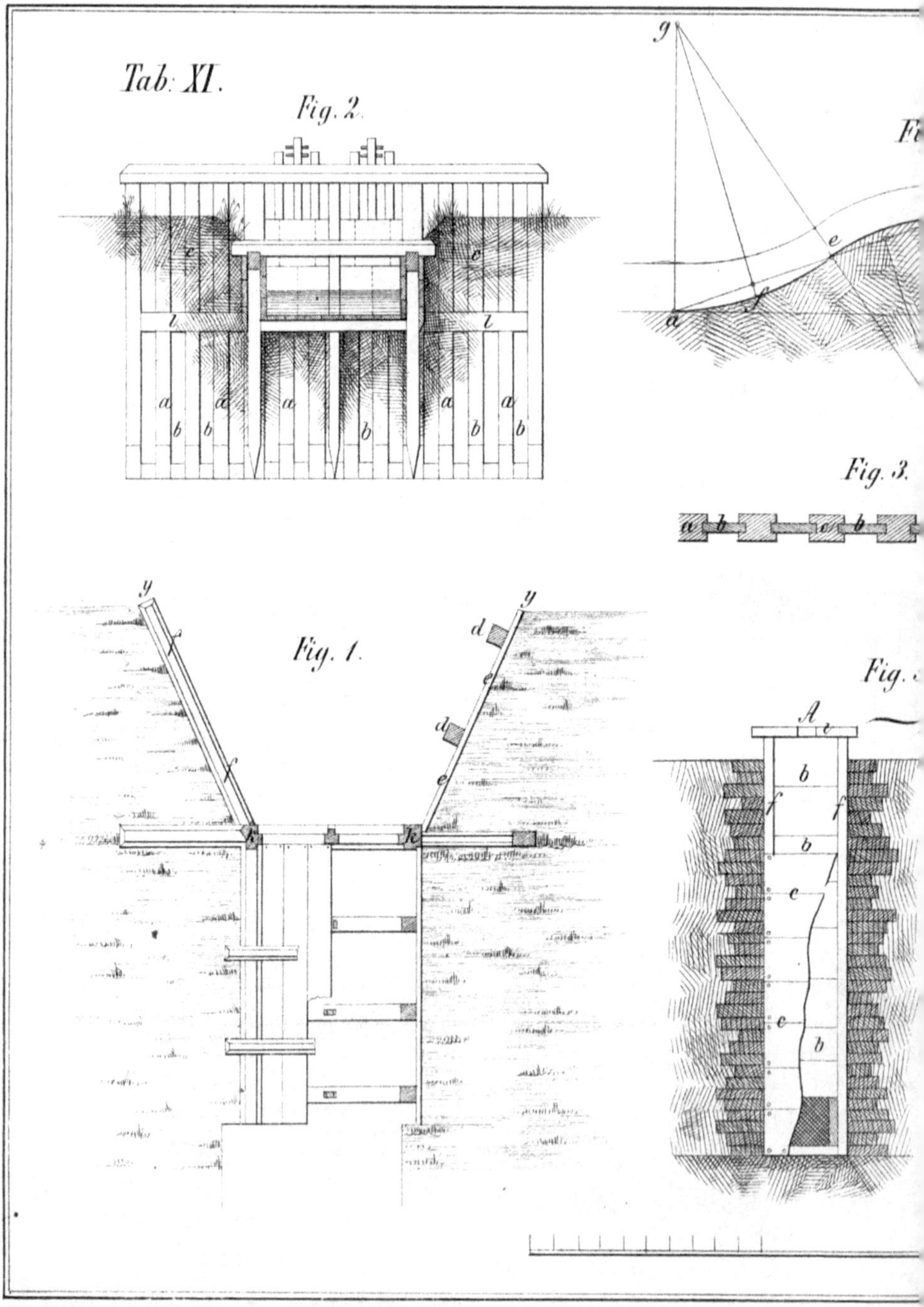
Tab: XI.
Fig. 2.
Fig. 1.
Fig. 3.

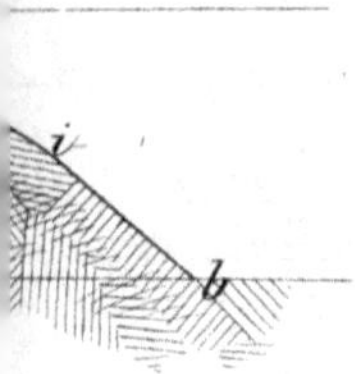

Fig. 6.

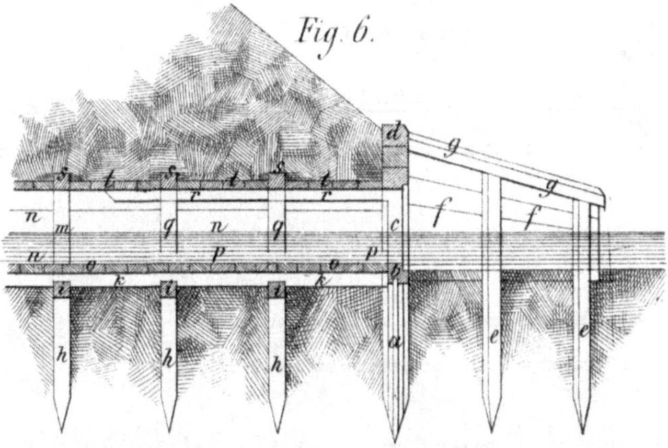

Fig. 7.

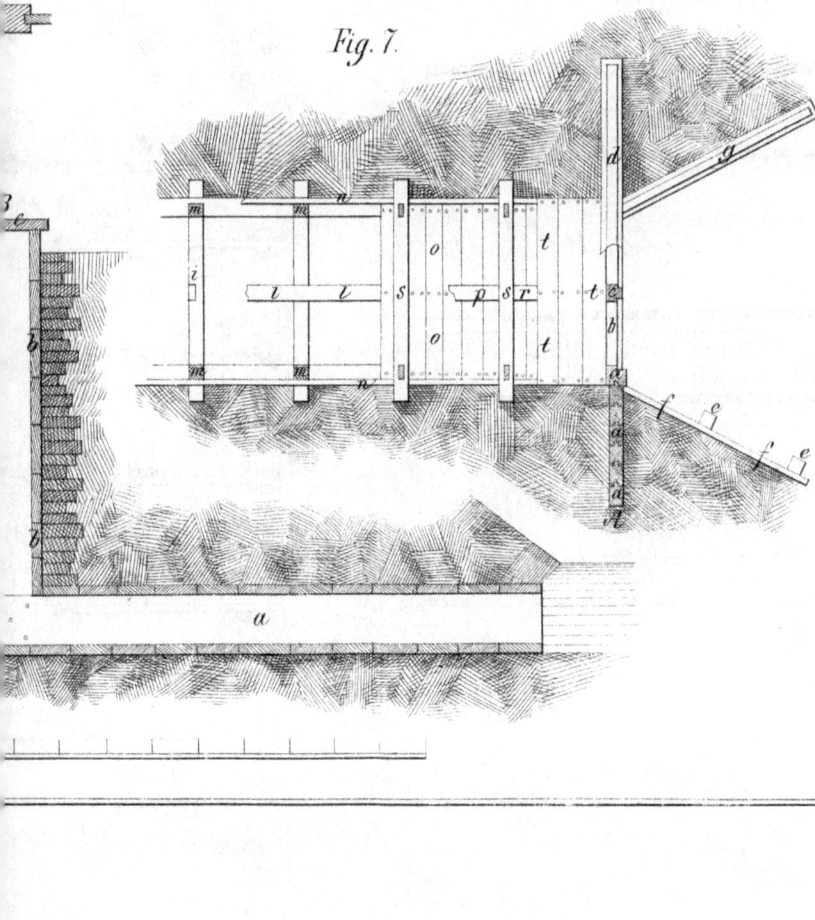

Tab. XII.

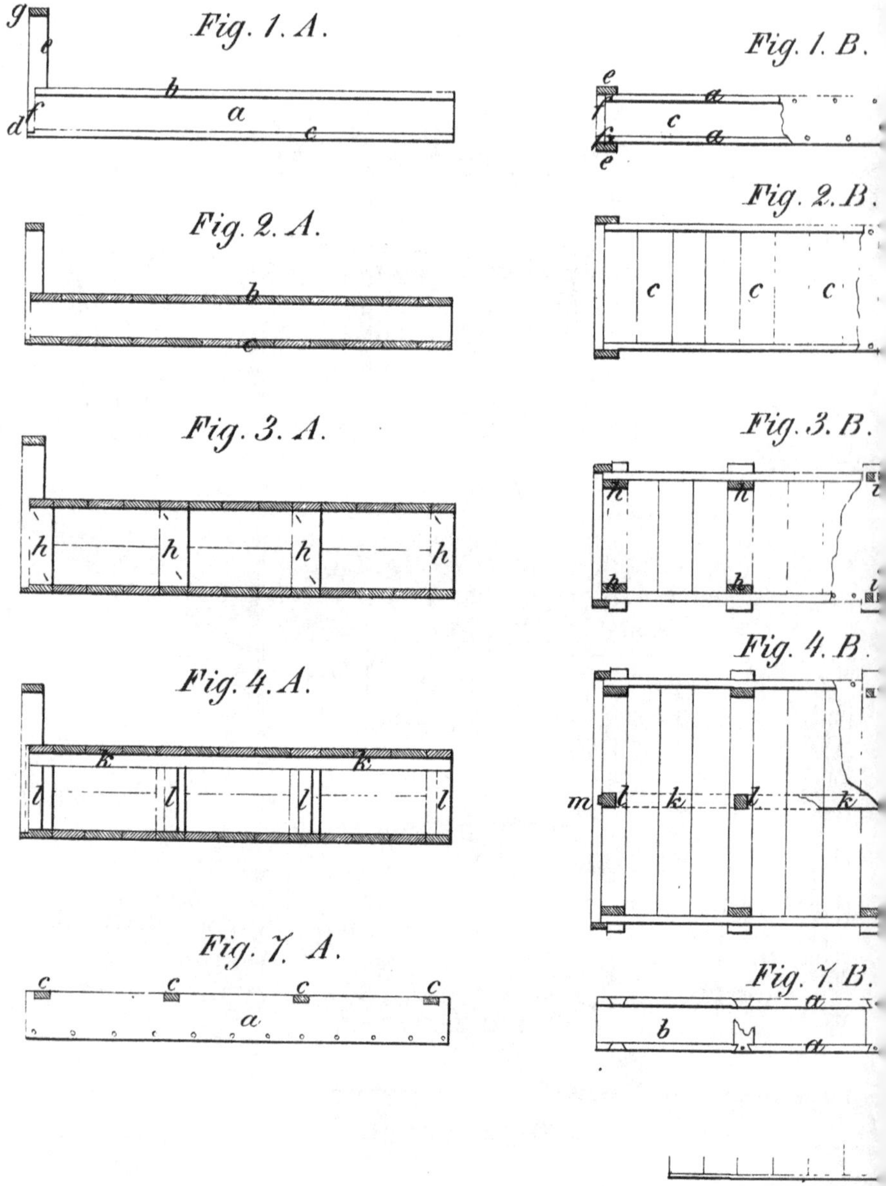
Fig. 1. A.
Fig. 1. B.
Fig. 2. A.
Fig. 2. B.
Fig. 3. A.
Fig. 3. B.
Fig. 4. A.
Fig. 4. B.
Fig. 7. A.
Fig. 7. B.

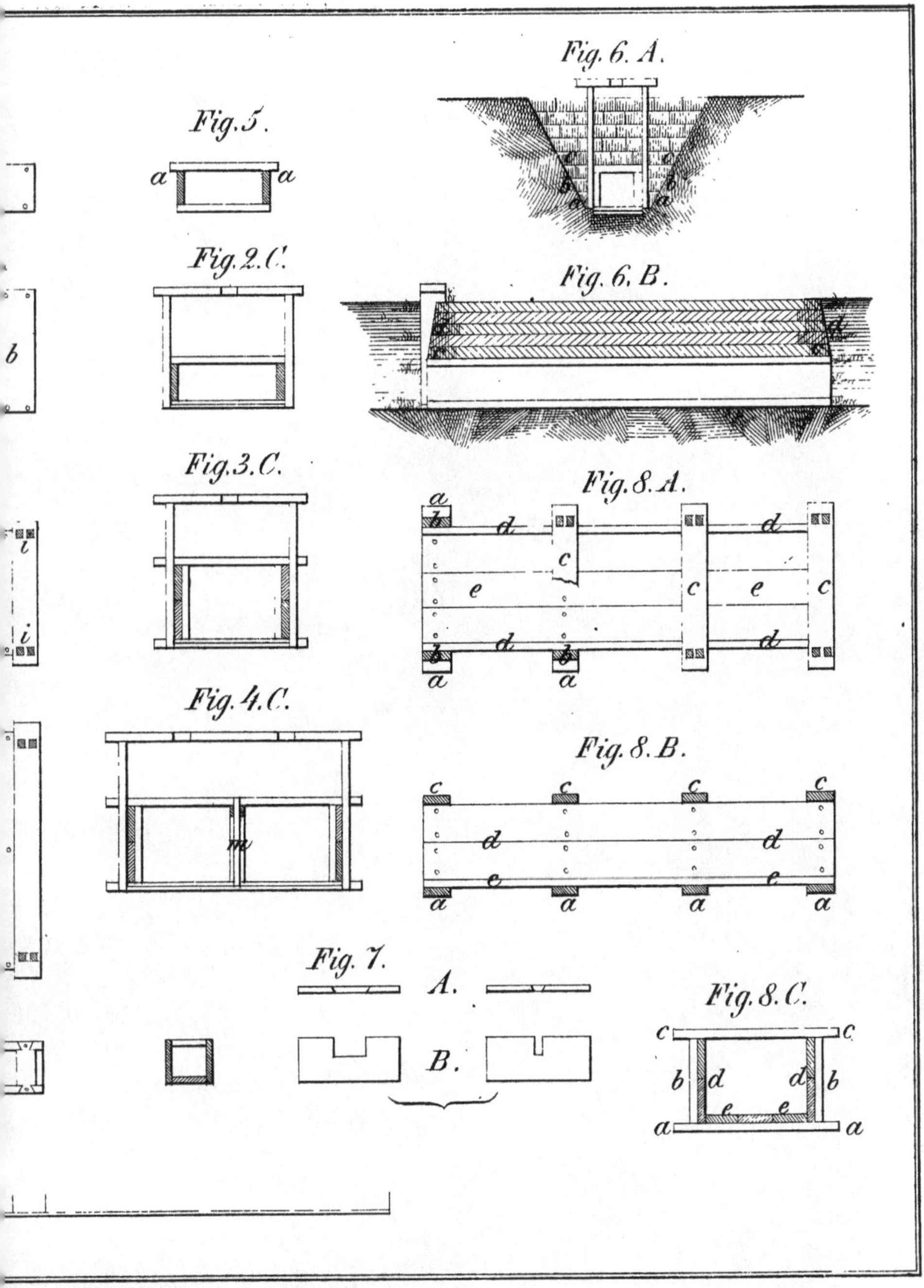
Fig. 6. A.
Fig. 5.
Fig. 2. C.
Fig. 6. B.
Fig. 3. C.
Fig. 8. A.
Fig. 4. C.
Fig. 8. B.
Fig. 7.
A.
B.
Fig. 8. C.

FSC
www.fsc.org
MIX
Papier | Fördert gute Waldnutzung
FSC® C083411

Zeitfracht Medien GmbH
Ferdinand-Jühlke-Straße 7
99095 Erfurt, Deutschland
produktsicherheit@kolibri360.de